ENCYCLOPÉDIE AGRICOLE

Publiée sous la direction de G. WERY

**Couronnée par l'Académie des Sciences morales et politiques
et par la Société nationale d'Agriculture.**

CHARLES MURET

TOPOGRAPHIE

Encyclopédie Agricole

60 volumes in-18 de chacun 400 à 500 pages, illustrés de nombreuses figures.
Chaque volume : broché, **5 fr.**; cartonné, **6 fr.**

I. — SCIENCES APPLIQUÉES A L'AGRICULTURE.

Botanique agricole .... MM. Schribaux et Nanot, prof. à l'Inst. agron.
Chimie agricole, 2 vol .... M. André, prof. à l'Inst. agron.
Géologie agricole .... M. Cord, professeur d'agriculture.
Hydrologie agricole .... M. Dienert, ingénieur agronome.
Microbiologie agricole .... M. Kayser, maître de conf. à l'Inst. agron.
Zoologie agricole .... } M. G. Guénaux, répétiteur à l'Inst. agronomique.
Entomologie et Parasitologie agric. }
Analyses agricoles, 2 vol .... M. Guillin, dir. du lab. de la S. des agr. de France.

II. — PRODUCTION ET CULTURE DES PLANTES.

Agriculture générale, 2 vol ..... M. P. Diffloth, professeur d'agriculture.
Engrais ....
Céréales .... } M. Garola, prof. d'agricult. d'Eure-et-Loir.
Prairies et plantes fourragères ....
Plantes industrielles .... M. Hitier, maître de conf. à l'Inst. agron.
Cultures potagères .... M. L. Bussard, prof. à l'Éc. d'hort. de Versailles.
Arboriculture fruitière .... MM. L. Bussard et G. Duval.
Sylviculture .... M. Fron, inspecteur des eaux et forêts.
Viticulture .... } M. Pacottet, chef de lab. à l'Instit. agron.
Cultures de serres ....
Cultures méridionales .... MM. Rivière et Lecq, insp. de l'agric., à Alger.
Maladies des plantes cultivées, 2 vol. I. Delacroix. — II. Delacroix et Maublanc.

III. — PRODUCTION ET ÉLEVAGE DES ANIMAUX.

Zootechnie générale ....
    —   *spéciale* ....
    —   *Races bovines* .... } M. P. Diffloth, professeur d'agriculture.
    —   *Races chevalines* ....
    —   *Moutons, Chèvres, Porcs.*
    —   *Lapins, Chiens, Chats* ....
Aviculture .... M. Voitellier, maître de conf. à l'Inst. agron.
Apiculture .... M. Hommell, professeur d'apiculture.
Pisciculture .... M. G. Guénaux, répétiteur à l'Inst. agronomique.
Sériciculture .... M. Vieil, insp. de la séricic. de l'Indo-Chine.
Alimentation des animaux .... M. R. Gouin, ing. agronome.
Hygiène et maladies du bétail .... MM. Cagny, méd. vétér., et R. Gouin.
Hygiène de la ferme .... MM. Regnard et Portier.
Élevage et Dressage du Cheval .... M. G. Bonnefont, officier des haras.
Chasse, Élevage du gibier, Piégeage. M. A. de Lesse, ing. agronome.

IV. — GÉNIE RURAL.

Machines agricoles, 2 vol .... } M. Coupan, chef de travaux à l'Inst. agronomique.
Moteurs agricoles ....
Matériel viticole .... M. Brunet, Introduction par M. Viala.
Constructions rurales .... M. Danguy, dir. des études de l'École de Grignon.
Arpentage et Nivellement .... M. Muret, professeur à l'Institut agronomique.
Drainage et Irrigations .... MM. Risler et Wery.
Électricité agricole .... M. Petit, ingénieur agronome.

V. — TECHNOLOGIE AGRICOLE.

Betterave et sucrerie de betteraves .. M. Saillard, prof. à l'École des ind. agr.
Industries agric. de fermentation .)
Brasserie .... } M. Boullanger, chef de lab. à l'Inst. Past. de Lille.
Distillerie ....)
Pomologie et Cidrerie .... M. Warcollier, dir. de la stat. pomolog. de Caen.
Vinification .... M. Pacottet, chef de lab. à l'Inst. agron.
Laiterie .... M. Ch. Martin, anc. dir. de l'École d'ind. lait.

VI. — ÉCONOMIE ET LÉGISLATION RURALES.

Économie rurale .... } M. Jouzier, prof. à l'École d'agric. de Rennes.
Législation rurale ....
Comptabilité agricole .... M. Convert, professeur à l'Institut agronomique
Le Livre de la Fermière .... Mme O. Bussard.
    Livre agricole des Instituteurs ..
Lectures agricoles .... } M. Seltensperger, professeur d'agriculture.
Dictionnaire d'agriculture et de vi-
ticulture, 2 vol ... .)

ENCYCLOPÉDIE AGRICOLE
Publiée par une réunion d'Ingénieurs agronomes
SOUS LA DIRECTION DE G. WERY

TOPOGRAPHIE

APPLICATIONS SPÉCIALES A L'AGRICULTURE

ARPENTAGE

NIVELLEMENT, CADASTRE

PAR

Charles MURET

GÉOMÈTRE HONORAIRE DE LA VILLE DE PARIS
PROFESSEUR HONORAIRE A L'INSTITUT NATIONAL AGRONOMIQUE
ET A L'ÉCOLE NATIONALE D'ARCHITECTURE

Introduction par le Dr P. REGNARD
DIRECTEUR DE L'INSTITUT NATIONAL AGRONOMIQUE

DEUXIÈME ÉDITION

Avec 195 figures et 16 planches, dont une coloriée.

PARIS

LIBRAIRIE J.-B. BAILLIÈRE ET FILS

19, rue Hautefeuille, près du boulevard Saint-Germain

1914

L'Institut national agronomique.

INTRODUCTION

Si les choses se passaient en toute justice, ce n'est pas moi qui devrais signer cette préface.

L'honneur en reviendrait bien plus naturellement à l'un de mes deux éminents prédécesseurs :

A Eugène Tisserand, que nous devons considérer comme le véritable créateur en France de l'enseignement supérieur de l'agriculture : n'est-ce pas lui qui, pendant de longues années, a pesé de toute sa valeur scientifique sur nos gouvernements et obtenu qu'il fût créé à Paris un Institut agronomique comparable à ceux dont nos voisins se montraient fiers depuis déjà longtemps?

Eugène Risler, lui aussi, aurait dû, plutôt que moi,

présenter au public agricole ses anciens élèves devenus des maîtres. Près de douze cents ingénieurs agronomes, répandus sur le territoire français, ont été façonnés par lui : il est aujourd'hui notre vénéré **doyen**, et je me souviens toujours avec une douce reconnaissance du jour où j'ai débuté sous ses ordres et de celui, proche encore, où il m'a désigné pour être son successeur (1).

Mais, puisque les éditeurs de cette collection ont voulu que ce fût le directeur en exercice de l'Institut agronomique qui présentât aux lecteurs la nouvelle *Encyclopédie*, je vais tâcher de dire brièvement dans quel esprit elle a été conçue.

Des ingénieurs agronomes, presque tous professeurs d'agriculture, tous anciens élèves de l'Institut national agronomique, se sont donné la mission de résumer, dans une série de volumes, les connaissances pratiques absolument nécessaires aujourd'hui pour la culture rationnelle du sol. Ils ont choisi pour distribuer, régler et diriger la besogne de chacun, Georges WERY, que j'ai le plaisir et la chance d'avoir pour collaborateur et pour ami.

L'idée directrice de l'œuvre commune a été celle-ci : extraire de notre enseignement supérieur la partie immédiatement utilisable par l'exploitant du domaine rural et faire connaître du même coup à celui-ci les données scientifiques définitivement acquises sur lesquelles la pratique actuelle est basée.

Ce ne sont pas de simples Manuels, des Formulaires irraisonnés que nous offrons aux cultivateurs; ce sont de brefs Traités, dans lesquels les résultats incontestables sont mis en évidence, à côté des bases scientifiques qui ont permis de les assurer.

Je voudrais qu'on puisse dire qu'ils représentent le véri-

(1) Depuis que ces lignes ont été écrites, nous avons eu la douleur de perdre notre éminent maître, M. Risler, décédé, le 6 août 1905, à Calèves (Suisse). Nous tenons à exprimer ici les regrets profonds que nous cause cette perte. M. Eugène Risler laisse dans la science agronomique une œuvre impérissable.

table esprit de notre Institut, avec cette restriction qu'ils ne doivent ni ne peuvent contenir les discussions, les erreurs de route, les rectifications qui ont fini par établir la vérité telle qu'elle est, toutes choses que l'on développe longuement dans notre enseignement, puisque nous ne devons pas seulement faire des praticiens, mais former aussi des intelligences élevées, capables de faire avancer la science au laboratoire et sur le domaine.

Je conseille donc la lecture de ces petits volumes à nos anciens élèves, qui y retrouveront la trace de leur première éducation agricole.

Je la conseille aussi à leurs jeunes camarades actuels, qui trouveront là, condensées en un court espace, bien des notions qui pourront leur servir dans leurs études.

J'imagine que les élèves de nos Écoles nationales d'agriculture pourront y trouver quelque profit et que ceux des Écoles pratiques devront aussi les consulter utilement.

Enfin c'est au grand public agricole, aux cultivateurs, que je les offre avec confiance. Ils nous diront, après les avoir parcourus, si, comme on l'a quelquefois prétendu, l'enseignement supérieur agronomique est exclusif de tout esprit pratique. Cette critique, usée, disparaîtra définitivement, je l'espère. Elle n'a d'ailleurs jamais été accueillie par nos rivaux d'Allemagne et d'Angleterre, qui ont si magnifiquement développé chez eux l'enseignement supérieur de l'agriculture.

Successivement, nous mettons sous les yeux du lecteur des volumes qui traitent du sol et des façons qu'il doit subir, de sa nature chimique, de la manière de la corriger ou de la compléter, des plantes comestibles ou industrielles qu'on peut lui faire produire, des animaux qu'il peut nourrir, de ceux qui lui nuisent.

Nous étudions les manipulations et les transformations que subissent, par notre industrie, les produits de la terre :

la vinification, la distillerie, la panification, la fabrication des sucres, des beurres, des fromages.

Nous terminons en nous occupant des lois sociales qui régissent la possession et l'exploitation de la propriété rurale.

Nous avons le ferme espoir que les agriculteurs feront un bon accueil à l'œuvre que nous leur offrons.

Dr PAUL REGNARD,
Membre de la Société nationale
d'Agriculture de France,
Directeur de l'Institut national
agronomique.

Cours de M. Regnard à l'Institut national agronomique.

PRÉFACE

La topographie base ses théories sur les mathématiques : elle emprunte ses procédés graphiques aux arts du dessin. Ses procédés dérivent des mêmes méthodes générales, mais varient suivant les applications.

L'ingénieur, le militaire, l'architecte, le voyageur, le cycliste ont leur topographie spéciale : l'agriculteur moderne doit avoir la sienne.

Aussi, tout en donnant des notions générales, c'est surtout au point de vue agricole que tendront nos applications.

Et notre champ, ainsi limité, restera encore assez vaste, car, si la topographie agricole n'a pas besoin de s'élever aux conceptions théoriques que nécessitent des opérations très étendues, un grand nombre de questions n'en sont pas moins de son domaine, et beaucoup d'entre elles exigent, pour leur solution, une précision assez grande.

En effet, sans parler du *bornage*, du *mesurage* et de la *division des terres*, de l'*arpentage* en un mot, qui lui appartient en propre, la TOPOGRAPHIE AGRICOLE a bien le droit de réclamer une grande part dans la grave question du cadastre, résolue actuellement, et dans beaucoup de questions connexes, telles que celles des abornements généraux, des remembrements et des chemins ruraux, qui sont sa propriété absolue.

C'est à elle aussi que s'adressent tout d'abord nos ingénieurs agronomes pour l'étude et les tracés des irrigations et des drainages (1) et pour l'examen des améliorations agricoles en général.

---

(1) Les *irrigations* et les *drainages* ont été l'objet d'un volume de l'ENCYCLOPÉDIE AGRICOLE, rédigé par MM. RISLER et WÉRY.

Enfin nos Forestiers font une application journaliè
de la topographie pour les aménagements et l'assainissemer
de leurs forêts, les tracés de leurs routes et pour leurs beau
et si utiles travaux de reboisement et de protection en haut
montagnes.

Une très succincte analyse de l'ouvrage que nous présentor
va montrer comment nous espérons atteindre le but que nou
nous sommes proposé.

Après une vue d'ensemble sur la topographie et ses procédé
qui fait l'objet d'un premier et très court chapitre, nou
abordons, dans le second, la description et l'usage des prin
cipaux instruments, nous arrêtant quelquefois à des détail
dont nos rapports constants, depuis cinquante années, ave
des novices, théoriciens, ou non, nous ont montré l'utilité

Dans ce chapitre, nous supposons, généralement, les instru
ments bien construits, c'est-à dire tels que la théorie les exige
Or, dans la pratique, il est rare qu'il en soit complètemen
ainsi. De plus, dans bien des cas, les défauts ne sont pas appa
rents et ne se manifestent que par leurs conséquences ; il fau
donc savoir les constater d'abord, puis les corriger ensuite
autant que possible, et en tout cas apprécier les erreurs qu'ils
entraînent pour les annuler ou, tout au moins, les atténuer.
C'est le sujet de notre troisième chapitre, dans lequel, toutefois, nous n'avons qu'indiqué la théorie des erreurs, tout
en lui empruntant pour nos applications quelques-unes de ses
formules.

Le quatrième chapitre est l'exposé des méthodes, d'ailleurs
fort simples, de la topographie. Là encore, comme pour les
instruments, mais sans en faire un chapitre spécial, nous avons
dû signaler les fautes et les erreurs auxquelles peuvent conduire ces méthodes et donner les moyens de les éviter ou de
les reconnaître, puis de les répartir, quand elles sont admissibles.

Mais c'est surtout, dans le cinquième chapitre que nous avons
mis en scène le lecteur, devenu topographe. Muni des instruments nécessaires, il nous accompagne sur un terrain relativement étendu, avec des détails variés et des accidents
divers, se prolongeant d'une part en pleine campagne et,
d'autre part, dans le chef-lieu communal. Puis, après une recon-

naissance préliminaire, précédée de l'exposé du programme à remplir, il suit avec nous toutes les phases d'une topographie complète, rurale et urbaine, dont les résultats sont traduits par les cinq premières planches insérées dans notre texte.

Nous avons groupé, dans notre sixième et dernier chapitre, diverses applications topographiques, dont plusieurs, comme les abornements et le cadastre par exemple, nécessiteraient, pour être complètement traitées, une plus large place. Toutes réduites qu'elles sont, nous espérons cependant que ces applications donneront une idée suffisante des importants sujets qui en sont la base.

Le lecteur studieux, croyons-nous, ne se plaindra pas des redites. Les renvois rapprochent des sujets identiques ou analogues. Pour la même raison nous avons donné un assez grand développement à notre table analytique.

Nous sommes heureux, en terminant, d'exprimer notre reconnaissance aux divers auteurs et constructeurs qui nous ont aidé à des titres divers : notamment à M. Sanguet, dont les renseignements sur la tachéométrie nous ont été si précieux ; à M. Prévot, dont le magistral ouvrage sur la topographie générale, que l'on peut considérer comme le code du géomètre, nous a évité bien des recherches ; à MM. Ponhus et Therrode, qui ont mis des figures à notre disposition, et ont ainsi abrégé notre travail graphique. Nous ne pourrions oublier nos éditeurs, qui nous ont secondé en nous accordant avec libéralité l'exécution de tous les plans et gravures qui ont paru pouvoir rendre plus facile la consultation de ce livre.

Signalons également les *rapports de la commission extra-parlementaire du cadastre*, véritable monument élevé à la topographie française, où nous avons largement puisé, ainsi que *l'instruction du 30 décembre 1910 pour l'exécution des travaux de renouvellement du cadastre à effectuer sous le régime de la loi du 17 mars 1898*, instruction dont les nombreux tableaux annexes facilitent beaucoup les opérations des géomètres, et dont nous avons donné plusieurs types.

Juin 1913.

CHARLES MURET.

TOPOGRAPHIE

APPLICATIONS SPÉCIALES A L'AGRICULTURE

ARPENTAGE, NIVELLEMENT, CADASTRE

I

DÉFINITIONS. — GÉNÉRALITÉS

1. Définition de la topographie. — La TOPOGRAPHIE
(du grec *topos*, lieu, *graphó*, décrire) est la description des
lieux et des localités, tandis que la géographie décrit les diverses
contrées de la terre. « La géographie et la topographie, dit
Bardin, malgré leur filiation naturelle, sont très distinctes
l'une de l'autre, comme cela ressort déjà de la différence de
leurs étymologies... La géographie d'un pays, qu'il soit beau
ou laid, n'est toujours et ne peut être qu'un squelette hérissé
de noms. Mais ce squelette, qui est la traduction graphique
du tableau des longitudes et des latitudes d'un certain nombre
de point terrestres, a le très grand avantage de donner la forme
générale du pays. Si, par exemple, il s'agit de l'Italie méri-
dionale, elle en gravera le souvenir ineffaçable sous la forme
vulgaire d'une botte... Mais ce que la géographie ne donne pas,
et ne peut pas donner, c'est la description des lieux et des localités, qui est essentiellement du domaine de la topographie,
comme l'indique l'étymologie de ce mot. Cette description, en
même temps qu'elle reproduit le canevas géographique qui
lui sert de fondement, fournit un nombre considérable de
renseignements précieux sur tout ce qui existe entre les points

géographiques. La forme détaillée du relief du sol, les eaux courantes et les eaux nivelées qui en remplissent les profondeurs, la végétation naturelle, les grandes étendues cultivées, les groupements de population et les voies de communication qui les unissent, tout s'y trouve. Une carte topographique fait même pressentir, sinon voir complètement, la nature du pays, sa richesse ou sa beauté... Trop souvent, même dans les pages de nos meilleurs écrivains, on confond la géographie et la topographie, jusqu'à employer indistinctement l'un des deux mots pour l'autre. Telles sont les expressions *plan géographique*, *difficultés géographiques* d'un terrain, *géographie d'un itinéraire* de quelques lieues de parcours, etc., dont l'impropriété est frappante (1). »

De ce que la topographie est la description d'un lieu, on ne doit pas en conclure qu'une carte topographique soit forcément limitée, car à côté d'un lieu on en peut juxtaposer un autre, mais alors les dimensions de la carte deviennent considérables : ainsi les 273 feuilles assemblées de la carte topographique de la France au 1/80 000 occupent une surface de près de 100 mètres carrés.

En parlant plus tard des *échelles* (5), nous aurons l'occasion de revenir sur cette distinction entre la géographie et la topographie.

2. Topographies diverses. — Topographie des améliorations agricoles. — Arpentage. — La définition qui précède indique, en termes généraux, ce que figure une carte topographique, mais, lorsque les détails du terrain sont très nombreux, par économie et aussi pour une plus grande clarté du dessin, on en supprime un certain nombre ou on ne leur donne qu'une importante restreinte. Le choix est alors commandé par le but principal ou spécial de la carte ; tel sujet, par exemple, sera sans importance pour un officier alors qu'il sera capital pour un ingénieur et réciproquement ; de même pour un architecte et un agriculteur, et chacun s'arrêtant à ce qui l'intéresse, en employant souvent des procédés et des instruments différents, il en résulte les topographies spéciales

(1) Bardin, *Introduction à la Topographie*, p. 7 et 8.

de l'armée, des ponts et chaussées, de l'architecture, de l'agriculture, etc. Notons même une topographie toute nouvelle, celle du cyclisme et de l'automobilisme, qui donne toute son attention à la nature des routes, à leurs sinuosités et à leurs pentes, et qui a apporté un débouché de plus aux cartographes et à leurs éditeurs, et répandu partout la *lecture des cartes*, si négligée autrefois, et aussi celle des aviateurs, encore à l'étude.

Bien que diverses, ces topographies ont assurément des points communs, mais pour rester dans notre cadre, nous nous étendons plus particulièrement sur celle que nous appellerons la *topographie des améliorations agricoles*, parce qu'elle est, en général, la base de l'étude de ces améliorations, et sur l'*arpentage*, *vieux* mot qui, encore aujourd'hui, pour un grand nombre de nos cultivateurs, a une signification plus nette que celui de *topographie*.

3. Rapport entre les détails du terrain et leur représentation graphique. — Projection horizontale. — Le dessin topographique ne représente pas la surface du terrain, mais sa *projection* sur une surface *horizontale*, c'est-à-dire parallèle à la surface de la mer supposée prolongée sous les terres, quand ce n'est pas ce prolongement lui-même. Dans les limites relativement restreintes que nous aurons à considérer, qui ne dépasseront pas celles d'une commune de 1 200 à 1 500 hectares par exemple, nous admettrons que cette surface pourra être considérée comme *plane* et que les verticales *projetantes* sont parallèles, car les différences sont insensibles à l'*échelle* du dessin dont nous allons parler. Mais cette projection, qui se déduit facilement des lignes du terrain, comme nous le verrons plus loin, est notablement plus courte que ces dernières quand leurs inclinaisons sont rapides ; ainsi, une ligne de 100 mètres qui serait tracée suivant la pente normale d'un talus, à 50ᵍ, n'aurait (1) plus, en projec-

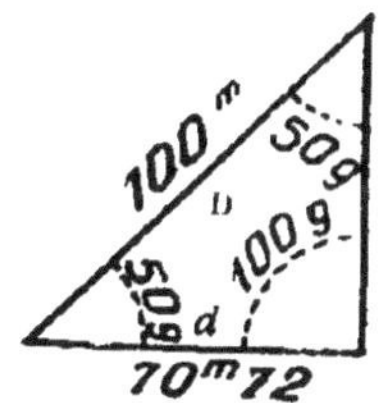

Fig. 1. — Réduction des lignes en terrain incliné.

___
(1) Voir la distinction entre les degrés et les grades, (34) page 29.

tion, que $70^m,72$, comme le donnerait le calcul du triangle rectangle (fig. 1), dans lequel on a :

$$d = \frac{D}{\sqrt{2}} = \frac{100}{1,414} = 70^m,72.$$

Ces différences ne doivent donc pas être perdues de vue dans les pays accidentés et si, par abréviation, nous parlons des lignes ou des figures du terrain, il est entendu, sauf mention contraire, qu'il s'agira de leurs projections. Si nous disons, par exemple, qu'un terrain rectangulaire de 120 mètres de longueur sur 75 mètres de largeur a une surface de $120 \times 75 = 90$ ares, c'est à la *projection horizontale* de la figure du terrain que s'appliqueront et ces dimensions linéaires et cette surface et non à la figure réelle, qui non seulement sera plus grande si le sol est incliné, mais encore pourra fort bien être plus ou moins *ondulée* et non *plane*.

Ainsi, le dessin topographique, auquel nous allons donner tout à l'heure le nom de *plan* ou celui de *carte*, selon les cas, est une *figure semblable à la projection du terrain* et *non au terrain lui-même*. Pour obtenir une image proportionnelle de ce dernier, il faudrait en construire le *plan-relief*, comme nous l'indiquerons à la fin de cet ouvrage.

4. Échelles. — Le rapport entre le dessin et la projection du terrain est ce qu'on appelle l'*échelle* du dessin. Ce rapport est exprimé, numériquement, par une fraction de la forme $\frac{1}{n}$, c'est-à-dire telle que le numérateur, qui correspond au dessin, est ordinairement l'unité, tandis que le dénominateur, correspondant à la projection du terrain, est généralement quelconque. Dans les nouvelles cartes fançaises, de même que dans la plupart des cartes étrangères où le système métrique est adopté, ce dénominateur est, plus spécialement, l'un des chiffres 1, 2 ou 5, suivi de zéros. Mais bien souvent des extraits de ces cartes sont réduits ou augmentés par la photographie pour être intercalés dans un format déterminé, ce qui supprime la simplicité du rapport. Au moins devrait-on toujours, dans ce cas, présenter devant l'appareil l'échelle de la carte originale pour lui faire subir la même modification qu'à cette dernière.

L'échelle est exprimée, graphiquement, par une droite divisée et subdivisée et dont la plus petite division représente, en topographie, l'unité de longueur ou l'un de ses multiples, tels que le mètre, le décamètre ou l'hectomètre.

On trouvera des détails sur la disposition graphique des échelles au paragraphe 142.

5. Choix de l'échelle. — Plan topographique. — Carte topographique. — *L'échelle est d'autant plus grande que le dénominateur du rapport qui l'exprime est plus petit* ; ainsi un dessin au 1/500 est à une échelle double de celui qui est au 1/1000.

Plusieurs considérations déterminent le choix de l'échelle d'un dessin : le nombre et l'importance des détails à figurer, le format du dessin, etc. ; le 1/1000 est souvent choisi, parce qu'à cette échelle, dans laquelle un millimètre représente un mètre et que tout décimètre du commerce peut traduire, un détail d'un quart ou d'un cinquième de mètre pourra être exprimé par un dessinateur soigneux ; mais s'il s'agit de dessins à intercaler dans un ouvrage, comme plusieurs de ceux qui sont annexés à celui-ci, on prendra souvent une échelle plus petite, telle que le 1/2 000 ou le 1/5 000, et même le 1/10 000, pour réduire le format.

Jusqu'au 1/10 000, le dessin prend ordinairement le nom de *plan* topographique ; au delà, jusqu'au 1/100 000 environ, c'est une *carte* topographique ; entre le 1/100 000 et le 1/1 000 000 on donne quelquefois au dessin le nom de carte *chorographique* (du grec *chorâ*, contrée ; *graphê*, description), puis, après, on entre dans la géographie, mais on conçoit que ces limites n'ont rien d'absolu.

6. Quelques développements sur les échelles. — Nous avons si souvent constaté, même chez les personnes dont les connaissances en mathématiques sont développées, une confusion à propos des échelles, que nous croyons utile d'entrer ici dans quelques développements, quoique bien élémentaires.

Ainsi on remarquera qu'en prenant l'unité pour numérateur,

1° le dénominateur indique combien de fois le plan ou la carte sont plus petits que la réalité ; par exemple, dans les plans du cadastre au 1/2 500, les détails sont 2 500 fois plus petits que les détails correspondants du terrain ; 2° pour savoir ce que représente un millimètre sur la carte, il suffit de diviser le dénominateur par 1 000, de sorte que, sur ce même plan cadastral au 1/2 500, un millimètre représente 2^m,50 ; sur notre carte de l'état-major au 1/80 000, un millimètre représente 80 mètres ; sur la carte anglaise au 1/63 360 (un *pouce* par *mille* anglais), un millimètre vaut 63^m,36 ; sur un plan au 1/500, le millimètre ne donnerait plus que 50 centimètres.

7. Nombre des échelles. — Tableau des échelles usuelles. — En théorie, le nombre des échelles est indéfini, mais, dans la pratique ce nombre est relativement restreint, comme on peut le voir sur le tableau suivant extrait de nos *Premières notions sur la lecture des cartes topographiques.* — Comme suite à ce tableau, nous donnons ici les échelles de quelques cartes d'ensemble étrangères, en faisant remarquer que la plupart de ces pays ont entrepris d'autres cartes à diverses échelles.

Ainsi, par exemple, l'Allemagne aura une carte au 1/25 000, par courbes de niveau (211), en 3 699 feuilles, et déjà l'Alsace-Lorraine et la Prusse sont publiées à cette échelle ; la Belgique a donné ses 433 feuilles minutes, au 1/20 000 ; la Suisse a aussi de belles cartes, au 1/25 000 et au 1/50 000 en trois couleurs ; etc.

Allemagne	1/100.000
Autriche-Hongrie	1/75.000
Belgique	1/40.000
Danemark	1/80.000
Espagne	1/50.000
Iles Britanniques	1/63.360
Italie	1/100.000
Norvège	1/100.000
Pays-Bas	1/50.000
Portugal	1/100.000
Russie	1/126.000
Suède	1/100.000
Suisse	1/100.000

Quant à la France, la base de sa cartographie moderne est toujours le 1/80 000, en 273 feuilles et en quarts de feuille, obtenu par la réduction des plans d'ensemble du cadastre (ch. VI, § II) au 1/10 000, et le levé des courbes par les officiers topographes, lesquelles ont servi de directrices aux hachures (217).

S'appuyant sur ces travaux primitifs exécutés, sur le terrain, de 1818 à 1866 et plusieurs fois revisés, le Service géographique de l'armée a publié, depuis, plusieurs réductions telles que le 1/320 000, en 33 feuilles, et le 1/500 000 en 15 feuilles, avec 4 couleurs ; ainsi qu'une autre plus récente au 1/200 000, en 82 feuilles, en 5 couleurs, avec courbes.

Il a donné également, pour différentes régions, des cartes au 1/80 000 avec courbes, notamment les environs de Paris en 6 feuilles, agrandis en outre au 1/40 000 et au 1/20 000, cette dernière édition en 36 feuilles, avec courbes, et 6 couleurs.

Enfin, depuis quelques années, utilisant ses levés de précision, le Ministère de la Guerre a entrepris l'exécution d'une carte, au 1/50 000, en 1 100 feuilles, dont les feuilles des environs de Paris et plusieurs autres sont déjà publiées, et le Ministère de l'Intérieur a achevé sa carte de viabilité au 1/100 000.

CLASSEMENT des ÉCHELLES.	DÉSIGNATION des ÉCHELLES.	Fraction qui représente l'Echelle ou rapport de la carte au terrain.	Une longueur horizontale d'un mètre est exprimée sur la carte par :	Une distance horizontale d'un kilomètre est exprimée sur la carte par :	Une longueur d'un millimètre sur la carte représente sur le terrain une distance horizontale de :	ÉCHELLES HABITUELLES DES PLANS ET DES CARTES et OBSERVATIONS DIVERSES.
1re Série d'Échelles décimales, pour lesquelles le double décimètre, divisé en millimètres, peut servir sans aucune modification.	Échelle de 1 sur 1 (grandeur naturelle)	$\frac{1}{1}$	1 mètre.	1 kilomètre.	1 millimètre.	Employée pour figurer de très petits détails, comme ceux d'un compas, d'une serrure, d'un fusil, etc.
	— du dixième.	$\frac{1}{10}$	10 centimètres ou 0,10.	100 mètres.	0m,01	Pour figurer des détails de menuiserie, de machines, etc.
	— du centième.	$\frac{1}{100}$	1 centimètre ou 0,01.	10 mètres.	0m,10	Pour les détails de bâtiments, travaux de terrassement, etc.
	— du millième.	$\frac{1}{1000}$	1 millimètre ou 0,001.	1 mètre.	1 mètre.	Fronts de fortifications, plan d'une ferme, plans de villages, nouveau cadastre, etc.
	— du dix-millième.	$\frac{1}{10000}$	1/10 de millim. ou 0,0001.	0m,10	10 mètres.	Plan d'un campement, d'une reconnaissance militaire détaillée, d'une ville, d'une commune, etc.
	— du cent-millième.	$\frac{1}{100000}$	1/100 de millim. ou 0,000 01.	0m,01	100 mètres.	Pour les grandes opérations militaires, la carte d'un département, d'un chemin de fer, d'un cours d'eau.
2e Série d'Échelles décimales, pour lesquelles peut servir le double décimètre, divisé en demi-millimètre, et numéroté 1, 2, 3...ou 10, 20, 30...ou 100, 200, 300 de demi-centimètre en demi-centimètre.	Échelle de un demi ou de moitié.	$\frac{1}{2}$	50 centimètres ou 0,50.	500 mètres.	0m,002	Généralement le même emploi que l'échelle de $\frac{1}{1}$.
	— du vingtième.	$\frac{1}{20}$	5 centimètres ou 0,05.	50 mètres.	0m,02	Général. le même emploi que l'échelle du $\frac{1}{10}$.
	— du deux-centième.	$\frac{1}{200}$	5 millimètres ou 0,005.	5 mètres.	0m,20	Pour des bâtiments ou des terrassements étendus.
	— du deux-millième.	$\frac{1}{2000}$	1/2 millimètre ou 0,000 5.	0m,50	2 mètres.	Pour le plan d'une ferme, le plan des petites villes, le nouveau cadastre dans les pays peu divisés, etc.
	— du vingt-millième.	$\frac{1}{20000}$	1/20 de millim. ou 0,000 05.	0m,05	20 mètres.	Pour les champs de bataille, les reconnaissances militaires, les cartes cantonales, etc.
	— du deux-cent-millième.	$\frac{1}{200000}$	1/200 de millim. ou 0,000 005.	0m,005	200 mètres.	Même emploi que le $\frac{1}{100000}$ lorsque le terrain est plus étendu.
3e Série d'Échelles décimales, pour lesquelles le millimètre est habituellement divisé en 5, et le double décimètre, divisé en demi-décimètre numéroté 10, 20, 30...ou 100, 200, 300..., de deux en deux 20, 30..., ou 100, 200, 300... centimètres.	Échelle du cinquième.	$\frac{1}{5}$	20 centimètres ou 0,20.	200 mètres.	0m,005	Emploi analogues à celui des échelles précédentes et subordonné au but de la carte, ainsi qu'à l'étendue et aux détails du terrain.
	— du cinquantième.	$\frac{1}{50}$	2 centimètres ou 0,02.	20 mètres.	0m,05	
	— du cinq-centième.	$\frac{1}{500}$	2 millimètres ou 0,002.	2 mètres.	0m,50	
	— du cinq-millième.	$\frac{1}{5000}$	1/5 de millim. ou 0,000 2.	0m,20	5 mètres.	
	— du cinquante-millième.	$\frac{1}{50000}$	1/50 de millim. ou 0,000 02.	0m,02	50 mètres.	
	— du cinq-cent-millième.	$\frac{1}{500000}$	1/500 de millim. ou 0,000 002.	0m,002	500 mètres.	
4e Série. — Échelles diverses, pour lesquelles les intervalles numérotés 1, 2, 3... 10, 20, 30... ne sont plus des multiples du millimètre, et qui exigent par conséquent des divisions spéciales.	Échelle du quarante-millième.	$\frac{1}{40000}$	1/40 de millim. ou 0,000 025.	0m,025	40 mètres.	Deux fois plus petite que le $\frac{1}{20000}$ ou moitié.
	— du quatre-vingt-millième.	$\frac{1}{80000}$	1/80 de millim. ou 0,000 012 5.	0m,0125	80 mètres.	Moitié du $\frac{1}{40000}$: ou quart du $\frac{1}{20000}$.
	— du trois-cent-vingt-millième.	$\frac{1}{320000}$	1/320 de millim. ou 0,000 003 125.	0m,003125	320 mètres.	Quart du $\frac{1}{80000}$: ou seizième du $\frac{1}{20000}$. (Employées par l'état-major pour la carte de France.)
	— du douze-cent-cinquantième.	$\frac{1}{1250}$	4/5 de millim. ou 0,000 8.	0m,80	1m,25	Double du $\frac{1}{2500}$: ou quadruple du $\frac{1}{5000}$.
	— du deux-mille-cinq-centième.	$\frac{1}{2500}$	2/5 de millim. ou 0,000 4.	0m,40	2m,50	Deux fois plus grande que le $\frac{1}{5000}$: ou double. (Employées par l'ancien cadastre.)
	— du cent-quarante-quatrième.	$\frac{1}{144}$	0m,006 944.	6,944..	0,144	ÉCHELLES DUO-DÉCIMALES (multiples de 12). Employées avant l'adoption du système métrique, notamment par VERNIQUET, pour le *Plan de Paris*; pour la *Carte des chasses*, et, par CASSINI, pour la *Carte de France*.
	— du deux-cent-quatre-vingt-huitième.	$\frac{1}{288}$	0m,003 472 2.	3,472..	0,288	
	— du vingt-huit-mille-huit-centième.	$\frac{1}{28800}$	0m,000 034 722.	0,03472..	28,80	
	— du quatre-vingt-six-mille-quatre-centième.	$\frac{1}{86400}$	0m,000 011 574.	0,011574	86,40	

8. Planimétrie. — Figuré du relief ou nivellement. —
L'ensemble des détails que le topographe juge utile de reproduire sur un plan forme ce qu'on appelle la *planimétrie* ; c'est
ce que l'on trouve, par exemple, sur toutes les feuilles de l'ancien cadastre, mais, aujourd'hui surtout, ce n'est pas assez.
L'agriculteur en effet, comme l'ingénieur, a souvent besoin,
en outre de la planimétrie, de connaître les ondulations du
sol sur lequel il veut cultiver méthodiquement, tracer des
chemins pour son exploitation, creuser des rigoles pour la distribution et l'écoulement des eaux, etc. Or, pour traduire géométriquement ces formes du terrain, la topographie donne
des procédés dont l'ensemble prend le nom de *figuré du relief*,
qui a pour base une opération du terrain appelée *nivellement*.

Ainsi un plan ne doit véritablement s'appeler *topographique* que s'il comprend la planimétrie et le figuré du relief,
et ces deux grandes divisions feront l'objet chacune d'une
étude spéciale.

9. Opérations du terrain. — Opérations du cabinet. —
La planimétrie, de même 'qui le nivellement, nécessitent
d'abord des opérations sur place qui se traduisent, au cabinet,
par des calculs et des dessins.

* Pour obtenir plus de célérité et, par suite, plus d'économie,
il existe une tendance, pour les grandes opérations, à appliquer la division du travail, c'est-à-dire à former des brigades
d'opérateurs chargés exclusivement du terrain, et des bureaux
de dessinateurs, employés uniquement à la construction des
plans à l'aide des documents fournis par ces opérateurs, et au
calcul des surfaces. Nous n'avons pas à juger ici les avantages
et les inconvénients de cette méthode, mais, dans la limite
des modestes travaux topographiques que nous considérons
dans cet ouvrage, nous ne la croyons pas praticable ; donc, en
rentrant du terrain, notre opérateur laissera le goniomètre et
la chaîne pour le crayon, l'échelle et le tire-ligne.

**10. Précision topographique. — Importance relative
des aides. —** Quand il s'agit d'opérations importantes par
leur étendue, sur plusieurs kilomètres par exemple, la précision se discute à l'aide de certaines formules déduites, notamment, de la théorie des erreurs, mais, dans notre cadre réduit,

ces discussions savantes ont beaucoup moins d'intérêt ; cependant nous appliquerons, à l'occasion, quelques-unes de ces formules (145).

Nous plaçant à un tout autre point de vue, nous croyons utile de donner, dès maintenant, quelques conseils généraux utiles à suivre, dans la pratique, pour éviter de fréquentes erreurs.

Tout d'abord nous appellerons l'attention sur l'aide ou *chaîneur*, indispensable à tout opérateur, parce qu'il est certainement l'un des facteurs importants de la précision. Il faut qu'il soit intelligent, habile et de bonne volonté. S'il remplit ces conditions, il se formera vite, pourvu qu'il soit, surtout à ses débuts, bien dirigé et constamment surveillé. A quoi servirait, par exemple, à un géomètre d'apporter tous ses soins à la mesure d'un angle, à l'aide d'un instrument convenable, si son chaîneur plantait les jalons qui en déterminent les côtés à plusieurs centimètres de leur vraie position? Dans la mesure des distances, également, il importe que le porte-chaîne, avant de poser sa fiche, prenne les précautions que nous indiquerons plus tard (153) ; autrement, l'exactitude espérée ne serait qu'illusoire.

En général il y a avantage à opérer avec deux aides, surtout lorsque l'un a déjà une certaine pratique ; cependant, bien souvent le géomètre n'en a qu'un, et c'est pourquoi, dans les opérations pour lesquelles il faut deux agents agissant simultanément, comme dans la mesure des longueurs par exemple, nous supposerons que le rôle principal est rempli par l'opérateur.

Le but du travail, de même que l'échelle du plan, détermineront les instrument et les méthodes à employer, le plus ou moins de soins à observer. Un arpentage de moissons se fera plus lestement qu'un bornage, et un géomètre apportera plus de minutie dans un levé destiné à être rapporté au 1/500, que dans un autre à rapporter seulement au 1/2 000. La nature des détails à figurer exige aussi plus ou moins d'attention suivant leur importance : un fossé ou une haie présentent ordinairement plus d'incertitude dans leur position qu'un bon mur de clôture ou une ligne de bornes, de même un mauvais hangar contigu à un solide bâtiment. D'un côté, une distance ou une direction approximatives suffiront, tandis que, de l'autre, si l'échelle le permet, la position rigoureuse sera assurée par les mesures nécessaires.

11. Vue d'ensemble d'une opération topographique étendue. — Avant d'arriver à la commune qui sera, nous l'avons dit, le champ maximum de nos modestes opérations, considérons la France entière. Les ingénieurs géographes militaires, que leurs études théoriques et l'organisation de leurs corps désignent spécialement pour ces savants et minutieux travaux, ont déterminé d'abord sur toute l'étendue de notre territoire, un grand nombre de points, tels que clochers, tours, signaux construits spécialement, etc., distants entre eux de 20 à 40 kilomètres et constituant les sommets de triangles se rapprochant autant que possible, de la forme équilatérale ; puis ils ont mesuré avec le plus grand soin et par des observations jusqu'à cinquante fois répétées et en tenant compte de divers phénomènes physiques et météorologiques, tous les angles de cet immense réseau triangulaire ; enfin ils ont choisi une base indispensable, ainsi que quelques autres pour vérifications, les ont mesurées avec des précautions extrêmes et rattachées par des angles aux triangles voisins du réseau. Ayant ainsi obtenu tous les éléments nécessaires, ils se sont livrés ensuite à des milliers de longs et fastidieux calculs desquels ils ont déduit, avec la longueur de tous les côtés projetés sur la surface courbe des mers supposée prolongée, la position de tous les sommets, par rapport à la méridienne de Paris (longitude) et à l'équateur (latitude) ; en d'autres termes, ils ont déterminé les deux *coordonnées géographiques* de chaque point *trigonométrique* par des opérations *astronomiques* et *géodésiques* combinées.

Mais tous ces points étaient destinés à figurer sur une surface plane pour former le *canevas* de la carte topographique de la France, à une échelle donnée, le 1/80 000 ; or la surface terrestre sur laquelle ils ont été projetés n'est pas *développable*, c'est-à-dire qu'on ne pourrait l'appliquer sur un plan sans plis ou déchirures. Pour résoudre cette difficulté, ou du moins pour l'atténuer, car il est impossible de la supprimer complètement, l'état-major français a admis un système spécial de projection imaginé par Bonne, ingénieur hydrographe française vers le milieu du xviiie siècle, qui a nécessité aussi un grand nombre de calculs.

Les mailles de ce premier canevas, qu'on appelle la *triangulation* de premier ordre, présentent une admirable précision, mais en raison de leur grande étendue, il ne serait pas possible d'y intercaler sans erreur les détails des levés topographiques ; aussi les ingénieurs militaires ont-ils rattaché à ce primordial réseau, une triangulation de deuxième ordre, également très précise et dont les côtés ont de 10 à 15 kilomètres ; puis, dans le deuxième ordre, un troisième ordre, plus rapidement levé, où ils n'ont plus que quelques kilomètres. Dans ce troisième ordre, dont les sommets sont aujourd'hui en grande partie disparus, les géomètres du cadastre (ch. VI) ont disséminé quelques points qui formaient une triangulation de quatrième ordre sur laquelle ils ont appuyé leurs opérations de détail. Le troisième ordre se reconstitue aujourd'hui par les officiers du service géographique de l'armée et sert de base à la nouvelle triangulation cadastrale, déjà exécutée en diverses communes, avec des côtés de 1 à 2 kilomètres.

C'est dans ces dernières limites de quelques kilomètres, fixées par des spécialistes, que nous nous proposons d'agir ; mais alors, comme nous le disions au début (3), les complications amenées par la courbure, ou plutôt par les *courbures*, de la terre disparaissent et nous restons dans les applications élémentaires de la géométrie *plane*.

12. Idée d'ensemble d'un levé topographique ordinaire et de son plan. — Le modeste géomètre rural ou communal, que nous devenons maintenant, va agir dans sa sphère comme le géodésien sur la surface de la France entière. Pour nous, les quelques points disséminés dans notre commune ou dans son voisinage vont être les astres immuables que nous observerons souvent pour la garantie de notre précision.

Entre ces points, nous en choisirons quelques autres pour former, comme on l'a dit (11), notre *triangulation cadastrale*, puis, resserrant encore les mailles de ce petit réseau communal, nous tracerons, sur les routes, sur les chemins, aux bords des cours d'eau et même dans les champs, dans le voisinage des sommiers (1) parcellaires, partout en un mot où ce sera facile et utile, des lignes droites déterminées par des piquets, s'appuyant sur la triangulation, et dont l'ensemble formera non plus un réseau triangulaire, mais un treillis polygonal, une sorte de toile d'araignée qui nous servira *à rattacher*, à prendre tous les détails du terrain (Voy. notamment les Pl. I, p. 222 ; II, p. 254, et V, p. 318).

Puis, après avoir choisi l'échelle de notre plan, nous construirons sur le papier, après quelques calculs préliminaires, et dans le rapport indiqué par l'échelle, d'abord notre petit réseau triangulaire, auquel nous rattacherons nos *polygones topographiques*, ensuite dans les mailles de ceux-ci nous dis-

---

(1) On appelle ainsi les lignes, droites ou brisées, formées par les extrémités de plusieurs parcelles de terre contiguës.

poserons, à l'aide des cotes relevées, tous les détails du sol, que nous tracerons à l'encre ; enfin nous appliquerons les teintes conventionnelles et nous aurons ainsi constitué la *planimétrie* du plan. Pour y figurer de plus les ondulations du terrain, il faudra procéder sur place à un travail de *nivellement* à l'aide duquel on tracera, sur le dessin, certaines lignes conventionnelles dont nous parlerons plus tard (211) et qui constitueront le *figuré du relief*, lequel, d'ailleurs devra précéder le lavis.

II

INSTRUMENTS

Nota. — La plupart des instruments que nous donnons sont tirés des collections de l'Institut agronomique, et nous devons à l'obligeance de MM. Ponthus et Therrode la communications des clichés.

Pour opérer sur le terrain, certains instruments sont nécessaires ; nous distinguerons :

1° Les accessoires et détails divers ;

2° Les instruments pour la mesure des longueurs ;

3° Les instruments pour la mesure des angles ;

4° Les instruments pour la mesure des hauteurs ;

5° Les instruments mixtes, à l'aide desquels on obtient, à la fois, deux ou trois des éléments ci-dessus ;

6° Les instruments graphiques de terrain.

7° Enfin nous terminerons par l'examen des instruments spéciaux employés au bureau.

Nous allons examiner successivement ces diverses séries d'instruments, d'ailleurs fort nombreux, mais nous arrêtant seulement à ceux qui conviendront à l'importance relative de nos opérations, et, pour chacun d'eux, nous donnerons la description et l'usage, réservant, pour le chapitre suivant, les importantes questions de vérification et de réglage, ainsi que les considérations sur les *fautes*, les *erreurs* et la *précision*.

§ I. — OBJETS ET DÉTAILS ACCESSOIRES

13. Piquets et bornes. — Les sommets des triangles ou des polygones seront d'abord fixés par des *piquets* (fig. 2) ou des *bornes* (fig. 3), dont l'importance sera en rapport avec leur durée utile, la nature du sol, etc. Pour quelques mois, par exemple, des piquets en bois, plus ou moins longs selon la densité du sol, seront suffisants, mais si l'on prévoyait une utilité de plus longue durée, par exemple pour rattacher

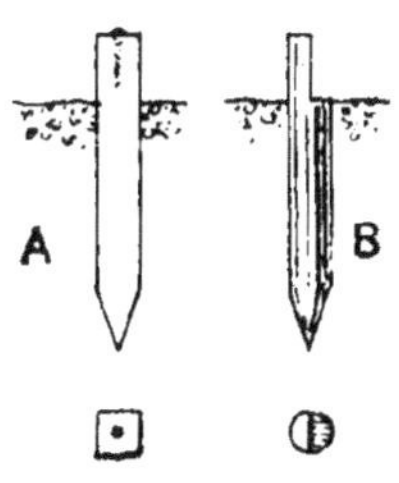

Fig. 2. — Piquets d'angle et de nivellement.

des opérations ultérieures telles que d'autres levés, des tracés de drainage ou d'irrigation, etc., il serait préférable de sceller solidement, du moins aux points principaux, une borne en pierre taillée régulièrement à sa partie supérieure, avec son point central fortement gravé.

Quand les piquets doivent servir au nivellement, il est bon de ménager à la tête une surface horizontale non soumise à l'action du marteau ; c'est pourquoi on entaille ces piquets à mi-bois, à quelques centimètres en contre-bas (fig. 2, **B**). Sur la partie verticale de l'entaille, qui reste en saillie au-dessus du sol, on inscrit le numéro du piquet, et c'est la partie horizontale, non émoussée, qui est nivelée.

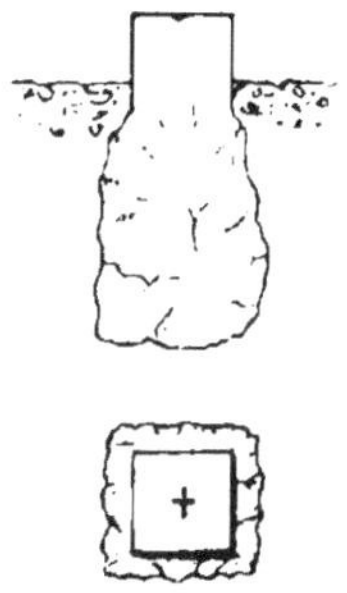

14. Jalons et jalonnettes, voyants. — Pour opérer sur place, un certain nombre de *jalons* et *jalonnettes* sont aussi indispensables. On appelle ainsi des tiges en bois ou en fer de 1^m,50 à 2 mètres de longueur (fig. 4), terminées en pointe à leur partie inférieure et fendues à l'autre extrémité pour introduire un papier blanc appelé *voyant* ; ces tiges sont destinées, entre autres usages, à projeter verticalement, au-dessus du sol, les sommets des angles marqués par les piquets, en observant certaines conditions que nous signalerons plus tard (40).

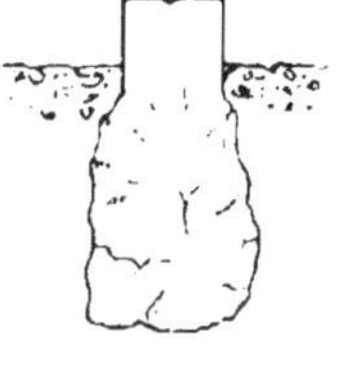

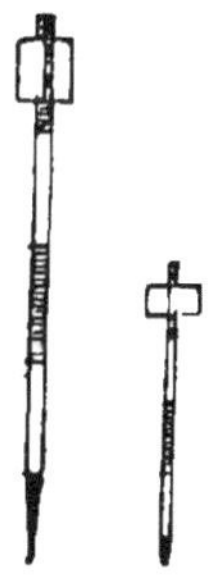

Fig. 3. — Borne.

Fig. 4. — Jalons.

Le nom de *jalonnettes* est plus spécialement réservé aux jalons formés de branches d'arbres plus ou moins rectilignes.

15. Fil à plomb. — La verticalité se détermine à l'aide du *fil à plomb* (fig. 5), accessoire aussi important dans les instruments angulaires que dans la mesure des longueurs. Il se compose d'un corps métallique de 300 grammes environ, cylindrique, cylindroconique ou biconique, disposé à l'extrémité d'une ficelle qui s'enroule autour d'une planchette échancrée.

16. Marteau. — Couteau. — Crayons. — Dans le sac renfermant les piquets, il faudra ajouter un marteau, un fort couteau à plusieurs lames dont une scie, des crayons et pierres diverses, noires et rouges.

17. Les supports : Bâtons et Trépieds. — La plupart des instruments topographiques doivent être placés à peu près à la hauteur de l'œil de l'observateur ; à cet effet, on les dispose sur de simples bâtons terminés à leur partie inférieure par une pointe et à l'autre bout par une douille légèrement tronconique ; ces deux extrémités sont ordinairement *ferrées*. Pour les sols ou les sommets d'angles dans lesquels le bâton ne pourrait entrer suffisamment, on remplace ce dernier par un trépied simple formé d'une douille en bois D et de trois branches que l'on fixe à cette dernière par des vis de serrage S (fig. 6).

Fig. 5. — Fil à plomb.

Au lieu d'une douille pour les recevoir, d'autres instruments sont fixés, à l'aide de divers systèmes, sur un plateau maintenu dans une position à peu près horizontale par trois tiges, simples ou doubles, que l'on enfonce dans le sol.

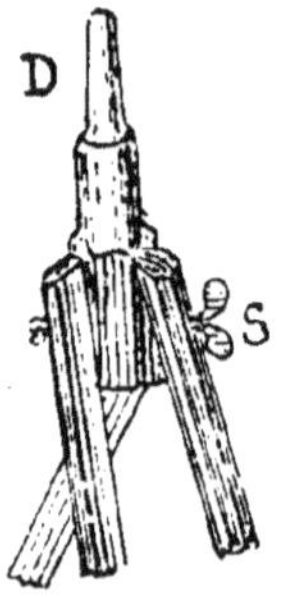

Dans beaucoup de ces trépieds une pièce de liaison appelée *pompe*, et dont la partie principale est un ressort à boudin enfermé dans un tube, traverse le centre du plateau et s'engage dans l'axe taraudé de l'instrument qui devient solidement fixé au plateau après quelques tours de vis (fig. 7).

Fig. 6. — Trépied simple.

18. Plateaux à translation. — Une addition heureuse a été apportée, dans ces derniers temps, à ces plateaux dont le centre, qui doit être placé sur la verticale d'un point du sol, n'est amené souvent à cette position qu'après de laborieux tâtonnements, comme nous le verrons plus loin (69-3º). Pour remédier à cet inconvénient on a imaginé, sur le premier plateau, un second plateau mobile, dit *plateau de translation*, qui se déplace à volonté de quelques centimètres, grâce à d'ingénieuses combinaisons ; c'est ce second plateau qui reçoit

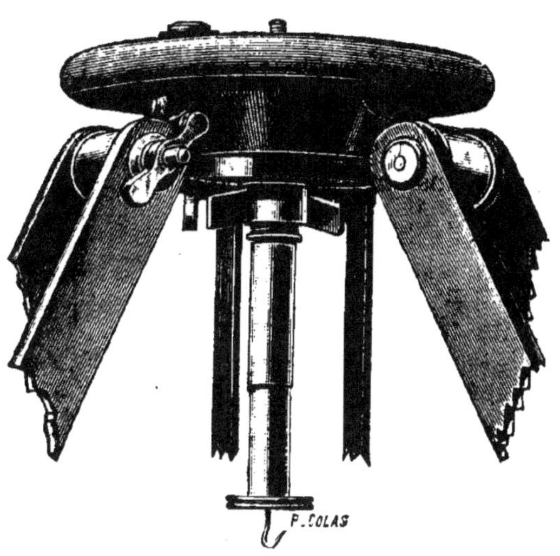

Fig. 7. — Plateau de translation.

l'instrument, dont l'axe, par ce mouvement de translation, est alors facilement placé sur la verticale du point.

C'est dans ces conditions qu'est construit le trépied de la figure 7. En desserrant l'écrou placé près du premier plateau, à la partie supérieure de la tige cylindrique ou *pompe*, le large plateau devient mobile et reprend la fixité, dans sa nouvelle position, par le serrage de cet écrou.

19. Rotules, genou à coquille, genou de Cugnot. — Il est souvent utile d'imprimer un mouvement d'ensemble, et dans divers sens, aux instruments topographiques ; c'est ce qui a donné naissance aux *rotules* et aux *genoux* divers, dont la sphère ou le cylindre sont les éléments principaux.

Dans le *genou à coquille*, par exemple, tel que celui du graphomètre (fig. 50, p. 65), une sphère, fixée d'une façon quelconque à l'instrument, peut être serrée entre deux mâchoires évidées sous la forme d'une *coquille* sphérique, de même rayon que celui de la sphère, qu'elles viennent presser à l'aide d'une vis disposée à cet effet, et qui sont reliées par leur partie inférieure à une douille ordinaire. Le niveau d'eau (fig. 80) possède également une douille avec genou à coquille.

Dans le *genou à la Cugnot*, l'âme est formée par deux cylindres qui se pénètrent perpendiculairement en arrachement et donnent deux mouvements amenant successivement l'instrument qu'ils supportent dans deux positions horizontales rectangulaires.

Se basant sur ces éléments et les modifiant au besoin, les constructeurs ont imaginé des combinaisons ingénieuses et variées qui permettent de donner, plus ou moins rapidement, les positions utiles aux plateaux des trépieds ; il serait trop long de les décrire ici ; la figure 7 montre l'une de ces dispositions, ainsi que le pied de la planchette (fig. 91, p. 132).

20. Les vis et les ressorts. — Les vis jouent un grand rôle dans les instruments topographiques, non seulement comme organes d'adhérence définitive, mais encore comme organes de translation, de fixité temporaire et de réglage. Tantôt en effet, s'appuyant sur un point résistant, elles font monter ou descendre, suivant le sens du mouvement qui leur est imprimé, les épaisseurs creusées en forme d'écrou, qu'elles traversent (vis de calage). Tantôt elles serrent **des** pinces d'arrêt pour souder en quelque sorte, momentanément, deux pièces l'une contre l'autre (vis de serrage) ; d'autres fois, par une ingénieuse disposition et grâce à leurs pas très petits, elles impriment à volonté, dans un sens ou dans le sens opposé, des mouvements très modérés aux arrêts temporaires (vis micrométrique ou de rappel) ; ailleurs enfin, par leurs positions opposées, elles permettent de régler certaines pièces déplacées (vis de réglage), ou elles servent de butoirs pour amener les organes dans des positions déterminées (vis de butée).

Les ressorts sont, en général, opposés aux vis dont ils sont la contre-partie ; ils sont formés quelquefois d'une lamelle métallique flexible et, plus souvent, par une spirale comprimée dans un petit tube cylindrique.

21. Niveau à bulle d'air. — **Nivelles.** — Nous étudierons ici le *niveau à bulle d'air*, parce qu'il est un organe appliqué à plusieurs instruments de la planimétrie aussi bien que du nivellement.

On sait qu'on appelle surface *horizontale* celle qui, en chacun de ses points, est perpendiculaire ou normale à la direction du fil à plomb, comme la surface des eaux tranquilles, par exemple. En raison de la courbure de la terre, cette surface n'est pas *plane*, mais nous pouvons la considérer comme telle, étant donné le peu d'étendue relatif de nos opérations (3).

Or l'horizontalité d'un plan, dans les instruments topographiques, est presque toujours une nécessité, d'abord pour obtenir directement, et sans calculs, la projection de la surface du sol, ensuite pour servir de base à l'établissement de lignes et de plans verticaux, non moins utiles que les plans horizontaux ; le *niveau à bulle d'air*, qui dans ces applications prend le nom de *nivelle*, va nous permettre d'obtenir avec précision la position de ces plans.

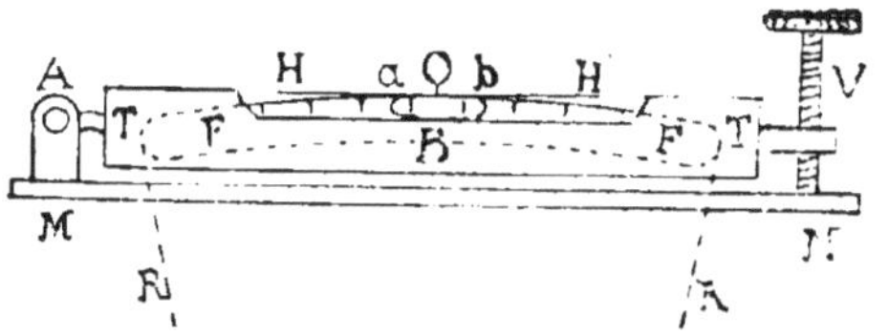
Fig. 8. — Niveau à bulle d'air, théorique.

Soit (fig. 8 et 9) un tube creux en verre F d'un diamètre de $0^m,01$ environ, légèrement recourbé, suivant un rayon R très variable (ici très diminué), qui s'étend approximativement, en topographie, de 10 à 50 mètres. Dans ce tube, ou *fiole*, fermé d'un bout, et dont l'intérieur doit être soigneusement rodé, on introduit un liquide très fluide, résistant à la gelée et qui est, pour cette raison, de l'alcool, de l'éther ou un mélange de ces deux éléments, de façon qu'il ne reste, après la fermeture absolue du tube, qu'un petit espace vide, de 2 à 5 centimètres de longueur. Cet espace B est occupé par l'air emprisonné, mélangé avec les vapeurs du liquide, et c'est à ce mélange que l'on donne le nom de *bulle d'air*. En raison de sa plus faible densité, la bulle occupe toujours la partie la plus élevée de la fiole et c'est cette propriété qui est appliquée pour déterminer une horizontale.

Dans ce but, et pour rendre pratique la manœuvre de la fiole, on a logé celle-ci dans un tube cylindrique T en cuivre, évidé dans le sens de ses génératrices, de façon à laisser visible une longueur suffisante de la fiole de part et d'autre de son point central O, symétrique de plusieurs divisions gravées sur le verre.

A l'aide d'une vis de réglage V, qui s'appuie sur une règle métallique MN, le tube T peut pivoter autour d'un petit arbre horizontal **A** dont le support repose sur cette même règle, et la position du point O est telle que lorsque la règle MN est horizontale la tangente HH', en O, à la courbe de la fiole, dans son plan diamétral, est aussi horizontale ; alors les extrémités de la bulle B s'étendent de part et d'autre de O à des distances égales a, b, et que l'on dit, dans ce cas, que la bulle est *entre ses repères* ou qu'elle est *réglée*. La vis V a pour objet de l'amener dans cette position, si elle s'en écarte ; en d'autres termes, de rétablir le parallélisme entre la règle M et la tangente HH', s'il est détruit. La tangente HH' est désignée souvent sous le nom d'*horizontale de la bulle*.

Fig. 9. — Niveau à bulle d'air.

Nous donnons (fig. 9) le niveau précédemment décrit tel qu'il existe dans le commerce. On voit, sur la droite de cette figure, la petite clé de rectification c correspondant à la vis V de la figure 8.

22. Réglage de la bulle. — Méthode du retournement. — Dans les niveaux à bulle ordinaires, à l'usage des maçons, des menuisiers, etc., ce parallélisme est établi souvent une fois pour toutes par le constructeur, qui supprime l'articulation A et remplace la vis par un second support fixe ; mais, pour les instruments de précision, on conserve A et V, afin de pouvoir annuler, comme nous le disons plus haut (21), le dérèglement de la bulle, s'il y a lieu. A cet effet, comme on n'a pas toujours un plan horizontal à sa disposition, on procède par la *méthode du retournement*, que nous aurons plus d'une fois à appliquer.

Soit un niveau K, réglé (21) ou non (fig. 10, **A**), et PS la trace d'un plan quelconque faisant avec l'horizon PX un petit angle α, dont nous ignorons la valeur ; posons la règle MN sur ce plan et ramenons la bulle entre ses repères à l'aide de la vis V ; l'horizontale HII′ fera avec PS, et MN par conséquent, un angle HSP égal à α et inconnu comme lui. *Retournons* maintenant *bout pour bout* la règle MN, le niveau prendra la position indiquée dans la figure 10, **B**, et la bulle, occupant la partie supérieure de la fiole (21), s'écartera de sa position normale précédente *ab*, d'un arc

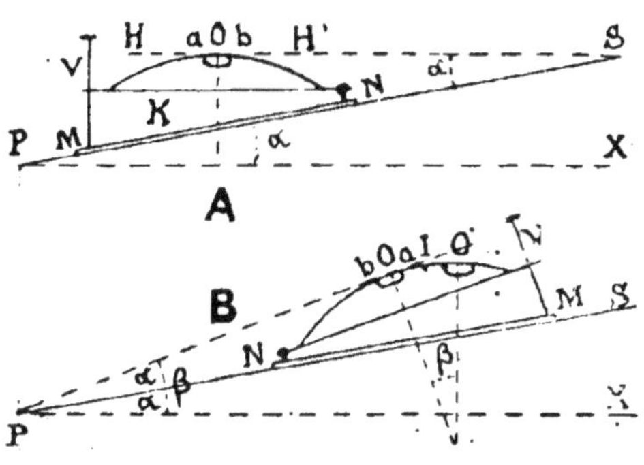

Fig. 10. — Réglage de la bulle du niveau.

OO′, connu et qui mesure l'angle au centre β égal à 2 α, car il est facile de voir que ces angles ont leurs côtés respectivement perpendiculaires ; donc on a :

$$\text{Dérèglement du niveau } \alpha = \frac{\beta}{2}$$

et, pour le corriger, il faudra agir sur la vis V afin de ramener le centre de la bulle sur le milieu I de l'arc OO′.

Ainsi le retournement, en doublant une inconnue, nous a permis de déterminer la valeur de cette dernière.

On remarquera qu'au lieu d'apprécier la valeur de l'arc OO′ (fig. 11) de centre à centre des positions de la bulle, on pourra le faire en prenant comme limites de cet arc entre les deux positions les extrémités *a, a′* de même sens de cette bulle, pourvu toutefois que la bulle, dans ses deux positions, garde la même longueur, ce qui n'aurait pas lieu s'il survenait, entre les deux lectures, un notable changement de température.

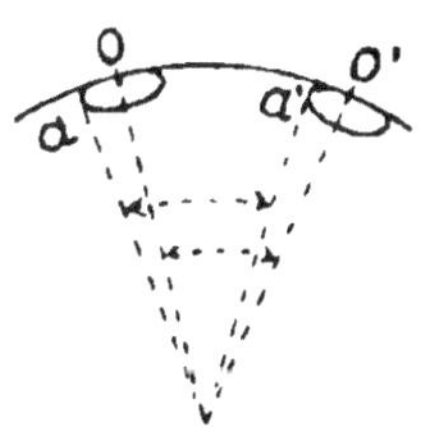

Fig. 11. — Écartement mesuré entre les centres ou les tangentes à la bulle.

Pour s'assurer de l'exactitude du réglage de la bulle obtenu à l'aide de la vis V, comme il est dit précédemment, on n'aura qu'à faire *sur le même plan,* après avoir noté les divisions limites de la bulle, un nouveau retournement (fig. 12) qui devra la ramener dans une position identique comprise entre des divisions du même numérotage que les précédentes.

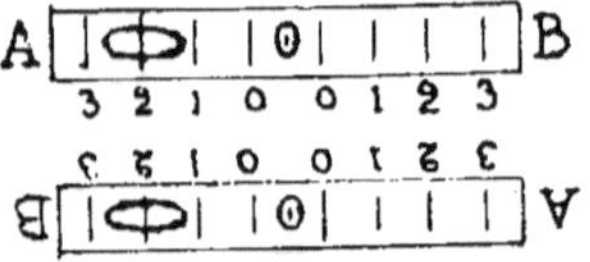

1ʳᵉ position de la bulle (avant le retournement).

2ᵉ position de la bulle (après le retournement).

Fig. 12.

Si le plan P, sur lequel on pose le niveau, était muni d'organes lui permettant une certaine mobilité, on agirait sur eux pour l'amener sur l'horizontale PX (fig. 10), ce qui aurait lieu lorsque la bulle se trouverait sur le milieu O ; mais alors il serait bon de faire encore le retournement et de rectifier à nouveau, moitié avec la vis V, moitié avec les organes de mobilité du plan, dans le cas où il y aurait encore un écart supérieur à une division de la fiole. Enfin, au lieu de déplacer le niveau bout pour bout, dans les retournements, on arriverait à un résultat identique en faisant tourner le plan de 180° ou 200ᵍ autour d'un axe vertical, comme on le fait dans les instruments où le niveau est à demeure.

Dans les nivellements de haute précision, il peut être utile aussi de déterminer le rayon de courbure de la fiole, la valeur angulaire d'une de ses divisions, etc. Ces questions, d'ailleurs assez simples, seront résolues plus loin (147).

23. Nivelle. — Nous avons jusqu'à présent désigné sous le nom de *niveau* cet organe si précieux des instruments de précision, et ce nom lui est conservé avec raison quand il est employé en quelque sorte à l'état de nature, tel que le montre par exemple la figure 9, où il n'a d'autres annexes que sa règle support MN et sa vis de réglage V. Lui seul alors donne l'horizontalité aux ouvriers du bâtiment, aux mécaniciens, etc. ; pour eux il est un instrument complet. Mais comme annexe, bien que capitale, de la classe d'instruments qu'on appelle du nom générique de *niveaux,* en lui laissant son nom de niveau, il s'établissait souvent une confusion dans le langage ou les descriptions, que l'on n'évitait que par des périphrases plus ou moins diffuses ; c'est alors que le colonel Goulier, et la plupart des auteurs et constructeurs après lui, ont imaginé de donner le nom de *nivelle* aux niveaux à bulle, toutes les fois qu'ils ne sont plus qu'un organe, bien qu'essentiel, d'instruments plus complets, laissant à ces derniers le nom de *niveaux*.

24. Nivelle sphérique. — La nivelle *sphérique*, telle qu'on la voit dans la partie supérieure de la figure 78, est formée par une cavité cylindrique fermée, à sa partie supérieure, par une calotte sphérique en verre, au pôle de laquelle vient se loger la bulle quand le récipient, rempli dans les mêmes conditions que la fiole annulaire, est posé sur un plan horizontal ; elle abrège le calage, mais ne donne pas, ordinairement, une précision égale aux nivelles annulaires, à cause de sa construction le plus souvent moins soignée.

25. Génération des plans horizontaux et verticaux. — **Viseurs.** — Avec le niveau à bulle on détermine un plan horizontal (21) ; avec le fil à plomb ou un fil vertical quelconque et l'œil de l'observateur (40) on engendre le plan vertical, qui s'obtiendra aussi par deux verticales. C'est à l'aide de ces dernières que l'on réalisera, pratiquement, le *viseur* ou *alidade à pinnules*.

26. Viseur à pinnules. — Soit R une règle bien plane en bois, ou mieux en métal ; imaginons, vers chacune des extrémités, deux lames métalliques perpendiculaires à R, appelées *visières*, de 10 à 15 centimètres de hauteur, sur 2 à 3 centimètres de largeur, ces visières pouvant être, d'ailleurs, soit fixes, soit articulées. Entaillons dans l'une M une fenêtre

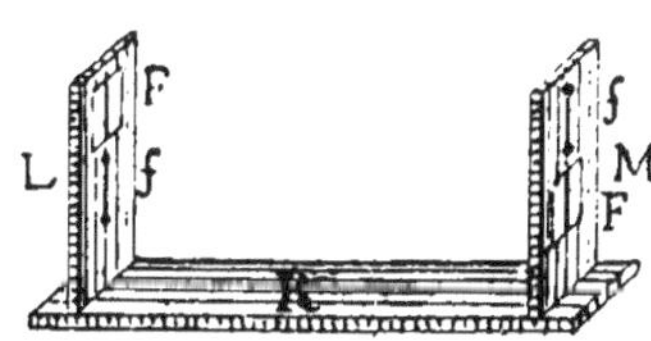

Fig. 13. — Viseur à pinnules.

F de 2 à 3 millimètres, dont l'axe sera marqué par un crin ou un fil, très fin, et dans l'autre L une fente *f* très étroite parallèle à cet axe ; si la règle R est posée sur un plan horizontal, le fil et la fente, tous deux perpendiculaires à R, déterminent un plan vertical, et si l'on approche l'œil de la fente, en regardant le fil de la pinnule opposée, on engendrera un *plan vertical de visée* dont la portée s'étendra jusqu'à la limite de la vue distincte, et dont la limite en hauteur variera avec la position de l'œil, qui permettra ainsi, par son déplacement, des visées *horizontales*, ou *ascendantes*, ou *plongeantes*.

Afin de ménager la visée dans deux sens opposés, dans chacune des visières on entaille une fenêtre et une fente en prolongement de l'axe, comme on le voit sur la figure 13. Sur le graphomètre (fig. 50) on remarquera un viseur à pinnules, ainsi que sur l'alidade Goulier (fig. 93).

Au lieu des dispositions qui précèdent, on peut pratiquer les fentes et les fenêtres de telle sorte que leurs axes se trouvent dans un plan diamétral d'un cylindre creux, suivant des génératrices ; alors, quand le cylindre sera vertical, les fentes et les axes des fenêtres le seront également (fig. 43). On peut encore les entailler, symétriquement à leur axe, dans les faces opposées d'un prisme régulier octogonal, et parallèlement à ses arêtes.

27. Lunettes. — Les plans de visée, ainsi définis, ont le grand inconvénient, au delà de la portée de la vision, de donner des directions incertaines et plus ou moins erronées selon ʝa largeur des fentes et l'épaisseur des fils. A 100 mètres, par exemple, l'erreur atteindra de un à deux décimètres ; aussi, depuis longtemps, dans beaucoup d'instruments, on leur a substitué les *lunettes*, appropriées dans ce but ; nous allons en donner une description sommaire, spécialement au point de vue topographique, renvoyant à l'optique pour la théorie.

Fig. 14. — Coupe d'une lunette topographique.

Les deux pièces essentielles de la *lunette topographique* sont l'*objectif o* et l'*oculaire e* (fig. 14) situés aux extrémités des tubes J et E entre lesquels on interpose un tube intermédiaire R. Ces trois tubes, placés sur le même axe, peuvent entrer à frottement doux les uns dans les autres. L'objectif, que l'on tourne vers l'objet à viser, se compose d'une *lentille biconvexe*, à laquelle on juxtapose souvent, à l'intérieur, une lentille *plan-concave* pour détruire les effets d'*irisation* produits par les rayons lumineux : on dit alors que l'objectif est *achromatique*. L'oculaire est formé aussi de *deux lentilles*, *plan-convexes*, mais non en contact, et c'est de son côté que l'observateur regarde l'objet, par un petit orifice appelé *œilleton* situé au centre d'un petit disque fermant le tube. J est le *porte-objectif* et E le *porte-oculaire*.

28. Réticule. — Rôle de l'objectif et de l'oculaire. — Dans le tube *porte-réticule* R on a disposé, perpendiculairement à son axe, un *diaphragme* percé à son centre d'une petite ouverture circulaire sur laquelle sont tendus deux fils d'araignée, l'un suivant le diamètre horizontal et l'autre suivant le diamètre vertical, et souvent, pour des raisons que nous verrons plus tard, d'autres fils sont disposés symétriquement et parallèlement aux fils axiaux ; dans beaucoup d'instruments, on a remplacé ces fils bien fragiles par des traits gravés, à la pointe de diamant, sur une mince plaque de verre fixée dans le diaphragme ; c'est l'ensemble de ces fils ou traits que l'on appelle le *réticule*, dont la monture, par une disposition particulière, peut légèrement se mouvoir dans son plan suivant divers sens, pour le réglage.

Le rôle de l'objectif est de recevoir les rayons lumineux émanant de l'objet visé et de les transmettre dans le voisinage de cette lentille, où ils forment une image, très réduite et renversée, de cet objet. C'est en ce point, situé à l'intérieur du porte-objectif, et sur son axe (et que l'on appelle quelquefois le foyer de l'objectif, bien qu'il en diffère quelque peu), que doit se trouver le plan du réticule ; mais la position de l'image varie avec la distance de l'objet qui la produit, il faut donc que le réticule puisse se mouvoir sur l'axe ; ce mouvement est obtenu à l'aide d'une crémaillère et d'un pignon qu'on actionne en tournant un bouton.

Quant à l'oculaire, son but est de donner la netteté au réticule et à l'image en les portant à la distance de la vue distincte ; or, comme celle-ci varie avec les observateurs, il faut que le porte-oculaire puisse se déplacer par rapport au réticule, comme celui-ci par rapport à l'objectif ; mais comme ce déplacement n'a besoin d'être opéré qu'une fois pour chaque vue, l'agencement qui le permet est plus simple : il consistera, par exemple, en un pas de vis ingénieusement disposé, reliant le porte-réticule au porte-oculaire, et à l'aide duquel ce dernier peut avancer ou reculer sans secousse ; quelquefois même ces mouvements s'obtiennent en tirant ou en poussant, mais alors il y a plus à craindre un dérangement dans l'ensemble.

29. Axe optique ; ligne de visée. — Le centre de l'objectif et la croisée des fils du réticule déterminent ce que l'on appelle l'*axe optique de la lunette*, et c'est cet axe qui est la *ligne de visée.*

On conçoit qu'il est de la plus haute importance, pour la précision, que la direction de cette ligne ne soit pas modifiée par un ballottement du tube porte-réticule (157) ; quant à son déplacement accidentel, nous verrons plus tard comment on peut le constater et le corriger au besoin (158).

30. Mise au point de la lunette. — La visée, à l'aide de la lunette, est précédée de la *mise au point* de cet instrument, qui consiste en deux opérations successives : le *réglage de l'oculaire*, à faire une seule fois pour un même observateur, et *celui de l'objectif*, qu'il faut répéter chaque fois que la distance de l'objet visé diffère notablement de celle de l'objet observé précédemment.

Pour régler l'oculaire, on dirige la lunette sur une surface suffisamment éclairée et de nuance uniforme, comme un mur blanc, un coin du ciel, etc., et l'on tire ou l'on pousse le tube porte-oculaire jusqu'à ce que les fils du réticule se détachent nettement. Pour le réglage de l'objectf, on dirige la lunette approximativement sur l'objet, puis on agit sur le pignon P qui entraîne à la fois le réticule et l'oculaire, jusqu'à ce que l'image soit distincte. A ce moment, on doit apercevoir à la fois, dans le même plan, l'image et les fils. Si ceux-ci, en déplaçant légèrement l'œil, semblent se mouvoir, c'est qu'il y a *parallaxe*, c'est-à-dire défaut de coïncidence parfaite avec l'image ; alors il faut, par tâtonnement, agir de nouveau très légèrement sur le pignon, puis au besoin sur l'oculaire, pour que cette parallaxe soit détruite, sans avoir altéré la clarté de l'image ni la netteté du réticule.

31. Alidade à lunette. — On substitue avec grand avantage la lunette précédemment décrite aux pinnules des alidades indépendantes, comme on l'a fait pour celle employée avec la planchette (fig. 92), mais c'est bien plus encore dans leur application aux goniomètres qu'elle sera précieuse, comme nous le verrons plus tard (67).

32. Mires. — Les mires sont des règles divisées, accessoires indispensables des niveaux et des tachéomètres, dont la description précède immédiatement celle de ces instruments et à laquelle nous renvoyons (92).

33. Vernier. — Approximation qu'il donne. — On appelle *vernier* un ensemble de divisions égales établies dans des conditions spéciales pour évaluer de très petites parties d'un autre système de divisions égales gravées sur le bord ou limbe d'une règle ou d'un cercle. C'est à Vernier, mathématicien français du xviie siècle, que l'on doit cette ingénieuse combinaison, aussi simple que pratique, que nous allons exposer.

Soit AB (fig. 15, **D**), un arc divisé dont chacune des parties est égale à D, *ab* un autre arc de même rayon que le précédent auquel il

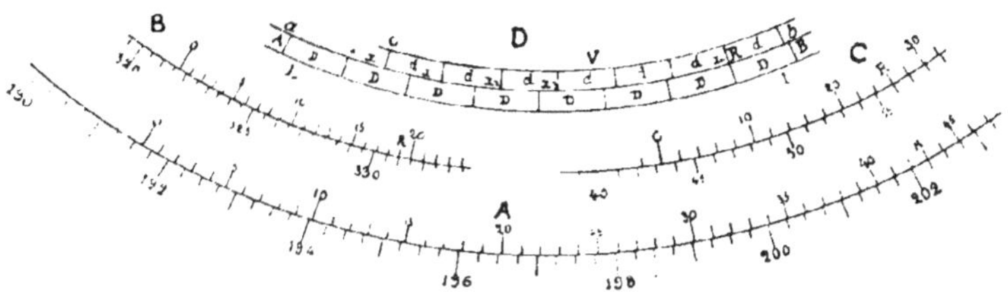

Fig. 15. — Théorie du vernier. — Verniers divers.

est concentrique, et qui, par conséquent, se confond avec lui; prenons, sur AB, $(n - 1)$ divisions et portons la longueur $(n - 1)$D sur *ab*, puis divisons-la en n parties ; on aura, pour la valeur d de chacune de ces parties :

$$d = \frac{(n - 1)\,D}{n} = D - \frac{D}{n}$$

ab est le *vernier*, et il résulte de ce qui précède que la différence $D - d$ entre une division D du limbe et une division d du vernier est :

(*a*) $$D - d = \frac{D}{n}.$$

C'est à l'aide de cette différence, que nous appellerons l'*approximation du vernier*, que nous allons évaluer une fraction de D.

Sur un limbe L supposons une série de divisions égales, chacune, à D ; sur une zone concentrique et mobile autour du centre, dans le plan de L, admettons un vernier V, avec des divisions d, tracées dans les conditions qui viennent d'être énoncées et dont 0 est l'origine, zéro auquel on donne souvent le nom d'*index* ; soit x la partie d'une division D à évaluer.

On remarquera tout d'abord que, d étant plus petit que D, les divisions du vernier se rapprocheront de plus en plus de leur voisine D, située immédiatement à gauche ; en d'autres termes, on aura :

$$x_1 < x ; \qquad x_2 < x_1 ; \qquad x_3 < x_2 \ldots \ldots,$$

de sorte que l'extrémité de la m^{me} division du vernier se confondra exactement ou très sensiblement, en R, avec la division du limbe située à gauche, et l'on pourra écrire :

$$x + md = mD,$$

d'où, remplaçant (D $-$ d) par sa valeur (a),

$$x = m\,(D - d) = m\,\frac{D}{n},$$

égalité que nous traduirons ainsi :

La fraction x d'une division du limbe qui précède l'origine des divisions du vernier est égale à l'approximation $\frac{D}{n}$ du vernier multipliée par le nombre m de divisions comprises entre cette origine et le point ou une division de chaque sorte est sensiblement en prolongement de l'autre.

Pour plus de clarté, nous allons appliquer cette règle à quelques exemples numériques, mais nous rappellerons avant les deux systèmes de division des cercles.

34. Division des cercles. — Avant la création du système métrique, on sait que les cercles étaient exclusivement divisés en 360 degrés (360º), le degré en 60 minutes (60′), la minute en 60 secondes (60″) ; c'était le système *sexagésimal*.

Depuis, on a préconisé, mais sans beaucoup de succès jusque dans ces dernières années, le système *centésimal*, dans lequel le cercle est divisé en 400 *grades* (400ᵍ), le grade en 100 parties, appelées aussi minutes (100‘), la minute en 100 secondes (100‟).

On conçoit l'avantage de ce nouveau système pour les calculs, qui rentrent dans l'ensemble de la numération décimale ; mais c'est dans le système sexagésimal que les instruments sont encore universellement gravés, que les tables sont publiées, que les résultats des observatoires nautiques et astronomiques, et, généralement, scientifiques quelconques, sont traduits, et c'est ce qui explique la difficulté de la substitution du nouveau système à l'ancien. C'est en géodésie et en topographie que des résultats sérieux, sous ce rapport, ont été obtenus grâce au service géographique de l'armée qui, dès le début, a adopté le système centésimal. Depuis, plusieurs grands services français et étrangers ont suivi, et maintenant, dans les examens d'admission à diverses grandes écoles, les questions relatives aux angles sont traitées dans le nouveau système qui, depuis 1904, a été adopté également par le Ministère de l'Agriculture et pratiqué dans ses écoles,

C'est donc généralement dans ce système que nos données et nos résultats seront exprimés et, pour l'annotation des minutes et des secondes, suivant l'exemple de quelques auteurs, nous remplacerons l'accent aigu par l'accent grave (1).

Les fabricants, d'ailleurs, livrent maintenant leurs instruments, sur demande, dans l'un ou l'autre système.

Prenons donc l'un des petits instruments connus sous le nom de goniomètres de poche, dont le *limbe* est divisé *en grades* (73). On aura ainsi $D = 1^g$.

Pour former le vernier, on prend dans ce cas, le plus souvent, 49 divisions du limbe, soit 49^g que l'on divise en 50 parties égales, d, ce qui donne, pour l'approximation :

$$\frac{D}{n} = \frac{1^g}{50} = 0^g,2` = 2` \text{ centésimales.}$$

Supposons maintenant (fig. 15, **C**) que le zéro du vernier se trouve entre le 43e et le 44e grade du limbe et que ce soit la 13e division du vernier qui se trouve en prolongement d'une division du limbe, en R ; la valeur de l'angle sera :

$$43^g + x = 43^g + 13 \times 2` = 43^g,26.$$

Prenons un instrument de plus grand rayon, sur lequel

____

(1) Voir, à la fin du volume, un tableau pour la conversion des degrés en grades et réciproquement, que nous empruntons à l'ouvrage si complet et si clair du regretté A. Pelletan, ancien Directeur des études à l'Ecole supérieure des Mines, sur la topographie « au jour » et « souterraine ».

sur lequel nous supposerons le limbe divisé en demi-grades $= 0^g,50^`$, et admettons qu'on ait établi, comme précédemment un vernier au $\frac{1}{50^e}$, ce qui donnera une approximation de :

$$\frac{D}{n} = \frac{1/2^g}{50} = \frac{50^`}{50} = 1^` \text{ centésimale.}$$

En admettant que le zéro du vernier soit placé entre $321^g,50^`$ et 322^g (fig. 15, **B**) et que la coïncidence des divisions se fasse à la 19e division du vernier, en R, l'angle sera de :

$$321^g,50^` + 19^` = 321^g,69^`.$$

Enfin, dans certains pantomètres divisés en **grades**, on prend seulement 19 divisions qu'on partage en 20, ce qui donne :

$$\frac{D}{n} = \frac{1^g}{20} = 0^g,05^` \text{ pour l'approximation.}$$

Par contre, dans les instruments destinés aux triangulations de 3e et de 4e ordre, les limbes sont souvent divisés en 1/4 de grade, soit $25^`$ et l'on prendra 99 de ces divisions que l'on partagera en 100, de sorte que l'approximation du vernier sera :

$$\frac{D}{100} = \frac{0^g,25}{100} = 1/4 \text{ centigrade ou 2 milligr. } 1/2 \ (0^g,0025).$$

Dans cette dernière hypothèse (fig. 15, **A**), si le zéro est situé, par exemple, entre $191^g,50^`$ et $191^g,75^`$ et que la coïncidence ait lieu à la 43e division du vernier, on aura :

$$x = 43 \times 1/4 \text{ centigr.} = 0^g,1075,$$

ce qui donnera pour l'angle :

$$191^g,50 + 0^g,1075 = 191^g,6075.$$

35. Disposition et chiffraison des verniers. — Nous appellerons spécialement l'attention sur la disposition et la chiffraison du vernier, qui permettent, généralement, l'évaluation de la fraction x par un calcul mental très simple ; ainsi, dans la figure (15, **C**), chaque division du vernier correspondant à 2', on a numéroté, de 5 en 5 divisions, 10, 20, 30, 40, 50, de sorte qu'au lieu de lire, jusqu'à la rencontre R, 13 on lit immédiatement 26.

Pour une raison analogue, dans le vernier (fig. 15, **A**), au lieu de numéroter 10, 20, 30, 40, 50 quarts de centigrade, il eût été préférable d'abord d'allonger les traits de 4 en 4 divisions, comme celles du limbe, et non de 5 en 5, puis de numéroter ces quadruples divisions, 1, 2, 3, 4, 5..... centigrades. On aurait lu alors, de suite, sur ce vernier, en R, 10 centigrades 3/4 (10',75).

Nous n'avons, jusqu'à présent, considéré que la division décimale du cercle, mais le raisonnement et les procédés seraient analogues pour la division sexagésimale. Ainsi, par exemple, dans beaucoup de petits goniomètres, le limbe est divisé en 360° et le vernier donne les deux minutes : à cet effet on a pris 29 divisions du limbe, ou 29°, qu'on a partagées en 30, ce qui a donné, pour l'approximation, $\frac{1°}{30} = 2'$.
Si l'on avait pris 59° pour les diviser en 60, on aurait eu une approximation de $\frac{1°}{60} = 1'$.

Dans les anciens instruments de haute précision, on divisait le limbe en $\frac{1}{6}$ de degré ou 10' et l'on prenait, pour former le vernier, un arc comprenant 59 de ces divisions que l'on partageait en 60 parties, pour avoir une approximation

$$\frac{D}{n} = \frac{10'}{60} = 10'' \, ;$$

mais alors, pour la facilité de la lecture, les 60 divisions du vernier étaient disposées comme le montre la figure 16, de sorte que si, par exemple, la coïncidence avait lieu en R, on lisait sur le vernier 2'40'', valeur de x, qu'il fallait ajouter au nombre de degrés et dizaines de minutes lu sur le limbe à gauche du zéro du vernier.

Fig. 16.—Subdivisions du vernier.

Enfin nous ferons remarquer que beaucoup de constructeurs gravent une division à gauche du zéro du vernier. Cette division est destinées à mieux assurer la coïncidence du zéro avec une division du limbe, quand elle est nécessaire, par une symétrie d'observation à gauche et à droite du zéro; mais elle a l'inconvénient d'exposer le lecteur à noter une division en moins sur le limbe.

36. Sens des divisions du vernier. — Vernier rétrograde. — Dans tout ce qui précède nous avons supposé que les verniers et les limbes étaient chiffrés dans le sens direct, c'est-à-dire dans le sens opposé à celui des aiguilles d'une montre, et c'est généralement ainsi qu'ils sont numérotés parce que c'est le sens de la lecture comme de l'écriture : pourtant, quelquefois, la chiffraison est faite inversement ; on dit alors qu'elle est *rétrograde* ; dans ce cas, d'ailleurs, rien n'est changé à la théorie ni à la pratique du vernier.

37. Positions relatives du cercle divisé et de son vernier. — Dans tous les instruments angulaires, avons-nous dit, l'arc sur lequel les divisions du vernier sont tracées doit avoir le même rayon que celui du cercle dont il sert à apprécier les fractions de division (33) ; il faut de plus, quelle que soit la disposition adoptée pour le mouvement du cercle et du vernier, que les centres de ces deux organes coïncident ; il faut enfin, lorsque les instruments sont munis de deux verniers *opposés* pour faciliter les vérifications, que les zéros de ces verniers soient sur les extrémités d'un même diamètre. Il va sans dire, en outre, que la division du limbe a dû être faite exactement.

Lorsqu'un instrument sort d'une maison sérieuse, ces conditions sont ordinairement remplies ; pourtant il est prudent de s'en assurer et de répéter la vérification, pour certains du moins, après un accident pouvant amener un décentrage ou une déviation dans la position relative des deux verniers.

Nous renvoyons, pour l'examen de cette question, au chapitre spécial des vérifications (148 et suivants).

Usage des accessoires.

38. Plantation des piquets et des bornes. — Fixation de points quelconques. — Dans la plupart des cas, il existe une certaine latitude pour le choix de la position des points, qui ne se précisent que par les piquets plantés, mais si ces points résultent d'une opération préalable, telle que la recherche d'une limite, l'intersection de deux droites, ils ont d'abord été déterminés, par exemple, par la rencontre de deux traits tracés sur le sol, un très petit piquet, une allumette, un crayon, etc., et il faut les fixer plus solidement. A cet effet, de part et d'autre du point provisoire P (fig. 17), dans des directions à peu près à angle droit, on porte deux distances d, au moins, et autant que possible égales, un mètre, par exemple, et l'on plante à leur extrémité un petit piquet, p ; ensuite on enfonce en P, avec un marteau, le gros piquet en ayant soin de s'assurer de temps en temps, par l'application des distances d, qu'il n'a pas trop dévié de sa position verticale ; enfin, lorsque la tête du piquet est arrivée à quelques centimètres du sol, on plante dessus, aux distances d, un clou à tête ronde, et le point est ainsi définitivement fixé comme on le voit en P'. Si, au lieu d'un piquet, il s'agissait d'une borne, on agirait d'une façon analogue, en faisant d'abord un trou comme en P''', pour y introduire la borne et la sceller au besoin, puis en gravant, sur cette borne, aux distances d, deux petits traits en croix comme en P'''.

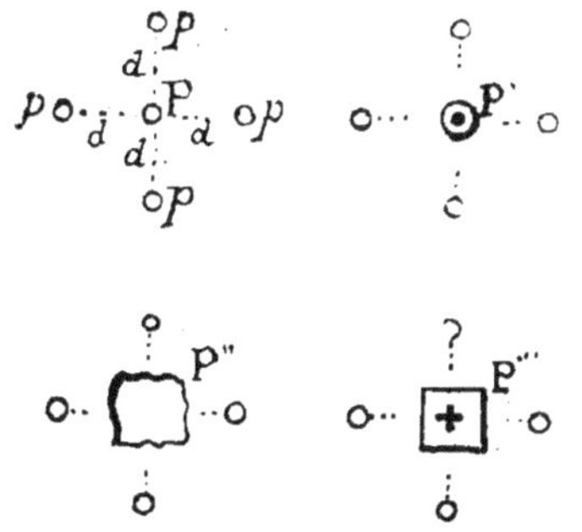

Fig. 17. — Plantation de piquets et de bornes.

Dans certains cas, il peut être nécessaire de fixer des points sur des constructions, telles que les façades de bâtiments ou de murs, c'est pourquoi nous avons conseillé de placer, dans le sac aux accessoires, des crayons divers, avec lesquels on fera sur ces constructions, soit en noir, soit en rouge, ou alternées, des marques comme en *a*, *b*, *c*, *d* (fig. 18).

C'est aussi avec ces crayons que l'on marquera les points sur les lignes d'opération lorsque le sol, par sa nature, ne permettra pas d'enfoncer un piquet. Mais alors, si ces points doivent être conservés, il faut ou les graver, sur le pavé par exemple, ou faire, s'il s'agit d'une chaussée empierrée, un avant-trou, préalablement repéré, comme il est dit plus haut, pour y introduire un piquet.

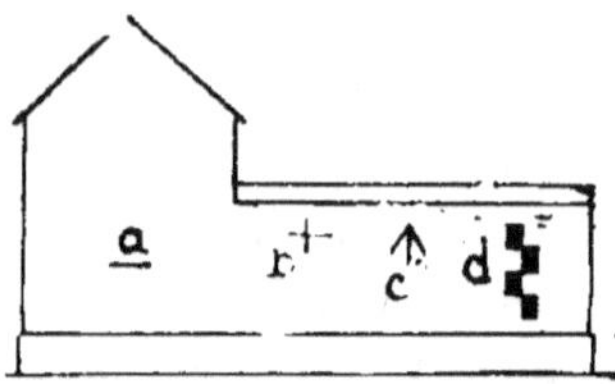

Fig. 18. — Marques-repères.

39. Repérages et rattachements. — Il est prudent, souvent, de repérer les points afin de pouvoir les rétablir facilement en cas de disparition. On cherche alors, dans le voisinage ou au loin, des points fixes appelés *repères*, dont on mesure la distance au piquet, ou à l'aide desquels on établit des prolongements ; à défaut de repères, on en tracera sur place

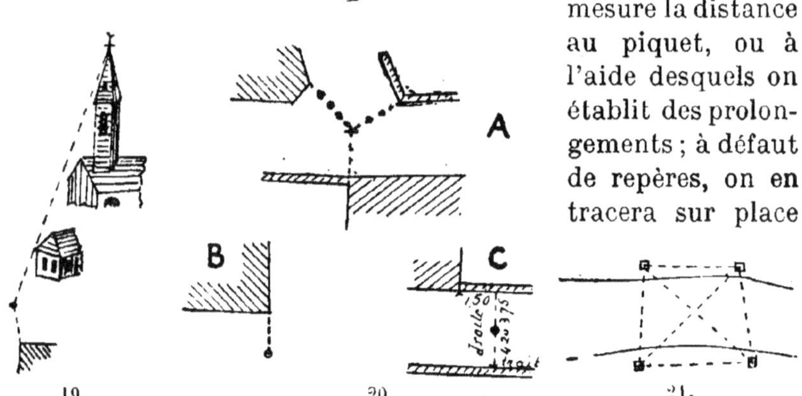

Fig. 19, 20 et 21. — Rattachements divers.

quand les lieux le permettront. Nous donnons ci-contre quelques exemples de repérages (fig. 19, 20, 21), mais on conçoit que les combinaisons sont des plus variables.

40. Emploi du fil à plomb. — **Verticale et plan de visée vertical.** — **Plantation des jalons.** — **Jalon vertical.** — **Jalon dans un seul plan vertical.** — Le fil à plomb détermine une verticale ; il suffit, dans ce but, de le suspendre librement en un point quelconque. Par les grands vents, il est quelquefois nécessaire de l'abriter pour obtenir sa fixité. Le plus souvent, on se borne à tenir le fil entre le pouce et l'index à bras demi-tendu (fig. 22) : ce n'est qu'après des exercices répétés que l'on obtient l'immobilité dans cette

Fig. 22. — Génération d'un plan vertical.

position, pendant un certain temps. En regardant ainsi le fil et en fermant l'un des deux yeux (ordinairement celui de droite), il engendre avec l'œil ouvert un plan vertical que nous désignerons sous le nom de *plan de visée* et que l'observateur peut diriger à volonté.

Il est utile aussi de donner quelques conseils sur la plantation des jalons, qui exige une certaine pratique. Si le jalon est muni, à sa partie inférieure, d'une douille, ordinairement en fer, on l'enfonce de la main droite en frappant le sol énergiquement, verticalement, autant que possible, et toujours dans le même trou, ce que les novices ne réussissent guère ; puis on vérifie sa position dans le plan vertical de la direction suivant laquelle il devra être observé, en se plaçant approximativement dans cette direction avec le fil à plomb. Si le jalon dévie du plan vertical ainsi engendré, on le rectifie légèrement et on recommence la vérification.

Dans les indications qui précèdent, on remarquera que nous n'avons pas parlé de la *verticalité* du jalon, mais bien de sa position *dans un plan vertical*, ce qui est différent, mais suffisant quand il ne doit être visé, comme nous l'avons dit plus haut, que dans ce plan ; mais s'il devait être observé, en outre, dans une autre direction, il faudrait, s'il ne l'était pas, le rendre vertical, ce que l'on obtiendrait en se plaçant avec le fil à plomb dans une direction notablement différente de la première. On se rappelle en effet qu'une droite est verticale quand elle est contenue à la fois dans deux plans verticaux, dont elle devient d'ailleurs l'intersection.

Ce qui précède s'applique surtout pour la mesure des angles d'une triangulation ou de ceux des polygones topographiques, mais dans les opérations de moindre importance, pour le levé de détails secondaires, par exemple, on remplace souvent les jalons de bois ou de fer par des jalonnettes, que l'on enfonce de telle sorte que le pied et le voyant soient, à vue, dans le même plan vertical. Bien des géomètres, aujourd'hui, encore, n'en emploient pas d'autres.

41. Usage du niveau à bulle d'air. — Le niveau à bulle sert fréquemment, dans les travaux du bâtiment et dans l'industrie, à déterminer une horizontale de petite longueur. Par exemple, pour placer horizontalement une règle R (fig. 23),

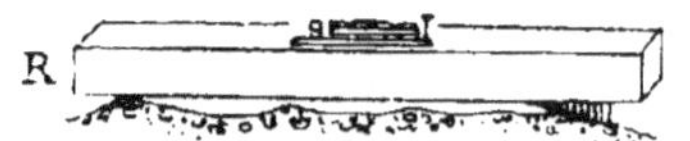

Fig. 23. — Nivellement d'une règle.

préalablement bien dressée, on appuie l'une des extrémités de la règle sur un point fixe et, le niveau à bulle étant posé sur cette règle, on la fera mouvoir jusqu'à ce que la bulle soit entre ses repères et, à ce moment, on calera suffisamment la règle.

Étalon. — Étalonnage.

42. Construction d'un étalon. — Lorsque les opérations du terrain doivent durer un certain temps, plusieurs mois par exemple, il sera prudent d'établir sur les lieux un *étalon*, c'est-à-dire une longueur exacte L, à une température connue, zéro par exemple, et qui servira à vérifier, de temps en temps, les mesures linéaires, susceptibles de varier.

A cet effet, on choisira, par exemple, un mur de bahut (fig. 24), le soubassement d'un bâtiment, une bordure de trottoir, en un mot une surface invariable et sur laquelle l'influence de la température pourra être considérée comme nulle, et l'on y appliquera une mesure étalonnée (1) pour une température donnée, telle qu'une chaîne d'arpenteur ou mieux un ruban d'acier, suffisamment tendu puis on marquera les deux extrémités par un trait fin, au crayon, et l'on déplacera l'un des deux traits d'une quantité *e*, de façon à avoir entre les deux la longueur *absolue* L.

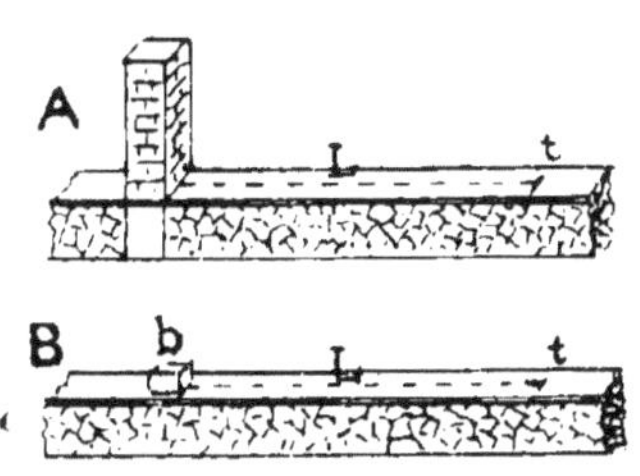

Fig. 24.— Disposition d'un étalon,

Soit *l*, la longueur de la mesure employée ;

d, le coefficient de dilatation de son métal, par mètre et par degré ;

t, la température, en degrés, au moment de l'opération.

On aura, pour la valeur de *e* :

$$e = ldt.$$

(1) Si l'on ne possède pas une longueur d'une valeur connue, on obtiendra l'étalonnage spécial d'un décamètre en s'adressant soit à un bureau de poids et mesures, soit à un constructenr obligeant et consciencieux.

Si $t = 0$, e sera nulle.

Si $t > 0$, il faudra rapprocher l'un des deux traits de l'autre de la quantité e.

Si $t < 0$, il faudra, au contraire, l'éloigner de cette quantité.

Dans les trois hypothèses on aura la longueur L.

Les traits limites de l'étalon, distants alors de la longueur L, seront finement gravés à l'aide d'un ciseau à froid. Si l'on pouvait trouver ou créer, sur l'endroit choisi pour l'étalon, une saillie bien nette, telle qu'un pilastre (fig. 24, **A**) ou un buttoir b (fig. 24, **B**) quelconque, on la prendrait, de préférence, pour l'une des extrémités de l'*étalon*, dont l'autre extrémité t serait seule gravée.

43. Étalonnage des mesures linéaires topographiques. — L'étalon sera fréquemment consulté, surtout si l'on fait un usage journalier de la chaîne (49), qui s'allonge facilement et que l'on raccourcira en frappant sur l'extrémité des chaînons, dans le sens de leur longueur ; on étalonnera aussi après chaque réparation et, enfin, au moment d'une opération précise, telle que la mesure d'une longue base, celle des principaux polygones topographiques, d'un bornage, etc. Dans ce dernier cas, si l'on opère contradictoirement, les géomètres devront débuter par la comparaison de leurs instruments de mesure.

La rectification d'un ruban d'acier (54) n'est pas facile ; aussi, ordinairement, se borne-t-on à prendre note de sa différence avec l'étalon, après la correction de la dilatation, et à en tenir compte pour ramener ensuite les longueurs de précision à leur valeur absolue.

Soit, par exemple, un double décamètre qui, vérifié à l'étalon, à la température de 30°, a été trouvé de 20^m,012 ; la dilatation de l'acier pour un mètre et pour un degré étant de 0^m,000 013 7 (1), on aura, pour la dilation totale :

$$0^m,000\,013\,7 \times 20 \times 30 = 0^m,008\,22;$$

le double décamètre ramené à la température 0° sera donc égal à

(1) S'il s'agissait d'une chaîne, en fil de fer, on prendrait, pour coefficient de dilatation, 0^m,000 014 4.

$$20^m,012 - 0^m,008\,22 = 20^m,003\,78, \text{ soit } + 0,001\,89 \text{ d'allongement}$$
$$\text{pour 10 mètres.}$$

Supposons maintenant que la moyenne des longueurs d'une ligne, mesurée plusieurs fois avec ce double décamètre, à la température moyenne de 20°, soit égale à 820^m,45 ; pour ramener cette ligne à sa longueur absolue, il faudra ajouter à 820^m,45 :

$$1^o \qquad 82 \times 0,001\,89 = 0^m,155 \text{ provenant de l'excès de longueur}$$
$$\text{du double décamètre};$$
$$2^o\; 0,000\,0137 \times 820 \times 20 = \underline{0^m,225} \text{ provenant de la dilatation pour } 20^o$$
$$\text{Soit, au total....} \quad 0^m,380$$

de sorte que la longueur réelle sera de 820^m,45 $+$ 0,38 $=$ 820^m,83.

Si l'opération avait lieu par une température au-dessous de zéro, la dilatation deviendrait une contraction et la correction en résultant serait négative; de même aussi, dans le cas où le double décamètre serait trop court au lieu d'être trop long.

On apporte, généralement, peu d'attention à cette question de l'étalonnage qui cependant, on vient de le voir par l'exemple précédent, a une certaine importance pour les résultats, surtout lorsque ceux-ci demandent une certaine précision.

Aussi conseillons-nous à ceux de nos lecteurs qui, plus tard, auraient quelque autorité, de s'entendre avec leurs collègues du voisinage pour établir dans un lieu public, à la justice de paix de leur canton, par exemple, un étalon simple et solide accessible à tous. Ils se conformeraient d'ailleurs à l'esprit de l'ordonnance du 18 décembre 1825, ainsi conçue... Art. 6. — « Il sera tenu la main autant que la situation financière des communes le permettra, à l'exécution de l'art. 8 de la loi du 1er août 1793, qui prescrit à toutes les mairies de se pourvoir d'étalons et de les conserver à la maison commune. »

Seulement, d'après les documents que nous devons à l'obligeance de l'un de nos anciens élèves, M. Clamens, chef du bureau central d'étalonnage des Poids et Mesures, peut-être vaudrait-il mieux s'adresser, pour l'étalonnage précis d'un décamètre, au laboratoire des essais du Conservatoire des Arts et Métiers, plutôt qu'au service spécial de vérification, outillé surtout pour le contrôle des mesures du commerce, et qui ne tient pas compte, par exemple, dans ses appréciations, de l'influence de la température.

§ II. — INSTRUMENTS DE MESURE LINÉAIRE

44. Considérations sur les lignes du terrain et leur mesurage. — Les lignes, sur le terrain comme en géométrie, sont *droites, brisées* ou *courbes*, mais beaucoup plus rarement droites, dans l'acception géométrique du mot, car on donne souvent ce nom à tort. Ces lignes, dites *droites*, sont, sur le terrain, *dans un même plan vertical*, mais plus ou moins ondulées. C'est dans ce sens que, en topographie, pour abréger, on dit qu'une ligne est *droite* ; tandis que, en réalité, ce mot ne doit s'appliquer, généralement, qu'à sa projection. Quand ces lignes diverses du terrain résultent de tracés effectués par le géomètre, leurs points sont nettement définis, par des piquets ou autrement ; mais quand ce sont des limites non bornées ou des façades de murs ou de bâtiments plus ou moins dégradés, elles sont, le plus souvent, plus ou moins incertaines ; alors, d'accord avec les intéressés ou s'en rapportant seulement à son appréciation personnelle, le géomètre les détermine en faisant placer des piquets ou des marques quelconques sur les points probables. Dans d'autres cas, sur le bord d'un cours d'eau, par exemple, ou d'un chemin rural, souvent mal défini, ou entre deux parcelles dont la séparation est douteuse, l'opérateur se borne à choisir, au moment du mesurage, des points éphémères dont il ne garde pas de traces apparentes,

Mais nous avons dit (3) que la topographie, sur les plans comme sur les cartes, donnait non les lignes du terrain, mais leur projection horizontale, il s'agit donc de déterminer cette dernière.

D'abord, rappelons que toute ligne sensiblement parallèle au plan projetant s'y projettera en vraie grandeur ; donc toute ligne du sol, à peu près horizontale, pourra être mesurée sur celui-ci, surtout dans le levé des détails.

Voici, d'ailleurs, un tableau donnant, pour 100 mètres, la valeur de la projection pour certaines inclinaisons ou *pentes*, ainsi que les hauteurs correspondantes :

ANGLES de l'inclinaison.	LONGUEUR inclinée (Rayon = 100).	LONGUEUR horizontale (Cosinus).	HAUTEUR correspondante (Sinus).
g.	m.	m.	m.
0	100	100,00	0,00
1	»	100,00	1,57
2	»	99,95	3,14
3	»	99,89	4,71
4	»	99,80	6,28
5	»	99,69	7,85
6	»	99,56	9,41
7	»	99,40	10,97
8	»	99,21	12,53
9	»	99,00	14,09
10	»	98,77	15,64

A l'inspection de ce tableau, on voit par exemple que, dès que les pentes atteignent 4 grades donnant une différence de niveau de 6^m,28 pour 100 mètres, la différence entre la ligne du sol et sa projection, qui est de 0^m,20, ne peut être négligée pour les plans à grande échelle telle que le 1/500 ou le 1/1000.

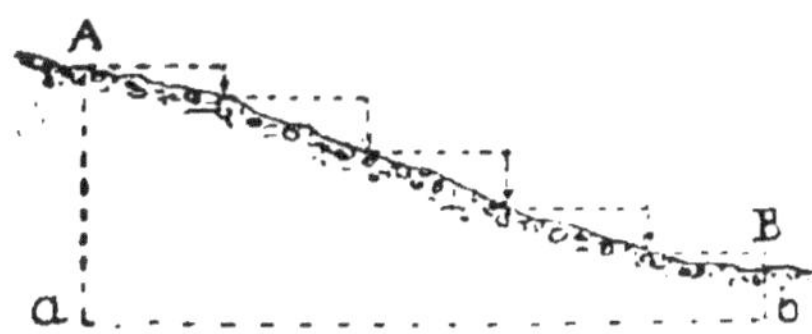

Fig. 25. — Projection d'une distance inclinée.

On obtiendra alors directement cette projection en la sectionnant par parties horizontales (fig. 25) à l'aide d'un fil à plomb ou de la fiche plombée (48).

Nous donnerons plus loin (49 et suivants) les conseils nécessaires pour la mesure des lignes en terrain horizontal, comme en terrain incliné.

45. Points intermédiaires ; plein jalon. — Jalonnement. — Soit une droite AB (fig. 26, **A**), déterminée par les piquets A et B ; nous supposerons d'abord qu'entre A et B le terrain est, sensiblement, à *plein jalon*, c'est-à-dire que sa surface, horizontale ou inclinée, est plane ou très peu ondulée.

Pour placer des points intermédiaires, tels que *m*, *n*, on plantera verticalement un jalon en *b*, ou en *b'*, à côté du piquet B mais sur la ligne AB, ou son prolongement, puis l'opérateur placera un court jalon en *a* ou *a'*, de façon à ce que son extrémité supérieure, projection verticale du point du sol, soit à peu près à la hauteur de l'œil; puis, se reculant de quelques décimètres et regardant à la fois, de l'œil gauche, le jalon *b* et la

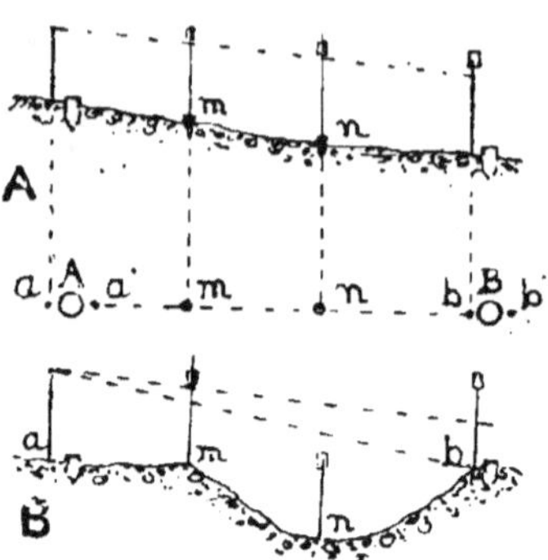

Fig. 26. — Tracés de points intermédiaires dans un plan vertical.

partie supérieure de *a*, il déterminera un plan vertical de visée, dans lequel il fera amener en *m*, puis en *n*, le jalon tenu verticalement par l'aide qui, à cet effet, ne le pressera que légèrement entre le pouce et l'index. Si le jalon *a* est trop long pour que son extrémité serve de point de visée, l'opérateur fera passer son plan de visée tangentiellement aux jalons, en tenant compte, pour l'alignement du point intermédiaire, de la demi-épaisseur de ces jalons, qui ne donnerait d'ailleurs, au maximum, qu'une erreur presque insensible de 1 centimètre environ. A défaut d'un jalon *a*, bien rectiligne, l'opérateur pourra se servir du fil à plomb, qu'il tiendra sur le piquet A, ou, plus commodément, parce que la longueur du fil sera beaucoup plus courte, il se retirera un peu en arrière de A, de façon à embrasser à la fois dans son plan de visée le jalon *b* et le point A (fig. 22).

Si le terrain est fortement ondulé, comme dans la figure 26 **B**, le jalon tenu en *n*, par exemple, se trouvera au-dessous du plan de visée déterminé par l'extrémité du jalon *a* et le jalon *b* ; le mieux sera alors de remplacer le jalon *a* par le fil à plomb, tenu en arrière du point A, ou encore, ce qui sera de beaucoup préférable, surtout si la position de *n* doit être précise, d'installer sur le piquet A un instrument à *lunette plongeante*, comme ceux dont nous parlerons plus tard (67 et suivants).

Un point intermédiaire m_x entre A et B (fig. 27, **A**) peut encore être déterminé, du moins approximativement, sans qu'il soit nécessaire de se transporter à l'une des extrémités, de la façon suivante : on choisit un point quelconque m, que l'on présume être dans le voisinage de la position cherchée, puis de là, à une petite distance, on fait placer rapidement le point n à peu près sur l'aglinement mB ; puis de n on vise A et l'on fait placer m' de la même façon ; ensuite de m' on dirige n',

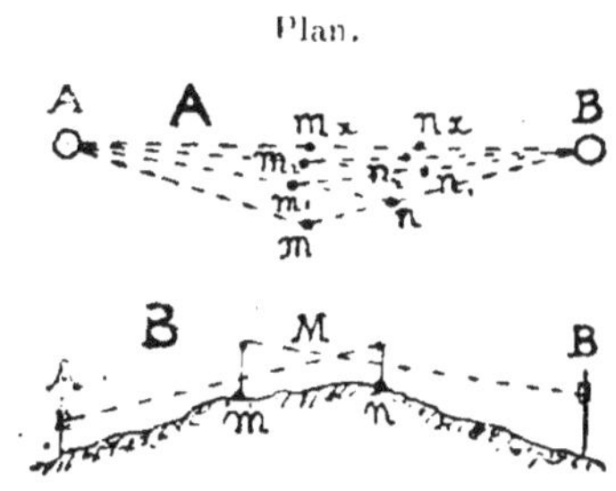

Fig. 27. — Recherche d'un point intermédiaire.

et l'on arrive enfin à trouver m_x, n_x, sur AB, étant bien entendu qu'à mesure qu'on approche du résultat, on prend plus de soin dans la détermination des alignements auxiliaires mn et nm.

L'opération ira plus vite en couchant sur le sol, au début, un jalon mn, que l'ont fait pivoter ensuite autour de n pour le diriger approximativement sur nm', puis pivoter autour de m' jusqu'à la direction $m'n'$, et c'est seulement quand on approche de la solution que l'on plante avec soin les jalons $n'm''$ pour arriver à m_x, n_x.

A l'aide de ce procédé on peut même, quelquefois, jalonner une droite AB (fig. 27, **B**) dont les extrémités, entre lesquelles se trouve un monticule ou un dos d'âne M, ne sont pas visibles l'une de l'autre ; il faut, toutefois, que les abords de M permettent les opérations successives énoncées plus haut.

Nous avons dit (40) que, lorsqu'on a besoin de viser un jalon dans diverses directions, il doit être vertical, mais cela suppose qu'il sera planté exactement sur le sommet commun à ces directions, ce qui est souvent peu pratique, car ce sommet est ordinairement occupé par un piquet solidement planté ou même par une borne. Il faudrait alors, dans ce cas, des trépieds spéciaux (fig. 28, **A**) que l'on installerait au-dessus des sommets et dans lesquels on introduirait verticalement un jalon se projetant sur ces sommets. Ce moyen serait précis, mais son emploi long et coûteux ; aussi, ordinairement, préfère-t-on changer la position du jalon (fig. 28, **B**) de façon à ce qu'il soit toujours dans la direction visée, ou bien, si le jalon reste fixe, l'opérateur tient compte de son excentricité (162).

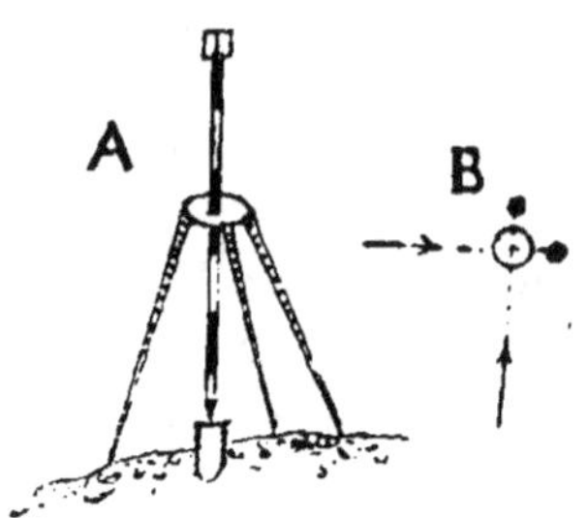

Fig. 28. — Porte-jalon : points de direction.

MÈTRE ET DOUBLE MÈTRE.

46. Usage. — Nous ne décrirons pas le mètre pliant, que tout le monde connaît, mais nous dirons que celui à cinq branches doit toujours être sous la main de l'opérateur et de son aide, de même que le fil à plomb. En campagne, le double mètre, également bien connu, est moins utile mais, pour le levé des bâtiments, même s'il ne s'agit que de leur masse, son emploi est souvent bien préférable à celui de la chaîne ou du décamètre à cause de sa rigidité ; d'ailleurs, sous ce rapport, lorsqu'il s'agira, par exemple, de mesurer une façade encombrée, on glissera au long de cette façade une tige rigide quelconque dont la longueur sera ensuite déterminée.

RÈGLES EN BOIS.

47. Usage. — Les règles en bois, ordinairement de 5 mètres, particulièrement soignées, avec des dispositions spéciales aux extrémités pour assurer la rigoureuse juxtaposition, sont employées dans la mesure des bases trigonométriques ; plus simples, elles servent quelquefois aussi pour des mesurages de moindre importance, mais, comme leur manœuvre exige toujours un temps relativement long, on leur préfère le ruban d'acier d'une longueur de 1 ou 2 décamètres, qui est courant, maintenant, dans le commerce et que nous décrirons plus loin.

3.

CHAÎNE D'ARPENTEUR.

48. Description. — L'antique chaîne d'arpenteur (fig. 29) se compose de chaînons en fer, de 2 à 3 millimètres de diamètre, recourbés à leurs extrémités et réunis par des anneaux de 15 millimètres environ de diamètre ; les premier et dernier chaînons sont terminés par une poignée reliée également par un anneau et dont la partie extrême est quelquefois rainée de façon à pouvoir introduire, jusqu'à la moitié

Fig. 29. — Chaîne d'arpenteur.

de son épaisseur, la fiche dont nous parlerons tout à l'heure. Lorsque la chaîne est tendue, la longueur de chaque chaînon, comptée jusqu'aux centres des anneaux qui le relient aux autres chaînons, est de 20 centimètres, excepté pour les chaînons extrêmes, dont la longueur de 20 centimètres comprend la poignée. Les chaînes d'arpenteur sont de 10 ou de 20 mètres et sont composées, par conséquent, de 50 au de 100 chaînons. Pour la facilité de la lecture, de mètre en mètre, c'est-à-dire de cinq en cinq chaînons, les anneaux sont en cuivre et le milieu de la chaîne de 10 mètres ainsi que les quarts de celle de 20 mètres sont en outre marqués par un appendice quelconque ; on peut donc compter le nombre de mètres et de doubles décimètres, mais les fractions de chaînons s'estiment à vue, ordinairement

Fig. 30. — Fiche ordinaire. — Fiche plombée.

par quarts ou 5 centimètres, mais aussi par centimètres, quand on veut plus de précision.

A la chaîne, on joint un paquet de 11 fiches en fer, de 30 centimètres environ (fig. 30) et quelquefois une douzième fiche, *plombée* (fig. 30), c'est-à-dire munie d'un renflement pesant, qui lui permet de tomber verticalement quand on la lâche avec précaution d'une certaine hauteur.

49. Usage de la chaîne sur un terrain sensiblement horizontal. — Soit à mesurer, sur le sol que nous supposons d'abord sensiblement horizontal, avec une chaîne de 10 mètres, la distance AB comprise entre le piquet A et le piquet B. L'opérateur, que nous désignerons ici sous le nom de *chaîneur d'ar-*

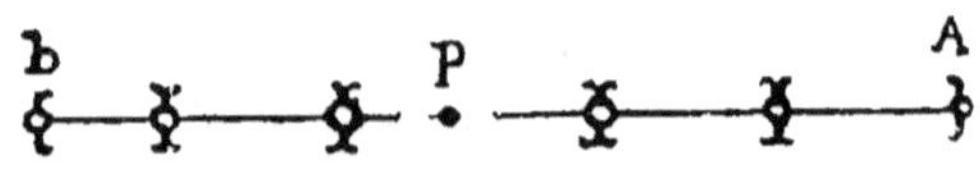

Fig. 31. — Chaînage.

rière A, gardera une fiche et donnera les dix autres au *chaîneur d'avant* B ; puis, avant de se baisser, il placera sa poignée, tenue de la main gauche, à peu près sur la verticale du piquet et dirigera approximativement sur le point B, marqué par un jalon, le *chaîneur d'avant*, lequel tiendra, également de la main gauche, la poignée de la chaîne et les dix fiches, et en ayant soin de *s'effacer*, c'est-à-dire en plaçant son corps en dehors de la ligne à mesurer, pour ne laisser dans cette ligne que la main gauche ; puis les deux chaîneurs se baisseront à la fois, celui d'arrière placera la poignée de telle sorte que sa tangente extérieure passe par le centre du piquet et il fera déplacer, s'il y a lieu (fig. 32), le chaîneur d'avant pour rectifier sa direction (1) qui ne devra pas s'écarter de plus de 15 à 20 centimètres de la ligne AB ; le chaîneur d'avant tendra alors suffisamment la chaîne, tout en posant la poignée sur le sol, qu'il régularisera rapidement, s'il y a lieu, avec le pied, puis il engagera immédiatement dans la rainure la fiche qu'il aura fait passer préalablement de la main gauche dans la main droite, et l'enfoncera fortement en la maintenant, autant que possible, dans le plan vertical perpendiculaire à la ligne à mesurer. Les deux chaîneurs, en gardant la chaîne légèrement tendue, se transporteront alors à la suite de la première *portée* et répéteront la manœuvre précédente ; le chaîneur d'arrière, après avoir dirigé à peu près celui d'avant, appuiera l'encoche de sa poignée sur la fiche laissée en terre, tout en

(1) Le chaîneur d'avant s'éloignera peu de cette direction si l'on place entre A et B, un jalon P (fig. 31), parce qu'il se guidera sur le prolongement de BP s'il est entre A et P et sur le prolongement de AP s'il est entre P et B.

posant la main droite sur cette fiche, et rectifiera la direction au besoin ; le chaîneur d'avant plantera la seconde fiche en maintenant, pour un instant, une tension suffisante, et celui d'arrière enlèvera ensuite la première, qu'il joindra à la fiche gardée. Les deux chaîneurs continueront ainsi jusqu'à la plantation de la dernière fiche du chaîneur d'avant, si toutefois la ligne AB a plus de 100 mètres ; à ce moment le chaîneur d'arrière, qui aura retiré l'avant-dernière fiche pour la joindre aux autres, possédera dix fiches qu'il rendra au chaî-

Fig. 32. — Position des chaîneurs en terrain horizontal.

neur d'avant, et il y aura alors, depuis l'origine jusqu'à la dernière fiche plantée, encore dans le sol, 100 mètres ou un hectomètre, que notera le chaîneur d'arrière. Après un ou plusieurs échanges de fiches, correspondant à un ou plusieurs hectomètres, le chaînage se terminera, généralement, par un ou plusieurs décamètres et par une fraction de décamètre ; le nombre de décamètres sera égal à celui des fiches possédées par le chaîneur d'arrière, lequel aura laissé la dernière plantée et qui n'entrera pas en compte, pas plus que pour les hecto- mètres, puisqu'elle est remplacée par la fiche gardée de l'origine. Pour l'évaluation de la fraction, le chaîneur d'avant placera sa poignée sur le piquet B et le chaîneur comptera, depuis cette poignée jusqu'à la fiche, d'abord le nombre de mètres marqués par les anneaux en cuivre, puis les doubles décimètres donnés par les chaînons, puis enfin la fraction du dernier chaînon, estimée à vue ou à l'aide du mètre pliant.

Si la ligne avait moins de 100 mètres, sa longueur serait composée du nombre de décamètres représenté par le nombre de fiches du chaîneur d'arrière, toujours non compris la dernière, augmenté de la fraction à évaluer comme précédemment.

50. Chaînage cumulé, chaînage partiel, chaînage dans les herbes. — Nous avons supposé jusqu'ici qu'entre A et B il n'existait pas de points intermédiaires ; s'il en était autrement on pourrait, tout en mesurant la longueur totale AB (fig. 33), fixer en passant la distance de ces points par rapport à A ou à B. Soit par exemple le point m, compris entre le troisième et le quatrième décamètre, en partant de

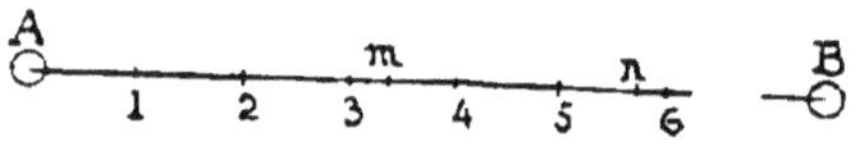

Fig. 33. — Chaînage cumulé.

A ; sa distance à A sera égale à 3 décamètres plus une fraction que l'on mesurera à partir de la fiche 3 jusqu'à m, en laissant la chaîne tendue sur le sol de 3 à 4 ; continuant ensuite le chaînage vers B, on arrivera à n, qui sera compris, par exemple, entre la cinquième et la sixième fiche ; on laissera, comme pour m, la chaîne tendue sur laquelle on lira la fraction $5n$ à ajouter à 5 décamètres, ce qui donnera la distance An ; enfin on continuera jusqu'à B. Ces longueurs ou *cotes*, d'origine commune A, arrêtées au passage, et qu'on appelle cotes *cumulées*, s'obtiennent assez vite, et, de même, elles se reportent facilement sur les dessins, grâce à cette origine commune ; enfin elles sont indépendantes les unes des autres, de sorte qu'une erreur sur un point n'entraîne pas une fausse position pour les points suivants, mais elles ne portent pas en elles-mêmes de vérification, aussi est-il indispensable, quand les points levés de cette façon ont quelque importance, de faire un second chaînage en sens inverse ou de mesurer séparément les distances entre les points et de faire la somme de ces cotes *partielles* pour la comparer avec la cote *totale* AB.

Dans tous les cas, l'opérateur fera bien de lire les cotes à haute voix et d'habituer son aide à jeter au même moment un coup d'œil sur la chaîne, au point où se fait la lecture, pour rectifier, s'il y a lieu, une lecture erronée.

Nous avons, jusqu'ici, supposé que le chaînage s'effectuait sur un sol dégagé où la poignée de la chaîne pouvait être posée ; mais souvent ce sol est occupé par de menus obstacles, comme des herbages par exemple. Alors ce ne sera plus la pointe de la fiche qui déterminera l'origine et la fin d'une portée, mais la *tête*, que le chaîneur d'arrière devra par conséquent garder immuable jusqu'à ce que le chaîneur d'avant ait posé une nouvelle fiche.

51. **Chaînage horizontal sur un sol incliné**. — Dans l'opération qui précède, nous avons admis que la chaîne était posée sur le sol, suffisamment horizontal (ou à peu de distance, parallèlement), mais si le terrain est incliné, pour obtenir la projection de la ligne, on procédera de la façon suivante, en descendant, autant que possible. Le chaîneur d'arrière se placera en A (fig. 34) et dirigera le chaîneur d'avant vers B, et celui-ci, après avoir tendu fortement la chaîne, *horizontalement à vue*, laissera tomber la *fiche plombée* de a' en a en la lâchant avec précaution, puis il la remplacera par une fiche ordinaire ; le chaîneur d'arrière se postera ensuite en a, celui d'avant tiendra sa poignée en b' et laissera tomber sa fiche plombée en b ; la même manœuvre se reproduira jusqu'à la dernière portée mn' et pour apprécier $nB' < 10$ mètres, l'opérateur d'arrière, s'il n'a pas suffisamment confiance dans le chaîneur d'avant, permutera avec lui pour lire la cote en projetant B sur B' à l'aide du fil à plomb.

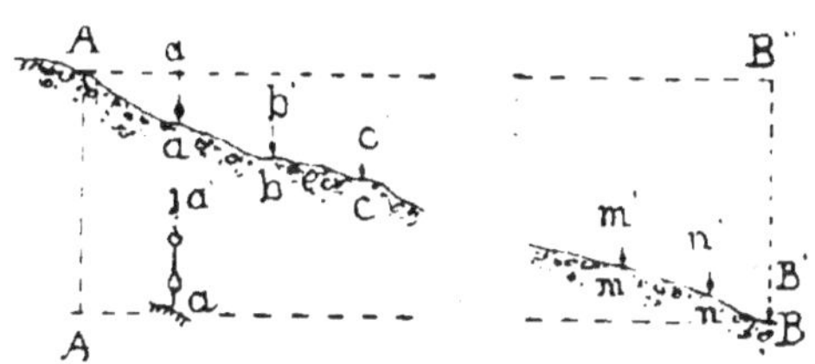

Fig. 34. — Chaînage horizontal, en terrain incliné.

(Voir aussi fig. 25, p. 42).

C'est également le fil à plomb qu'on emploiera, au lieu de

la fiche plombée, pour projeter les points *a′*, *b′*... *n′* en *a*,
b... *n*, lorsqu'on voudra une plus grande précision.

Quant à la fiche plombée, elle ne devra jamais être com-

Fig. 35. — Chaînage sur terrain incliné.

prise avec les autres, puisque son rôle est de remplacer le fil à
plomb et non de figurer dans le compte des portées.

La figure 35 montre la disposition des chaîneurs d'arrière
A et d'avant B, ainsi que la courbure de la chaîne, dite *chaînette*, qu'il est impossible d'éviter complètement.

Si l'on chaînait de B vers A, le chaîneur d'arrière élèverait
sa poignée à une hauteur approximative telle
que la poignée de l'autre chaîneur se trouve sur
le sol, mais celui-ci ne poserait sa fiche qu'au
moment où son voisin, après avoir appliqué le fil
à plomb sur sa poignée, l'aurait prévenu que
ce fil à plomb est sur le point B ; puis, pour la
portée suivante, le chaîneur d'arrière agirait de
même en se plaçant sur la fiche plantée, et légèrement inclinée dans un plan vertical (fig. 36)

Fig. 36. —
Fiche in-
clinée.

à peu près perpendiculaire à la ligne BA, pour permettre au
plomb de descendre jusqu'à sa pointe.

L'avantage du fil à plomb sur la fiche plombée, c'est qu'il
détermine plus sûrement la verticale projetante, car cette

fiche, au moment où le chaîneur l'abandonne à son propre poids, peut subir une impulsion susceptible de la faire plus ou moins dévier ; d'un autre côté, la verticale *apparente* du fil à plomb permet de s'assurer si la chaîne tendue forme avec elle, approximativement, un angle droit, ce qui sera l'indice de sa suffisante horizontalité, et de l'amener dans cette position, si elle s'en écarte, en la faisant mouvoir dans son plan vertical.

Il va sans dire que, dans le chaînage horizontal par échelons, que nous venons de décrire, il n'est possible de tendre toute la chaîne que si les projetantes $a'a$, $b'b$,... $n'n$ ne dépassent pas la portée de la main de l'opérateur ; autrement on ne prendrait qu'une portion de la chaîne, la moitié par exemple, ou 8 mètres comme on le voit sur la figure 35.

52. Chaînage suivant la pente. — Il est évident que, théoriquement du moins, la somme des horizontales (fig. 34) $Aa' + ab' + bc'... + mn' + nB'$ est égale à la projection $A'B$, mais, dans la pratique, la chaîne, malgré sa tension, forme toujours une certaine courbe appelée *chaînette*, qui raccourcit, souvent de plusieurs millimètres, chaque portée de 10 mètres ; d'un autre côté, son défaut d'horizontalité ainsi que la projection de son extrémité, même à l'aide du fil à plomb, sont de nouvelles causes d'erreur; aussi, pour les chaînages des bases et des polygones, lorsqu'il est possible d'avoir la différence de hauteur AA', entre les extrémités de la ligne AB, est-il préférable de mesurer sur le sol incliné, quand il n'est pas trop irrégulier, et de déduire ensuite par le calcul bien connu, la projection $A'B$, égale comme on le sait à $\sqrt{AB^2 - AA'^2}$. (Voir le tableau de réduction, p. 42.)

53. Avantages et inconvénients de la chaîne. — L'avantage de la chaîne est dans la modicité de son prix, et dans sa souplesse. On passe partout en effet avec elle, dans les hautes herbes et dans les récoltes, à travers les haies, au delà des fossés ; ainsi, par exemple, lorsqu'elle est convenablement pliée, c'est-à-dire quand on a croisé légèrement, en commençant par un bout, tous ses chaînons les uns sur les autres (fig. 37), si l'on garde dans la main gauche l'une des poignées et qu'on lance avec vigueur tout le paquet vers un point donné, la chaîne se trouvera tendue dans la direction de ce point avec l'autre poignée, à 10 mètres de la première ; elle pourra, de la sorte, franchir bien des obstacles.

Avec la chaîne dont les poignées ne sont pas rainées, il

Fig. 37. — Chaîne pliée en faisceau.

ne faut pas oublier qu'une erreur constante se produit à chaque portée, quelle que soit la façon dont les fiches sont placées, et qui fait partie des erreurs systématiques dont nous parlons plus loin (145).

Fig. 38.— Anneau bouclé.

Les inconvénients de la chaîne sont les *nœuds*, *boucles* ou *voleurs* (fig. 38), qui se forment fréquemment à l'articulation des chaînons et dont chacun *diminue* la longueur de la chaîne de 2 à 3 centimètres, ce qui produit par conséquent, par nœud et par portée, une *augmentation* d'autant sur la longueur mesurée ; l'*allongement* résultant d'une tension exagérée et continue est un autre inconvénient.

Il est vrai qu'on remédie au premier par une attention soutenue et au second par de fréquents étalonnages (43) ; mais le plus simple est de remplacer la chaîne en **fil de fer** par la chaîne en fil d'acier, sans anneaux, du système Tranchard, qui s'allonge beaucoup moins, supprime les nœuds et ne coûte guère plus que l'autre.

RUBAN D'ACIER.

54. Description, usages, avantages et inconvénients. — On remplace souvent aujourd'hui, avec avantage, la chaîne d'arpenteur par un ruban d'acier de 10 mètres ou de 20 mètres, qui porte le nom de *décamètre* ou de *double décamètre* et que l'on enroule sur une bobine spéciale formée par deux planchettes disposées en croix (fig. 39) ; il est divisé de mètre en mètre par des rondelles ou des rectangles de cuivre et dont la forme ou la dimension varient aux multiples de 5 mètres, et les mètres sont subdivisés en doubles

Fig. 39. — Ruban d'acier (division en décimètres).

décimètres ou en décimètres par de petits trous ; enfin le ruban, à ses deux extrémités, est terminé par des **poignées à rainure,** avec lesquelles il est assemblé par une **sorte de petit boulon** particulier permettant, en vue de l'étalonnage (43), une légère modification de la longueur du ruban.

Avec le ruban on évite les *nœuds*, et la *chaînette*, dans les mesures horizontales en terrain incliné, est très réduite, mais sa rigidité l'expose à la rupture si l'on n'a pas le soin de le tenir tendu ; il est aussi moins maniable que la chaîne à travers les obstacles, et il nécessite plus d'entretien que cette dernière ; néanmoins, comme il diminue les chances d'erreurs de moitié environ, il est désirable d'en voir généraliser de plus en plus l'usage.

On construit aussi des rubans d'acier, divisés en centimètres, plus légers que les précédents et surtout moins embarrassants parce qu'ils sont logés dans une boîte en tôle à jour qui tient dans la poche (fig. 40), mais ils sont plus fragiles

Fig. 40. — Ruban d'acier (division en centimètres).

et ne peuvent guère servir que dans les endroits très propres, parce que la boîte, malgré les jours pratiqués, est vite obstruée.

STADIA. — STADIMÉTRIE.

55. Principe de la stadia. — Par des combinaisons aussi simples qu'ingénieuses, et avec une précision comparable à celle de la chaîne on obtient aujourd'hui les distances sans les parcourir et dans un temps beaucoup plus court, car tandis qu'un opérateur s'installe à l'une des extrémités de la ligne à mesurer, un manœuvre n'a qu'à porter sur l'autre extrémité une règle divisée qu'il suffira à cet opérateur de viser pendant quelques instants pour évaluer la distance entre les deux points.

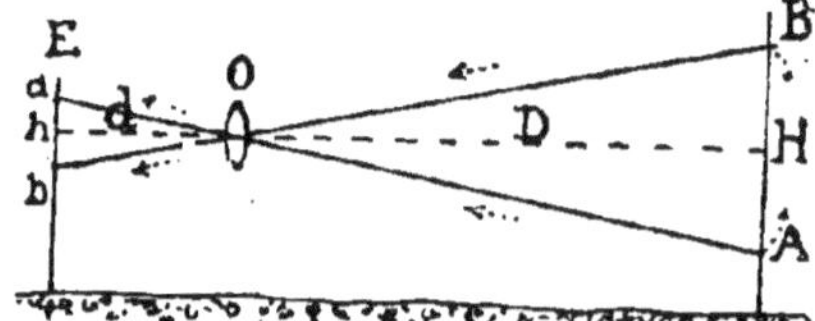

Fig. 41. — Principe de la stadia.

Le principe de ces combinaisons est basé sur les triangles semblables

Soit A, B (fig. 41), deux points d'une règle verticale et dont l'écartement est H ; O, le centre optique d'une lentille où vont converger les rayons lumineux émanant de A et de B ; E, un écran vertical et perpendiculaire au plan OAB sur lequel on reçoit les rayons AO et BO, prolongés ; l'image AB se projettera renversée, en ab. Soit D la distance de O à AB et d celle de O à ab. Les triangles semblables OAB et Oab donnent :

$$\frac{H}{h} = \frac{D}{d},$$

proportion d'où l'on tire la valeur de l'une des quantités en fonction des trois autres. On aura, par exemple :

$$D = \frac{d}{h} H.$$

Sur les trois valeurs d, h et H, d est constant, ainsi que l'une des deux autres h ou H ; il suffit alors d'évaluer la troisième pour obtenir D; or, généralement, nos constructeurs français choisissent h pour seconde constante et ils l'établissent de telle sorte que pour H = 1, D est égal le plus ordinairement à 100 ou à 200, ce qui permet l'évaluation immédiate, puisqu'il suffit, pour cela, de multiplier la hauteur H par 100 ou par 200.

On donne à la règle divisée sur laquelle on évalue H le nom de *stadia* (du grec *stadion*, distance), et la *stadimétrie* a pour objet la mesure indirecte des distances, mais on comprend, d'après l'exposé qui précède, qu'il lui faut, pour opérer, un autre organe non moins essentiel que la stadia, c'est un viseur, disposé à cet effet, et, pour obtenir une précision suffisante, ce viseur sera la lunette, aménagée spécialement, comme nous le verrons plus tard, ainsi que diverses questions sur la stadimétrie (118 et suivants).

§ III. — INSTRUMENTS PROPRES A LA MESURE DES ANGLES HORIZONTAUX

Goniomètres à pinnules.

56. Considérations générales. — Goniomètres. — En topographie, on ne considère que la mesure des angles *dans les plans horizontaux*, pour la planimétrie, et celle des angles *dans les plans verticaux*, pour la détermination des hauteurs et le figuré du relief. Jadis, les angles formés entre elles par les lignes du terrain étaient mesurés dans leur plan de l'espace, plus ou moins incliné, et, pour obtenir la valeur de la projection horizontale de ces angles, il fallait résoudre trigonométriquement pour chacun d'eux le problème que l'on retrouve dans tous les vieux ouvrages spéciaux sous le nom de *réduction à l'horizon*. Maintenant, tous les instruments angulaires qui portent le nom générique de *goniomètres* (du grec *gônia*, angle, et *metron* mesure) sont disposés pour donner immédiatement, sans calculs, non l'angle de l'espace, mais sa projection sur le plan horizontal du lieu. Pour obtenir ce résultat, les goniomètres sont établis de telle sorte que le plan des divisions sur lesquelles se fait la lecture puisse être amené dans une position horizontale (1) au moment de cette lecture. En second lieu, les visées se font dans les plans verticaux passant par les côtés de l'angle du terrain, plans verticaux qui ont pour intersection la verticale du sommet de l'angle, sur laquelle l'axe du goniomètre et le centre de ses divisions sont établis. Par conséquent, l'arc horizontal des divisions, limité par les deux plans verticaux, mesure bien la valeur de l'angle dièdre des deux plans, c'est-à-dire la projection horizontale de l'angle dans l'espace (fig. 42).

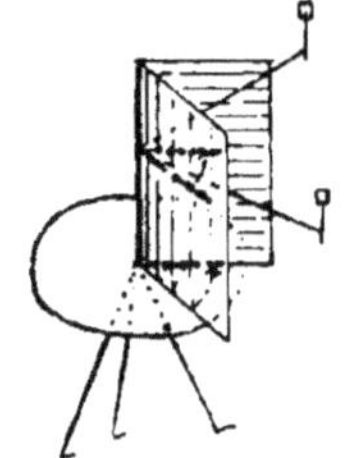

Fig. 42. — Projection horizontale d'un angle dans l'espace.

Enfin, pour la lecture des angles verticaux, ces instruments comportent, en outre, un système de divisions dont le plan peut être amené dans la position verticale.

ÉQUERRE D'ARPENTEUR.

57. Description. — Les angles horizontaux nécessaires à la planimétrie sont le plus souvent quelconques, cependant l'*angle droit* offre, pour les opérations, des facilités particulières, et il a fait l'objet d'un instrument spécial pour le tracer, c'est l'*équerre d'arpenteur* (fig. 43), qui n'est qu'un gonio-

(1) Les traits marquant ces divisions sont quelquefois gravés sur des plans inclinés ou verticaux, mais le bord ou limbe de la division, affleuré par le vernier, est toujours un cercle, et c'est le plan de ce cercle qui doit être horizontal.

mètre restreint puiqu'il ne donne que les angles de 50^g et de 100^g, mais d'un usage encore bien fréquent dans les exploitations rurales.

Elle est formée d'un cylindre creux, en cuivre, à mince paroi, sur la surface de laquelle on a entaillé d'étroites fenêtres ou *pinnules* suivant deux plans diamétraux perpendiculaires, entre lesquels on intercale souvent deux autres plans formant, avec les précédents, un angle de 50^g. Quelquefois, pour avoir une visée plus précise, sur chacun de ces diamètres, on a élargi, sur toute la hauteur ou en partie, l'une des deux pinnules et sur l'axe vertical de la pinnule élargie, on tend un fil ou crin à l'aide de vis ou de trous disposés à cet effet.

Fig. 43. — Équerre d'arpenteur.

Ces pinnules déterminent les *plans de visée* qui passent par l'axe de l'équerre, et, quand on en fait usage, *c'est toujours la pinnule non munie d'un fil qui doit être près de l'œil*, et que nous appellerons pour cette raison la pinnule *oculaire*, tandis que nous donnerions volontiers le nom de pinnule *objectif* à celle qui lui est opposée.

A la base inférieure du cylindre on a disposé une douille creuse dans la tête de laquelle on a ménagé une section horizontale circulaire permettant un mouvement un peu dur de l'équerre autour de son axe vertical.

On remplace souvent le cylindre par un prisme droit régulier octogonal dans les faces duquel sont entaillées les pinnules.

Un bâton, ferré à sa partie inférieure pour mieux entrer en terre et muni d'une douille pleine à l'autre bout pour recevoir la douille de l'équerre, est annexé à celle-ci. Lorsqu'on ne peut planter le bâton, comme par exemple lorsque le point où il faut l'installer est une borne, on le remplacera par un trépied à douille, mais alors il faut avoir soin de disposer verticalement la douille sur la verticale du point, à l'aide d'un fil à plomb et en manœuvrant convenablement les branches du trépied.

58. Usage de l'équerre. — Divers problèmes sont résolus sur le terrain à l'aide de l'équerre ; en voici quelques-uns :

a. *Sur une droite* AB, *déterminée par des bornes, des piquets, ou autrement, placer un point intermédiaire* M (1) (fig. 44).

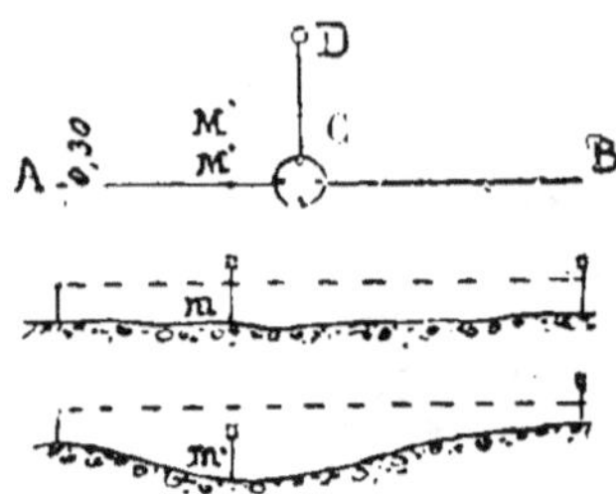

Fig. 44. — Déterminer un point intermédiaire à l'aide de l'équerre. Élever une perpendiculaire.

— L'opérateur fait planter un jalon en B, puis il se place en A avec le bâton d'équerre, qui doit toujours être planté verticalement, à l'aide de la fiche plombée ou du fil à plomb, et vise le jalon B ; pendant ce temps l'aide présente, dans le voisinage du point M, un jalon qu'il tient verticalement et qu'il amène dans le rayon visuel à l'aide des signes convenus de l'opérateur. Si le jalon mobile *m* est rencontré par le rayon visuel AB, l'intervention de l'équerre est inutile, mais si, par suite de la déclivité du terrain, ce jalon se trouve notablement au-dessous, en *m'*, il faut alors sur le bâton A, placer l'équerre A et se servir de l'un de ses plans de visée.

Au lieu de se placer en A, l'opérateur pourrait disposer l'équerre dans les environs de M et en trouver la position définitive par tâtonnement en dirigeant un plan de visée sur l'extrémité la plus éloignée et, se retournant de 200ᵍ, en regardant comment se trouve l'extrémité par rapport à ce même plan ; estimant alors l'écart de cette extrémité et les segments AM et MB de la ligne totale, il en déduira approximativement de combien et dans quel sens il devra déplacer l'équerre. Par exemple, si l'opérateur s'est placé d'abord en M' et qu'après avoir dirigé l'équerre sur B, il estime que le prolongement du plan de visée passe à 30 centimètres environ du point A ; évaluant d'autre part la distance AM au tiers de AB, il se rapprochera de M des deux tiers de 30 centimètres, soit 20 centimètres, et sera alors, probablement,

(1) Cette question a déjà été résolue par l'emploi de jalons (45).

tellement près de la vérité qu'il lui suffira d'un second essai pour trouver le point exact.

b. *En un point* C, *d'une droite* AB, *élever une perpendiculaire* CD *à cette droite* (fig. 44). — Ce point C a été déterminé soit comme le point M, soit en prolongeant AM si M existait déjà. On enfonce alors le bâton d'équerre en C, puis on dirige sur A l'un des plans de visée de l'équerre et, regardant par l'autre plan de visée, perpendiculaire au premier, on obtient la direction CD, sur laquelle on fait disposer un jalon ou un piquet.

c. *D'un point* D (fig. 45), *abaisser une perpendiculaire sur une droite* AB. — Après avoir fait placer un point C sur AB et dans le voisinage présumé du pied de la perpendiculaire à chercher, on installe l'équerre en ce point et l'on opère comme dans le problème précédent ; si le plan de visée passe par D, le point C est le pied cherché ; sinon, on déplace l'équerre à droite ou à gauche, en *c* ou en *c'* suivant le cas, et, limitant de plus en plus

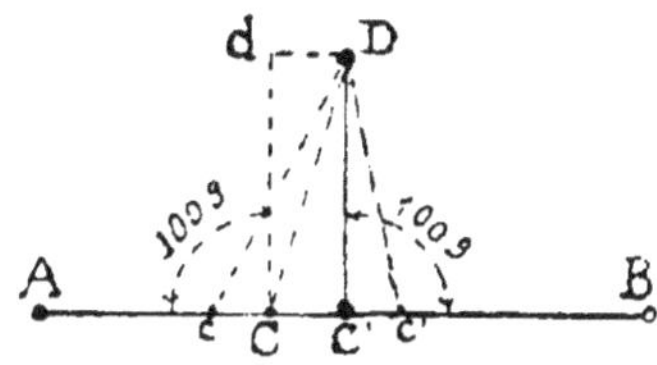

Fig. 45. — Abaisser une perpendiculaire.

les limites de la recherche, on finit par trouver le point exact. On abrège souvent ces tâtonnements de la manière suivante : après la première installation approximative, en C, on *élève*, en ce point, la perpendiculaire C*d*, puis l'aide prend, avec un mètre pliant, la distance *d*D, autant que possible parallèle à AB, et l'opérateur reporte cette distance sur AB, de C en C'. Si *d*D ne dépasse pas un ou deux mètres, on peut admettre comme suffisamment exact le point C', mais il est toujours facile de le vérifier en y installant l'équerre.

59. Avantages et inconvénients de l'équerre. — Les opérations à l'équerre facilitent le rapport du plan, comme on le verra plus loin (253-265), ainsi que les calculs de surfaces ou autres ; l'instrument est très simple, très portatif et très rustique ; mais, si l'on agit sur de grandes distances, le champ de la visée s'élargit et l'incertitude du rayon précis devient grande. D'un autre côté, cette condition de ne tracer que des angles droits, si elle est avantageuse pour le dessin, est souvent une gêne sur les terrains couverts. Aussi préférons-nous de beaucoup le *pantomètre*, dont nous allons bientôt parler (62).

ÉQUERRE SPHÉRIQUE. — ÉQUERRE A RÉFLEXION.

60. **Équerre sphérique.** — Pour opérer en pays accidenté on construit des équerres *sphériques* (fig. 46), qui étendent davantage, dans le sens de la hauteur, le champ du plan de visée.

61. **Équerre à réflexion Coutureau.** — Enfin, comme type d'instruments à réflexion, nous citerons l'équerre *Coutureau*, des plus portatives, et résolvant rapidement les mêmes questions que l'équerre d'arpenteur et avec la même précision, quand on est familiarisé avec l'instrument dont la figure 47, presque en vraie grandeur, donne une idée.

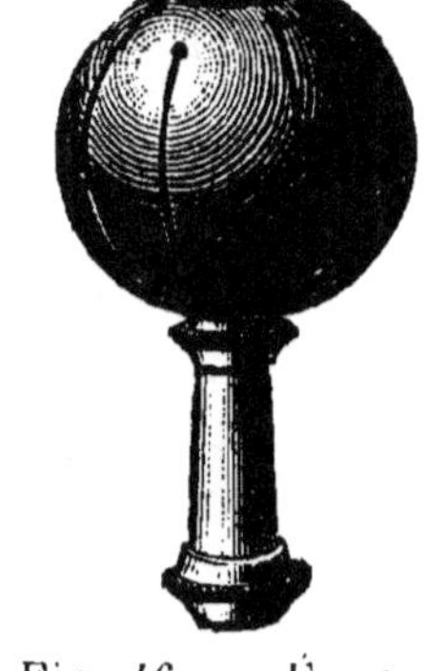

Fig. 46. — Équerre sphérique.

Il se compose, comme on le voit, de trois miroirs M, *m*, *m′*, permettant deux doubles réflexions symétriques à l'aide desquelles on trouve, en même temps, un point intermédiaire d'une droite donnée et la perpendiculaire à cette droite, en ce point.

Pour opérer, on tient l'instrument à la main, par la poignée P située à la partie inférieure et, approchant l'œil très près du milieu de l'arête V, on regarde le miroir opposé M, percé de deux petites ouvertures, à la hauteur du centre des deux autres miroirs, après s'être placé parallèlement à la droite.

On aperçoit alors à la fois, sur ce miroir, les images situées à droite et à gauche de l'observateur, ainsi que celles qui sont en avant.

Se déplaçant alors en arrière ou en avant, suivant les cas, on trouve une position pour laquelle les images des deux jalons qui déterminent la droite sont en prolongement l'une de l'autre sur le miroir. A ce moment, la poignée, que l'on projette sur le sol à l'aide d'un fil à plomb, sera sur cette droite et, pour tracer une perpendiculaire à la droite, en ce point, il suffira d'envoyer un aide dans la direction présumée, avec un jalon qu'il déplacera jusqu'à ce que son image se confonde avec celle des autres jalons.

S'il s'agissait d'abaisser une perpendiculaire d'un point donné, l'observateur devrait, au mouvement d'avant-arrière ou arrière-avant, joindre un mouvement de droite à gauche ou de gauche à droite, de façon à amener l'image du point donné sur celle des points de la droite.

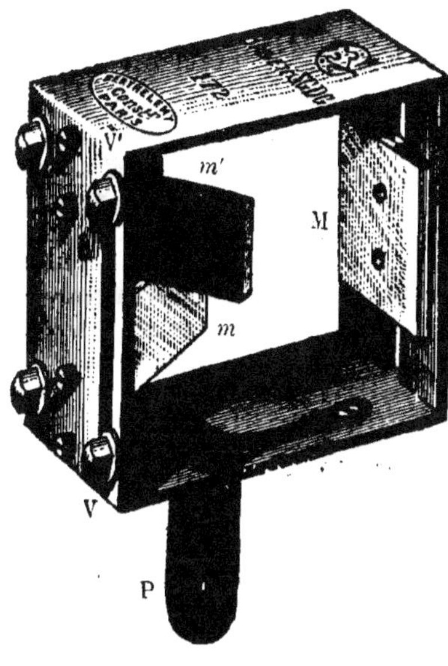

Fig. 47. — Équerre Coutureau.

PANTOMÈTRE.

62. Description. — Le pantomètre (du grec *pan, pantos,* tout, et *metron,* mesure) (fig. 48) est destiné à la mesure des angles quelconques ; il se compose d'un cylindre creux coupé en deux par un plan perpendiculaire à son axe. Sa partie inférieure est terminée par une douille creuse identique à celle de l'équerre, et ordinairement sans mouvement horizontal, et le contour ou limbe de cette partie, en contact avec l'autre, est divisé en 360° ou en 400ᵍ. Sur la génératrice de la division *zéro* existe une pinnule *oculaire* (57) et sur la génératrice opposée, la pinnule *objectif*, à 180° à 200ᵍ ; cette seconde pinnule est munie d'un fil tendu suivant son axe vertical comme dans l'équerre.

Dans le type que nous donnons ici, et qui est celui des

ponts et chaussées, la douille possède un mouvement horizontal et une vis de serrage.

La partie supérieure du cylindre peut tourner autour de son axe par l'action de la main et aussi, pour modérer le mouvement, à l'aide d'une vis disposée tantôt à la partie inférieure de l'instrument comme ici, tantôt à sa partie supérieure. Enfin un vernier, ordinairement au 1/30, est gravé à la base et son zéro coïncide avec la pinnule oculaire d'un plan de visée déterminé comme celui de la partie inférieure.

Fig. 48. — Pantomètre.

L'instrument s'installe, comme l'équerre, sur un bâton ferré, ou sur un trépied à douille.

Aux divisions verticales gravées sur les cylindres, certains opérateurs préfèrent des divisions inclinées, que les constructeurs réalisent par l'addition d'une couronne tronconique qui reçoit ces divisions.

63. Usage du pantomètre. — Soit ASB, un angle à mesurer et déterminé par un point quelconque à son sommet S et par des jalons A et B sur ces côtés (fig. 49).

Après avoir placé le bâton ou le trépied au sommet S, on introduira sur sa douille pleine la douille creuse de l'instrument, tout en dirigeant, sur l'un des côtés de l'angle, le plan de visée du cylindre inférieur et on enfoncera la douille assez fortement pour la fixer et avec précaution pour ne pas faire dévier ce plan.

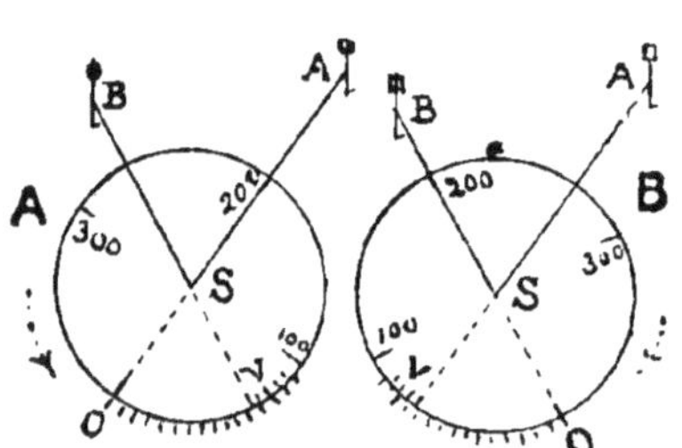

Fig. 49. — Mesure des angles.

Quand l'instrument est muni d'une douille à mouvement horizontal avec pince d'arrêt, comme celui de la figure 48, la douille est fixée d'une façon quelconque sur le bâton, et la direction du plan de visée inférieur est donnée par le mouvement horizontal.

Pour la direction de ce plan, le choix entre les jalons A et B dépendra du sens de la division du pantomètre : si la division va de gauche à droite (fig. 49, **A**), c'est le point A qui devra être visé par la pinnule inférieure ; dans le cas contraire (fig. 49, **B**), ce sera le point B.

Cette première direction établie, on fait tourner le cylindre supérieur, qui porte le vernier, de façon à apercevoir le second jalon par l'autre plan de visée, et, après s'être assuré que, pendant ce mouvement, le premier plan de visée est bien resté dirigé sur le premier jalon, on procède à la lecture de l'angle mesuré par l'arc compris entre le zéro du limbe et celui du vernier, autrement dit, entre les deux pinnules *oculaires*.

Cet arc sera égal au nombre de degrés ou grades donné par le limbe, augmenté d'un certain nombre de minutes que le vernier permettra d'apprécier (33).

64. Avantages et inconvénients du pantomètre. — Le grand avantage du pantomètre et celui qui nous le fait de beaucoup préférer à l'équerre, c'est qu'il permet au géomètre de diriger ses lignes d'opération à son gré, avantage précieux qui évitera le plus souvent, comme on le verra à l'exposé des méthodes de levé, de traverser les cultures, en les contournant ; il est aussi promptement mis en station, surtout lorsqu'il est installé sur un bâton d'équerre, ce qui est presque toujours possible à la campagne.

Mais, comme pour l'équerre, les moyens de visée du pantomètre sont imparfaits et la douceur ainsi que la régularité de ses mouvements ne sont pas assurées. Pourtant, dans les opérations de détail et quand la portée de l'instrument ne dépasse pas 60 à 80 mètres, le pantomètre, d'un diamètre de 7 à 8 centimètres et dont l'approximation est de 2 à 4 grades, est suffisant pour les plans au 1/1000.

GRAPHOMÈTRE.

La construction des petits cercles à lunette, que nous étudierons plus loin, a fait grand tort au *graphomètre* ; cependans il est encore assez répandu et diverses administrations en ont jusqu'à présent conservé l'usage, c'est pourquoi nous croyons utile d'en donner la description, qui sera d'ailleurs une occasion de montrer l'application de l'alidade à pinnules.

65. Description. — Le graphomètre (fig. 50) (du grec *graphô*, j'écris, et *metron*, mesure) se compose d'une partie de couronne en cuivre, L, de 10 à 12 centimètres de rayon et de 2 centimètres environ de largeur, s'étendant un peu, dans certains instruments comme celui de la figure, au delà de son diamètre. Ce dernier est prolongé au delà du limbe

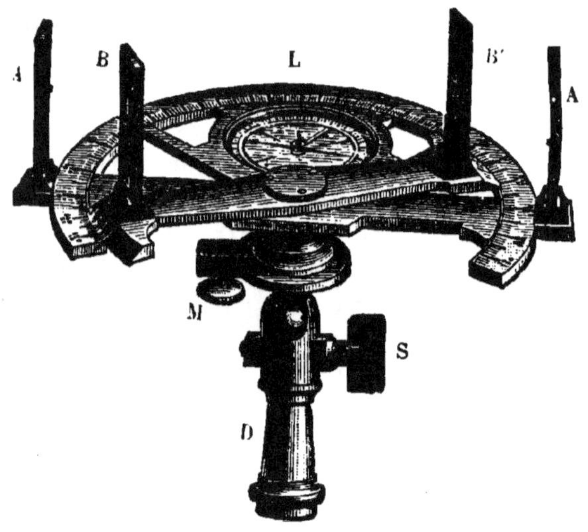

Fig. 50. — Graphomètre.

pour recevoir la base de deux visières formant une alidade fixe AA' ; au centre pivote, à *frottement un peu dur*, une seconde alidade BB' portant deux verniers qui affleurent le limbe intérieur de la couronne, divisé en 200 grades ; le plan de visée de l'alidade fixe passe par le diamètre 0-200^g qu'on appelle la *ligne de foi ;* les zéros des verniers doivent être dans le plan de visée de l'alidade mobile.

La chiffraison du limbe est faite dans le sens direct et dans le sens rétrograde, ce qui permet le premier pointé à volonté sur l'un ou l'autre des côtés de l'angle à mesurer, mais l'un des verniers est numéroté pour le sens direct et l'autre pour le sens rétrograde, de sorte que chacun ne peut servir que pour l'un des deux sens.

Sous le centre du diamètre on a disposé un *genou* à coquille dont la douille se place sur un trépied simple et, dans l'espace libre entre la couronne et le diamètre, on adapte, sur la plupart des graphomètres, une boussole pour l'orientation.

Dans plusieurs graphomètres, comme celui des ponts et chaussées (fig. 50), on a intercalé, entre le genou et le centre de l'instrument, un mouvement circulaire horizontal, avec vis de serrage M, plus commode et plus stable que celui donné par la rotule du genou et sa vis de serrage S.

66. Usage du graphomètre. — Après l'installation du trépied, on cale l'instrument (68 *a*) avec plus ou moins de précision selon la méthode employée : ainsi, après avoir desserré la rotule, on peut se contenter d'un calage à vue, ou se baser sur celui de la boussole (77), dont le plan est parallèle à celui du demi-cercle, ou encore en posant, dans deux sens opposés, une petite nivelle, ou, enfin, en dirigeant les alilades, placées dans deux directions perpendiculaires, sur un fil à plomb, auquel les lignes de visée doivent être parallèles.

Le calage assuré, on serre modérément la rotule, de façon à pouvoir encore garder le mouvement horizontal de l'instrument ; on peut serrer plus fortement si ce mouvement est donné par l'appendice spécial M dont nous avons parlé précédemment.

Pour la visée, on dirige l'alidade du limbe sur l'un des signaux, on serre plus fortement le genou ou la vis interposée et l'on dirige l'autre alidade, qui entraîne avec elle les verniers, sur le second signal ; enfin on fait la lecture de l'angle à l'aide de la division du limbe et du vernier correspondants.

Goniomètres à lunette.

67. Considérations générales. — Pour donner plus de perfection à la visée on adapte, aux instruments angulaires, une lunette qui en augmente l'étendue et la netteté ; on ajoute, en même temps, des organes accessoires qui facilitent l'installation, régularisent les mouvements et donnent plus de précision aux lectures.

Les instruments ainsi perfectionnés, quoique concourant au même but, portent des noms différents suivant l'usage ordinaire auquel on les destine et aussi un peu suivant l'idée de l'inventeur ou du constructeur, chez lequel on trouve, généralement, le *pantomètre à lunette*, le *goniomètre de poche*, le *cercle d'alignement*, le *cercle géodésique*, et aussi la *boussole*, puis, comme instruments propres également à la mesure des angles verticaux, les *théodolites*, et enfin, les *tachéomètres*, instruments complets qui mesurent les angles horizontaux, les angles verticaux et les distances, et déterminent ainsi, d'une seule station, les trois coordonnées rectangulaires d'un point qui le fixent dans l'espace.

Nous ne décrirons ici, avec quelques détails, que le cercle d'alignement, répétiteur, le petit goniomètre de poche et la boussole, réservant pour un autre paragraphe l'étude, d'ailleurs très sommaire, des théodolites et des tachéomètres (116).

CERCLE D'ALIGNEMENT RÉPÉTITEUR.

68. Description. — Le cercle d'alignement (fig. 51) est ainsi nommé parce qu'il est souvent employé pour le tracé et le piquetage de longues lignes droites ; nous verrons plus loin (71) pourquoi il est dit *répétiteur*. Nous distinguerons, dans l'ensemble de l'instrument, trois systèmes d'organes : le *système du calage*, celui *du cercle* ou *de la division*, enfin celui *de la lunette* ou *de la visée ;* ces systèmes se retrouvent d'ailleurs dans les instruments analogues.

a. *Système du calage.* — Caler un instrument, c'est rendre vertical son axe principal, ou horizontal le cercle de ses divisions. Deux systèmes de calage sont en usage dans les goniomètres à lunette : le calage à trois vis, dit calage *triangulaire*, tel qu'il est adapté à la base du cercle que nous allons décrire, et qui est le plus stable, et, pour les petits instruments, le calage *à deux vis*, comme on le voit sur la figure 53, que nous examinerons plus loin (73).

Trois fortes tiges horizontales égales, dont les extrémités sont sur les sommets d'un triangle équilatéral, font corps avec la base de la colonne pivotante de l'instrument ; ces tiges sont traversées par des vis, V, V' V'', dont les pointes, légèrement arrondies, s'appuient sur des rigoles métalliques, incrustées dans le plateau du trépied, non figuré ici. A la partie supérieure de la colonne se trouve le cercle divisé L, fixé perpendiculairement sur cette colonne, et sur lequel on a placé une nivelle N, dont la tangente à la bulle doit être parallèle au cercle quand celui-ci est horizontal.

Pour l'amener dans cette position, on fait tourner le cercle, à l'aide d'organes dont nous parlerons tout à l'heure, de façon à placer la nivelle à peu près parallèlement à la droite passant par l'axe de deux vis VV′ et l'on tourne à la fois ces vis en sens contraire, jusqu'à ce que la bulle soit entre ses repères ; puis on fait décrire un quart de révolution au cercle et l'on agit sur la troisième vis pour amener encore, dans cette seconde position, la bulle entre ses repères ; si la nivelle a été préalablement réglée, le plan du cercle sera horizontal, ce dont on s'assure en vérifiant si la bulle reste immobile quelle que soit la position de la nivelle ; sinon, on répète l'opération.

En raison des mouvements dont nous allons parler plus loin, la colonne pivotante est assez compliquée ; elle se compose généralement de diverses enveloppes légèrement tronconiques et concentriques qui se rattachent, par des détails de construction sur lesquels nous ne pouvons nous étendre, au système du cercle, que nous allons étudier.

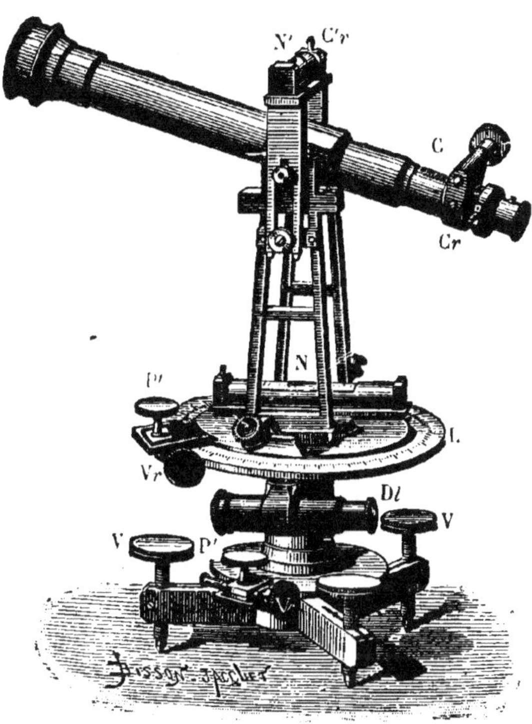

Fig. 51. — Cercle d'alignement répétiteur.

b. *Système du cercle.* — *Cercle alidade.* — Le cercle L est une couronne en cuivre de 15 à 20 centimètres de diamètre, dont le limbe intérieur est divisé en degrés ou grades, plus ou moins fractionnés, suivant la grandeur du diamètre. Ce cercle, dont le centre est disposé sur l'axe de l'instrument, peut, à volonté, tourner dans son plan, autour de l'axe, ou être fixé à la colonne pivotante qui devient alors immobile comme lui.

Ces conditions sont réalisées par un petit appareil en usage aujourd'hui dans la plupart des instruments topographiques et sur lequel nous allons insister.

Il se compose d'une mâchoire ou pince formée de deux lames, entre lesquelles se trouve la pièce mobile, que l'on peut fortement presser à l'aide d'une vis P', que l'on désigne sous le nom de *pince d'arrêt*, de *vis de serrage* ou *de pression*. Il suffit d'agir sur cette vis pour immobiliser l'organe auquel l'appareil est annexé et dont l'emplacement varie avec les instruments. Si la position que l'on voulait donner à cet organe au moment de sa fixation est obtenue, le résultat est atteint ; mais il arrive souvent que, par suite de la pression, un petit déplacement se produit, et il faut alors recommencer l'opération, après avoir desserré la pince.

C'est pour éviter ces fausses manœuvres, qui peuvent se répéter plusieurs fois, que l'on a imaginé la vis de rappel Vr, dite aussi vis micrométrique, ajoutée à l'appareil et dont le but est d'obtenir encore au besoin, après la fixation de l'organe, un très petit mouvement dans un sens ou dans le sens opposé, grâce à un petit ressort à boudin qui exerce son effort dans le sens opposé à celui de la vis Vr et quand on dévisse cette dernière.

Nous ferons remarquer, pour les débutants qui oublient trop facilement ces précautions, 1° que l'effet de la vis de rappel n'a lieu que si la pince P' est serrée, 2° que cet effet n'a plus d'action lorsque la vis Vr est au bout de sa course. Par conséquent, il ne faut pas oublier la première condition et, pour éviter la seconde, il faut observer fréquemment la position de Vr et la rectifier au besoin.

L'appareil que nous venons de décrire et qui est destiné à agir sur le cercle L dans les conditions que nous avons énoncées plus haut n'est pas, comme on pourrait le croire, celui que l'on remarque à gauche de ce cercle, et auquel il est adhérent ; il lui est identique mais en est assez éloigné, puisqu'il est placé, comme on le voit sur la figure, très près du système de calage, toutefois il s'y rattache par les combinaisons masquées dans la colonne pivotante et le plateau circulaire qui l'entoure à la base.

Continuant l'examen du système du cercle, nous signalerons le cercle plein, concentrique à la bande annulaire L et dans le même plan qu'elle. On lui donne quelquefois le nom de *cercle alidade*, parce que la visée, déterminée ici par une lunette, lui est intimement liée. Le bord de ce cercle, de même rayon que le rayon intérieur de L, porte deux verniers opposés à l'aide desquels on apprécie la minute ou même la demi-minute centésimale. C'est sur sa surface que l'on a fixé les supports de la lunette, ainsi que la nivelle N et les deux loupes que l'on amène aux points convenables des verniers pour la lecture. Enfin la pince P' permet de fixer le plateau intérieur à la couronne L ou de le rendre indépendant. Cette pince est complétée par une vis de rappel Vr qui remplit le même rôle que la précédente.

On peut comprendre aussi, dans le système du cercle, le *déclinatoire* Dl (78), fixé à la colonne pivotante et dont nous apprendrons plus tard l'usage (73-2°, 81 et 126). Ce déclinatoire suit tous les mouvements du cercle et son axe est parallèle au diamètre 0^g-200^g, ou quelquefois, quand cet axe est rectifiable, il fait avec le diamètre un angle égal à la déclinaison de l'aiguille aimantée.

c. *Système de la lunette.* — La lunette repose sur ses supports par deux tourillons, qui doivent être perpendiculaires sur son axe, et sur lesquels repose une nivelle mobile à jambes N', destinée à la vérification de l'horizontalité de l'axe de ces tourillons (158, *c*) ; C'*r* est la clé de réglage de cette nivelle.

Cette lunette, qui est ici centrale (116), se compose d'ailleurs des éléments ordinaires (27 et suivants) décrits plus haut, et l'on voit notamment, sur la figure, la clé de réglage C*r* du réticule et, au-dessus, le pignon de la crémaillère C.

De la description qui précède on déduit : 1° que la lunette suit tous les mouvements du plateau sur lequel elle repose par ses supports et, par conséquent, ceux du vernier ; 2° que son axe optique doit engendrer un plan vertical quand l'axe de ses tourillons est horizontal.

Quant aux supports, ils ne sont ici si élevés que pour permettre à la lunette une rotation complète autour de ses tourillons.

69. Manœuvre du cercle d'alignement. — Examinons, successivement, le montage de l'instrument sur son trépied, son transport, sa mise en station, son calage, sa visée et, enfin, la lecture de l'angle, dans laquelle nous comprendrons la répétition et la réitération.

a. *Montage* — D'une façon générale, c'est toujours avec précaution qu'un instrument de précision doit être manipulé, car il faut peu de chose pour fausser ses organes, et si un instrument faussé n'est pas absolument perdu, sa réparation, qui ne peut être faite que par un spécialiste, entraîne souvent des frais importants et une grande perte de temps. Aussi faut-il, au début surtout, apporter beaucoup de soin dans tous les détails et, notamment, pour sortir un instrument de sa boîte et l'y remettre ; les constructeurs savent parfaitement disposer les cales, buttoirs, etc., pour assurer une fixité sans trop de rigidité, mais ce but ne sera ordinairement rempli que si les organes occupent toujours la même position, que l'on devra par conséquent bien observer.

L'instrument, sorti de sa boîte, sera posé sur son trépied, qui aura été préalablement installé à cet effet et, dans le transport de la boîte au pied, on gardera les vis serrées et la position à peu près normale, c'est-à-dire que l'axe de l'instrument, par exemple, ne devra pas être trop incliné. Puis la fixité de l'instrument sur son pied sera immédiatement assurée, car nous avons vu des aides, par distraction, oublier cette manœuvre essentielle et laisser tomber ainsi l'instrument sur le sol au moment de son déplacement.

b. Le *transport jusqu'au sommet de l'angle*, puis d'un sommet à un autre, a besoin d'être aussi étudié, car il est bien imprudent, par exemple, de porter sur l'épaule, dans une direction presque horizontale, le trépied avec l'instrument ; ce dernier devra conserver, dans ce transport, une position voisine de la verticale et, pourvu que cette condition soit remplie, chacun choisira la disposition qui lui conviendra :

es uns, par exemple, porteront le trépied sur le dos en écartant deux branches pour les disposer verticalement sur les épaules et laissant la troisième au delà du dos ; d'autres rapprocheront au contraire les trois branches et tiendront le trépied verticalement sur le côté.

c. *Mise en station.* — Après avoir suffisamment desserré les branches du trépied, on les écartera et on les enfoncera de façon à donner une solide assiette au plateau, lequel devra être à peu près horizontal ; en même temps, il faudra amener le centre sur la verticale du sommet de l'angle. Ces deux conditions ne sont pas toujours faciles à réaliser simultanément, surtout quand le terrain est incliné ; aussi doit-on faire quelques essais provisoires, avant de serrer les écrous des branches : on placera à vue, par exemple, les trois branches sans les enfoncer, puis, après une première épreuve à l'aide du fil à plomb, on appuiera d'abord sur deux branches en cherchant à les diriger dans le sens utile ; ensuite, avec la troisième branche, on rectifiera s'il y a lieu et on serrera les écrous. Avec le pied à translation, dont nous avons parlé (18 , la difficulté sera beaucoup réduite ; en tout cas, pendant les opérations suivantes, la plus grande attention devra être apportée pour conserver immuable l'installation, qui n'aura été souvent obtenue qu'après de laborieux essais.

d. *Calage.* — On desserrera ensuite les pinces d'arrêt et on procédera au calage comme il a été dit plus haut (68-*a*).

e. *Mise au point de la lunette et visées.* — La lunette sera *mise au point* (30) et l'on établira la coïncidence entre le zéro du limbe et celui du vernier en serrant d'abord la pince du vernier et en agissant sur la vis de rappel s'il y a lieu ; puis, entraînant le limbe et le vernier réunis, on dirigera la lunette sur le jalon ou signal marquant l'un des côtés de l'angle. Arrivé dans son voisinage, on serrera la pince du limbe et l'on agira sur la vis de rappel pour l'exactitude du *pointé ;* on desserrera la pince du vernier et l'on entraînera la lunette, et le vernier avec elle, sur le second jalon que l'on visera comme le précédent, en serrant la pince, puis en agissant, s'il y a lieu, sur la vis de rappel.

On remarquera que l'ordre des deux visées n'est pas indifférent : le premier côté choisi doit être tel qu'en le quittant pour se diriger sur le second, la lunette et, à sa suite, le zéro du vernier marchent dans le sens des divisions (63).

f. *Lecture de l'angle.* — Après la seconde visée, la valeur de l'angle x sera donnée par l'arc compris entre le zéro du limbe, qui est resté fixé, et le zéro du vernier. S'il existe un second vernier dont le zéro serait à l'extrémité du diamètre du premier, la différence entre les lectures faites à ces deux verniers devra être de 200 grades ; mais, si l'on constate une petite différence $= \delta$, tolérable (163), la valeur moyenne de l'angle sera

$$x = \pm \frac{\delta}{2}.$$

70. Changement d'origine. — Au lieu de mettre en coïncidence, pour la mesure des angles, le zéro du limbe et celui du vernier, on peut prendre une origine quelconque sur le limbe, mais il ne faut pas, dans ce cas, oublier de noter la valeur initiale jusqu'au zéro du vernier, parce qu'elle sera à retrancher de la deuxième lecture pour avoir la valeur de l'angle α.

71. Tour d'horizon. — Lectures partielles ; répétition. — Lectures cumulées ; réitération. — Lorsque plusieurs angles A, B, C,... M, N sont groupés autour d'un même sommet S, leur ensemble forme ce qu'on appelle un *tour d'horizon*, dont la valeur est de 400 grades ; si l'on mesure chaque angle isolément, on a donc là une vérification, mais ces opérations successives multiplient les manœuvres et les visées puisque, pour chaque angle, il faut ramener le vernier à une origine et viser les deux côtés. Le temps employé est ainsi considérable et les chances d'erreur nombreuses ; on atténue notablement ces dernières par la *répétition des angles*.

La répétition d'un angle consiste à en multiplier la valeur en quelque sorte mécaniquement, par des opérations successives, dont les chances d'erreur ne sont pas porportionnelles au multiplicateur, de sorte qui si on a triplé, par exemple, cette valeur, le produit, divisé par trois, donnera un résultat plus rapproché de la vérité que l'angle primitif.

Nous avons vu (69-*j*) comment, à l'aide du cercle d'alignement, on mesure un angle ASB (fig. 49) ; or, supposons qu'après la visée sur B (fig. 52, **A**), au lieu de desserrer la pince du vernier on desserre celle du limbe pour entraîner tout le système dans un mouvement rétrograde

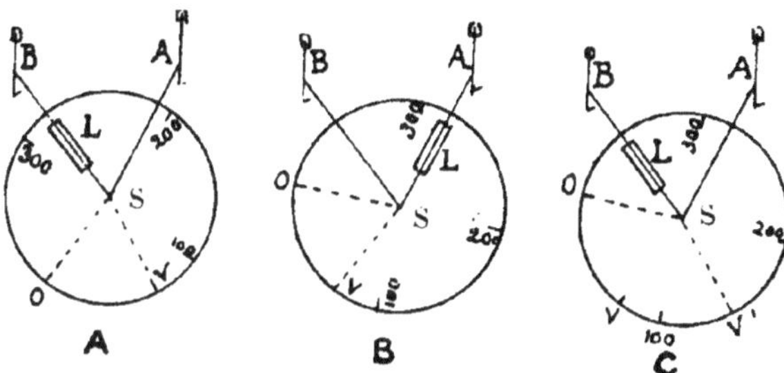

Fig. 52. — Positions relatives du vernier et de la lunette dans la répétition des angles.

et amener la lunette de nouveau sur **A**, on aura la position **B** de la figure 52, dans laquelle l'arc OV n'a pas varié dans sa longueur. Si, ensuite, on fixe le limbe et qu'on dirige la lunette sur B après avoir desserré le vernier, la lecture donnera un angle OSV' *double* de l'angle ASB (fig. 52, **C**), car le vernier a quitté sa première position V pour décrire un arc VV'=AB=OV.

Une manœuvre identique donnerait le triple de l'angle, puis le quadruple, etc. ; et l'on pourrait continuer ainsi indéfiniment, en ayant soin d'ajouter 400 grades chaque fois que V dépasserait l'origine O.

Une autre marche, plus expéditive, est souvent suivie ; c'est de faire les lectures d'angles, comme pour les longueurs, en cotes cumulées (50), c'est-à-dire de laisser fixe l'origine du limbe et d'arrêter la lunette successivement, à chaque direction, pour relever la valeur de l'angle qui progressera ainsi jusqu'à 400 grades si le zéro du limbe a été choisi pour origine et à $400^g + \alpha$ si cette origine était distante du zéro d'un angle α. De la sorte, les lectures seront successivement :

$$l = \alpha, \quad l' = \alpha + A, \quad l'' = \alpha + A + B, \quad l^n = \alpha + A + B + \ldots + N.$$

et pour l'un des angles quelconques, B par exemple, on aura :

$$B = l'' - l'.$$

Mais, dans cette méthode, une erreur de lecture passerait inaperçue ; aussi, pour obvier à ce grave inconvénient, doit-on, après un premier tour d'horizon, en faire un second en changeant l'origine : la comparaison des deux résultats, pour chaque angle, montrera si les différences constatées nécessitent un troisième tour ; sinon, on en prendra la moyenne. C'est là ce qu'on appelle la *réitération* des angles, qui peut s'étendre d'ailleurs bien au delà de deux tours d'horizon. Seulement, dans la réitération méthodique, le déplacement de l'origine de la lecture sur le limbe se fait de telle sorte que les positions diverses soient à peu près également écartées sur le cercle.

Si par exemple on réitère quatre fois un tour d'horizon, il y aura entre chaque origine un arc de $\dfrac{400^g}{4} = 100$ grades ; six réitérations auraient leurs origines écartées de $\dfrac{400^g}{6} = 67$ grades environ. Dans le cas où les lectures se feraient sur deur verniers opposés, les écarts s'obtiendraient en prenant pour numérateur seulement 200 grades.

La répétition ou la réitération sont surtout appliquées dans les opérations de précision, comme une triangulation, par exemple ; et généralement on préfère la seconde qui, à précision égale, demande environ moitié moins de pointés. Pourtant la répétition était jadis beaucoup plus en usage en France, tandis que l'autre était préférée en Allemagne.

72. Doubles lectures sur les verniers opposés ; doubles visées par retournement de la lunette ; moyennes. — Nous admettons, pour le moment, que les instruments sont réglés et de bonne fabrication, réservant pour le chapitre suivant toutes les questions de vérifications, de réglages et de corrections. Cependant, pour ne pas revenir sur la pratique des instruments, mais sans toutefois anticiper sur les considérations spéciales qui seront exposées dans ce chapitre, nous décrirons dès maintenant les précautions supplémentaires à observer dans la manœuvre du cercle d'alignement, et de tout instrument analogue, lorsqu'on veut apporter plus de précision dans le résultat des observations.

Déjà la lecture sur les deux verniers, dont nous avons précédemment parlé (69-*f*), et la *moyenne* qui en résulte, est un premier moyen de correction (151).

La répétition (71) et la réitération donnent, également, une plus grande approximation ; enfin le *retournement de la lunette* (158-*a*), dont nous allons expliquer ici la pratique, apporte aussi un supplément de précision en compensant le petit défaut de perpendicularité de certains axes.

Bien entendu, dans ce que nous allons dire, on suppose, comme c'est généralement le cas d'ailleurs avec les nouveaux goniomètres, que la lunette peut décrire, autour de l'axe de ses tourillons, au moins une demi-révolution.

Après avoir visé une première fois un signal quelconque et noté la position des deux verniers, ce qui donne déjà une première moyenne des deux lectures, on renverse la lunette bout pour bout par une rotation sur ses tourillons, puis on desserre la pince de l'alidade, on imprime à celle-ci un mouvement de 200 grades environ autour de l'axe de l'instrument, on pointe à nouveau le même signal et, enfin, on fait comme précédemment, aux verniers, deux lectures dont la moyenne, combinée avec la première, donne la *moyenne des deux positions*.

Ces observations sont répétées sur chaque signal du tour d'horizon et les résultats sont transcrits sur un carnet dont les colonnes sont disposées pour déduire clairement la valeur moyenne de chacun des angles (236).

PETIT GONIOMÈTRE DE POCHE.

73. Description. — On a construit, dans ces dernières années, des cercles d'alignement de très petit format, par conséquent moins coûteux et peu volumineux, et appelés pour cette dernière raison *goniomètres de poche* ; ils remplacent, avec grand avantage, le pantomètre et le graphomètre, et sont précieux pour les levés des polygones topographiques et des détails ; plusieurs sont identiques, dans leurs dispositions, aux cercles d'alignement ; d'autres, par économie et pour occuper encore moins de place, ont subi quelques modifications, surtout dans le calage ; c'est l'un de ces derniers que nous allons examiner.

1° *Système du calage.* — Sur une douille ordinaire D (fig. 53), terminée à sa partie inférieure par un collier dans lequel s'engage une vis de serrage S, on a fixé perpendiculairement un plateau *p* traversé par deux vis de calage C et C' et deux ressorts à boudin R et R', dont un seul est visible sur la figure, renfermés dans un petit canon cylindrique. Les vis C et C' et leurs ressorts correspondants sont situés dans des plans rectangulaires et vont appuyer sur un second plateau p', articulé par son centre à l'extrémité de la douille D. Ce second plateau porte une colonne A, de même axe que celui de D, prolongé, qui relie le plateau p' au cercle L, et, sur ce dernier, on a placé une petite nivelle sphérique n, à l'aide de laquelle on constate l'horizontalité du cercle.

2° *Système du cercle.* — Il est analogue à celui du cercle d'alignement; seulement, ici, la pince d'arrêt P du cercle est disposée immédiatement au-dessous ; la pince P′ du cercle alidade est au-dessus.

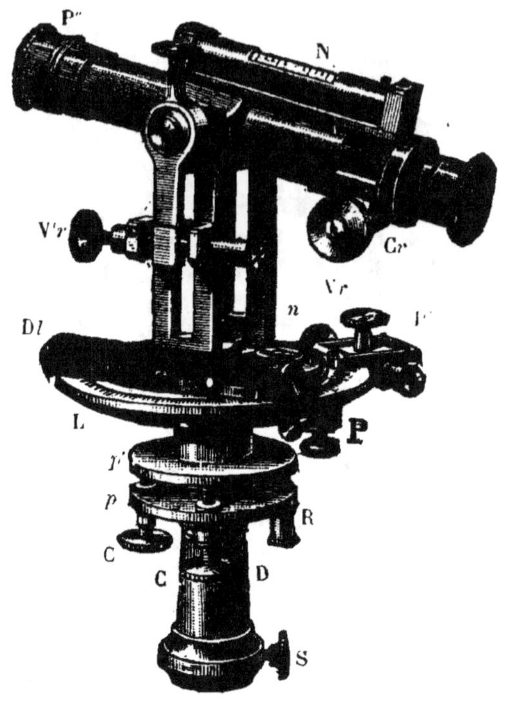

Fig. 53. — Goniomètre de poche.

 Le petit tube rectangulaire que l'on remarque sur le cercle alidade, auquel il est fixé, et qui est parallèle à l'axe optique de la lunette, renferme un petit *déclinatoire* Dl dont l'aiguille est amenée sur son support à l'aide d'un petit déclenchement figuré sur la face antérieure du tube. Les extrémités de ce dernier sont fermées par un verre plan, dépoli du côté de la pointe nord de l'aiguille, légèrement recourbée et qui se détache, quand elle est dans sa position normale, sur un trait vertical passant par le centre du verre dépoli (78, 81, 126).

3° *Système de la lunette.* — Dans ces petits instruments, les tourillons ne peuvent s'enlever de leurs supports et être par conséquent retournés bout pour bout, mais deux vis de réglage, cachées par la lunette sur la figure 53, permettent de rectifier, s'il y a lieu, leur horizontalité. Quant à la vis qui figure en avant, elle est destinée à serrer plus ou moins les tourillons sur leurs supports pour rendre le mouvement de la lunette plus ou moins dur dans son plan vertical.

La nivelle N, montée sur la lunette, ne sert pas au calage, mais à la transformation de l'intrument en niveau à bulle (108), et c'est dans ce but qu'on a disposé la vis V′r qui amène et maintient l'horizontalité de la lunette.

74. Usage du goniomètre de poche. — La manœuvre est la même que pour le cercle d'alignement, sauf pour le calage. Le cercle sera de niveau lorsque la bulle de la nivelle occupera la partie la plus élevée de la calotte sphérique, marquée ordinairement par un petit cercle rouge dont le centre est au pôle de la calotte.

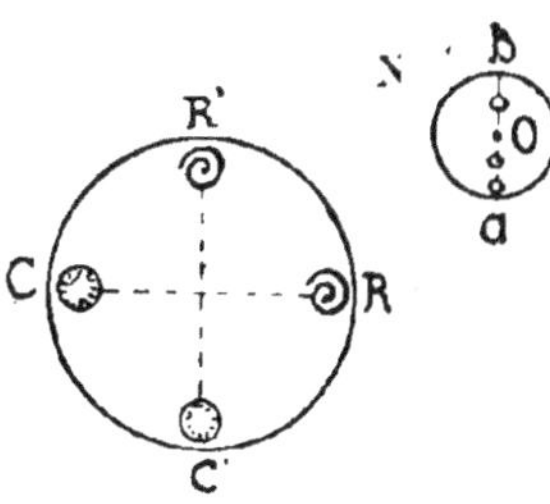

Fig. 54, — Manœuvre des vis de calage par la nivelle sphérique

Soit (fig. 54), en projection horizontale, C, R, une vis de calage et son ressort antagoniste ; C′, R′, la seconde vis et le second ressort ; N, la nivelle, que l'on aperçoit à droite.

La bulle sera, généralement, en dehors du centre O ; pour l'y amener, on agira d'abord avec lenteur sur l'une des vis, C par exemple, de façon à placer la bulle, après quelques tâtonnements, sensiblement sur un diamètre ab, approximativement perpendiculaire à CR ; on agira ensuite sur la seconde vis C′, qui fera mouvoir la bulle sur le diamètre, jusqu'au centre ou dans les environs. Dans cette dernière hypothèse on répétera la manœuvre avec la vis C et, au besoin, de nouveau avec C′, et l'on obtiendra la position centrale de la bulle, qu'il ne sera pas nécessaire d'ailleurs d'exiger d'une façon absolue, surtout lorsque les inclinaisons des visées ne seront pas trop différentes.

BOUSSOLE.

75. Considération sur l'aiguille aimantée. — On connaît la propriété de l'aiguille aimantée : sa direction, sensiblement constante vers le nord pour un même temps et un même lieu, a été utilisée depuis longtemps pour la mesure des angles et, dans certains cas, son emploi est avantageux et même précieux ; mais, pour la nature de nos opérations, la précision qu'elle donne serait généralement insuffisante, aussi ne ferons-nous qu'un sommaire examen de ses applications.

On appelle *méridien magnétique* le plan vertical dans lequel se tient, ordinairement, une aiguille aimantée librement suspendue, et *déclinaison* l'angle que ce plan forme avec le méridien du lieu d'observation ; dans son plan vertical, l'aiguille forme également un angle avec le plan horizontal, c'est l'*inclinaison*, que les constructeurs corrigent en lestant convenablement l'aiguille qui est alors horizontale et sert même de nivelle dans les instruments ordinaires dont elle est la base. La déclinaison est soumise à des variations nombreuses : diurnes, mensuelles, locales, accidentelles, etc., qui nécessitent des corrections diverses dont on peut trouver d'ailleurs, pour la plupart, les éléments, notamment en consultant l'annuaire du **bureau des longitudes** et autres publications. Pour Paris, d'après M. Angot, directeur du bureau central météorologique, la moyenne de 1913 sera sensiblement de 14° à l'Ouest, et il est à noter qu'elle diminue avec une grande rapidité en ce moment : 9′ au lieu de 5′, par an.

76. Description de l'aiguille aimantée. — L'aiguille aimantée est une lame d'acier recuit dont la forme, en projection horizontale, est celle d'un losange très allongé (fig. 55) au centre duquel on a disposé une chape en pierre très dure, ordinairement en agate, reposant sur une pointe ou pivot en acier que l'on doit ménager pour garder à l'aiguille une

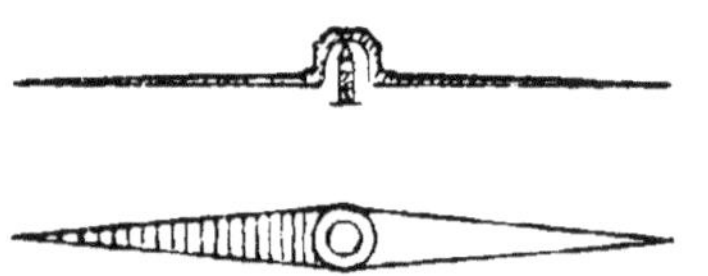

Fig. 55. — Aiguille aimantée avec son support.

grande mobilité. A cet effet, le contact entre le pivot et la chape n'a lieu que pendant les observations ; au repos, on soulève légèrement l'aiguille à l'aide d'un petit levier. Enfin, pour reconnaître la pointe nord, on lui laisse ordinairement la teinte bleue produite par le recuit.

77. Description de la boussole. — Pour permettre l'évaluation des angles, l'aiguille et son support sont disposés au centre d'un limbe divisé, chiffré ordinairement dans le sens direct et affleuré par les pointes de cette aiguille quand il est horizontal ; le tout est maintenu dans une boîte dont la forme varie et à laquelle se rattachent des organes divers, tels que douille avec genou, viseur, alidade, nivelle, lunette, etc., dont le choix est commandé par le but spécial de l'instrument. Dans beaucoup d'instruments, on peut déplacer le limbe autour de son centre, afin de transporter l'origine des lectures au méridien réel au lieu du méridien magnétique, comme nous le verrons plus loin.

La figure 56 donne une boussole dite *forestière*, beaucoup

Fig. 56. — Boussole dite forestière.

plus complète que la boussole ordinaire, qui ne comprend qu'un viseur, le plus souvent à pinnules, et une douille à genou.

Par son cercle vertical nous aurions pu la classer parmi les éclimètres ou mieux au paragraphe des instruments mixtes (115).

Le viseur, qui est ici à lunette, est placé sur le bord de la boussole, parallèlement au diamètre 0-200^g ; on dit alors que la boussole est à viseur *exentrique*, ce qui entraîne une correction dont nous parlerons plus tard (164). Pour éviter cette correction, dans certaines boussoles, le viseur, porté par une sorte de potence, est *central*.

78. Déclinatoire. — Dans plusieurs méthodes de levé, il est nécessaire d'*orienter* certains instruments, c'est-à-dire de les installer, à leurs diverses stations, parallèlement à eux-mêmes ; on obtient ce résultat en faisant usage d'une aiguille aimantée placée sur l'axe d'une boîte rectangulaire où elle ne peut osciller que de quelques grades à droite et à gauche ; c'est ce qui constitue le *déclinatoire* (fig. 57) que

Fig. 57. — Déclinatoire.

l'on peut adapter sous des formes variées, aux instruments à orienter.

79. Azimut. — Convergence des méridiens. — Orientements. — On appelle *azimut* d'une droite, en un point O de cette droite (fig. 58),

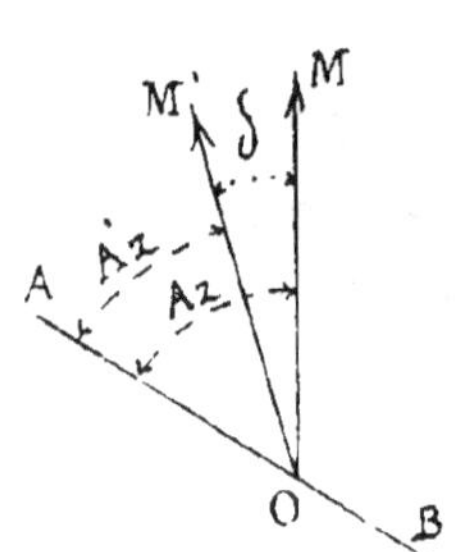

Fig. 58. — Azimuts.

l'angle Az qu'elle forme avec le méridien de O et *azimut magnétique* l'angle A′z de la même droite avec le méridien magnétique du même point O. Ces angles se comptent, ordinairement, de 0 à 400^g dans le sens direct, c'est-à-dire en allant du nord vers l'ouest, et en s'arrêtant à la droite ; ainsi l'angle azimutal de AB en A serait α (fig. 59, **A** et **B**) et β en B.

Si les méridiens étaient parallèles, la différence $\alpha - \beta$ entre les azimuts des extrémités d'une droite serait constamment égale à 200^g, mais on sait que tous les méridiens passent par les pôles, de sorte que BM′ (fig. 59, **C**) diffère du parallélisme avec AM d'un petit angle ε qu'on appelle la *convergence des méridiens* de A et de B.

Les méridiens magnétiques ne sont pas non plus parallèles, mais dans les opérations très limitées d'un levé à la boussole on peut les considérer comme tels, après avoir tenu compte des influences spéciales qui ont pu différer aux points considérés.

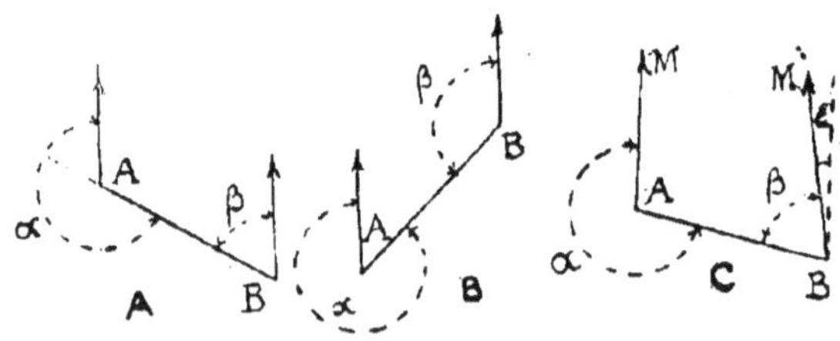

Fig. 59. — Azimuts complémentaires.

Quant à la convergence des méridiens, elle n'est pas à dédaigner, même dans les limites restreintes prévues pour nos opérations, puisque cet angle ε, entre deux méridiens distants d'un kilomètre, donnerait, à un kilomètre du parallèle le plus rapproché de l'équateur, un écart d'environ $0^m,20$ (fig. 60), sous la latitude de Paris.

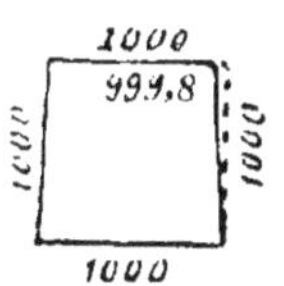

Fig. 60. — Convergence des méridiens.

Aussi, pour le calcul des coordonnées, dont nous parlerons plus tard (239), au lieu de considérer des angles azimutaux, on trace sur le terrain à lever, d'après l'une des méthodes que nous résumerons (239 *a*), un méridien unique initial, auquel on suppose, aux sommets projetés sur le plan, des droites parallèles ; on déduit ensuite, de proche en proche, les angles que font tous les côtés des polygones avec ces parallèles, en les comptant dans le même sens que les azimuts, et l'on donne à ces angles le nom d'*orientements*. (Voir la division de la France en fuseaux, pour les coordonnées cadastrales, art. 84 de l'instruction du 30 décembre 1910.)

80. Usage de la boussole. — 1° *Mesure de l'azimut.* — Avec la boussole on peut mesurer les azimuts et, par suite, les angles quelconques. Soit en effet une droite AB (fig. 61,

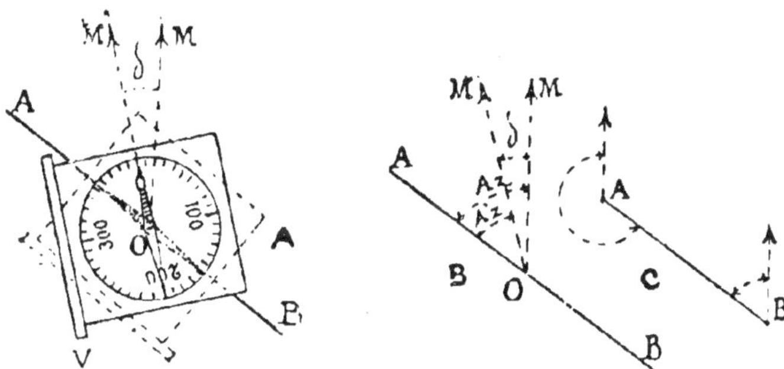

Fig. 61. — Mesure des azimuts.

A) ; mettons la boussole en station en un point quelconque O de la droite et, après avoir calé l'instrument (1), faisons coïncider le diamètre 0-200ᵍ avec l'aiguille ; le viseur V sera alors, comme l'aiguille, dans le méridien magnétique. Tournons

(1) Ici le calage se fera à l'aide du niveau à bulle, mais, dans les boussoles ordinaires, non pourvues de cet utile auxiliaire, on obtient un calage suffisant à l'aide de l'aiguille aimantée, dont les pointes doivent sensiblement affleurer le limbe, dans toutes ses positions, pour que l'instrument soit *de niveau.*

ensuite le viseur dans la direction BA, l'aiguille restera fixe, mais le zéro du limbe sera dans le plan vertical de BA et la division en regard de la pointe de l'aiguille donnera la valeur de l'angle A'z décrit par le viseur (fig. 61, **B**), c'est-à-dire l'azimut magnétique.

On aurait l'azimut vrai Az en ajoutant la déclinaison δ si, comme nous le supposons ici, elle est à l'ouest, et en la retranchant si elle était à l'est.

2° *Boussole déclinée. Visées inverses.* — Avec les boussoles à limbe mobile, cette addition ou cette soustraction se fait une fois pour toutes en déplaçant le limbe, avant la lecture et dans le sens convenable, d'une valeur angulaire égale à la déclinaison δ ; c'est ce qu'on appelle *décliner la boussole.*

Au lieu de s'intaller en un point quelconque d'une droite pour en mesurer l'azimut magnétique, on peut se placer à l'une des extrémités A (fig. 61, **C**). On voit que (79), en admettant comme parallèles les directions de l'aiguille aux extrémités de cette droite, la différence $\alpha - \beta$ entre les azimuts de cette droite sera de 200^g. Cette observation de l'azimut à chaque extrémité d'une droite prend le nom de méthode des visées *inverses.* La moyenne des deux lectures donnera l'azimut moyen de la droite.

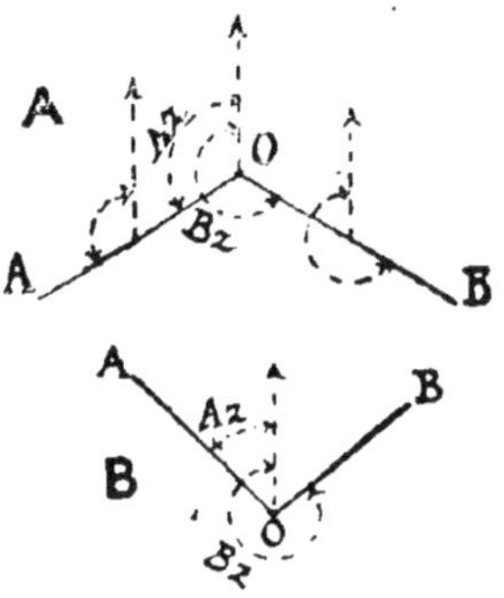

3° *Mesure d'un angle.* — Soit OA (fig. 62) le premier côté de l'angle, à partir du méridien, dont l'azimut est Az, et OB le second côté, à partir du même méridien, et dont l'azimut est Bz ; on aura pour l'angle AOB entre ces deux côtés :

$$AOB = Bz - Az ;$$

Fig. 62. — Mesure des angles à la boussole.

donc, pour mesurer un angle à l'aide de la boussole, il suffit de mettre l'instrument en station sur le sommet de l'angle et de faire la différence entre les azimuts de ses deux côtés.

81. Usage du déclinatoire. — Avec les déclinatoires tels que ceux adaptés sur les cercles des goniomètres de poche (73-2°) ou sur des planchettes (134) pour orienter ces instruments, il suffit, après avoir donné la liberté à l'aiguille, et fait coïncider le zéro du vernier et celui du cercle ou limbe, de faire tourner celui-ci, ou la planchette, de façon à amener cette aiguille dans l'axe du déclinatoire, puis à la maintenir dans cette position en serrant les pinces d'arrêt, auxquelles on ne doit plus toucher pendant les opérations de la station. Alors, la direction fixe donnée par le déclinatoire est celle du méridien magnétique ; si l'on voulait la remplacer par celle du nord vrai, il faudrait, comme pour décliner la boussole (80-2°), tenir compte de la déclinaison en dont on tracerait,

Fig. 63. — Décliner la planchette.

s'il s'agit de la planchette, l'angle graphique avec un côté parallèle au bord et en fixant le déclinatoire sur l'autre côté de l'angle (fig. 63).

Pour le goniomètre, au lieu de faire coïncider d'abord les deux zéros (limbe et vernier), il faudrait les écarter, dans le sens convenable, d'un angle égal à la déclinaison, et ce n'est qu'après que la pince du cercle serait fixée.

De cette façon tous les angles de la station seront mesurés en cotes cumulées ayant pour origine commune le méridien magnétique ou le méridien vrai, ce qui donnera les azimuts *directs* ou *visés*, mais il sera bon ensuite de procéder à la vérification par des lectures partielles ou un second tour d'horizon. On aura du reste encore une vérification par les autres sommets reliés au précédent, puisque, en orientant à nouveau l'instrument dans les mêmes conditions, on obtiendra des azimuts complémentaires (fig. 64).

Quand le viseur est excentrique, il y a lieu, pour compenser l'erreur qui

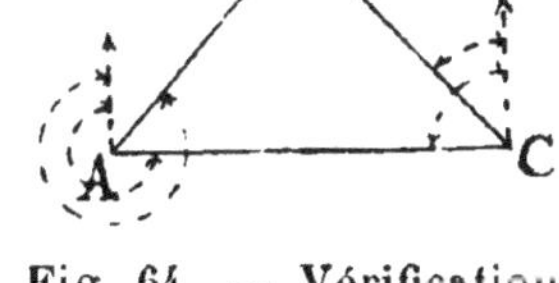

Fig. 64. — Vérification des azimuts.

en résulte, d'opérer dans certaines conditions qui feront l'objet d'un paragraphe spécial (165) au chapitre des erreurs.

§ IV. — INSTRUMENTS PROPRES A LA MESURE DES HAUTEURS

82. Principe du nivellement. — Altitude. — Cote. —
Nous appellerons hauteur d'un point, en topographie, la
distance de ce point à un plan horizontal quelconque, qui
prend alors le nom de *plan de comparaison*. Lorsque ce plan
sera la surface de la mer supposée prolongée, cette hauteur
prendra le nom d'*altitude*, que nous désignerons souvent par
le mot *cote*, nom donné au nombre exprimant, en mesure métrique, la valeur de l'altitude, et que l'on inscrit souvent à
côté de la projection du point. Rappelons que c'est en raison
du peu d'étendue de nos opérations que nous admettons ces
surfaces comme planes (3) ; on sait aussi que les lignes et les
plans horizontaux sont dits souvent lignes ou plans de *niveau*.

*Déterminer la hauteur d'un point au-dessus d'un plan de
comparaison*, c'est là le problème fondamental du nivellement et, pour le résoudre, différentes méthodes sont en
usage ; les unes s'appuient sur la mesure
des angles dans un plan vertical, les autres sur des mesures directes.

83. Méthode trigonométrique. — Soit
un point A (fig. 65), situé sur un plan horizontal ou de niveau N', dont la hauteur h au-
dessus du plan de comparaison N est connue et
B un autre point dont la hauteur H au-dessus
du même plan N est inconnue. On a :

$$(1) \qquad A = h \pm h'.$$

h' représentant la hauteur de B au-dessus ou
au-dessous du plan N' suivant que B est plus
haut ou plus bas que le point A.

Or
$$(2) \qquad h' = d \ \text{tang} \ \alpha,$$

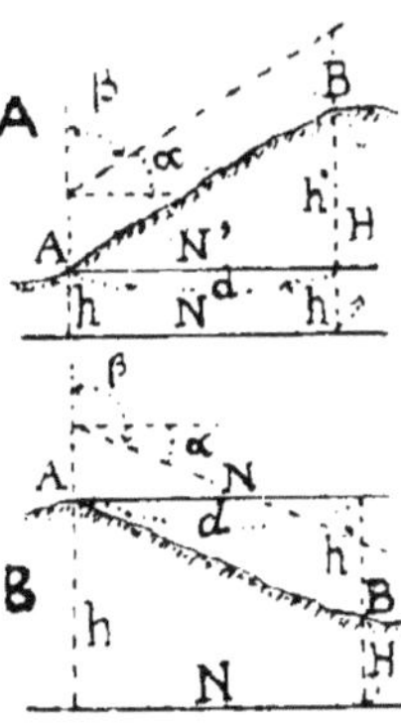

Fig. 65. — Déter-
mination des
hauteurs par les
angles verticaux.

mais d est la projection horizontale de AB,
c'est-à-dire la distance que l'on pourrait appeler *topographique* de B à
A, pour la distinguer de la distance dans l'espace, ou *aérienne*, BA, et α
est l'angle formé, dans un plan vertical par la droite AB et l'horizon N'

Remplaçant h' par sa valeur dans l'équation (1), on aura pour la hauteur H de B au-dessus du plan de comparaison N :

(3) $$H = h \pm d \tang \alpha.$$

Si, au lieu de l'angle α, on prenait son complément β qui est l'angle de AB avec la verticale, la formule (3) deviendrait :

(4) $$H = h \pm d \cotg \beta.$$

La mesure d'un angle vertical α ou β permettra donc d'obtenir la hauteur d'un point au-dessus ou au-dessous d'un plan horizontal connu.

84. Méthode directe. — On obtiendra cette même hauteur, sans la mesure d'un angle, par la *méthode directe*, qui procède de la façon suivante :

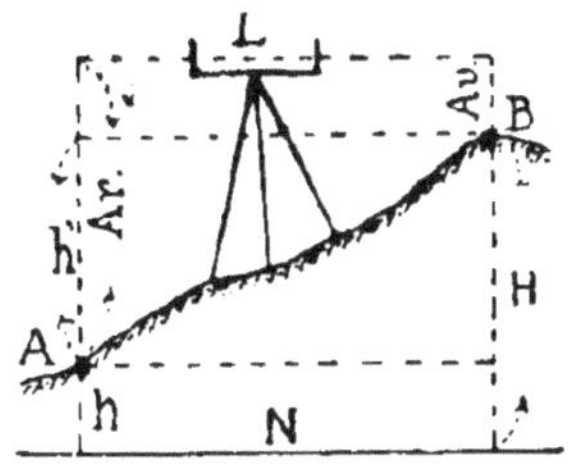

Fig. 66. — Nivellement direct, simple.

1er *Cas.* — *La différence de niveau entre les deux points est inférieure à la longueur de la mire* (92). — Soit à déterminer la hauteur précédente H (fig. 66).

Imaginons, entre A et B, une ligne de visée L horizontale, que nous pourrons diriger, sucessivement, vers A et vers B.

En plaçant verticalement une règle divisée sur A, puis sur B, sa rencontre avec le prolongement de L nous donnera les hauteurs Ar et Av à l'aide desquelles on aura facilement H ; en effet,

$$H = h + h' = h + (Ar - Av).$$

Remarquons que $(Ar - Av)$, qui donne la différence de hauteur h' entre les deux points A et B, sera positif quand B sera plus haut que A et négatif dans le cas contraire.

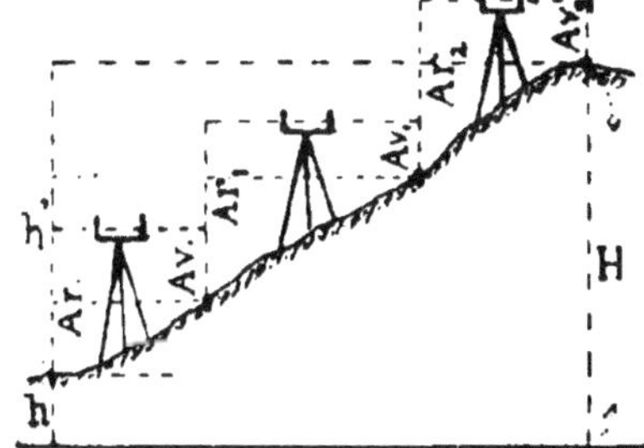

Fig. 67. — Nivellement direct, composé.

Nous admettons, jusqu'ici, que la hauteur Ar entre le point A et la ligne de visée ne dépasse pas la longueur ordinaire des mires, soit 4 mètres (92).

2ᵉ *Cas.* — *La différence de niveau est supérieure à la hauteur de la mire.* — Si l'on a $h' > 4$ mètres, il faudra opérer par stations successives sur des points intermédiaires dont les différences de niveau seront inférieures à 4 mètres, comme on le voit sur la figure 67 ; et l'on aura alors, par exemple ;

$$h_, = (Ar - Av) + (Ar_1 - Av_1) + (Ar_2 - Ar_2) = (Ar + Ar_1 + Ar_2) - (Av + Ar_1 + Av_2).$$

d'où

$$H = h + S - S'.$$

S représentant la somme des hauteurs mesurées en arrière et S′ celle des hauteurs mesurées en avant.

Nous reviendrons plus tard sur cette formule du nivellement direct (199) ; pour le moment, il suffisait de montrer que la condition fondamentale des instruments propres à ce genre de nivellement est de déterminer une *ligne de visée horizontale*.

1° Instruments propres à la méthode trigonométrique.

85. Angles zénithaux — Pentes et rampes. — Les angles verticaux ont pour origine la verticale ou le plan horizontal de leur sommet ; dans le premier cas (fig. 68) l'angle est dit *zénithal* et se compte dans le sens inverse, c'est-à-dire celui des aiguilles d'une montre ; dans le second (fig. 69) son appellation est moins précise, on le désigne souvent sous le nom d'angle d'inclinaison, mais alors il faut compléter la désignation par un signe pour distinguer les directions *ascendantes* ou *rampes* et les directions *descendantes* ou *pentes*.

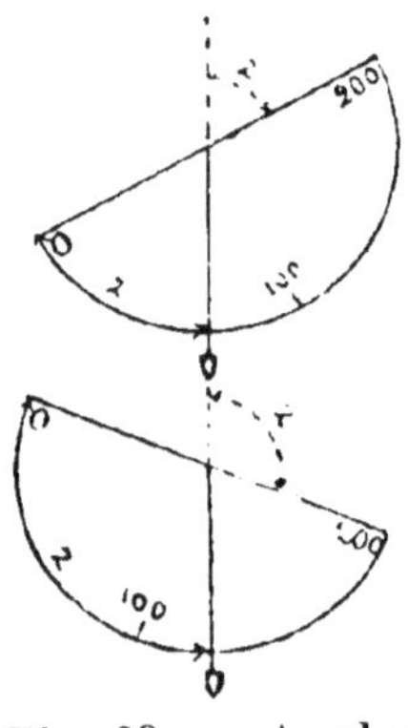

Fig. 68. — Angles zénithaux.

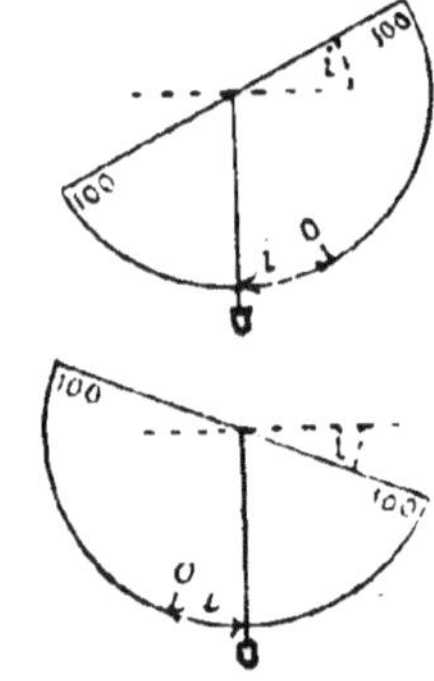

Fig. 69. — Angles d'inclinaison.

Nous nous étendrons plus loin sur l'expression trigonométrique de la pente en général (87).

ÉCLIMÈTRES.

86. Généralités. — On donne le nom d'*éclimètres* (du grec *klino*, incliner, et *metron*, mesure), aux instruments qui servent à la mesure des angles verticaux; ils sont à cercle complet ou à secteur. Le plus simple des éclimètres est le rapporteur, au centre duquel on dispose un petit fil à plomb, qui détermine la verticale d'origine et, en même temps, le plan vertical suivant lequel le rapporteur doit être tenu; le diamètre est la ligne de visée. Suivant la place du zéro du limbe, on a un angle zénithal (fig. 68) ou un angle d'inclinaison (fig. 69).

Dans la plupart des instruments, c'est la nivelle à bulle qui, par la détermination de l'horizontale, donne l'origine des angles verticaux qui peuvent aussi bien se compter à partir du zénith que de l'horizon ; il suffit en effet, comme on vient de le voir, de déplacer le zéro de 100 grades. Le plan du cercle, par une disposition qui varie avec les instruments, est amené verticalement par la manœuvre de la nivelle ; le viseur entraîne un vernier comme dans les cercles horizontaux, avec pince d'arrêt et vis de rappel, et souvent, pour le réglage, le limbe peut être légèrement déplacé ; en étudiant le *théodolite* (116), nous décrirons ces divers détails.

CLISIMÈTRES.

87. Généralités. — Pentes et rampes. — Fruit et surplomb. — Au lieu de donner l'inclinaison d'une droite par son angle avec l'horizon, on a intérêt, dans certains cas, par exemple pour les travaux des routes, à obtenir directement la tangente T de cet angle (fig. 70), qui n'est autre chose que la *pente* de cette droite, si l'on descend, et la *rampe* (1), si l'on

(1) Cette utile distinction entre les *pentes* et les *rampes* est toujours observée sur les plans du service des ponts et chaussées et autres, mais souvent, dans les démonstrations ou le langage, le mot *pente* exprime l'inclinaison d'une droite ou d'un plan d'une manière générale, aussi bien ascendante que descendante.

monte ; des instruments spéciaux ont été construits dans ce but et on les désigne, collectivement, sous le nom de *clisimètres* (du grec *klisis*, inclinaison, et *metron*, mesure).

Dans ces instruments, au lieu de l'arc, c'est ordinairement la tangente qui est divisée en parties égales et c'est pour cette raison que le vernier glisse sur elle et non sur l'arc, partagé inégalement.

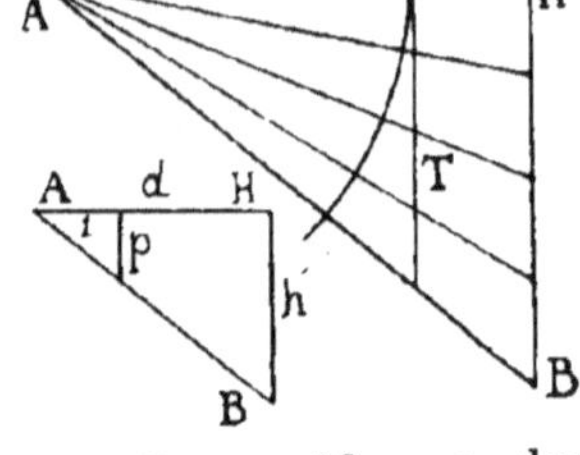

Fig. 70. — Mesure des pentes.

Soit AB une droite quelconque (fig. 70) et AH une horizontale ; la *pente* de AB est le rapport de HB à AH, c'est-à-dire :

$$\frac{HB}{AH};$$

de sorte que si l'on fait AH = 1, la pente est égale à HB, tangente naturelle de BAH ; c'est ainsi qu'on l'exprime dans la pratique : on dit, par exemple, que la pente P d'une droite est de $0^m,004$; $0^m,007$; $0^m,01$; $0^m,03$, etc., pour un mètre et les divisions de la tangente sont telles qu'elles donnent soit directement, soit à l'aide du vernier, cette valeur de la pente en *millimètres* et non en grades ou degrés.

La différence de niveau h s'obtiendrait par la formule

$$h = dp,$$

car on a :

$$\frac{h}{p} = \frac{d}{1}.$$

Lorsque l'inclinaison de AB est de 45° ou 50ᵍ on sait que la tangente est égale au rayon, de sorte que la valeur de la pente est alors de $\frac{1}{1}$. C'est la pente du talus naturel des terres en remblai.

Dans les travaux publics, les talus divers sont souvent exprimés par un rapport dont le numérateur est la base ou rayon AH et le dénominateur la hauteur ou tangente HB.

C'est le rapport inverse du précédent, c'est-à-dire la cotangente au lieu de la tangente.

Mais alors les termes de ce rapport sont, généralement, deux nombres assez simples, que l'on énonce avec le nom des deux lignes correspondantes.

On dira, par exemple, pour un talus dont la pente est exprimée par la fraction $\frac{3}{2}$ que ce talus a 3 de *base pour* 2 *de hauteur*.

Un talus de $\frac{1/2}{1}$ a 1/2 de base pour 1 de hauteur.

On approche alors de la maçonnerie, dont l'inclinaison ou *fruit* de la face extérieure de certains murs s'indique de la même façon. Ainsi, il existe des murs avec des fruits de $\frac{1}{5} =$ 0$^\text{m}$,20 ; $\frac{1}{10} =$ 0$^\text{m}$,10 ; $\frac{1}{20} =$ 0$^\text{m}$,05, soit, pour *un mètre* de base, 5, 10, 20 mètres de hauteur, ou pour un mètre de hauteur, 0$^\text{m}$,20, 0$^\text{m}$,10, 0$^\text{m}$,05 de base.

Enfin il arrive quelquefois que les arêtes supérieures de vieux murs se projettent en dehors de l'épaisseur ; on dit alors que ces murs *surplombent*.

Les clisimètres sont très nombreux, surtout pour les levés à petite échelle, et ils ont donné lieu à des combinaisons souvent très ingénieuses, mais ils sortent de notre cadre et nous nous bornerons à décrire deux types employés couramment dans les levés réguliers, le niveau de pente de Chézy, à pinnules, connu depuis longtemps, et le niveau de pente à lunette, construit par Berthélemy, sur les indications de M. Léon Durand-Claye, inpecteur général des ponts et chaussées ; nous citerons en outre un clisimètre très simple, inventé par M. Favre, ingénieur en chef des ponts et chaussées, et qui porte son nom : l'auteur l'a appelé le *niveau de l'agronome*, à cause de son usage dans les travaux d'irrigation et de drainage.

88. Niveau de pente de Chézy. — Le niveau de pente de Chézi (fig. 71) est une alidade à pinnules spéciales montée sur un système de calage triangulaire (68-*a*) et dont la règle porte une nivelle à bulle. Il comporte en outre à sa base un mouvement horizontal avec pince d'arrêt et vis de rappel et une boussole est annexée à l'instrument. Les deux visières, d'inégales hauteurs, forment des cadres à jour, rectangulaires. Dans la plus petite on a introduit un châssis dont la position, en hauteur, se règle à l'aide d'une vis et qui entraîne avec lui une petite fenêtre dont les axes sont marqués par deux fils et un œilleton creusé en prolongement du fil horizontal. Dans la seconde visière, dont l'un des bords verticaux est divisé, on a disposé un châssis analogue au précédent, mais dont les ouvertures, par rapport à celui-ci, sont interposées ; il est muni d'un vernier et peut se mouvoir verticalement à l'aide d'un pignon et d'une crémaillère, tandis que le petit, après le réglage, reste fixe.

Fig. 71. — Niveau de pente de Chézy.

L'origine des divisions de la grande visière est placée de telle sorte que lorsqu'elle coïncide avec le zéro du vernier et que l'instrument est calé, les lignes de visée sont horizontales ; par conséquent, quand on agit sur le pignon, on entraîne le vernier en même temps que l'œilleton et le fil, et, comme l'œilleton et le fil de la petite visière restent fixes, les lignes de visée précédentes, d'abord horizontales, sont inclinées et le déplacement du zéro du vernier donne la valeur de l'inclinaison en petites unités linéaires (87) et non angulaires.

89. Niveau de pente Berthélemy. — La figure 72 nous dispense d'une longue description du niveau Berthélemy, qui est à lunette et dont les pentes, de 5 en 5 millimètres par mètre, sont mesurées par les écartements inégaux de traits gra-

vés sur un arc de cercle ; les fractions des divisions sont esti-
mées à vue, avec plus ou moins de précision suivant l'habileté
du lecteur, car, nous l'avons dit (87), il n'est pas possible de
disposer un vernier, à cause de l'inégalité des divisions du cercle.

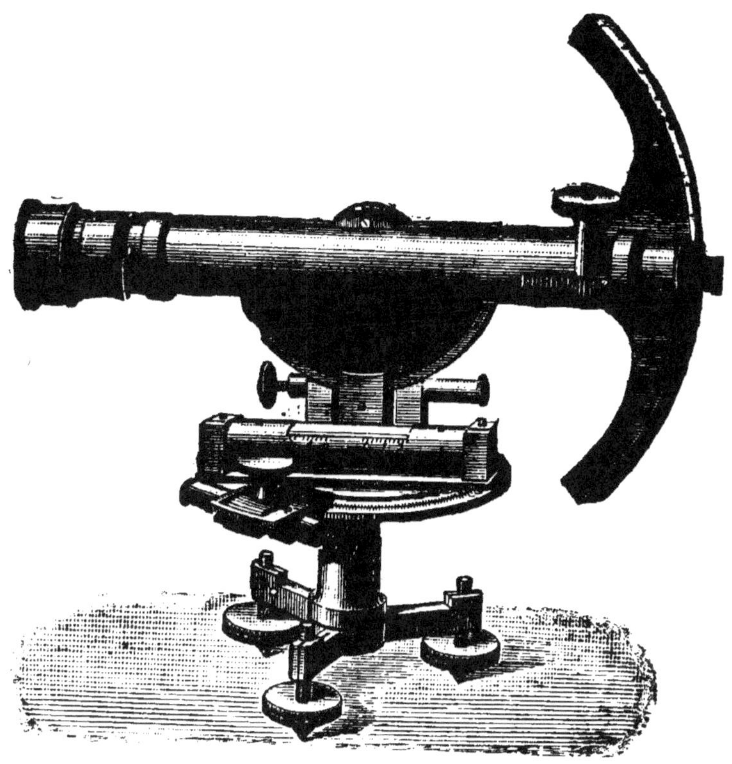

Fig. 72. — Niveau de pente de Berthélemy.

Le niveau de Berthélemy est muni d'un cercle horizontal
qui en fait aussi un goniomètre ; enfin, lorsqu'on aura étudié
les tachéomètres, on verra que, par la lecture de deux inclinaisons différentes faites sur le cercle et sur une mire, il peut
être classé parmi ces instruments.

Réciproquement d'ailleurs, certains tachéomètres peuvent
être considérés comme des clisimètres.

90. Niveau Favre ou de l'Agronome. — Le niveau Favre
est un *niveau de maçon* agrandi (fig. 73), formant avec des

règles en bois un triangle isocèle dont les côtés égaux **AB** et **CB** ont 1^m,50 environ et la base **AC** 2 mètres. Les côtés, prolongés de quelques centimètres au delà de la base, sont terminés par des semelles *r*, *s*, destinées à limiter la pénétration, dans le sol, de deux pointes *m*, *n*, assemblées sur ces semelles.

Un fil à plomb est fixé en B et se déplace sur la base AC ;

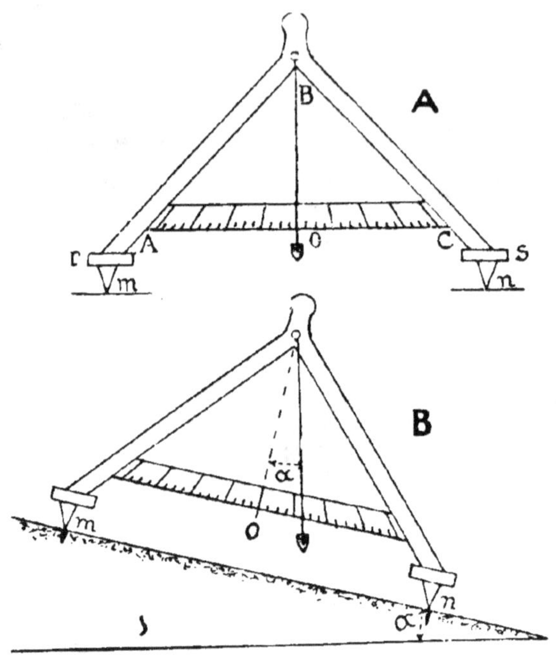

Fig. 73. — Niveau Favre ou de l'agronome.

quand il passe par le milieu O de AC, cette droite est horizontale, ainsi que les droites *rs* et *mn* qui lui sont parallèles.

De part et d'autre de O on a tracé, sur AC, des divisions symétriques, correspondant à des pentes en général très petites, comme celles que l'on donne aux tuyaux de drainage ou aux fossés d'irrigation, de sorte que quand le fil à plomb passe sur l'une de ces divisions, la ligne *mn*, par exemple, qui forme avec l'horizon un angle α, a une pente égale à celle marquée par la position du fil à plomb (fig. 73, **B**).

91. Usage des éclimètres et des clisimètres. — Il est facile, d'après ce qui précède, de déduire la façon de mettre en usage les instruments destinés à la mesure des angles verticaux ou de leurs tangentes. A l'exception du niveau Favre, ils seront placés sur la verticale de l'un des deux points A ou B

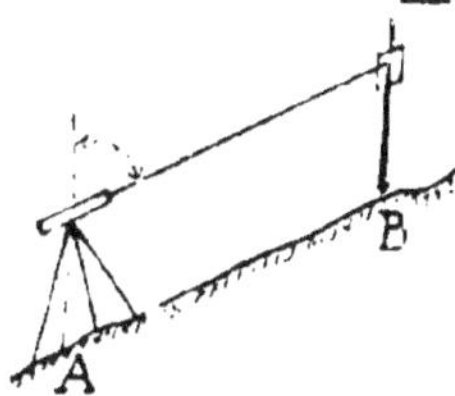

Fig. 74. — Mesure d'une inclinaison.

(fig. 74) à l'aide des trépieds que nous connaissons (17) et, après avoir mesuré la hauteur du centre de l'instrument à ce point, on fera porter sur l'autre point une règle divisée que l'on tiendra verticalement et sur laquelle on disposera, à la même hauteur que celle de l'instrument, un voyant quelconque sur lequel le viseur de cet instrument sera dirigé ; la lecture de l'angle ou de sa tangente se fera ensuite et ne présentera aucune difficulté, étant données les indications précédentes.

Quant au niveau de l'agronome, son but étant de donner aux tranchées une pente déterminée, il suffit de placer l'une de ses pointes sur un piquet *m* à l'origine de ces tranchées, ou en un point connu quelconque de leur parcours, et d'incliner l'instrument dans leur direction, de façon à faire passer le fil à plomb sur le trait marquant la pente demandée ; à ce moment on plantera un second piquet *n* dont la tête, en affleurement sous la deuxième pointe, sera sur cette pente (fig. 73, **B**).

**2° Instruments propres à la mesure directe. —
Nivellement proprement dit. — Niveaux.**

Les intruments donnant une ligne de visée horizontale, à l'aide de laquelle on peut évaluer directement les hauteurs, sont très nombreux et basés sur les lois de la pesanteur ; nous ne citerons que les principaux, présentement en usage.

Ces instruments portent le nom générique de *niveaux*, et les opérations dont ils sont la base font l'objet du *nivellement* proprement dit. Parmi eux, nous décrirons les niveaux de maçon, le niveau d'eau, le niveau Goulier, le niveau à nivelle fixe d'Égault et le niveau à bulle indépendante.

92. Généralités.— Mais avant, nous examinerons les *mires*, règles divisées spéciales annexées à ces instruments, sauf au niveau de maçon, et aussi la *stadia*, autre règle en usage pour la mesure indirecte des distances et dont certaines mires, du reste, peuvent tenir lieu quelquefois.

Les mires et stadias, qui servent à la mesure des hauteurs ou des distances, ont des dispositions qui varient avec les instruments auxquels elles s'appliquent et aussi un peu, pour la plupart, avec les idées propres aux praticiens. Leur longueur s'étend jusqu'au 5 ou 6 mètres, mais le plus souvent elle s'arrête à 4 mètres. Pour la facilité du transport, ces longues règles sont formées ordinairement de deux parties se juxtaposant, à l'aide de divers systèmes.

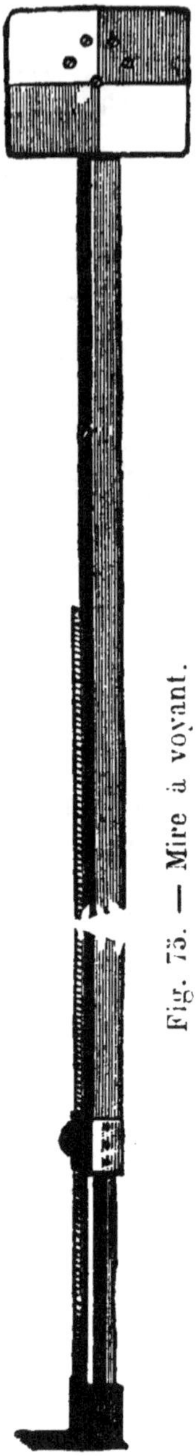

93. Mires à voyant. — La mire à voyant (fig. 75), particulièrement propre au niveau d'eau, se compose de deux règles de 2 mètres chacune, rentrant l'une dans l'autre par un ensemble de rainures ; l'une des règles est terminée, à la partie inférieure, par un talon en fer que l'on pose sur les points à niveler et porte, sur sa face postérieure une division en centimètres dont l'origine est le dessous du talon et qui s'étend jusqu'à 2 mètres, tandis qu'une de ses faces latérales continue cette division, graduée de 2 à 4 mètres.

L'autre règle peut glisser à frottement doux dans la précédente, contre laquelle on la serre, à l'aide d'une vis placée vers le bas, en un point quelconque de sa course ; à sa partie supérieure existe un taquet à ressort sur lequel on fait buter, quand la hauteur dépasse 2 mètres, le *voyant* dont nous allons parler. Le voyant est une plaque de tôle

Fig. 75. — Mire à voyant.

dont la face à diriger vers l'opérateur est partagée, par deux axes rectangulaires, en quatres parties égales peintes, alternativement, en rouge et en blanc. L'axe horizontal est la *ligne de foi.*

A l'aide d'un manchon qui circonscrit les deux règles, et qui est masqué par le voyant sur la figure, ce voyant peut glisser sur ces deux règles (qui n'en font qu'une tant qu'il n'a pas atteint 2 mètres) ou être arrêté à l'aide d'une vis ; mais à partir de 2 mètres, on l'appuie contre le taquet et on l'immobilise par sa vis de pression sur la deuxième règle. Alors, quand le voyant doit s'élever plus haut, on desserre cette deuxième règle qui adhérait à l'autre et c'est elle que l'on manœuvre à la place du voyant, qui peut s'élever ainsi jusqu'à 4 mètres.

Les hauteurs se lisent en centimètres sur les divisions de la première règle, et les millimètres, s'il y a lieu, se comptent avec le petit curseur soudé au voyant ou à celui disposé d'une façon analogue au bas de la règle mobile.

L'inconvénient de la mire à voyant, c'est que, par les temps humides, la coulisse fonctionne difficilement ; d'un autre côté, si l'opérateur n'a pas confiance dans l'attention ou l'intelligence de son auxiliaire, il est obligé de lui faire apporter cette mire, serrée au point voulu, pour lire lui-même, ce qui est une perte de temps et aussi une cause d'erreur car, pendant le chemin, un déplacement a pu se produire par suite d'un serrage insuffisant. Il est vrai que, comme vérification, le porte-mire peut retourner sur le même point, sans déranger l'instrument, pour une seconde visée, mais alors la perte de temps devient encore plus grande.

Cet inconvénient n'a pas peu contribué à remplacer le niveau d'eau par d'autres instruments permettant l'usage d'une mire beaucoup plus pratique, dont nous allons maintenant parler.

94. Mire parlante, de Bourdalouë. — La mire *parlante* est ainsi nommée parce que, par sa disposition et aussi par celle du niveau employé, qui est à lunette, l'opérateur peut lire la hauteur sans quitter sa station et sans déplacement de l'aide, qui n'a plus à s'occuper, pendant la lecture, que de la verticalité de la mire. Les mires parlantes sont nombreuses ; nous décrirons seulement la plus courante.

Comme la mire à voyant, elle se compose de deux règles, peintes en blanc sur l'une de leurs faces, avec divisions noires ou rouges, et dont l'ensemble donne une longueur de 4 mètres (fig. 76).

Quand elles sont posées l'une sur l'autre, elles n'offrent à l'observateur qu'une longueur de 2 mètres environ ; quand elles sont allongées à la suite l'une de l'autre, elles donnent 4 mètres, mais n'ont point, comme les deux parties de la mire à coulisse, de positions intermédiaires, qui ne sont d'ailleurs pas nécessaires.

Cet assemblage des deux parties est généralement assez simple. Dans le type que nous avons choisi, il est obtenu à l'aide de deux bandes de fer recourbé qui maintiennent la direction du mouvement pendant le tirage de la deuxième règle et qui enveloppent, à cet effet, les parties latérales des règles. L'une de ces bandes est fixée au commencement de la deuxième règle, dont elle suit le mouvement ; l'autre est attachée sur les bords de la première règle, vers son extrémité supérieure ; elle est traversée par une vis de serrage qui presse, contre la première, a deuxième règle lorsqu'elle est arrivée à la fin de sa course. Cette position finale, qui doit avoir lieu quand les divisions de la deuxième règle font rigoureusement suite à celles de la première, est précisée par la coïncidence de deux trous, percés en un certain point des deux règles et dans lesquels on introduit une fiche de même diamètre due celni qes trous.

Enfin, derrière la face chiffrée et à portée de l'œil et de la main on dispose souvent, pour s'assurer de la verticalité de la mire, une nivelle sphérique (fig. 78) ou un fil à plomb, et une poignée.

La valeur de la division la plus commode pour la facilité de la lecture à distance a été reconnue par

Fig. 76. — Mire parlante de Bourdalouë.

M. d'Égault, après de nombreuses expériences, égale à 2 centimètres et disposée alternativement noire et blanche ou rouge et blanche, comme le montre la figure 76, depuis le bas de la première règle jusqu'à l'extrémité supérieure de la seconde.

Les chiffres ont été placés à l'envers parce que la lunette les retourne à l'endroit ; seulement, le sol comme le zéro de la mire paraissent en haut du champ de la lunette et l'accroissement de la hauteur, marqué par la graduation des chiffres, semble se faire de haut en bas. Les débutants sont un peu troublés par cette illusion, mais elle ne tarde pas à disparaître avec la pratique.

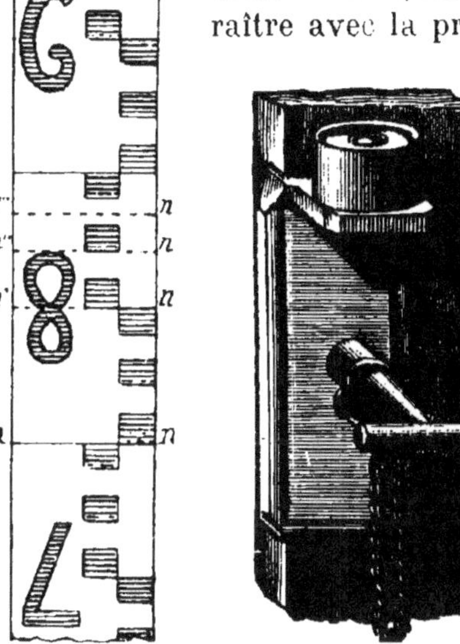

Fig. 77.
Lecture sur la mire.

Fig. 78. — Calage de la mire parlante.

On voit que chaque chiffre se rapporte à un espace ou compartiment bien limité par deux traits horizontaux, subdivisé en deux parties égales par le décrochement à la cinquième division.

Quand on entre dans le seconde moitié de la mire, la série des chiffres 0 à 9 recommence, mais, pour la distinguer de la précédente, chacun d'eux est effecté d'un signe, ordinairement un ou deux points, lequel veut dire que le chiffre doit être précédé de l'unité ; ainsi pour .3 on lit 13, pour .9 on lit 19.

Les chiffres expriment le nombre de dizaines de divisions qui existent depuis le sol, c'est-à-dire depuis le zéro de la mire, jusqu'à celui des deux traits qui est le plus rapproché de ce zéro, c'est-à-dire celui qui paraît le plus haut. Mais il y a lieu généralement d'ajouter à ce nombre de dizaines plusieurs divisions complémentaires, dont nous allons examiner l'évaluation (fig. 77).

1er *Cas.* — Le fil de la lunette se projette en *mn*, sur le trait séparant deux dizaines : on lira 8, chiffre le plus haut (et non 7) suivi de deux zéros, soit 800.

2e *Cas.* — Le fil se projette en *m'n'*, sur le décrochement du huitième compartiment : on lira 850.

3e *Cas.* — Le fil se projette en *m"n"*, entre une division blanche et une noire : on lira 870.

4e *Cas.* — Le fil se projette en *m'''n'''*, coupant en deux parties, le plus souvent inégales, la neuvième division : on lira 884, *estimant* que la partie à ajouter, qui se trouve la plus rapprochée de l'origine zéro, est égale aux $\frac{4}{10}$ de la division.

Si on se rappelle que chacune des divisions noires ou blanches vaut 2 centimètres, les nombres ci-dessus représentent successivement les hauteurs $0^m,800 \times 2 = 1^m,600$; $0^m,850 \times 2 = 1^m,700$; $0^m,870 \times 2 = 1^m,740$; $0^m,884 \times 2 = 1^m,768$, comptées depuis le sol jusqu'à la ligne de niveau prolongée par la projection du fil de la lunette.

Lorsque cette ligne se projette dans la seconde partie de la mire, le nombre lu devra être précédé de l'unité, de sorte que, par exemple, le fil étant en *op* (fig. 76), on inscrira $1^m,814$ et la hauteur réelle sera de $1^m,814 \times 2 = 3^m,628$.

95. Contradiction entre la chiffraison de la mire et la valeur métrique de ses divisions ; sa raison d'être. — On a remarqué sans doute le facteur 2 qui se retrouve chaque fois qu'il s'agit d'évaluer la véritable hauteur lue sur la mire, et on a pu se demander s'il n'eût pas été plus simple, pour l'éviter, de combiner autrement les divisions, soit en adoptant le centimètre pour la valeur d'une division et $0^m,10$ pour celle du compartiment, soit en doublant, tout au moins, chacun des chiffres inscrits.

A cette objection on peut répondre que la division actuelle, avec la puissance ordinaire de la lunette adaptée aux niveau, est beaucoup plus claire et plus facile à lire que la division en centimètres; mais il y a une autre raison (car celle-ci n'a pas empêché la division centimétrique pour les stadias, comme nous le verrons) plus convaincante, c'est que, par cette division, et une certaine méthode d'observation généralement adoptée, la hauteur est donnée par la somme de deux lectures nécessaires, sans multiplication ni division par 2.

On verra plus loin en effet que, pour annuler la plupart des défauts de réglage, on obtient la hauteur véritable en prenant la moyenne arithmétique de deux lectures faites l'une avant le retournement de la lunette et l'autre après, de sorte que si nous appelons H cette hauteur moyenne et l et l' les deux lectures, on aura :

$$H = \frac{2\,l + 2\,l'}{2} = l + l'.$$

96. Précision de la mire. — Fautes à éviter. — La verticalité, que l'on assure comme on le voit sur la figure 78, est une condition essentielle pour la précision, qui dépend aussi du plus ou moins d'habileté du lecteur dans l'appréciation de la fraction de division.

Quant aux fautes à éviter — et que le novice commet souvent, — elles consistent surtout dans la substitution du chiffre voisin au chiffre réel, de l'inversion de position par rapport au décrochement marquant la moitié du compartiment et, enfin, de l'oubli de l'unité qui doit précéder les chiffres pointés.

97. Stadia. — La stadia est une mire parlante dont les divisions, théoriquement, ne sont pas nécessairement métriques (55-119-178) ; mais, dans la pratique, elles sont généralement égales à $0^m,005$, $0^m,01$ ou $0^m,02$ suivant les distances moyennes des instruments, et groupées par 10. Elles servent d'ailleurs, le plus souvent, à mesurer la distance et la hauteur, qui s'inscrivent sur un même carnet, comme nous le donnerons à la pratique (221). Mais ces deux éléments sont relevés alors simultanément par le tachéomètre (125) qui ne procède pas, comme le niveau à bulle, par retournement ; il n'y a donc pas lieu à l'établissement d'une *moyenne*, comme avec la mire précédente. On lit la hauteur telle qu'elle se présente en mètres, et leurs sous-multiples jusqu'aux millimètres, et la distance se traduit directement en centaines, dizaines, mètres et décimètres. Nous nous étendrons du reste plus loin sur ces lectures.

98. Mire Goulier. — C'est une mire parlante propre au niveau collimateur du colonel Goulier ; elle se développe en deux parties, de $1^m,50$ chacune, par une charnière, et ses divisions, multicolores, sont seulement de 10 centimètres ; on estime assez bien les centimètres, avec un peu d'habitude.

NIVEAU DE MAÇON.

99. Description et réglage. — Le niveau ordinaire de maçon a la forme d'un triangle isocèle comme le niveau de l'agronome, ou bien celle d'un rectangle (fig. 79). Dans les deux cas, c'est le fil à plomb qui détermine l'horizontale, laquelle doit passer, si l'instrument est bien construit, par les

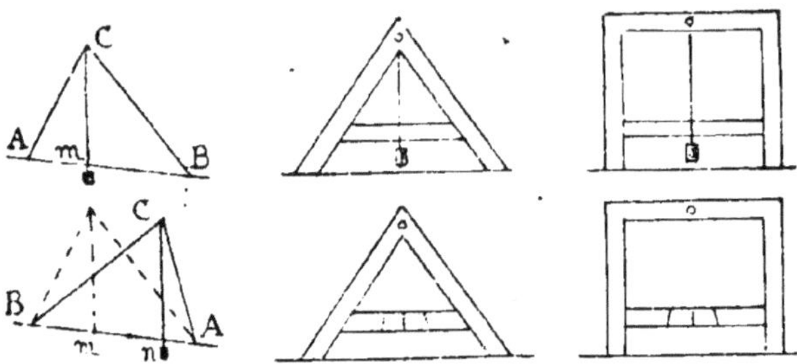

Fig. 79. — Niveau de maçon et réglage.

extrémités inférieures du triangle ou du rectangle, lorsque le fil à plomb, suspendu au sommet du triangle ou au milieu du côté supérieur du rectangle, passe par le milieu du côté opposé dans ces deux figures. Mais comme il est rare de trouver la régularité parfaite dans la menuiserie de l'instrument, on détermine exactement la trace du fil à plomb sur la traverse inférieure par la méthode du retournement que nous aurons fréquemment l'occasion d'appliquer. A cet effet, on place verticalement le cadre ou châssis sur un plan à peu près horizontal et on marque le point de passage m du fil à plomb ; puis on retourne l'instrument de façon à placer ses deux points d'appui dans une position inverse. Si le fil passe encore sur la marque m, c'est que le plan est horizontal, et Cm est la *ligne de foi*, c'est-à-dire celle que devra recouvrir le fil pour que la ligne de base AB soit horizontale ; si, après le retournement, le fil à plomb passe en un autre point n, la ligne de foi sera sur la bissectrice de l'angle mCn.

100. Usage du niveau de maçon. — On obtiendra l'horizontalité d'une droite en posant le niveau sur cette droite, que l'on calera jusqu'à ce que la ligne de foi soit recouverte par le fil. L'horizontalité d'un plan sera déterminée par celle de deux droites non parallèles siuées dans ce plan et qui, pour plus de précision, devront former entre elles un angle voisin de 100 grades.

Dans leurs grands travaux, les maçons emploient, aujourd'hui, un autre genre de niveau construit sur le même principe que le niveau d'eau et dont nous ne parlerons qu'après avoir étudié ce dernier (103).

NIVEAU D'EAU.

101. Description. — Le niveau d'eau (fig. 80) est basé sur la propriété des vases communicants ; il est formé d'un tube creux, en fer-blanc ou en cuivre, de $1^m,50$ environ de longueur sur 2 à 3 centimètres de diamètre et recourbé perpendiculairement à ses extrémités. Ce tube est souvent divisé en trois parties, comme celui de la figure ci-contre. Sur les extrémités recourbées se vissent des fioles en verre, de 10 centimètres environ de longueur sur 3 à 4 centimètres de diamètre, mais avec un notable rétrécissement à la partie supérieure pour diminuer le plus possible l'agitation de l'air par les grands vents. Au milieu du tube on a soudé une douille avec genou à coquille pour l'installation du niveau sur un trépied et son mouvement en divers sens.

En versant de l'eau en quantité suffisante et en tenant le tube à peu près horizontalement, l'eau apparaît dans les **deux** fioles, où sa surface présente deux petits plans horizontaux à la même hauteur, déterminant par conséquent une ligne de visée horizontale. Il convient, pendant l'introduction de l'eau, d'imprimer un petit mouvement au tube pour en chasser l'air qui pourrait y être emprisonné.

L'eau, sur le bord des fioles, forme un petit bourrelet ou *ménisque* qui rend souvent la visée un peu confuse ; on obvie en grande partie à cet inconvénient en choisissant, comme ligne de visée, la tangente à la fiole, laissant l'une d'elles à droite et l'autre à gauche et en prenant toujours le même point du ménisque.

Pour que la hauteur du plan d'eau ne change pas pendant une révolution du niveau autour de son axe vertical, il faut que les diamètres des fioles soient égaux ; autrement il y aurait un petit déplacement, à moins, toutefois, que le tube ne soit sen-

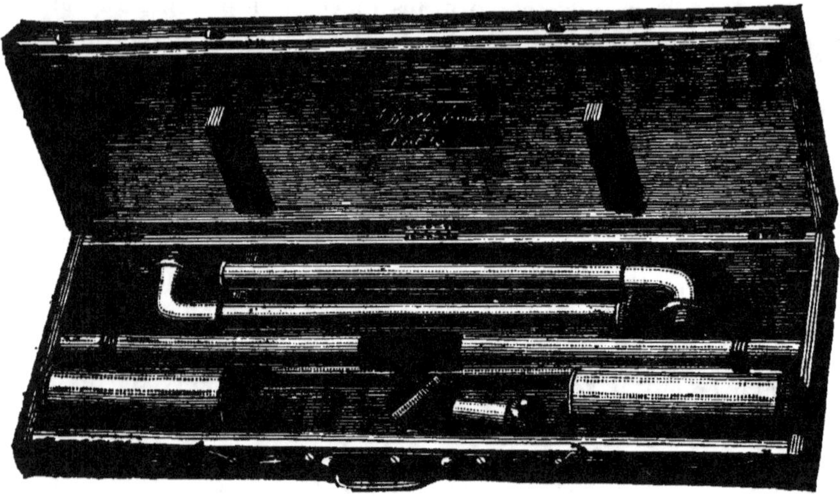

Fig. 80. — Niveau d'eau, démonté en trois parties, avec ses deux fioles.

siblement horizontal, position facile à obtenir d'ailleurs puisqu'il suffit que les quantités d'eau, dans chacune des fioles, soient à peu près les mêmes.

102. Usage du niveau d'eau. — On n'a qu'à se reporter à ce que nous avons dit sur le moyen d'obtenir la différence de niveau entre deux points (84) pour se rendre compte de la façon d'utiliser le niveau d'eau. On placera celui-ci entre ces deux points, éloignés de 80 mètres environ au plus, avec une différence de hauteur inférieure à 4 mètres, puis tournant lentement le niveau vers l'un deux sur lequel on aura fait placer une mire à voyant (93), on fera mouvoir ce voyant pour amener sa ligne de foi sur le prolongement de la ligne horizontale de visée et le porte-mire lira la hauteur ; ce sera le coup de niveau arrière, ou, plus simplement, le coup *arrière*, que l'opérateur inscrira sur un carnet disposé à cet effet (219) ; puis l'aide transportera sa mire sur le second point, où il fera une seconde lecture, après la visée de l'opérateur ; la hauteur lui donnera le *coup avant*, qui sera inscrit sur le même carnet, à côté du précédent.

On répétera la même opération entre les points intermédiaires quand ceux-ci seront nécessaires (84-2e cas).

Il va sans dire qu'il n'est nullement utile de placer l'instrument sur la droite joignant les points à viser ; il suffit que, de la station, on aperçoive ces points. Mais, dans l'intérêt de la précision, on fera bien de noter qu'il est bon, autant que possible, que la différence entre leurs distances horizontales à cette station soit de quelques mètres seulement.

NIVEAU D'EAU A CAOUTCHOUC.

103. Description. — Pour déterminer, par exemple, des points de niveau sur des murs, souvent éloignés, d'un bâtiment en construction, les maçons ont substitué au tube métallique du niveau d'eau, un tube en caoutchouc de plusieurs dizaines de mètres de longueur, terminé par des viroles filetées sur lesquelles on visse les fioles que l'on ne débouche, après le remplissage, que lorsqu'elles sont, approximativement, à la même hauteur ; mais il faut, comme pour le niveau d'eau ordinaire, chasser avec soin l'air qui, en restant emprisonné dans le tube, pourrait altérer le niveau dans les fioles. Quant à ces dernières, elles n'ont pas besoin d'avoir le même diamètre, car le plan de visée qu'elles déterminent passe toujours par le même point de repère (104) ; aussi, pour atténuer les oscillations du liquide, on prend, de préférence, des fioles inégales.

104. Usage du niveau à caoutchouc. — On place le niveau de l'eau de l'une des fioles à un point de repère quelconque du plan horizontal à tracer, puis on promène l'autre fiole partout où d'autres points, de même niveau que la première, sont à marquer. Si le caoutchouc devient trop court, on transporte la première fiole sur l'un des points déterminés qui devient alors repère pour des points plus éloignés.

NIVEAU COLLIMATEUR DU COLONEL GOULIER.

Parmi plusieurs instruments qui ont été imaginés pour remplacer l'antique niveau d'eau, nous signalerons le *niveau collimateur* du colonel Goulier, qui, sous un très petit volume, conduit à peu près aux mêmes résultats et permet à l'opérateur de faire lui-même les lectures.

105. Description et usage. — Il se compose (fig. 81), d'un petit cylindre creux de $0^m,13$ de longueur et de $0^m,045$ de diamètre, fermé aux extrémités, et dans lequel on a suspendu, par son extrémité supérieure, un petit pendule formé d'une tige rigide et d'un léger poids. Sur la tige on a fixé perpendiculairement un tube viseur terminé du côté de l'œil par une petite lentille et, du côté de l'objet à viser, par un verre plan dépoli ; entre les deux, dans le voisinage du foyer de la lentille, se trouve un fil horizontal qui se détache sur le fond blanc du verre. Enfin la surface latérale du cylindre est percée, à la hauteur du viseur, de deux ouvertures opposées, de sorte qu'en

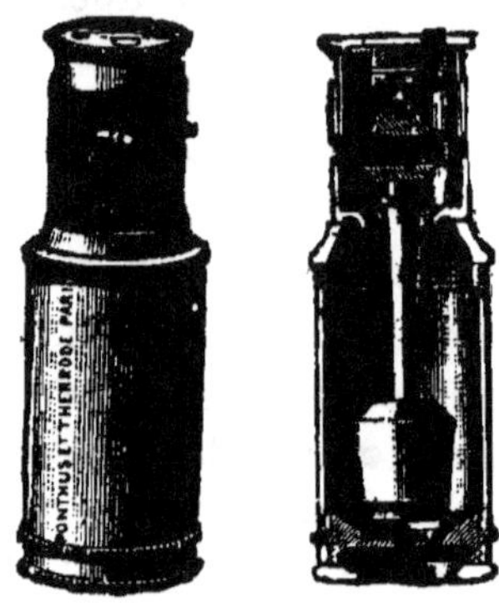

Fig. 81. — Niveau collimateur du colonel Goulier.

regardant dans ce dernier, et en déplaçant très légèrement l'œil, on aperçoit à la fois l'objet visé et le fil horizontal, qui semble se projeter sur lui.

Par une disposition spéciale, le pendule peut être, à volonté, fixé contre les parois de son enveloppe ou rendu libre ; dans ce dernier cas, il prend la direction *verticale* et le viseur, qui lui est perpendiculaire par construction, devient *horizontal* ainsi que le rayon visuel déterminé par la lentille et le fil.

L'instrument, tout en étant fixé sur un trépied, tourne autour de son axe vertical et la ligne de visée engendre alors un plan horizontal comme celle du niveau d'eau.

Une mire à divisions multicolores, de 10 en 10 centimètres, est placée sur les points à *niveler* ; l'opérateur prolonge sur elle la ligne de visée et, avec un peu d'habitude, il apprécie directement les hauteurs à 1 ou 2 centimètres près, quand la distance au point visé ne dépasse pas 40 mètres, comme pour le niveau d'eau.

106. Avantages et inconvénients du niveau collimateur Goulier. — Par la description qui précède, on voit que ce niveau est plus portatif encore que le niveau d'eau : disposé dans une gaine en cuir, il peut se porter en bandoulière comme une lunette ; son installation se fait promptement, mais, dans les grands vents, et malgré un *bouton d'arrêt*, situé au-dessus de la base supérieure du cylindre enveloppe, il est difficile d'obtenir le repos du viseur et il faut une certaine habileté pour saisir le moment propice à la lecture.

D'ailleurs il ne conviendrait pas non plus pour les opérations d'ensemble ou à longues portées.

Dans cette dernière hypothèse, il faut faire usage d'instruments à lunette que nous allons étudier maintenant.

Niveau à bulle.

107. Historique. — Nous empruntons au *Traité de nivellement* de J. Duplessis le résumé historique suivant sur les niveaux à bulle ; nous pensons qu'il sera lu avec intérêt.

« Le niveau à bulle est un instrument précieux dont l'invention a fait faire un progrès immense à la science du nivellement.

À l'origine sa construction présentait une grande difficulté. Mais aujourd'hui, grâce au progrès de la science et de l'industrie, il est construit rationnellement et il atteint un haut degré de perfection.

C'est à Thévenot (Melchisédec) que l'on doit l'invention du niveau à bulle.

La première description qu'il fit de cet instrument fut insérée dans le numéro du *Journal des Savants* du 15 novembre 1666.

Mais Thévenot, qui était d'une grande modestie, ne signa point son article.

Ce n'est que quinze années plus tard, environ, qu'il se fit connaître dans son recueil de voyages formant un volume in-8° imprimé en 1682.

La description de cet instrument fut envoyée à la Société royale de Londres et à l'Academia del Cimento de Toscane, qui apprécièrent tout le mérite de l'invention.

Robert Hooke, professeur anglais, s'empressa de signaler à ses compatriotes l'avantage de son emploi pour les opérations de nivellement.

Malheureusement l'art de travailler le verre, encore dans l'enfance, ne permit pas de construire l'instrument avec précision et alors il ne put être vulgarisé pendant un siècle environ.

Jusqu'en 1768, époque à laquelle l'ingénieur français de Chézy inventa son niveau, indiqua le moyen de travailler le verre et de construire rationnellement le niveau de Thévenot, il y a eu une quantité considérable d'inventions qui ne présentent aujourd'hui qu'un intérêt historique.

De 1770 à 1820 le niveau à bulle et à lunette de Chézy fut presque exclusivement employé.

Toutefois, à la même époque, le constructeur anglais *Ramsden* fit un niveau, également à bulle et à lunette, qui eut un succès égal à celui de Chézy, duquel il ne diffère que par de très petits détails de construction.

Mais ces deux niveaux avaient l'inconvénient de demander des rectifications constantes lorsqu'on opérait.

En 1820 l'ingénieur français *Égault* supprima en partie ces inconvénients en proposant le niveau et la méthode qui portent son nom.

Son instrument est devenu classique et il est encore très répandu aujourd'hui.

Trois constructeurs ont cherché à l'améliorer.

Le premier, *Lenoir*, à l'époque du plus grand succès du niveau d'Égault, a construit un instrument, connu sous le nom de *niveau-cercle*, formant un type bien distinct et qui a permis à M. Bourdalouë de faire des opérations considérables et d'une grande précision.

Le deuxième, *Brünner*, qui fut employé il y a quelques années au Bureau des longitudes, a amélioré le niveau d'Égault en lui empruntant ce qu'il avait de meilleur.

En s'inspirant aussi du niveau de Chézy et de Ramsden il a pu construire un instrument à lunette tournante qui a eu un grand retentissement dans ces derniers temps.

Le troisième constructeur, *Gravet*, a fait un niveau dit à bulle indépendante, qui est encore un perfectionnement heureux du niveau d'Égault.

On peut dire que ce dernier instrument, construit par Tavernier-Gravet, résume, avec celui de Brünner, tous les progrès réalisés dans la construction des niveaux.

Dans cet historique des niveaux à bulles, le nom de M. Bourdalouë ne saurait être oublié.

Cet ingénieur, célèbre dans la pratique et la théorie du nivellement, a fait de grands perfectionnements à la construction primitive du niveau-cercle ; et il est, en outre, l'inventeur du niveau qui rappelle celui d'Egault à sièges plats et à lunette à prismes carrés, mais qui en diffère par des dispositions spéciales.

Enfin, pour terminer, il reste à indiquer le *tachéomètre* (de *métrein* mesurer, et de *tachéos*, rapidement).

Cet instrument n'est autre chose qu'un *théodolite* perfectionné par M. *Porro*, officier supérieur du génie en Italie, et par M. *Moinot*, ex-ingénieur au chemin de fer d'Orléans.

Son emploi, qui a donné naissance à la *tachéométrie*, inventée par le premier auteur et propagée par le second, donne une grande facilité dans les études en permettant de faire, en même temps, le levé des plans et le nivellement. »

Complétons cette notice, déjà vieille de plus de trente ans, en signalant les additions heureuses faites au niveau à bulle indépendante par M. *Klein*, chef du dépôt des instruments et modèles à l'École des Ponts et Chaussées, et M. *Lallemand*, ingénieur en chef des Mines, directeur du service du nivellement général de la France et du service technique du cadastre, additions réalisées par le constructeur *Berthélemy*.

La tachéométrie a fait aussi de grands progrès, depuis quarante ans, grâce surtout aux savantes et ingénieuses conceptions de l'ingénieur topographe Sanguet, éminent praticien qui a obtenu, dans cette science nouvelle, de remarquables résultats.

NIVEAU D'ÉGAULT.

108. Description. — Nous considérerons dans les niveaux à lunette, comme dans les cercles d'alignements (68), trois parties principales ; le système du calage, toujours triangulaire, le système de la nivelle et, enfin, celui de la lunette (fig. 82).

1° *Système du calage.* — Nous n'avons rien à ajouter à ce que nous avons dit sur le système de calage (68 *a*), identique à celui du cercle d'alignement.

2° *Système de la nivelle.* — Une forte traverse T fait corps avec la colonne pivotante B et tourne avec elle ; c'est sur cette traverse que l'on a fixé, dans le niveau d'Égault, la nivelle et les deux *étriers*, en forme de fourche, sur lesquels on place la lunette.

La nivelle peut être réglée à l'aide d'une vis spéciale A, placée sous l'une des extrémités de la traverse, et l'un des étriers, également pour leur réglage, est muni d'une vis *e*.

3° *Système de la lunette.* — La lunette repose, par des colliers circulaires de même diamètre, sur les faces internes des étriers, taillés à cet effet suivant des plans inclinés, et ne s'appuie ainsi que suivant deux génératrices.

Pour les transports, elle est serrée dans les étriers par deux fermoirs F que l'on ouvre pendant l'opération.

L'amplitude du retournement important dont nous parlerons tout à l'heure (109-5°) est donnée par une *borne* ou *vis butante b*, fixée à l'étrier, sur laquelle s'appuie un *taquet t*, vissé sur le

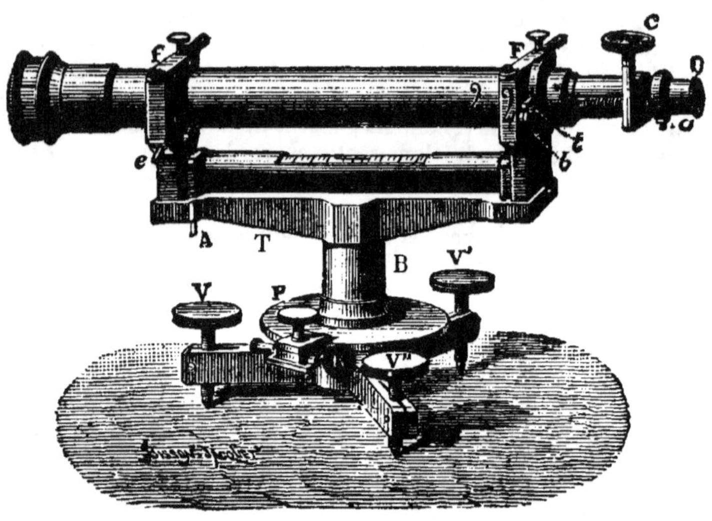

Fig. 82. — Niveau d'Égault.

bord du collier. Pour s'assurer que le retournement a été opéré intégralement, on a disposé sur la lunette et sur son support des chiffres identiques qui doivent toujours être du même côté (1-1)-(2-2).

Quant à la disposition intérieure de la lunette, elle ne diffère pas de celle des lunettes topographiques ordinaires (27) si ce n'est dans le réticule, qui porte quelquefois des fils stadimétriques (119) que l'on place d'ailleurs, pour éviter la confusion, perpendiculairement au fil horizontal, dit fil *niveleur*.

109. Usage du niveau d'Égault. — Le service des Ponts et Chaussées a donné, sur l'usage des niveaux d'Égault et à bulle indépendante, des instructions complètes que nous croyons devoir reproduire *in extenso*, malgré les quelques redites qui en résulteront ; voici celle sur le niveau d'Égault :

1° *Installation*. — L'instrument étant fixé à son pied, on enfonce solidement les branches de ce pied dans le sol, de telle sorte que le plateau paraisse sensiblement horizontal.

On ouvre les fermoirs F. qui ne doivent être agrafés que pendant les transports.

2° *Calage du pivot (à faire une seule fois en chaque station)*. — On met la lunette dans une direction parallèle à la ligne d'appui de deux vis calantes V, V', et on appelle la bulle entre ses repères, en manœuvrant simultanément ces deux vis en sens contraire. On fait faire à l'instrument un quart de révolution autour du pivot, de façon à ramener la lunette au-dessus de la troisième vis calante V″, et on appelle de nouveau la bulle entre ses repères, à l'aide de cette vis.

On remet alors la lunette dans sa position primitive, par une rotation rétrograde. Si la bulle ne revient pas entre ses repères, on l'y rappelle, et on recommence la même manœuvre, jusqu'à ce que la bulle conserve très sensiblement la même position dans ces deux directions perpendiculaires.

3° *Réglage de la bulle (à vérifier une fois par jour, au commencement des opérations)*. — Le pivot étant calé, on met la lunette au-dessus d'une des vis calantes, on amène très exactement la bulle entre ses repères à l'aide de cette vis, et on fait faire à l'instrument une demi-révolution autour de son pivot. Si la bulle est réglée, elle revient entre ses repères,

Si elle s'en éloigne, on corrige la moitié de l'écart avec la vis de réglage A placée au-dessous et à l'une des extrémités de son enveloppe.

Le calage étant altéré par cette manœuvre, on le rectifie et on recommence la vérification plusieurs fois de suite, si cela est nécessaire, jusqu'à ce que la bulle revienne entre ses repères dans deux retournements consécutifs.

4° *Mise de l'oculaire au point (à faire une seule fois par jour, sauf dérangement accidentel au cours des opérations)*. — On dirige la lunette sur un fond clair, par exemple une feuille de papier blanc, et on examine si les fils du réticule apparaissent très nets et très noirs. Sinon, on tire ou on enfonce à la main le tube porte-oculaire *o* en lui imprimant un mouvement lent de rotation. (Ce tirage ne doit pas être confondu avec celui du coulant, qui se fait au moyen du bouton de la crémaillère *c*, et qui a pour objet la mise de l'image au point.)

On dirige ensuite la lunette sur la mire, et on agit sur le bouton de la crémaillère *c* jusqu'à ce que l'image de la mire apparaisse aussi nette que possible. En déplaçant l'œil devant l'oculaire, on ne doit pas voir le fil osciller sur la mire. S'il n'en était pas ainsi, on modifierait légèrement le tirage du porte-oculaire *o*, et on recommencerait l'épreuve jusqu'à ce que toute oscillation eût disparu.

5° *Coups de niveau*. — Un réglage absolu de toutes les parties de l'instrument ne pourrait être obtenu que par les soins les plus minutieux, qui allongeraient les opérations outre mesure. On doit donc toujours opérer comme si l'instrument n'était pas réglé.

A cet effet, on donne deux coups de niveau sur chaque piquet, et on en prend la moyenne.

Pour donner un coup de niveau, on applique le taquet *t* contre la vis butante *b*, et on amène l'image de la mire au point, de façon à la voir aussi nette que possible.

Avant de faire la lecture, on s'assure que la bulle est *très exactement* entre ses repères, et, si elle s'en écarte, on l'y ramène, à l'aide d'une des vis calantes. *C'est la condition essentielle et fondamentale du nivellement.*

S'il y a un lecteur, il doit, pendant que l'opérateur tient l'œil à l'oculaire, surveiller la bulle et en rectifier les moindres écarts.

Pour le second coup, on enlève la lunette de ses étriers, et l'on y replace après l'avoir retournée sens dessus dessous et bout pour bout simultanément. Puis on ramène l'oculaire à soi par une demi-révolution de l'instrument autour de son axe. On rappelle encore *très exactement* la bulle entre ses repères avant de viser.

Les chiffres de la lunette et de son support doivent toujours coïncider.

6° *Vérification de l'horizontalité du fil du réticule (à faire à de rares intervalles).* — Le pivot était calé verticalement et la bulle étant exactement entre ses repères, on applique le taquet contre la vis butante *b*. On cherche un point fixe sur lequel tombe le fil horizontal. On arrête la pince P, et, avec la vis de rappel R, on fait mouvoir lentement la lunette de droite à gauche et réciproquement.

Le point fixe doit toujours rester sous le fil pendant ce mouvement.

S'il n'en est pas ainsi, on agit sur la vis butante, et on recommence la vérification.

Cette vérification doit être faite pour les diverses positions que peut prendre la lunette dans ses retournements.

7° *Réglage des étriers (à faire seulement de temps en temps).* — Le pivot était calé verticalement, et la bulle étant exactement entre ses repères, on cherche un point fixe éloigné sur lequel tombe le fil horizontal. On soulève la lunette, et on la remet sur ses étriers, après l'avoir retournée bout pour bout, sans lui imprimer aucun mouvement de révolution autour de son axe. On ramène l'oculaire à soi et on vise le même point. Il doit se trouver de nouveau sous le fil horizontal.

S'il apparaît plus haut ou plus bas, on corrige la moitié de l'écart avec la vis *e* qui se trouve sur le côté d'un des étriers.

On vérifie et on rectifie ce réglage plusieurs fois de suite, s'il est nécessaire.

8° *Centrage du fil horizontal (à faire aussi rarement que possible).* — Le pivot étant calé verticalement et la bulle étant exactement entre ses repères, on cherche un point fixe, à la distance de la portée moyenne des coups de niveau, sur lequel tombe le fil horizontal. On fait tourner la lunette d'une demi-révolution sur son axe, et on cherche le même point. Il doit se trouver de nouveau sous le fil horizontal.

S'il se présente plus haut ou plus bas, on corrige la moitié de l'écart avec la vis *a* qui fait mouvoir le cadre du réticule.

On vérifie et on rectifie ce centrage plusieurs fois de suite, s'il est nécessaire.

Il est indispensable, après le centrage, de vérifier l'horizontalité du fil.

En agissant sur les vis latérales maintenant la monture du réticule, on obtient le centrage du fil vertical ; ces vis doivent toujours être serrées ; cette opération se fait avant le centrage du fil horizontal.

Observation. — Comme il serait fâcheux pour l'instrument que le réticule fût fréquemment déplacé, le centrage du fil horizontal ne doit se faire qu'une fois pour toutes, pour la distance moyenne à laquelle on doit habituellement viser. Si une faible erreur est constatée, elle est compensée dans la moyenne des deux coups de niveau que l'on donne sur le même piquet.

9° *Fils stadimétriques.* — Les lunettes sont souvent munies de fils stadimétriques dont l'opérateur doit déterminer, une fois pour toutes, le coefficient. Afin d'éviter les confusions, ces fils sont perpendiculaires au fil niveleur. Si l'on veut faire usage de la stadia, on fait tourner la lunette d'un quart de révolution sur son axe.

NIVEAU BOURDALOUË.

110. Description. — Nous citerons seulement, comme autre type à nivelle fixe, le niveau *Bourdalouë*, dont la différence avec le précédent consiste surtout dans la modification des supports. Les colliers de la lunette sont prismatiques et dans leurs faces s'engagent des goupilles qui reposent sur le fond des étriers, dont les faces intérieures sont verticales au lieu d'être inclinées.

NIVEAU A BULLE INDÉPENDANTE.

111. Description. — Le niveau à *bulle indépendante* (fig. 83) diffère, sur plusieurs points, du niveau d'Égault, et les modifications heureuses qui ont été apportées simplifient la manœuvre et les réglages. Ainsi la nivelle N, qui se pose sur les étriers F et F', est indépendante de tout le reste, car, mobile, elle peut se retourner bout pour bout sans déplacer aucune autre partie de l'instrument.

La lunette L, de son côté, tourne seulement sur son axe, sans être enlevée des étriers.

Enfin ceux-ci, reliés par une règle R″, sont articulés sur la règle T pour le réglage de la perpendicularité de l'axe de la lunette sur l'axe du pivot K.

En analysant les divers systèmes de l'instrument, nous allons voir le détail de ces modifications.

A l'inspection de la figure, on remarquera d'abord l'identité du calage avec celui du niveau d'Égault, et ce n'est qu'au-dessus de la traverse T que nous rencontrerons les différences.

D'abord les deux étriers F et F' ne portent plus sur cette traverse, mais bien sur une règle R″ qui les relie et peut se mouvoir autour d'un petit axe disposé à l'un des bouts de T à l'aide d'une vis B′ que l'on appelle *vis de fin calage* et qui traverse T vers l'autre bout.

La vis B′ agit sur un ressort fixé au-dessous de R″, qui se lève légèrement ou s'abaisse suivant le sens du mouvement de B′, en même temps qu'une petite tige soudée à R″, et qui s'engage dans une rainure pratiquée sur l'about de T. Sur cet about et sur la tige, deux traits sont gravés et doivent se trouver sur la même droite lorsque l'axe de la lunette L est perpendiculaire à celui de l'instrument, c'est-à-dire horizontal quand l'autre est vertical.

Sur le milieu de cette règle R″, se trouve en outre un *fermoir*, pour fixer la lunette pendant les transports, et deux petites *bornes h* et *h′*, traversées par des vis contre lesquelles vont buter les taquets *g et g′* pour limiter les *retournements*, sont disposées à droite.

Les étriers F et F', qui ne s'avancent qu'à la moitié du diamètre extérieur de la lunette, sont cylindriques à l'intérieur et le diamètre de ces demi-cylindres est égal à celui des deux colliers de la lunette, laquelle n'a d'ailleurs rien de particulier.

Enfin la nivelle N, munie d'une vis de réglage *v*, est montée sur une règle R dont les extrémités J et J′, retournées en forme de jambes, se placent à cheval sur la lunette et reposent, par ces extrémités, sur les deux étriers.

Sur la règle R on a disposé un cadre avec un bouton B par lequel on le prend pour retourner la nivelle.

Dans les instruments de très haute précision, sur les indications de M. Klein, chef du dépôt des instruments et modèles à l'École des Ponts et Chaussées, on adapté au cadre des prismes, ainsi que des organes auxiliaires, qui amènent l'image de la bulle à la portée de l'œil de l'observateur, et M. l'ingénieur en chef des Mines Lallemand, pour le nivellement général de la France, par l'addition de deux autres prismes bi-réflecteurs, que ne donne pas la figure, a perfectionné encore ce système en amenant l'image exactement à la hauteur de l'axe de la lunette.

De la sorte un seul observateur, sans quitter l'oculaire, peut viser la mire et vérifier la position de la bulle. C'est une économie de temps et en outre une plus grande précision, puisque la vérification de la bulle a lieu au moment même de la lecture, ce qui ne pouvait avoir lieu, avant, que par le concours simultané d'un lecteur et d'un niveleur (1).

---

(1) Pour donner une idée de la rapidité avec laquelle des niveleurs exercés opèrent avec cet instrument perfectionné, M. Prévot, chef du bureau du nivellement général de la France, rapporte qu'après la plantation des piquets, une brigade composée d'un opérateur et de deux porte-mires, exécute *en moyenne* 15 kilo-

112. Usage du niveau à bulle indépendante. — Le niveau à
bulle indépendante, comme le niveau d'Égault, a fait l'objet, pour le
service des Ponts et Chaussées, d'une note sur son usage ; nous allons
la reproduire comme la précédente, mais en supprimant ce qui
concerne les prismes, qui ne sont généralement pas annexés aux instruments courants.

INSTRUCTION SUR LE NIVEAU A BULLE INDÉPENDANTE DE L'ÉCOLE DES PONTS ET CHAUSSÉES.

1º *Installation*. — L'instrument étant fixé à son pied, on enfonce les
branches de ce pied dans le sol, de telle sorte que le plateau S (fig. 83),
paraisse sensiblement horizontal.

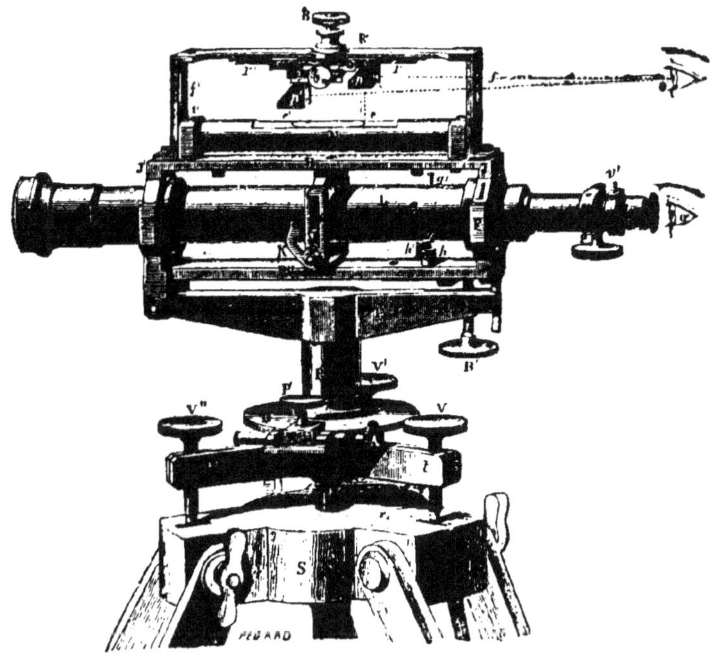

Fig. 83. — Niveau à bulle indépendante, avec prismes.

On ouvre le fermoir K qui ne doit être agrafé que pendant les transports.

2º *Réglage de la bulle (à vérifier une fois pas jour, au commencement*

mètres de nivellement *de précision* par jour, ce qui correspond à
125 stations de 120 mètres de distance moyenne.

des opérations). — On fixe l'instrument dans une position quelconque par la pince en serrant le bouton P', et on appelle la bulle entre ses repères à l'aide des vis calantes V, V', V".

On soulève la fiole par le bouton B, et, après l'avoir retournée bout pour bout, on la remet sur les anneaux de la lunette. La bulle doit revenir entre ses repères.

Si elle s'en éloigne de plus de deux divisions environ, on corrige la moitié de l'écart avec la vis de réglage *v* placée au-dessous d'une des extrémités de la règle de suspension.

On rappelle la bulle entre ses repères à l'aide de la vis B' placée au-dessous de la règle qui porte la lunette, et on procède à une nouvelle vérification, en retournant de la même manière la fiole que l'on rectifie au besoin.

Cette vérification est recommencée plusieurs fois de suite, s'il est nécessaire, jusqu'à ce que la bulle reste entre ses repères dans deux retournements consécutifs à une ou deux divisions près.

3º *Calage du pivot* (*à faire une seule fois en chaque station*). — On met en regard, aussi exactement que possible, les deux traits gravés, l'un sur la règle inférieure fixe R", l'autre sur un appendice fixé au bout de cette règle et glissant dans la règle T' au-dessus de la vis B'.

On place la lunette dans une direction parallèle à la ligne d'appui de deux vis calantes V, V', et on appelle la bulle entre ses repères en manœuvrant simultanément ces deux vis en sens contraire. On fait faire à l'instrument un quart de révolution, autour du pivot, de façon à ramener la lunette au-dessus de la troisième vis calante V", et on appelle de nouveau la bulle entre ses repères, à l'aide de cette vis.

On remet alors la lunette dans sa position primitive par une rotation rétrograde. Si la bulle ne revient pas entre ses repères, on l'y rappelle, et on recommence la même manœuvre jusqu'à ce que la bulle conserve sensiblement la même position dans ces deux directions perpendiculaires, à une ou deux divisions près.

4º *Mise de l'oculaire au point* (*à faire une seule fois par jour, sauf dérangement accidentel au cours des opérations*). — On dirige la lunette sur un fond clair ; par exemple, une feuille de papier blanc, et on examine si les fils du réticule apparaissent très nets et très noirs.

Sinon, on tire ou on enfonce à la main le tube porte-oculaire O", en lui imprimant un mouvement lent de rotation. (Ce tirage ne doit pas être confondu avec celui du coulant, qui se fait au moyen de la vis à crémaillère P, et qui a pour objet la mise de l'image au point.)

On dirige ensuite la lunette sur la mire, et on agit sur la vis à crémaillère P, jusqu'à ce que l'image de la mire apparaisse aussi nette que possible, sans se préoccuper des fils. On examine alors les fils, et s'ils ont perdu de leur netteté, on modifie légèrement le tirage du porte-oculaire O". On ramène l'image au point, et on recommence au besoin cette double épreuve. En déplaçant l'œil devant l'oculaire, on ne doit plus voir le fil osciller sur la mire. Il faut avoir soin de laisser reposer la vue quelques instants avant chaque visée.

5° *Coups de niveau.* — Un réglage absolu de toutes les parties de l'instrument ne pourrait être obtenu que par les soins les plus minutieux, qui allongeraient les opérations outre mesure ; dans beaucoup de lunettes, d'ailleurs, le centrage (n° 7) n'est exact que pour une distance déterminée. On doit donc toujours opérer comme si l'instrument n'était pas réglé.

A cet effet, on donne deux coups de niveau sur chaque piquet, et on prend la moyenne. Pour donner un coup de niveau, on appuie le taquet *g* contre la vis butante *h*, et on amène l'image de la mire au point, de façon à la voir aussi nette que possible.

Avant de faire la lecture, on s'assure que la bulle est très exactement entre ses repères, et, si elle s'en écarte, on l'y ramène à l'aide de la vis B'. *C'est la condition essentielle et fondamentale du nivellement.*

S'il y a un lecteur, il doit, pendant que l'opérateur tient l'œil à l'oculaire, surveiller la bulle et rectifier les écarts.

Pour le second coup, on soulève la bulle au moyen du bouton B, et on la replace sur les anneaux de la lunette après l'avoir retournée bout pour bout. En même temps, on fait faire à la lunette une demi-révolution sur son axe, sans qu'elle quitte ses étriers, de manière que le taquet *g'* appuie contre la vis butante *h'*. On rappelle encore très exactement la bulle entre ses repères avant de viser.

Remarque. — Dans ce système de niveau, la lunette n'est jamais soulevée hors de ses appuis ni retournée bout pour bout ; elle reste constamment sur ses étriers et ne subit de rotation que sur son axe.

6° *Vérification de l'horizontalité du fil du réticule (à faire à de rares intervalles).* — Le pivot étant calé verticalement (n° 3), et la bulle étant exactement entre ses repères, on applique le taquet *g* contre la vis butante *h*. On cherche un point fixe sur lequel tombe le fil horizontal. On arrête la pince, et, avec la vis de rappel A, on fait mouvoir lentement la lunette de gauche à droite et réciproquement. Le point fixe doit toujours rester sous le fil pendant ce mouvement.

S'il n'en est pas ainsi, on agit sur la vis butante *h*, et on recommence la vérification.

La même opération est faite, au moyen de la seconde vis butante *h'*, dans la position que prend la lunette après une demi-révolution sur son axe.

7° *Centrage du fil horizontal (à faire le plus rarement possible).* — Le pivot étant calé verticalement (n° 3), et la bulle étant exactement entre ses repères, on cherche un point fixe à la distance de la portée moyenne des coups de niveau sur lequel tombe le fil horizontal. On fait tourner la lunette d'une demi-révolution sur son axe, et on cherche le même point. Il doit se trouver de nouveau sous le fil horizontal.

S'il se présente plus haut ou plus bas, on corrige la moitié de l'écart avec la vis *c'* qui fait mouvoir le cadre du réticule.

On vérifie et on rectifie le centrage plusieurs fois de suite, s'il est nécessaire.

Il est indispensable, après le centrage, de vérifier l'horizontalité du fil (n° 6).

Observation. — Comme il serait fâcheux pour l'instrument que le réticule fût fréquemment déplacé, le centrage du fil horizontal ne doit se faire qu'une fois pour toutes, pour la distance moyenne à laquelle on doit habituellement viser.

Il pourra n'être plus exact pour des distances différentes, mais l'erreur est compensée dans la moyenne des deux coups de niveau que l'on donne sur le même piquet.

8° *Fils stadimétriques.* — Quand les lunettes sont munies de fils stadimétriques il faut, une fois pour toutes, déterminer leur coefficient, alors même qu'il serait donné par le constructeur.

Afin d'éviter les confusions, ces fils sont généralement perpendiculaires au fil niveleur.

Dans ce cas, si on veut faire usage de la stadia, on fait tourner la lunette d'un quart de révolution sur son axe.

Recommandation très importante. — Ne jamais oublier de bien essuyer chaque fois les anneaux de la lunette, ainsi que les plans inclinés des fourches et du niveau, et même passer de l'huile que l'on *essuie ensuite*, afin de donner un frottement plus doux ; c'est une condition essentielle d'une conservation en bon état des parties les plus délicates de l'instrument.

NIVEAU LENOIR, A CERCLE ET A CUVETTE.

113. Description. — Le niveau Lenoir, avantageusement modifié, est plus simple que les précédents et suffisant dans bien des cas, mais on n'obtient pas, avec lui, la même précision.

Il se compose, essentiellement, d'un cercle sur le limbe duquel s'appuie la lunette, dont les colliers sont carrés. La nivelle, indépendante, peut se poser sur la lunette et sur le cercle.

Il est dit à cuvette parce que l'intérieur du cercle est rempli par une surface conique renversée très aplatie, qui repose sur l'axe de l'instrument.

§ V. — LES INSTRUMENTS MIXTES

114. Généralités. — On s'est ingénié, depuis longtemps déjà, à concentrer, en un même instrument, des organes propres à la planimétrie et au nivellement. Le matériel du topographe est ainsi plus portatif et moins coûteux, et il est bien suffisant dans beaucoup de cas, notamment pour les plans à petite échelle, jusqu'au 1/2000 par exemple ; mais lorsqu'il s'agit d'études à plus grande échelle, nous pensons qu'il est généralement préférable de prendre pour la planimétrie et le nivellement les instruments spéciaux à chacune de ces deux grandes divisions de la topographie, que nous avons décrits précédemment.

Comme types d'instruments mixtes, nous citerons la boussole éclimètre, le théodolite, et le tachéomètre, et nous étudierons plus particulièrement ce dernier qui renferme les deux autres.

BOUSSOLES ÉCLIMÈTRES.

115. Description. — Les boussoles éclimètres sont des plus nombreuses, surtout dans leurs applications aux levés expédiés de l'armée et des voyageurs, dont elles permettent une rapide exécution avec une précision suffisante pour leurs échelles. Elles sont moins employées chez les ingénieurs et surtout chez les géomètres dont les plans, ordinairement moins étendus, exigent généralement une précision plus grande, en raison de leurs destinations spéciales ; pourtant nous croyons que, dans les détails à contours incertains et pour le levé des courbes de niveau, on peut les utiliser avec avantage ; il convient d'ailleurs d'ajouter que, dans ce cas, ces instruments sont plus complets.

Ainsi, dans le type que donne la figure 56 et que l'on désigne quelquefois sous le nom de *boussole forestière*, on remarquera un calage triangulaire, une nivelle à bulle et un cercle vertical avec verniers et lunette.

THÉODOLITES.

116. Théodolite à lunette centrale. — Le théodolite est un cercle d'alignement répétiteur (68) auquel on a ajouté un cercle vertical divisé, avec verniers, pour la mesure des angles zénithaux ou d'inclinaison (fig. 87).

La lunette est dans le plan vertical de l'axe de l'instrument, qui est dit alors à lunette centrale, ou bien elle est excentrique.

La figure 87 donne une idée du premier, mais pour sa description, afin d'éviter des répétitions, nous renvoyons au cercle d'alignement (68) et au trachéomètre système Porro (125) qui n'en diffère que par certaines additions dans la lunette.

117. Théodolite à lunette excentrique. — Le tachéomètre système Porro est un théodolite à lunette centrale, comme les goniomètres que nous avons étudiés jusqu'ici, sauf la boussole, mais il existe d'autres théodolites dont la lunette est excentrique, afin de pouvoir dans de meilleures conditions lui donner un mouvement de rotation complète dans un plan vertical, permettant des visées jusqu'à 100 grades, maximum des inclinaisons. C'est un avantage qui n'a pas d'intérêt pour la nature de nos opérations et qui a d'ailleurs l'inconvénient de nécessiter les corrections relatives à l'excentricité (164) ; nous nous bornerons donc à mentionner ici cet instrument, employé surtout dans l'astronomie, la marine et les mines.

Stadimétrie. — Tachéomètres.

118. Généralités. — Le tachéomètre (du grec *tachus*, rapide, et *metron*, mesure) est l'instrument topographique par excellence, car, installé en un point quelconque et visant un autre point sur lequel une mire est placée, il donne : 1° l'orientement ou azimut de la droite qui joint les deux points ; 2° son inclinaison sur l'horizon ou sa distance zénithale, complémentaires l'une de l'autre ; 3° sa longueur. En d'autres termes, on obtient, avec les tachéomètres, les trois coordonnées d'un point par rapport aux plans coordonnés passant par le point d'observation.

Il est donc, à la fois, un goniomètre, un éclimètre et un stadimètre. Le principe de ses deux premiers rôles est connu ; nous allons nous étendre sur le troisième, basé sur la stadia et la lunette.

119. Lunette stadimétrique. — En nous reportant à ce que nous avons dit sur la stadia (55) et sur la lunette topographique (27), imaginons que l'on dispose, sur le réticule de cette dernière, deux traits parallèles au fil horizontal, symétriques par rapport à ce fil, et dont l'écartement h (fig. 41) soit combiné avec d de telle sorte que pour $H = 1$, D soit égal par exemple à 100. Il en résultera que, pour :

$$H = 0,5, \quad \text{on aura} \quad D = 50,$$
$$H = 0,1, \quad — \quad D = 10,$$
$$H = 0,01, \quad — \quad D = 1,$$

et, plus généralement, pour :

$$H = n \quad \text{on aura} \quad D = 100\,n.$$

Or, en visant la mire PB (fig. 84), les deux traits stadimétriques, a, b, ajoutés au réticule, s'y projetteront en deux points différents A, B, dont l'écartement sera H ; il suffira donc de lire les deux hauteurs PA et PB de ces points au-dessus du sol et d'en faire la différence (PB-PA) pour avoir H et, par suite, D qui sera égal à 100 H.

120. Centre d'anallatisme. — Angle stadimétrique. — Nombre générateur. — Mais, jusqu'à présent, nous avons supposé d constant, et on sait que, dans la mise au point de la lunette (30), la position du réticule et par conséquent

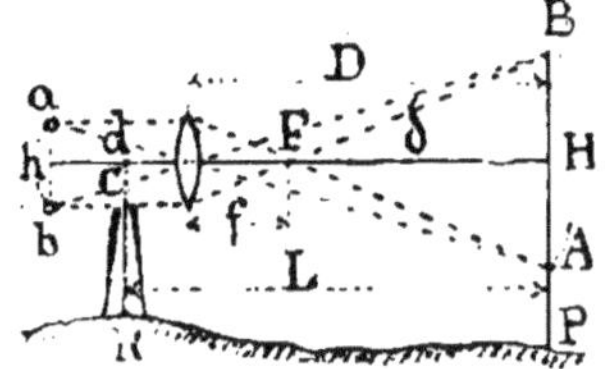

Fig. 84. — Lunette stadimétrique et anallatique.

celle des fils a et b, varie avec la distance D, d'où il résulte que notre conclusion précédente est inexacte ; seulement on peut la rectifier.

En effet, par la considération de certaines lois d'optique dans le détail desquelles nous n'avons pas à entrer ici, on établit que, si la distance d est variable, le rapport $\dfrac{f}{h}$ de la distance focale f de l'objectif à l'écartement h des fils stadimétriques ne l'est pas, et à l'aide de ce rapport on obtient, après les deux lectures sur la stadia, la distance δ du foyer F à la mire par la formule suivante :

$$\delta = \frac{fH}{h}.$$

On règle d'ailleurs, comme nous l'avons dit plus haut (119), l'écartement h, de telle sorte que la hauteur H soit une fraction décimale de δ, comme le 1/50, le 1/100, le 1/200...

Le point F, qui est ici le foyer extérieur de l'objectif et en même temps le point de départ de la proportionnalité entre δ et H, prend en stadimétrie le nom de *centre d'anallatisme* (du grec *anallató*, immuable, invariable). Il est le sommet d'un angle dont les côtés passent par les extrémités A et B de H et que l'on nomme l'*angle stadimétrique*.

Enfin la distance H, comprise entre les rayons visuels déterminés par les fils stadimétriques, s'appelle *nombre générateur*.

121. Correction de Reichenbach. — Avec la distance δ du foyer à la mire, on obtient la longueur L de la mire au centre C de la lunette par l'addition de la distance CF du centre au foyer, constante pour chaque instrument et égale à un demi-mètre environ. Cette addition de la constante à faire après chaque lecture porte le nom de correction de Reichenbach.

122. Lunette anallatique. — **Verre anallatiseur**. — Porro, officier supérieur du génie piémontais, a imaginé, vers 1840, une combinaison qui rend inutile la correction précédente. Par l'interposition d'une lentille entre l'objectif et le réticule, il ramène en effet le centre d'anallatisme au centre de l'instrument. On donne à cette lentille spéciale, munie d'une vis de réglage, le nom de verre *anallatiseur*, et la lunette augmentée de ce verre est dite *lunette anallatique* ; c'est celle de tous les tachéomètres du *genre Porro*, dont nous décrirons bientôt l'un des types (125), mais avant il nous faut examiner divers cas qui se présentent en stadimétrie.

123. Réduction à l'horizon. — **Différence de niveau entre deux points**. — Dans les explications qui précèdent, nous avons supposé que l'on opérait en terrain sensiblement horizontal, de sorte que la longueur L, déduite du nombre générateur H, se projette en vraie grandeur et est ainsi un élément direct du plan topographique ; mais il n'en est plus de même pour les terrains inclinés. Dans ce cas, deux moyens sont employés pour obtenir la projection horizontale l de la distance rectiligne RP entre la station R et le pied P de la mire.

1° *Mire perpendiculaire au rayon visuel*. — Dans le premier, à l'aide d'un viseur qui glisse perpendiculairement sur la mire, on donne à celle-ci, après l'avoir placée sur le point P (fig. 85), une inclinaison telle qu'elle devienne sensiblement perpendiculaire au prolongement L de l'arc optique de la lunette ; alors on obtient, comme pour la visée horizontale, la longueur L. En mesurant en même temps l'angle d'inclinaison α, on a, pour la projection l' de L,

$$l' = \text{L} \cos \alpha.$$

Pour avoir l il faut ajouter à l' une projection k résultant de l'inclinaison de la mire et dont la valeur, comme on le voit à l'inspection de la figure 85, est donnée par la formule

$$k = mn = m\text{P} \sin \alpha,$$

de sorte que l'on a

$$(1) \qquad l = l' + k = \text{L} \cos \alpha + m\text{P} \sin \alpha.$$

Remarquons en passant, que la différence de niveau N, entre R et P, se déduirait facilement des mêmes éléments ; on a, en effet :

$$\text{N} = \text{L} \sin \alpha + \text{CR} - m\text{P} \cos \alpha.$$

Lorsque α ne dépasse pas un décigrade, on peut ordinairement négliger k et la formule (1) se réduit alors au premier terme ; néan-

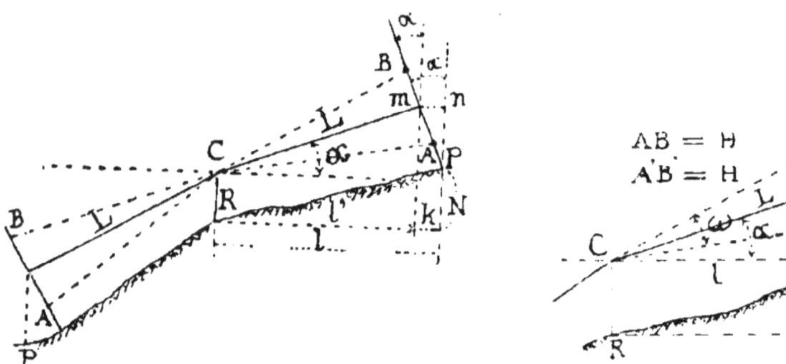

Fig. 85. — Mire perpendiculaire au rayon visuel du tachéomètre.

Fig. 86. — Mire verticale.

moins, ce premier moyen est peu pratique et l'on préfère généralement le second.

2° *Mire tenue verticalement.* — Dans ce cas, on pose la mire verticalement sur P (fig. 86), et on lit A′B′ = PB′ — PA′, puis on mesure l'inclinaison α ; ces deux éléments sont suffisants pour calculer l, bien que A′B′ ne soit pas le véritable nombre générateur.

En effet, menons par m la perpendiculaire AB à L, et soit ω l'angle stadimétrique (120), toujours très petit.

Dans le triangle isocèle ABC, dont L est la hauteur, on pourra poser, en raison de la petitesse de ω :

$$(1) \qquad L = \frac{AB}{tg\ \omega};$$

d'autre part, les deux triangles BmB' et AmA', que l'on peut considérer comme rectangles en A et en B par la même raison, donnent :

$$mA = mA'\cos\alpha,$$
$$mB = mB'\cos\alpha.$$

Additionnant ces deux équations et simplifiant, on aura :

$$AB = A'B'\cos\alpha.$$

Remplaçant AB, dans l'équation précédente (1), par la valeur ci-dessus, on obtiendra :

$$(a) \qquad L = \frac{A'B'\cos\alpha}{tg\ \omega} = \frac{A'B'}{tg\ \omega}\cos\alpha,$$

et, enfin, la projection l de L aura pour expression :

$$(b) \qquad l = L\cos\alpha = \frac{A'B'}{tg\ \omega}\cos^2\alpha = \frac{A'B'}{tg\ \omega}(1-\sin^2\alpha).$$

Mais nous avons dit plus haut que A'B' n'est pas le véritable nombre générateur, puisqu'il n'est pas normal sur le prolongement L de l'axe optique ; il est un peu plus grand, comme on l'a vu par la considération des deux triangles BmB' et AmA'. Si donc nous appelons L' la distance déduite directement de A'B', un peu trop grande aussi, nous aurons $L' = \dfrac{A'B'}{tg\ \omega}$ et la formule *(a)* deviendra :

$$(c) \qquad L = L'\cos\alpha.$$

Et en remplaçant L par sa valeur dans la formule b, on aura pour la projection l :

$$(d) \qquad l = L'\cos^2\alpha = L'(1-\sin^2\alpha).$$

Des tables spéciales ont été calculées pour obtenir rapidement la valeur de l à l'aide des formules précédentes.

Elles donnent aussi la différence de niveau N entre les points R et P, déterminée par la formule

$$N = L\sin\alpha + CR - mP,$$

qui devient, après remplacement de L par sa valeur (c) :

$$(e) \qquad N = L'\sin\alpha\cos\alpha + CR - mP,$$

ou, en se servant de l préalablement calculé :

$$N = l \, \text{tg} \, \alpha + CR - mP.$$

124. Distinction entre les tachéomètres. — Bien que d'invention relativement récente, les tachéomètres présentent déjà diverses variétés parmi lesquelles nous distinguerons, principalement, le tachéomètre à *distances inclinées* et le tachéomètre à distances horizontales, dit *autoréducteur*. Porro est le promoteur du premier ; Sanguet est l'inventeur du second.

TACHÉOMÈTRE A DISTANCES INCLINÉES (SYSTÈME PORRO).

125. Description. — La figure 87 est un exemple du premier type. Il se compose d'un système de calage triangulaire portant le plateau d'arrêt du cercle horizontal, avec sa pince et sa vis de rappel. Au-dessus on remarque le tube-déclinatoire De, comme dans le cercle d'alignement. Rappelons que, dans certains instruments, comme dans le goniomètre de poche (73-2) par exemple, le déclinatoire est fixé sur le cercle-alidade dont il suit tous les mouvements.

Sur la colonne pivotante on a disposé le cercle horizontal divisé et le cercle concentrique alidade avec sa pince d'arrêt et sa vis de rappel, à droite de la figure ; l'alidade porte, en outre, une nivelle et les supports de la lunette ; celle-ci est anallatique (122)), grâce au verre anallatiseur disposé en VV′ ; elle est en outre centrée, c'est-à-dire que son axe rencontre celui de l'instrument. Une nivelle indépendante se place sur la lunette, qui entraîne avec elle, quand elle se meut verticalement, un cercle divisé monté perpendiculairement sur l'un des tourillons. La lunette et le cercle, entièrement liés, sont réglés dans leur mouvement vertical, par une pince d'arrêt avec vis de rappel. Un autre cercle vertical de même rayon, fixe, porte deux verniers, diamétralement opposés, dont les divisions, en contact avec celles du cercle mobile, permettent d'apprécier, ordinairement, les 2 centigrades.

Lorsque le zéro du vernier vertical est en coïncidence avec celui du cercle mobile ou la division 100, suivant l'origine de la chiffraison, la nivelle indépendante, posée sur la lunette, doit être entre ses repères, sinon on rectifie la position du cercle fixe comme nous l'indiquerons plus tard (167).

Divers vis ou carrés de réglage sont disposés sur certaines pièces que, par opposition aux pièces mobiles et pour simplifier la description, nous qualifions de fixes, mais qui néanmoins, à l'aide de ces petits organes, peuvent subir, à l'occasion, un très léger déplacement. Citons, notamment, les carrés de réglage des nivelles et des réticules, les vis V, V′ du verre anallatiseur, du cercle vertical fixe, du déclinatoire, etc. ; nous verrons d'ailleurs plus loin le rôle de ces délicats organes (148-167).

La seule différence notable entre le tachéomètre que nous venons de décrire et le théodolite (116), c'est que, dans ce dernier, la lunette n'est pas anallatique et que le réticule ne porte pas de fils stadimétriques.

Si, de plus, nous supprimons les cercles verticaux, il nous restera le cercle d'alignement (68), auquel on se reportera pour une description plus complète de certains détails.

126. Usage du tachéomètre système Porro.

— Après avoir solidement installé le trépied au-dessus du point marquant l'extrémité d'une droite ou le sommet d'un angle, de telle sorte que son plateau soit à peu près horizontal et le centre de ce dernier sur la verticale du point, on sort avec précaution l'instrument de sa boîte et on le fixe sur le plateau ; puis, desserrant les pinces P, P' des mouvements horizontaux, l'on amène approximativement le déclinatoire Dl dans le plan du méridien magnétique, ce qui a lieu lorsque après avoir posé l'aiguille sur son pivot, à l'aide du petit levier spécial, on remarque qu'elle oscille librement (73-2) ; on cale ensuite l'instrument (68 a), on met la lunette au point (30) et, à l'aide de la vis de rappel du cercle azimutal (sur laquelle, il ne faut pas l'oublier, on n'agit qu'après avoir serré la pince correspondante), on amène la pointe de l'aiguille aimantée, dont les oscillations ont eu le temps de s'atténuer, sur le trait vertical du viseur (73-2°).

Quand le déclinatoire dépend du cercle-alidade, il faut, au préalable, amener en coïncidence les zéros du vernier et du cercle azimutal,

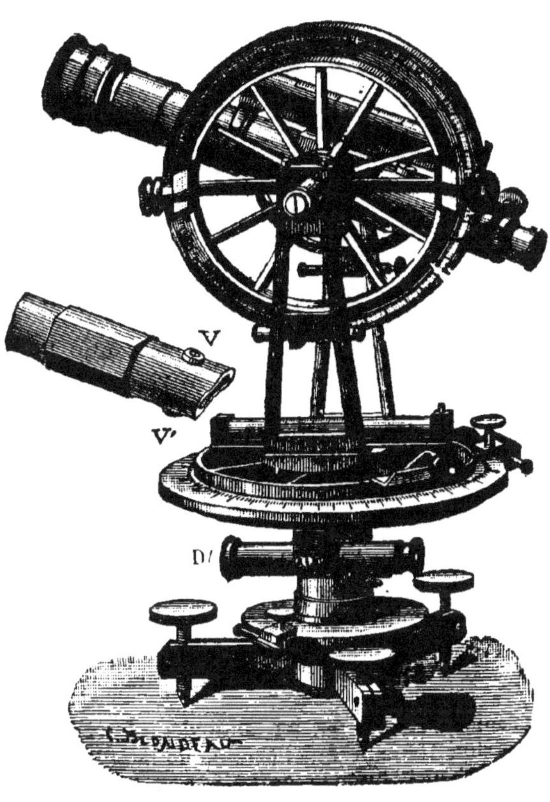

Fig. 87. — Tachéomètre, système Porro.

et ce n'est qu'ensuite qu'on donne à l'aiguille sa position normale.

A ce moment, le cercle occupera une position fixe qu'il devra garder pendant toute la durée de la mesure des angles horizontaux, qui auront tous, pour origine commune, la direction donnée par l'aiguille aimantée, c'est-à-dire le méridien magnétique si le déclinatoire est parallèle au diamètre 0-200, ou le méridien vrai s'il fait avec ce diamètre un angle égal à cette déclinaison (75).

Laissant donc, avec précaution, le cercle azimutal à sa place, après avoir desserré les pinces de l'alidade et du cercle vertical mobile, on dirigera la lunette vers le pied de la mire parlante ou stadia, tenue verticalement sur le point à déterminer, et l'on pointera le fil vertical du réticule sur l'axe de la mire ; puis on amènera le fil supérieur stadimétrique sur une division à cote ronde ; on serrera les pinces et on ramènera rigoureusement, s'il y a lieu, par les mouvements lents que permettent les vis de rappel, les divers fils dans les positions indiquées ; enfin on enregistrera, sur un carnet spécial dont nous donnerons un type (221), les hauteurs des fils horizontaux, à lire sur la mire, l'angle azimutal sur le limbe horizontal et l'angle zénithal sur le cercle vertical. La hauteur du pivot de la lunette au-dessus du piquet sur la verticale duquel l'instrument est placé devra être aussi notée.

TACHÉOMÈTRE AUTORÉDUCTEUR SANGUET.

127. Caractères distinctifs. — Théorie et description. — Le *tachéomètre Sanguet* diffère des tachéomètres ordinaires par les avantages suivants, dont la plupart lui sont particuliers :

1º Il est autoréducteur ; par conséquent, il supprime les calculs

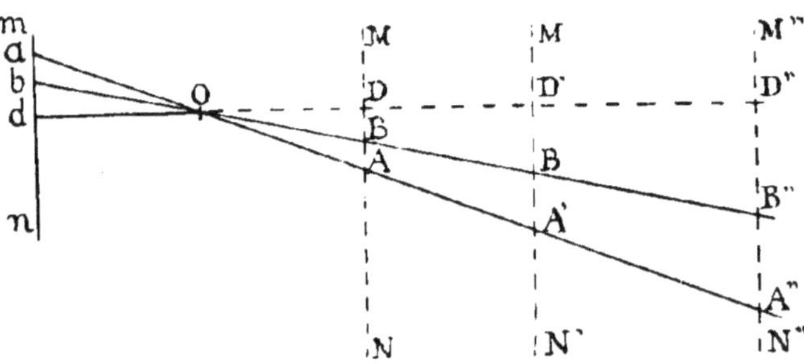

Fig. 88. — Théorie du tachéomètre Sanguet.

de réduction à l'horizon, et dispense l'opérateur de lire et d'inscrire l'inclinaison de la lunette quand il ne fait que la planimétrie ;

2º Il donne cette inclinaison, quand on a intérêt à la lire, non en degrés ou grades, mais en *pente* ou *rampe* exprimée en 1/10 de millimètre par mètre, laquelle, multipliée par la distance horizontale lue sur la mire, donne immédiatement la différence de niveau : d'où suppression de la règle à calculs spéciale et des tables tachéométriques ;

3º La précision de la mesure des distances est notablement plus grande qu'avec les anciens tachéomètres.

4º L'instrument donne un contrôle infaillible de toutes les lectures ;

5º Son poids ne représente que le tiers de celui des autres tachéomètres ayant une portée de lunette à peu près égale ;

6º La lunette de ce tachéomètre est réduite à sa plus grande simplicité ; elle n'a aucune lentille supplémentaire et ne porte que deux fils en croix. Sa puissance est à peu près double de celle d'une lunette anallatique de mêmes dimensions.

Pour obtenir ces résultats, M. Sanguet s'est attaché à construire un intrument basé uniquement sur des procédés mécaniques, de façon à éviter les inconvénients des lunettes micrométriques et à dispenser l'opérateur des calculs de réduction. Le premier brevet pris par M. Sanguet dans cet ordre d'idées remonte à 1865. Son instrument, breveté sous le nom de *longimètre*, répondait bien au programme de l'inventeur, mais il présentait dans sa construction plusieurs imperfections inévitables qui le lui ont fait abandonner au bout de quelques années.

M. Sanguet a apporté de nombreux perfectionnements à son longimètre, dont il n'a conservé que le principe de l'autoréduction mécanique.

1º *Théorie.* — Supposons pour un instant un instrument constitué par deux tiges rigides *mn* et Od assemblées en forme de T (fig. 88), et disposées de manière que l'une, *mn*, soit verticale et l'autre Od horizontale. Imaginons, de plus, une série de lignes verticales MN, M'N', M"N"... situées dans le plan passant par O*mn*.

Il est évident que si, par deux points *a* et *b*, pris sur *mn* et par le point O, nous faisons passer les rayons visuels *a*OA" et *b*OB', ces rayons visuels formeront avec chaque verticale rencontrée un triangle tel que OAB, OA'B'... semblable au triangle O*ab*. Et si nous prolongeons indéfiniment l'horizontale *d*O, nous aurons en outre les nouveaux triangles ODB, OD'B', OD"B"... semblables entre eux et au triangle O*db*.

De cette similitude des triangles il résulte que

$$\text{Si } OD = Od, \quad AB = ab : \qquad \text{Si } OD' = 2\,Od, \quad A'B' = 2\,ab.$$

Ou, d'une manière générale :

Sur une verticale quelconque M"N" dont la distance au point O = OD", on a

$$\frac{A''B''}{OD''} = \frac{a\,b}{Od} = r\ldots \tag{1}$$

D'où

$$OD'' = \frac{A''B'' \times Od}{ab} = \frac{A''B''}{r}. \tag{2}$$

Si l'on fait *r* constant dans chaque instrument et égal à 0,01 par exemple, et si on *lit* le segment A″B″ sur une *mire parlante* tenue dans la verticale M″N″, on aura la distance horizontale OD″ en divisant A″B″ par 0,01, ou, ce qui revient au même, en multipliant A″B″ par $\dfrac{1}{0,01}$ ou par 100, opération très facile à faire.

On remarquera que l'équation (1) est indépendante de l'inclinaison de chaque rayon visuel, laquelle peut être quelconque. Par conséquent la distance obtenue est toujours la distance du point O à la verticale passant par la mire, c'est-à-dire la distance OA″ ou OB″ *réduite à l'horizon.*

APPLICATION. — Dans le tachéomètre Sanguet, le point O est représenté par l'axe de rotation des tourillons de la lunette ; la ligne *mn* par une tige verticale pouvant se déplacer dans le sens de sa longueur ; *a* par un couteau d'acier supportant la lunette du côté de l'oculaire, implanté dans une pince pouvant glisser le long de la tige *mn ;* enfin l'espace *ab* est représenté par la quantité dont la tige verticale descend sous l'action d'un levier mû par l'opérateur.

On conçoit aisément que, si l'on déplace la pince portant le couteau *a* le long de la tige *mn*, de manière à donner à la lunette l'inclinaison voulue pour que le rayon visuel *a*OA″ aboutisse au zéro d'une mire parlante tenue dans la verticale M″N″, et que si l'on fait descendre la tige *mn* d'une quantité constante et égale à 0,01 de O*d*, le couteau supportant la lunette se déplacera lui-même verticalement de *a* en *b*, et la lunette donnera le nouveau rayon visuel *b*OB″. Une simple lecture sur la mire parlante fera connaître la hauteur A″B″ qui est, comme on le dit plus haut, égale au 1/100 de la distance horizontale OD″.

Pour connaître cette distance OD″ il suffira donc de considérer la mire parlante comme une *échelle de distances* (142 *b*) sur laquelle les centimètres représentent des mètres et les millimètres des décimètres.

2° *Description sommaire.* — Le tachéomètre Sanguet se compose de deux parties principales destinées l'une à mesurer les angles azimutaux, et l'autre à mesurer les distances et les déclivités. La première consiste, comme d'habitude, en un cercle horizontal gradué pouvant tourner autour d'un axe vertical ; un déclinatoire perfectionné D est fixé sous le cercle divisé (fig. 89), et les vis V assujettissent l'ensemble de l'instrument à un plateau de translation.

La base de la seconde partie, ou partie supérieure, est un cercle-alidade muni de verniers, tournant dans l'intérieur du cercle divisé qui lui est concentrique. Sur le cercle-alidade est fixée une règle horizontale portant à droite une fourche servant d'appui aux tourillons de la lunette ; à gauche une règle divisée verticale, et au milieu un niveau à bulle d'air.

Une **tige** prismatique verticale, matérialisant la ligne *mn*, est maintenue très près de la règle divisée par des coussinets faisant corps avec cette règle. Cette tige, qui peut se déplacer verticalement d'une certaine quantité, repose sur la pointe d'une vis de rappel R′. Une pince avec vis de pression P′ glisse sur cette tige et porte, outre le

Fig. 89. — Tachéomètre autoréducteur Sanguet.

couteau d'acier dont on a parlé, un vernier indiquant, sur l'échelle divisée, l'inclinaison, ou *pente par mètre*, du rayon visuel correspondant à sa position.

L'écrou de la vis de rappel vertical R′ est relié par une bielle à l'extrémité du petit bras d'un levier horizontal dont la poignée L est à portée de la main droite. L'opérateur peut ainsi manœuvrer ce levier pour changer l'inclinaison de la lunette et mesurer les distances, sans avoir à se déplacer, l'œil restant à la lunette.

On remarque sur la figure 89 que la fourche porte quatre butoirs ou têtes de vis saillantes, dont l'un, l'inférieur, est en contact avec le long bras du levier. Si l'on fait passer le levier au butoir suivant, la tige prismatique et la pince P' descendront d'une quantité exactement égale à 0,01 de la distance horizontale qui sépare l'axe des tourillons de la lunette de la ligne verticale parcourue par le couteau que porte la pince P' ; autrement dit, d'une quantité ab (fig. 88) égale à 0,01 de Od.

Les deux butoirs suivants fournissent d'autres rapports r de la hauteur de mire à la distance, savoir : le troisième $\dfrac{18}{1000}$ et le quatrième $\dfrac{22}{1000}$.

Le passage du levier d'un butoir à un autre peut correspondre à six valeurs différentes du rapport r. Pour abréger, désignons les butoirs par 0 (zéro), a, b et c ; nous avons déjà dit que l'intervalle entre 0 et a donne $r = \dfrac{1}{100}$ ou $\dfrac{10}{1000}$; celui O$b = \dfrac{18}{1000}$ et celui O$c = \dfrac{22}{1000}$. Mais le levier peut aussi bien partir de a pour s'arrêter à b ou à c, et même partir de b pour arriver à c.

On a donc en définitive :

$$
\begin{aligned}
&\text{Pour l'intervalle } 0a \text{ le rapport } r = \ldots\ldots 0.010\\
&\qquad\quad - \qquad\quad 0b \quad - \quad r = \ldots\ldots 0,018\\
&\qquad\quad - \qquad\quad 0c \quad - \quad r = \ldots\ldots 0,022\\
&\qquad\quad - \qquad\quad ab \quad - \quad r = 0,018 - 0,010 = 0,008\\
&\qquad\quad - \qquad\quad ac \quad - \quad r = 0,022 - 0,010 = 0,012\\
&\qquad\quad - \qquad\quad bc \quad - \quad r = 0,022 - 0,018 = 0,004
\end{aligned}
$$

Soit six rapports élémentaires entre lesquels l'opérateur peut varier son choix selon les circonstances, de manière à proportionner au résultat à obtenir, tantôt la portée de l'instrument, tantôt l'exactitude des mesures. Cette variété permet en outre de déterminer les distances à un rapport donné, quand des obstacles empêchent de faire les lectures sur la mire au rapport ordinairement employé.

3° *Choix et combinaisons des lectures ; contrôles.* — Le rapport de 0,01 (1 centimètre par mètre) est le plus avantageux pour les travaux courants. La mire divisée en centimètres (division normale) permet d'évaluer les distances en mètres et décimètres jusqu'à 350 ou 400 mètres.

Les rapport 8 et 12 combinés offrent un excellent moyen d'accroître la précision et de contrôler les lectures dans un rayon de 250 mètres.

En désignant par b' et c' ces deux rapports, on a :

$$b' + c' = 0,020 \quad \text{et} \quad c' - b' = 0,004 = \frac{b'}{2} = \frac{c'}{3} = \frac{b' + c'}{5}. \quad (1)$$

La combinaison des rapports $18 = b$ et $22 = c$ donne les relations suivantes :

$$b + c = 0,040 \quad \text{et} \quad c - b = 0,004 = \frac{b + c}{10}. \quad (2)$$

En combinant les trois rapports $10 = a$, $18 = b$ et $22 = c$, on a :

$$a + b + c = 0,050 \quad \text{et} \quad \frac{a + b + c}{5} = a. \quad (3)$$

Cette combinaison donne le maximum de précision; on l'emploie chaque fois que l'on désire obtenir les distances avec une grande exactitude, sauf à omettre une lecture si un obstacle ne permet pas de la faire sans recommencer le pointé.

Par les combinaisons de lectures, on augmente la précision du résultat et l'on a un moyen infaillible de contrôler les mesures, de découvrir et de corriger les fautes de lecture ou d'inscription.

Un contrôle tout aussi efficace permet de vérifier les angles azimutaux et les déclivités.

Pour les levers à grande portée, devant être rapportés à l'échelle de 1/5000ᵉ ou à une échelle plus petite, le rapport de 0,004 permet de lire les distances sur une mire spéciale, jusqu'à 1 kilomètre de l'instrument.

4° *Précision des résultats.* — L'erreur moyenne à craindre sur la mesure d'une distance D est de :

$$0^m,04 + \frac{D}{4,000}, \quad \text{ou} \quad 0^m,02 + \frac{D}{10\,000},$$

soit $0^m,065$ sur 100 mètres, si le résultat est obtenu par une seule lecture au rapport de $0^m,01$ ou $0^m,03$ sur 100 mètres s'il est donné par trois lectures formant le rapport de $0^m,05$ par mètre (3ᵉ combinaison).

Les angles azimutaux sont donnés par les verniers à 5 milligrades près, soit 16″ ancienne division.

Les déclivités sont évaluées avec une erreur moyenne de 0,0001. Un niveau spécial se fixant à la lunette permet de faire le nivellement de précision avec autant de facilité et d'exactitude que si l'on faisait usage d'un niveau à fiole indépendante.

5° *Rapidité des lectures.* — Les diverses pinces et vis de rappel sont disposées de manière à assurer le maximum de vitesse dans la manipulation.

Le lever de la position d'un point en planimétrie (lecture d'une distance et d'un angle azimutal) ne demande que 12 à 15 secondes ; l'inventeur a relevé jusqu'à 49 points en 10 minutes !

Les lectures de contrôle augmentent la durée des observations de moitié environ.

« Dans les levers de précision, dit l'auteur, l'usage de mon tachéomètre apporte une réduction de moitié sur la dépense et des deux tiers sur le temps que demanderait le lever par les méthodes basées sur le chaînage des lignes. »

Nous avons tout récemment dirigé, pendant un mois, des exercices comparés avec deux de nos élèves très intelligents ; ils nous ont donné à peu près les résultats signalés.

6°. *Rectification constante à apporter aux distances.* — La distance conclue soit d'une seule lecture, soit de l'ensemble de plusieurs lectures compte, non du centre de l'instrument, mais de l'axe de rotation des tourillons de la lunette situé à $0^m,08$ en avant de ce centre ; d'autre part, ce n'est pas le bout de la mire que l'on place sur le point à lever, mais la pointe en fer qui est à $0^m,02$ au delà. *Il faut donc ajouter la constante* $+ 0,10$ *à chaque distance obtenue.*

Dans la pratique, quand le rapport 10 est seul employé, on ajoute mécaniquement cette constante en pointant à $0^m,001$ plus haut que le zéro ou la dizaine choisie comme départ.

7° *Usage de l'instrument.* — D'après tout ce qui précède, il sera facile à un praticien de faire usage de cet instrument, qui est accompagné d'ailleurs d'une instruction très complète, où il trouvera de nombreux renseignements supplémentaires sur lesquels nous ne pouvons nous étendre.

LONGI-ALTIMÈTRE SANGUET.

128. Description et usage. — Sanguet, entre autres instruments, est l'auteur d'un second tachéomètre auquel il a donné le nom de *longi-altimètre* et dont l'idée est extrêmement ingénieuse ; nous nous bornerons à donner une description très sommaire de cet instrument, utile surtout en pays montagneux.

Son aspect a beaucoup d'analogie avec le tachéomètre Porro (fig. 87) et, en réalité, il n'en diffère guère que par l'extrémité de ses tourillons et l'addition de deux petits leviers, mais cette différence est capitale au point de vue stadimétrique. L'angle stadimétrique en effet est donné par le déplacement, dans un plan horizontal, de l'axe des tourillons, et les hauteurs sont obtenues par un déplacement analogue.

Pour réaliser cette combinaison, les tourillons sont des sphères reposant sur des coussinets à coquilles pouvant être actionnés par de petits leviers. Quand on agit sur ces leviers, le plan de visée de la lunette engendre un angle dièdre dont les faces vont intercepter, sur une mire placéc *horizontalement* au sommet visé, une longueur donnant, suivant le levier mis en mouvement, le nombre générateur de la distance à déterminer, ou celui de la différence de niveau entre la station et le point observé.

DIASTIMOMÈTRE SANGUET.

129. Description et usage. — Le *diastimomètre* (fig. 90) est un fragment de tube terminé à un bout par un verre prismatique dont l'angle des deux faces est calculé de telle sorte qu'un rayon visuel qui le traverse se trouve dévié, à 100 mètres, de un mètre, par exemple,

Fig. 90. — Diastimomètre Sanguet.

ou de tout autre écart. Ce verre, enchâssé dans une couronne circulaire, peut à volonté, à l'aide d'une charnière, fermer le tube ou être maintenu en dehors.

Le diamètre du tube est égal à celui de la lunette topographique ordinaire (côté de l'objectif) de sorte que le diastimomètre peut y être adapté et la transformer ainsi en lunette stadimétrique. Il suffit en effet de faire deux visées sur la mire, l'une avec le tube ouvert, l'autre avec le tube fermé, et de constater la différence des deux lectures pour en déduire le nombre générateur.

Il est bien entendu que, préalablement, le coefficient donné par ce nombre doit être vérifié en mesurant soigneusement une droite de 100 mètres par exemple, puis en plaçant la mire à une de ses extrémités et le prisme à l'autre. On fait ensuite les deux lectures et, s'il y a lieu, on pousse légèrement ou l'on tire le tube, dont on repère la position exacte par un trait gravé sur la lunette et sur le tube.

La distance déterminée est comprise entre l'axe du prisme et la mire, par conséquent il faut lui ajouter une constante égale à celle de ce prisme au centre de l'instrument.

TACHÉOMÈTRE AUTOCALCULATEUR DE A. CHAMPIGNY.

130. Idée générale. — M. Champigny, ingénieur civil, a imaginé dans ces dernières années un tachéomètre qu'il appelle *autocalcu-*

lateur et qui a l'apparence d'un tachéomètre Porro, dont il possède, du moins extérieurement, les principaux organes.

Comme théodolite, il n'a rien de très particulier, car il est muni d'un cercle azimutal, d'un cercle vertical et d'un déclinatoire.

Son caractère spécial réside dans la façon de donner la distance *horizontale*, et la différence de niveau entre le point observé et le pied de l'instrument.

Le mécanisme dont s'est servi M. Champigny pour obtenir cette distance, dit le colonel Laussedat, se compose principalement d'une sorte de manivelle qui peut s'enclencher dans une coulisse, parallèle et reliée à la lunette, et prendre un mouvement de glissement le long du montant vertical du tachéomètre, entraînant la partie antérieure de la lunette, qu'elle fait tourner autour de son axe de rotation.

Pour la mesure des différences de niveau, il existe un autre dispositif, analogue et perpendiculaire au premier.

Admis aux expériences de la commission extra-parlementaire du cadastre, cet instrument a déjà fait l'objet d'un rapport élogieux et la commission espère, qu'après quelques modifications, il pourra être classé parmi les meilleurs appareils de ce genre.

§ VI. — INSTRUMENTS GRAPHIQUES

Instruments du terrain
(Goniographes et tachéographes).

131. Définition. — Nous laissons le nom de *goniographes* (du grec *gônia*, angle et *graphê*, décrire) aux instruments dont la planchette est le type et à l'aide desquels on lève et on dessine sur place le plan d'un terrain, notamment par le tracé immédiat de ses angles, et nous comprenons sous celui de *tachéographes* ceux qui, beaucoup plus nouveaux, conduisent au même résultat par l'application de la tachéographie (137). Parmi les premiers, nous étudierons la planchette et, parmi les seconds, nous citerons les appareils du général Peigné et le tachéographe de Schrader.

PLANCHETTE.

132. Description. — La planchette est une planche à dessiner, solidement construite, de 50 à 60 centimètres de côté, que l'on installe sur un trépied généralement à six branches avec articulation et mouvement horizontal pour le

calage de l'instrument et sa révolution autour d'un axe vertical.

Nous donnons ici (fig. 91) un modèle dont le pied est à

Fig. 91. — Planchette (modèle de l'École d'application
de Fontainebleau).

translation, avec calotte sphérique, et qui est en usage à
l'École d'application de Fontainebleau.

L'accessoire indispensable de la planchette est l'alidade,
qui est une règle ordinairement complétée par un viseur à

Fig. 92. — Alidade à lunette, avec éclimètre.

pinnules comme celui que nous avons décrit plus haut (26)
ou par une lunette (fig. 92), avec éclimètre.

Une autre alidade, très fréquemment employée et connue
sous le nom d'*alidade nivelatrice*, est celle du colonel Goulier

(fig. 93), qui a notablement complété l'alidade classique à pinnules (26). En effet, sur le plat de la règle en buis le fécond novateur a disposé une petite nivelle et, dans l'épaisseur, il a introduit deux excentriques pour le calage. En outre, l'un des bords de la règle, taillé en biseau, porte des divisions métriques (millimètres)

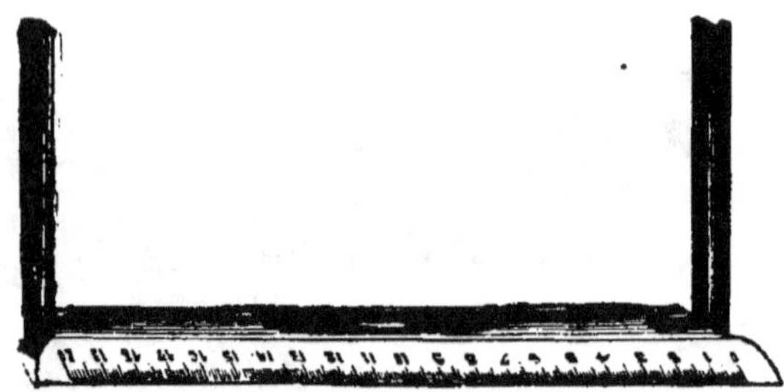

Fig. 93. — Alidade nivelatrice du colonel Goulier.

et une échelle des cotangentes des pentes, utiles pour le tracé des courbes de niveau. Enfin sur les bords intérieurs de l'une des visières métalliques, largement échancrée, une autre échelle est gravée et, en la regardant par l'un des trois œilletons de la visière opposée, on évalue la pente du rayon visuel. D'ailleurs, toujours pratique, le colonel Goulier a fait coller sous la règle une instruction claire et concise qui résume les propriétés et l'usage de son alidade.

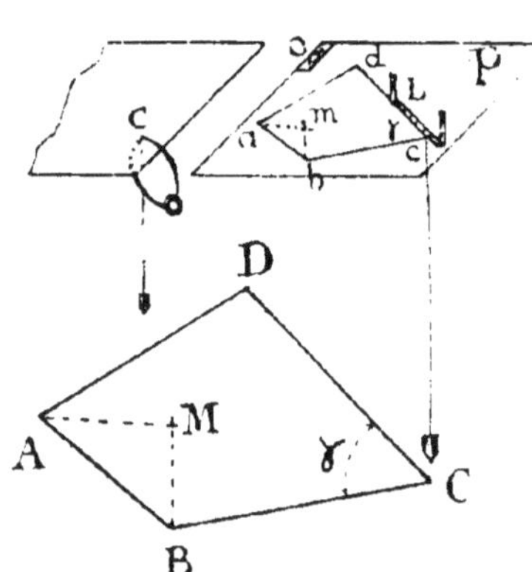

Fig. 94. — Opération à la planchette.

Avec l'alidade, on annexe ordinairement à la planchette un déclinatoire (78), un compas d'une forme particulière dit *compas de station* (fig. 94) et un fil à plomb.

133. Usage de la planchette. — Nous appellerons points ou sommets *graphiques*, lignes *graphiques*, distances *graphiques*, les points, lignes ou distances de la planchette, correspondant à la projection de leurs homologues du terrain.

Le problème fondamental à résoudre à l'aide de la planchette, sur laquelle on a préalablement fixé une feuille de papier à dessin, est de tracer, sur ce papier, la projection d'un angle déterminé sur le terrain.

Généralement, la projection du premier angle ne doit pas être placée au hasard, car elle appartient à un dessin d'ensemble que doit contenir la planchette. L'opérateur devra donc, dès le début, raisonner cette position, non seulement pour le sommet, mais encore pour l'un des côtés de l'angle ; puis, 1° il placera la planchette de telle sorte que le point choisi pour le sommet graphique soit sur la verticale du point du terrain ; 2° il procédera ensuite au calage de l'instrument ; 3° il orientera enfin la planchette de façon à placer le côté du dessin dans la direction du côté correspondant du terrain. Cette série d'opérations forme ce qu'on appelle la *mise en station* et l'*orientement* de la planchette.

Pour faciliter la première opération, on plantera à peu près verticalement, sur le sommet graphique, une aiguille qui en rendra la place apparente, et à l'aide du fil à plomb, tendu dans deux directions quelconques, pourvu qu'elles soient notablement différentes, on vérifiera la position, que l'on rectifiera, s'il y a lieu, par un déplacement convenable de la planchette. On emploie quelquefois, pour amener le point sur la verticale, un compas spécial à l'aide duquel ce point est reporté sous l'instrument, puis projeté sur le sol avec le fil à plomb fixé à la pointe inférieure de ce compas (fig. 94). Le calage s'effectuera avec la nivelle incrustée ordinairement sur la règle de l'alidade, que l'on place à cet effet dans deux directions perpendiculaires, et en agissant sur l'articulation du trépied.

Enfin, pour l'orientement, on placera le bord R de l'alidade sur le côté graphique de l'angle, préalablement tracé, on fera pivoter la planchette afin d'amener le plan de visée dans le plan vertical du côté correspondant du terrain, et l'on serrera la vis d'arrêt.

Il suffira alors, pour déterminer l'angle sur le papier, de diriger l'alidade sur le deuxième côté de l'angle du terrain, tout en la laissant tangente à l'aiguille, et d'en tracer la projection en suivant avec le crayon le bord de la règle.

Souvent le plan de visée ou de *collimation* de l'alidade est à une petite distance du bord R de la règle, mais l'erreur qui en résulte est insignifiante, surtout quand ce bord est à peu près parallèle au plan de visée, ce qui a lieu généralement.

134. Déclination de la planchette. — *Décliner* une planchette, c'est la placer, en diverses stations, toujours parallèlement à elle-même à l'aide d'un déclinatoire que l'on fixe dans un coin, parallèlement à l'un des bords, ou dans une position quelconque, mais toujours la même pour un même levé, quand les contours de la planimétrie l'exigent. En déclinant une planchette on n'a plus besoin, pour chaque station, de la diriger sur l'un des côtés du terrain ; il suffit de la tourner de telle sorte que l'aiguille aimantée coïncide avec la division 0 du déclinatoire.

Le tracé préalable de l'un des côtés du premier angle, comme il a été dit précédemment (133), a pour conséquence de donner à la planchette une position généralement quelconque par rapport au méridien magnétique. Pour tracer ce dernier, il faut donc un déclinatoire mobile que l'on tourne, à cette première station, en un endroit quelconque de la planchette, jusqu'à ce que l'aiguille coïncide avec la ligne de foi. A ce moment, on trace au crayon la direction du déclinatoire en prenant pour règle l'un de ses bords, parallèle à cette ligne. On enlève ensuite l'instrument pour le placer aux stations suivantes, parallèlement à la ligne tracée.

ALIDADE AUTORÉDUCTRICE DU GÉNÉRAL PEIGNÉ.

135. Description. — Nous placerons, entre les instruments de topographie à grande échelle et ceux de la topographie expédiée, l'alidade *autoréductrice* du général Peigné, à l'aide de laquelle un habile praticien peut lever rapidement, avec assez de précision, un plan topographique au $\dfrac{1}{5\,000}$ et même, dit-on, jusqu'au $\dfrac{1}{2\,000}$.

Le colonel du génie Goulier, le père d'un grand nombre de nos instruments modernes, a imaginé diverses combinaisons dans lesquelles les clisimètres et les stadimètres jouent un rôle prépondérant, mais le général Peigné, autrefois professeur de topographie à Saint-Cyr, est arrivé au même résultat avec des instruments plus simples tout en obtenant plus de rapidité dans la manœuvre.

Son alidade autoréductrice, notamment, est une espèce de tachéomètre donnant, en quelque sorte automatiquement, la distance réduite à l'horizon entre deux points, à moins d'un mètre près, et leur différence de niveau, à quelques centimètres près et, sur la planchette, la projection des angles, comme l'alidade ordinaire.

Pour obtenir ces diverses solutions, le général Peigné a gradué l'une des visières verticales de son alidade et a introduit dans l'unique et longue fenêtre de cette visière un curseur portant des fils horizontaux et diverses divisions ; puis il a rendu mobile cette visière en la montant sur un coulant cylindrique muni d'un vernier, qui se meut sur le tube enveloppe d'une manivelle adaptée au-dessus de la règle, divisée en millimètres ; c'est cette dernière qui s'applique sur la planchette. L'auxiliaire de l'alidade est une mire spéciale portant deux voyants fixes, dont l'écartement MM′ est ordinairement de 3 mètres (fig. 95) ; le voyant inférieur est à une distance du pied égale à la hauteur habituelle de la planchette.

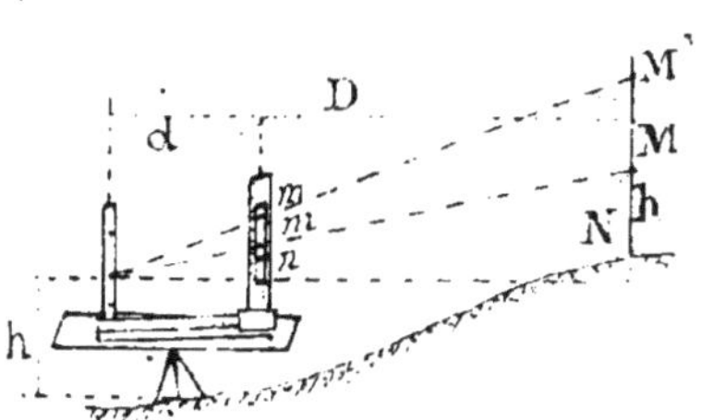

Fig. 95. — Figure théorique de l'alidade autoréductrice.

136. Usage de l'alidade autoréductrice. — Après la mise en station sur un point d'une droite on visera la mire placée sur l'autre point en regardant par l'un des œilletons de la visière fixe et l'on fera manœuvrer successivement le curseur MN dans le sens vertical et la visière mobile dans le sens horizontal, de telle sorte que les fils horizontaux, dont l'écartement est constant, recouvrent les lignes de foi des voyants M et M′, dont l'écartement est aussi constant ; la distance horizontale se lira sur le tube divisé et la différence de niveau entre les deux points sera donnée par la distance entre le zéro de la division sur la visière et celui du curseur.

On conçoit que, pour obtenir sans calcul les deux éléments ci-dessus, on a établi les divisions diverses en conséquence, ainsi que l'écartement des fils et des voyants ; et il suffit de jeter les yeux sur les rapports suivants pour comprendre le principe de l'instrument. En effet, pour la distance horizontale D de l'œilleton à la mire, les triangles semblables donneront :

$$\frac{D}{d} = \frac{MM'}{mm'},$$

d'où

$$D = d \times \frac{MM'}{mm'} ;$$

et pour la différence de niveau N, on aura de même :

$$\frac{N}{n} = \frac{d \times \dfrac{MM'}{mm'}}{d} = \frac{MM'}{mm'};$$

d'où

$$N = n \times \frac{MM'}{mm'}.$$

TACHÉOGRAPHE SCHRADER

137. Description. — Enfin, dans ces derniers temps, M. Schrader, chef du service géographique de la maison Hachette, a présenté à la commission technique du cadastre, qui l'a très favorablement accueilli, un nouveau tachéomètre, ayant quelque analogie avec l'homolographe de Peaucellier et Wagner, déjà connu, mais dont les résultats graphiques, ordinairement au $\dfrac{1}{1\,000}$ sont obtenus par un mécanisme différent.

Après la visée sur des voyants fixes d'une stadia tenue horizontalement, il suffit d'appuyer sur la tête d'un crayon ou piquoir, relié aux organes mobiles de l'instrument, pour marquer la projection du point visé sur la feuille de la planchette qui porte l'instrument. On lit de plus, sur une règle verticale comme celle du tachéomètre Sanguet, la différence de niveau entre l'axe de rotation de la lunette et la stadia horizontale, que l'on peut inscrire immédiatement, à côté du point marqué.

C'est donc avec raison que l'auteur a donné le nom de *tachéographe* (du grec *tachus*, rapide, et *graphê*, décrire, tracer) à son ingénieuse invention, mais est-elle suffisante pour le nouveau cadastre au $\dfrac{1}{1\,000}$? c'est ce que les expériences en cours diront. Si oui, nous n'aurons qu'à joindre cet instrument à ceux qui conviennent à nos opérations ; sinon, il n'en restera pas moins précieux, mais pour les levés rapides à plus petite échelle.

§ VII. — INSTRUMENTS GRAPHIQUES DE CABINET

Pour ne pas compliquer l'exposé des méthodes employées dans le dessin ou *rapport* des plans, nous groupons dans ce chapitre les descriptions des divers instruments utiles pour ce rapport, ainsi que les conseils pratiques et les renseignements nécessaires à son exécution.

138. Table à dessin. — Règles. — Équerres. — Tracé

des droites et des angles. — Table des cordes. — Rapporteurs spéciaux. — Tout d'abord nous croyons devoir appeler l'attention sur la table à dessin, de $2^m \times 1^m,10$ au moins, à laquelle on donnera un soin spécial, non seulement à la surface qui devra rester plane et propre, mais aussi aux bords qui ne devront présenter aucune arête. A cet effet, ces bords seront arrondis, ainsi que les quatre angles de la table.

Ces précautions sont nécessaires pour éviter de briser le papier, dont une partie est souvent roulée sous la table et sur la surface de laquelle l'autre est maintenue par des presse-papiers, garnis de drap pour éviter les taches.

Les règles et les équerres n'ont pas besoin d'être décrites, mais il n'est pas inutile d'appeler l'attention sur leur vérification ainsi que sur le tracé des droites et des angles droits. On sait en effet que les différences de température et l'humidité apportent de fréquentes modifications aux instruments en bois ; une règle, droite aujourd'hui, ne le sera plus demain, surtout si sa longueur atteint un ou deux mètres. Or il est important d'être assuré de la rectitude des droites, surtout pour le tracé des carrés auxquels se rattachent ordinairement la triangulation et les polygones.

On devra donc, au moment de cette première opération, vérifier la règle par le retournement, c'est-à-dire en traçant, entre deux points extrêmes, AB (fig. 96), une ligne qui n'a pas besoin d'être continue, puis, retournant la règle autour de cette ligne comme axe de rotation, en regardant si le côté, qui est ainsi le même, s'applique toujours sur les fragments tracés. Sinon, on trace d'autres traits en face des précédents, et les milieux de leurs écarts respectifs donnent des points de la ligne droite passant par les points extrêmes.

Fig. 96. — Vérification de la règle.

On arrive plus simplement au même résultat, pour les longues droites, en tendant fortement, entre leurs extrémités, un fil de soie que l'on éloigne légèrement du papier, à l'aide d'un crayon, par exemple, puis en projetant ce fil, de place en place, avec une équerre. On obtient ainsi des points intermédiaires suffisamment rapprochés pour que la droite soit tracée, par fragments, avec une petite règle, dont la rectitude se conserve plus facilement que celle d'une grande (fig. 97).

Lorsqu'une première droite est ainsi tracée sur le papier, il est facile d'en déduire des parallèles en portant, de place

Fig. 97. — Tracé d'une longue droite à l'aide d'un fil tendu.

en place, et à peu près normalement, une distance constante, soit au biseau, soit au compas. Dans ce dernier cas, il faut serrer fortement les deux branches pour éviter tout écart et s'assurer, en tout cas, s'il ne s'en est pas produit, en se reportant sur la première distance portée.

Le papier, plus encore que le bois, ne subit pas impunément les influences atmosphériques (245) surtout lorsqu'il est libre (c'est-à-dire non collé sur une planche) comme c'est l'usage chez les géomètres ; par conséquent la rectitude des droites peut s'altérer. Aussi, quand il faut tracer, sur des feuilles déformées, d'autres droites quelconques, suffisamment importantes par leur longueur ou leur destination, comme des axes de nouvelles voies, par exemple, on commence par rectifier les droites primitives s'il y a lieu. A cet effet, on tend, sur l'une d'elles, un fil de soie rendu indépendant de la feuille (fig 97), si ce n'est à ses extrémités, et si partout le fil et la ligne ne sont pas dans le même plan vertical, on fait légèrement mouvoir cette dernière en tirant la feuille dans le sens convenable ; on fixe ensuite cette feuille à la table par des presse-papiers, puis on agit d'une façon analogue dans un sens à peu près perpendiculaire au premier, si c'est nécessaire, et, enfin, on trace les nouvelles droites.

Sans cette précaution, on risquerait d'établir, entre ces dernières et les anciennes, des intersections plus ou moins déplacées.

Le tracé de l'angle droit demande également un soin particulier lorsque ses côtés dépassent 20 à 30 centimètres, limite de la portée des compas ou équerres ordinaires. Nous proscrivons même aussi, dans ce cas, l'usage du compas à verge, que nous décrirons tout à l'heure (fig. 100), parce qu'il peut exister, entre ses deux pointes, des ondulations du papier qu'il ne détruirait point et qui fausseraient le résultat.

Le procédé que nous conseillons s'appuie sur la relation entre le côté d'un carré et sa diagonale, cette dernière étant égale, comme on sait, à $r\sqrt{2} = r \times 1{,}4142$. On trace d'abord, au pied de la perpendiculaire projetée, en C par exemple, à AB (fig. 98), une amorce avec une équerre quelconque, vérifiée ou non ; puis, avec une règle de précision de $0^m,50$ au moins, divisée en millimètres, que tout géomètre doit posséder, on marque, en se dirigeant à l'aide de l'amorce, deux ou trois points presque contigus, D, éléments d'un même arc de cercle dont le

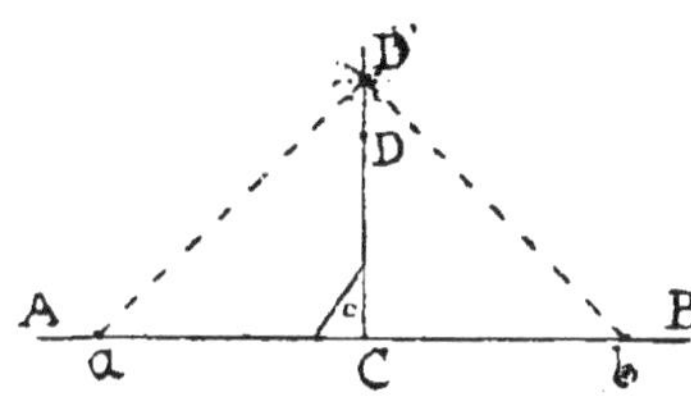

Fig. 98. — Rapport graphique de l'angle droit.

centre serait en C et dont le rayon CD serait une distance à peu près égale à la perpendiculaire projetée, tout en prenant cependant pour limite, afin de simplifier le calcul qui va suivre, un multiple du décimètre.

Si la perpendiculaire est de 375 mètres par exemple, représentés par $0^m,75$ à l'échelle de $\dfrac{1}{500}$, le rayon CD sera de $0^m,80$; on portera ensuite, sur AB, de part et d'autre de C, en a et b, la même distance $0^m,80$; enfin, de chacun de ces points a et b on appliquera une diagonale

$$aD = bD = 0{,}8 \times 1{,}4142 = 1^m,1314,$$

qui déterminera deux petits fragments d'arc se coupant en D, sur le précédent. Joignant C à D on aura une perpendiculaire exacte.

Il existe des tables spéciales dites *tables des cordes*, qui permettent de rapporter un angle quelconque par le même procédé et avec la même précision. Ces tables donnent, pour les angles, de minute en minute, la valeur de la corde qu'ils sous-tendent et en prenant pour rayon l'unité, suivie de zéros. Dans la table de Baudusson, par exemple, pour un rayon égal à 1 000 on trouve la valeur des cordes, de minute en minute, jusqu'à 120 degrés. On trouve également, dans cet ouvrage, les cordes de 10 en 10 minutes centésimales, jusqu'à 131 grades.

On comprend que, pour des angles dont la valeur est plus élevée, il suffit de rapporter leur supplément, avec lequel on obtient d'ailleurs une meilleure intersection.

Quand on fait usage de ces tables, et que l'on porte le rayon au biseau et non au compas, on amorce d'abord la

Fig. 99. — Rapporteur de précision.

direction approchée du côté de l'angle à l'aide d'un rapporteur, comme on employait tout à l'heure l'équerre pour le tracé des perpendiculaires.

A défaut d'une table des cordes, on peut employer une table des sinus naturels, puisqu'on sait que la corde d'un angle est égale au double du sinus de la moitié de cet angle.

Notons enfin que l'on construit aujourd'hui, en celluloïd et en métal, des rapporteurs de très grand rayon, avec vernier et alidade dont les règles ont jusqu'à un mètre, et qui permettent de construire les angles à une minute près. La figure 99 donne une idée de ce rapporteur perfectionné.

139. Compas.—**Compas à verge.**—**Courbes diverses.**— On connaît le compas ordinaire et ses pointes de rechange pour le tracé des cercles. La pointe sèche est ordinairement articulée comme les autres pour appuyer à peu près normalement sur le papier ; sinon, on peut lui adapter une pointe sèche articulée mobile que l'on trouve dans le commerce. Cette position des pointes est utile pour le tracé plus net et plus exact et aussi pour ne pas agrandir outre mesure le centre, que l'on garde encore mieux en appliquant dessus une petite rondelle en corne ou en celluloïd, munie de trois pointes et d'un centre que l'on dispose très exactement sur celui du papier, et utile surtout lorsque, d'un même centre, on trace plusieurs arcs ou cercles.

Nous n'avons pas besoin de signaler le compas à ressort avec lequel on trace les cercles de très petit diamètre.

Le *compas à verge*, moins connu, est tout aussi simple que les précédents. Il se compose, comme les autres, d'une pointe sèche P, P′, et de pointes de rechange C, T, pour le crayon et l'encre ; seulement ces pointes, au lieu d'être montées sur des tiges articulées, s'adaptent dans des pinces, munies de vis de serrage Vp, que l'on fait glisser, à la main puis avec une vis de rappel Vr, sur les bords d'une règle plus ou moins longue (fig. 100).

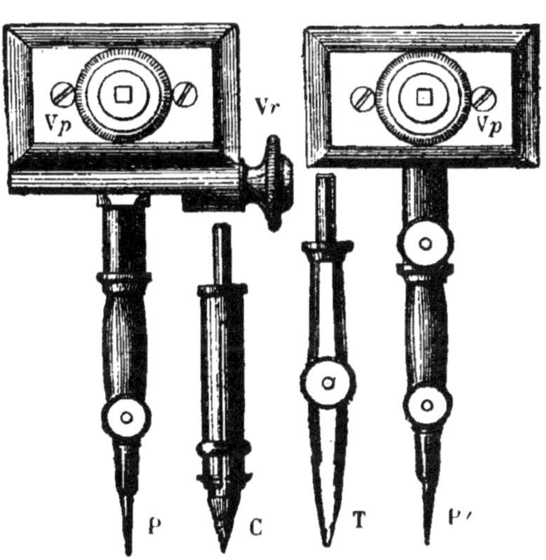

Fig. 100. — Compas à verge.

Avec ce compas, on trace des arcs dont les rayons n'ont de limites que la longueur de la règle ; seulement, pour obtenir une précision suffisante, il faut que, entre ses pointes et dans toutes les directions, le papier, quand il n'est pas collé sur une planche, soit suffisamment tendu sur la table à dessin.

Les courbes de formes diverses font encore partie du maté-

riel d'un cabinet de géomètre. Si ce dernier a, fréquemment,
à tracer des courbes régulières, comme celles des chemins
de fer, il trouvera chez les spécialistes des courbes, ordinairement en poirier, de rayons très variés. Pour les autres
courbes, il aura les *pistolets*, aux contours multiples, mais
qui ne devront être employés que dans les tracés offrant une
certaine régularité, comme celui des pelouses, par exemple,
mais non celui des courbes de niveau quelconques (211).
L'usage du pistolet demande d'ailleurs une certaine habitude
pour éviter les *cassures*, les *reprises* de trait et les *effaçures*.

**140. Réduction et agrandissement des dessins. —
Procédés et instruments divers.** — a. *Méthode des carreaux.* — La réduction et l'agrandissement des dessins
s'opèrent à l'aide de divers procédés et instruments dont
nous allons donner une description rapide.

On connaît la méthode des carreaux ; on couvre le dessin primitif, soit par un tracé direct, soit par la superposition
d'un papier transparent, d'un réseau de carrés numérotés
plus ou moins serré selon le plus ou moins grand nombre
de détails que présente le dessin, et, sur un papier blanc, on
trace le même nombre de carrés à l'échelle désirée pour le
nouveau dessin ; puis, passant sucessivement du carré dessiné
à son correspondant, on trace dans ce dernier, à vue ou à
l'aide de l'échelle, les détails compris dans le premier.

b. *Méthode générale.* — Quand les dessins sont peu chargés,
il est souvent préférable de choisir, pour bases du tracé graphique, au lieu de carrés, les lignes principales du dessin
que l'on reproduit à la proportion voulue et en reproduisant
leurs angles soit à l'aide d'un rapporteur si les côtés n'en
dépassent pas le rayon, soit par la mesure graphique de certaines diagonales, ce qui ramène le tracé à une construction
de triangles semblables. On rattache ensuite à ces bases les
détails secondaires, toujours par l'emploi successif de l'échelle
du dessin primitif et de celle du dessin nouveau, et en appliquant au besoin, en certaines endroits, la méthode des carreaux.

c. *Compas de réduction.* — Dans l'une et l'autre des deux
méthodes précédentes, on remarquera que le dessinateur

se reporte continuellement d'une échelle graphique à une autre. On simplifie ce procédé en substituant aux deux échelles le *compas de réduction*, dont le principe s'appuie sur les triangles semblables. Il se compose de deux branches métalliques A*a*, B*b* (fig. 101), égales, dont les extrémités sont terminées par des pointes d'acier et qui se coupent suivant un point d'intersection *mobile* C. Le déplacement du centre C de rotation des branches, qui glisse sur une partie divisée, permet d'obtenir, entre ses distances aux pointes, un rapport déterminé, qui sera celui des deux échelles employées pour la transformation d'un dessin.

Si on veut réduire un dessin au tiers, par exemple, on fera d'abord glisser le centre C au tiers de A*a*, de sorte que les écartements *ab* ou AB, quelle que soit leur valeur, seront toujours dans le rapport $\frac{1}{3}$. On prendra ensuite toutes les distances du dessin à réduire avec les pointes AB et on les reportera sur le dessin correspondant avec les pointes *ab*.

S'il s'agissait d'un agrandissement, les distances seraient prises avec *ab* et reportées avec AB.

On voit, à côté de cette figure, l'ensemble du compas supposé fermé.

d. *Pantographe.* — Avec le compas de réduction, on opère par points, et chaque point n'est souvent déterminé qu'après deux opérations, mesure de deux coordonnées ou distances quelconques ; avec le *pantographe*, on agit automatiquement et d'une façon beaucoup plus rapide. Il suffit en effet de promener une pointe sur toutes les lignes du dessin pour que ces lignes soient reproduites au crayon, dans leurs positions relatives et avec le rapport voulu, sur une feuille de papier blanc.

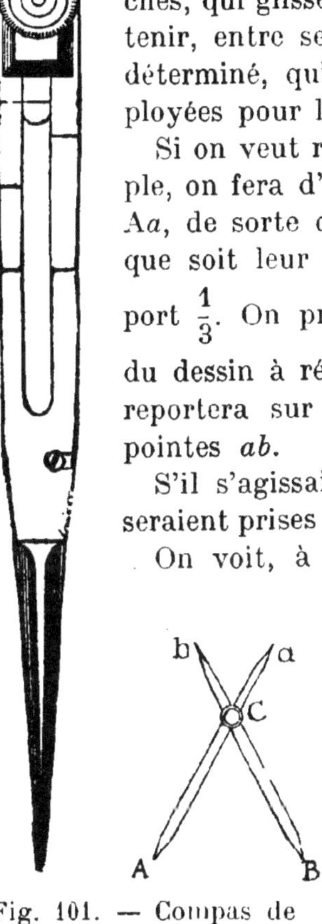

Fig. 101. — Compas de réduction.

C'est encore sur les figures semblables que la théorie du pantographe est basée. Soit (fig. 102) ABCD un parallélogramme dont les quatre sommets sont articulés ; supposons le côté AB prolongé jusqu'en O et le côté AD prolongé jusqu'en T, les deux distances BO et DT étant telles que la droite OT passe par le sommet C. Les triangles AOT, BOC et DCT seront semblables, quelle que soit d'ailleurs la déformation que les articulations pourront faire subir à ABCD, qui restera toujours un parallélogramme, et le rapport de similitude $\frac{OA}{AT}$ sera constant, puisque les distances OA et AT ne varieront pas. Le rapport $\frac{OT}{OC}$, égal au précédent, res-

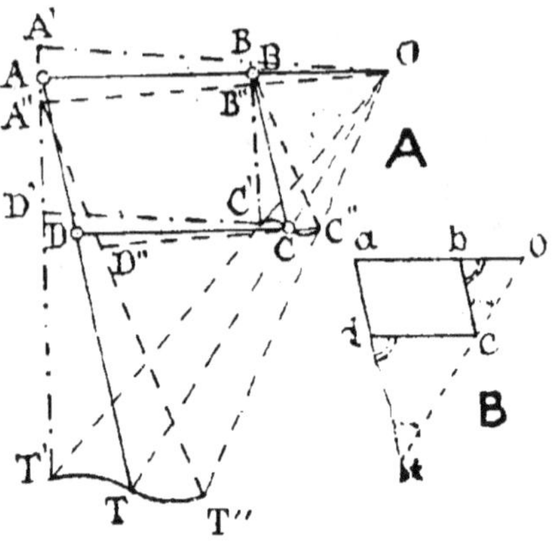

Fig. 102. — Figure théorique du pantographe.

tera par conséquent le même, et c'est sur cette propriété que sont basés la construction et l'usage du pantographe.

Supposons que le point O soit fixé d'une manière quelconque sur le papier, mais de façon, toutefois, que la droite OA puisse évoluer librement autour de lui ; imaginons un crayon en C et un *traçoir* ou *pointe mousse* en T. Si nous promenons cette dernière sur une courbe quelconque T'TT″, le crayon tracera une courbe *semblable* C'CC″ et dont le rapport de similitude sera $\frac{OC}{OT}$. Le point fixe O sera le centre de similitude et de rotation. Si l'on plaçait le traçoir en C et le crayon en T, en se promenant sur C'CC″, on obtiendrait une courbe T'TT″ dont le rapport $\frac{OT}{OC}$ serait l'inverse du précédent. Dans le premier cas, le pantographe aura donné une réduction et, dans le second, un agrandissement.

On voit sur la figure 102 les transformations du parallélogramme pour les trois positions T, T′, T″ du traçoir.

Dans la construction de l'appareil, pour obtenir **toutes** les valeurs plus petites que l'unité du rapport $\dfrac{OC}{OT}$, on fait varier les dimensions du parallélogramme, ou bien elles **sont** constantes et c'est la position des points O, C, **T, qui varie,** ceux-ci restant toujours en ligne droite. A cet effet, les **trois** règles en bois ou en métal AO, AT et BC, qui remplacent les droites théoriques, sont divisées et les **pointes** O et T ainsi que le crayon C sont fixés à un curseur qui peut se mouvoir sur ces règles.

Le point C n'est plus alors à l'une des articulations du parallélogramme, mais il serait facile de **voir que, dès** lors qu'il reste sur la ligne OT, la condition théorique **est remplie.**

Enfin, pour faciliter les mouvements des **règles** on dispose des petits galets en divers endroits.

e. *Photographie.* — Il y a trois siècles que le pantographe, imaginé par Marolais, a été rendu pratique par le **P. Scheiner** et, depuis, il a rendu de bien grands services; mais il est **éclipsé** aujourd'hui par la photographie qui donne instantanément et avec une rigoureuse précision des réductions et des agrandissements à toutes les échelles.

Ajoutons cependant, à l'honneur du pantographe, que s'il est à son déclin pour les reproductions à deux dimensions, par contre il se retrouve avec grand succès dans la moderne invention du pantographe à trois dimensions, dont il est le père, et qui est aujourdhui d'un usage courant dans la sculpture et l'industrie.

f. *Appareil à projections.* — La photographie agrandit les images et les fixe, mais le procédé est coûteux lorsque l'agrandissement occupe une surface considérable. On peut alors, par économie, employer un simple appareil à projection et décalquer l'amplification qu'il donnera sur un écran transparent en se plaçant derrière cet écran. Ce moyen est pratique, mais la précision laisse à désirer à cause de l'imperfection des lentilles, qui ne sont d'ailleurs pas disposées pour ce but spécial.

g. Le *caoutchouc.* — Un dernier procédé, employé surtout

par les imprimeurs, que nous signalerons pour l'agrandissement ou la réduction des dessins, consiste dans l'emploi de feuilles de caoutchouc tendues sur châssis, sur lesquelles on reporte, par des moyens spéciaux, le dessin primitif, qui s'agrandit quand on augmente la tension et qui se réduit au contraire quand on la diminue.

Il va sans dire que ce procédé ne donne pas des résultats très précis.

141. Instruments spéciaux pour le calcul mécanique des surfaces. — Enfin nous avons cru devoir renvoyer plus loin, après le paragraphe sur les surfaces, la description des procédés mécaniques employés si ingénieusement pour le calcul de ces surfaces (270).

142. Échelles diverses. — Les échelles, dont nous avons parlé dès le début de cet ouvrage (4), se distinguent en échelles *graphiques*, échelles à *biseau*, échelles à *transversales* ou des *dixmes ;* les figures de la page 149 nous dispensent de les décrire.

a. *Échelle graphique.* — L'échelle graphique est celle que l'on devrait toujours disposer sur les plans, surtout lorsqu'elle n'est pas décimale, comme celle du $\dfrac{1}{80\,000}$, par exemple.

Tout au moins, à défaut du tracé graphique qui permet de traduire immédiatement les distances, il faudrait la mentionner par le rapport dont elle est l'expression. Or nous remarquons trop souvent que cette indication est négligée. Un plan sans échelle, c'est une lanterne non allumée.

Les artistes, quoique rebelles en général à tout ce qui est purement géométrique, font quelquefois, sous ce rapport, une leçon aux ingénieurs ; ils donnent en effet, à leur manière, l'échelle de leurs vues ou de leurs paysages, en plaçant aux principaux plans un ou plusieurs personnages. Comment se figurerait-on, autrement, par exemple, l'immensité des pyramides d'Égypte?

Avec la disposition donnée aux échelles graphiques on peut mesurer les petites fractions sans qu'elles soient marquées sur toute la longueur de l'échelle. Par exemple, pour prendre une distance de 375 mètres sur l'échelle graphique (fig. 103), on placera une pointe du compas sur la division 300 et l'autre sur la sous-division, appelée *talon* par quelques auteurs, tracée entre la 7ᵉ et la 8ᵉ division, à gauche du zéro.

Au lieu d'un compas, on emploie souvent une bande de papier de 1 à 2 centimètres de largeur, sur le bord, nettement coupé, de laquelle on marque au crayon les deux extrémités de la distance, que l'on porte ensuite, selon le cas, du dessin sur l'échelle ou de l'échelle sur le dessin.

b. *Échelle à biseau.* — L'échelle à biseau, la plus fréquemment employée, est ordinairement en buis ou en ivoire. Nous appellerons l'attention sur les deux chiffraisons en sens contraire, très utiles pour l'application des cotes cumulées de droite à gauche et de gauche à droite.

c. *Échelle à transversales.* — Quant à l'échelle à transversales, gravée ordinairement sur cuivre, elle est plus particulièrement réservée pour les mesures de précision au compas, et sa disposition, pour les sous-divisions, est basée sur la propriété des triangles semblables.

Veut-on par exemple, au $\dfrac{1}{500}$, sur cette échelle, une distance de 26 mètres, on présente l'une des pointes du compas sur la ligne du bas, à la division 20, et l'autre sur la même ligne à la division 6, à gauche du zéro, en a. Une distance de $37^{m},40$ sera exprimée par la distance bc. Enfin une distance de $23^{m},78$ sera comprise entre le point d et le point c, sur la ligne horizontale située aux 8/10 de l'écartement 7 à 8, estimés à vue.

Des dispositions analogues seront prises pour l'usage de l'échelle de 1/2500, gravée à l'envers de la précédente. Ainsi de m à n on lirait $123^{m},20$ et de o à p $68^{m},40$.

d. *Usage trop spécial des échelles multiples.* — Les échelles à biseau, avec leurs divisions et leurs chiffraisons multiples, sont, avons-nous dit, d'un fréquent usage, mais nous devons ajouter que c'est surtout chez les géomètres.

La plupart des ingénieurs et le plus grand nombre des architectes en sont encore à l'emploi unique du double-décimètre du commerce, divisé en millimètres et en demi-millimètres ; et encore cette dernière subdivision est chiffrée

ECHELLE A TRANSVERSALES OU DES DIXMES
ECHELLE A BISEAU
ECHELLE SIMPLE OU GRAPHIQUE
Echelle de 1/1000 (0m,001 pour 8 mètres)

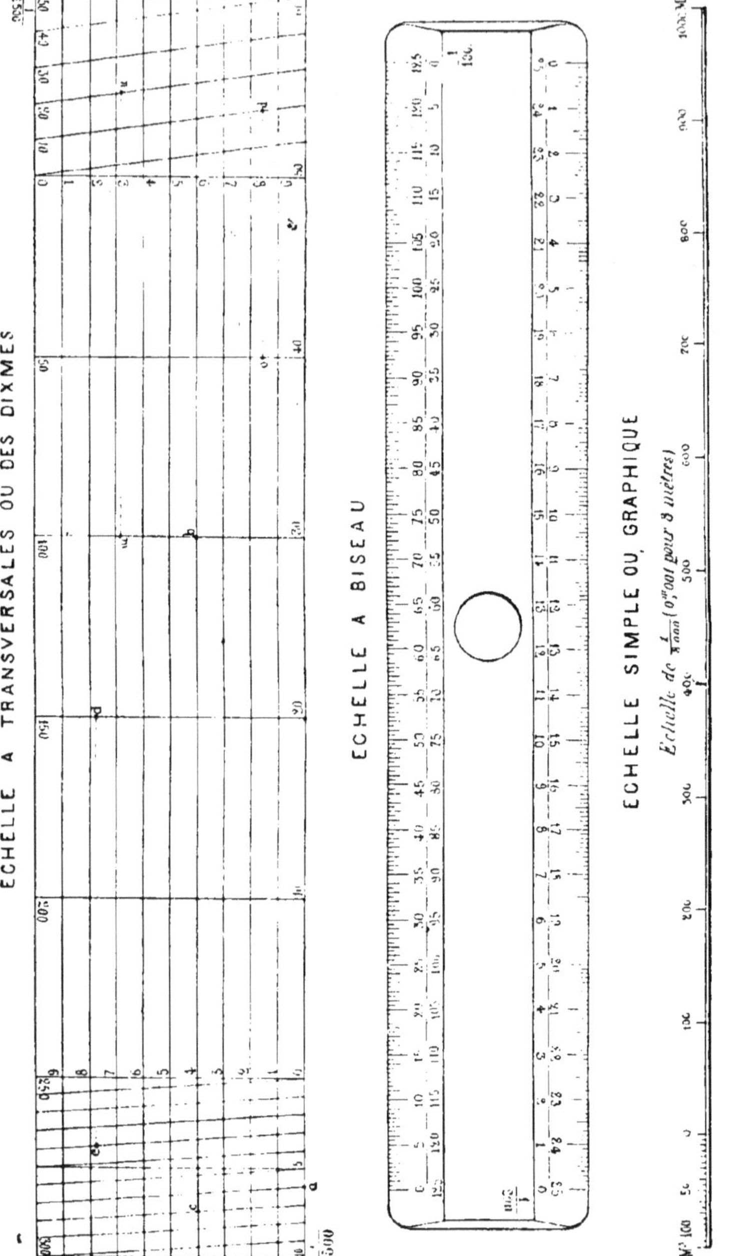

Fig. 103.

comme l'autre ; de sorte qu'en réalité les deux biseaux ne donnent que l'échelle de 1/10.

Lorsqu'ils rapportent à une autre échelle, ces fanatiques de l'unique biseau se livrent avec promptitude — nous le reconnaissons — à un calcul mental, mais c'est une cause d'erreurs qu'il serait bien facile d'éviter en s'habituant aux échelles multiples, que l'on trouve à un bas prix relatif chez tous les constructeurs de mesures linéaires.

Deux ou trois doubles-décimètres, divisés sur chacun de leurs biseaux d'après les séries du tableau des échelles (pages 8 et 9) seraient suffisants pour la généralité des cas.

III

DES INSTRUMENTS
VÉRIFICATION ET RÉGLAGE
FAUTES ET ERREURS. — CORRECTIONS
PRÉCISION

§ I. — CONDITIONS GÉNÉRALES

143. Nécessité des vérifications et des réglages. — Nous avons, jusqu'à présent, décrit les instruments propres à nos opérations ; puis, les supposant dans les conditions imposées par leur théorie, nous en avons indiqué la manœuvre ou l'usage.

Ce serait suffisant si ces instruments, que nous admettons bien construits, restaient toujours dans leur état primitif. Mais il n'est pas certain qu'ils soient parfaits en sortant de la main du constructeur ; de plus, pour des causes diverses, telles que les variations notables de température, les poussières qui s'introduisent partout, les chocs, l'usure, etc., des organes se déplacent ou se déforment, des angles nécessaires entre les axes, comme l'angle droit notamment, se modifient, des parallélismes se détruisent.

On conçoit alors que ces instruments délicats, qui promettent, et donnent réellement quand ils sont d'exécution parfaite et réglés, de remarquables résultats, deviennent, pour l'opérateur, un danger quand il en est autrement ; il est donc indispensable de pouvoir les vérifier et les rectifier au besoin.

144. Fautes et erreurs. — D'un autre côté, par la nature de leur construction ou la disposition de certaines pièces, le praticien est exposé, dans leur manipulation, à répéter certaines *fautes* contre lesquelles il faut le prémunir ; enfin, malgré leur perfection, les instruments d'une part, les opérateurs d'autre part sont la cause *d'erreurs accidentelles* et d'*erreurs systématiques*, dont il faut tenir compte, dans la mesure du possible, pour établir les limites probables de la précision propre à chaque appareil.

A cet effet, et surtout pour les opérations étendues et de haute précision, on a appliqué la théorie des erreurs, dont l'exposé sortirait de notre cadre restreint. Nous nous bornerons donc à lui emprunter plusieurs définitions et les quelques formules dont nous ferons usage et que nous trouvons dans les excellentes notions présentées sous une forme élémentaire et concise par Prévot (1).

145. Fautes ; erreurs accidentelles ; erreurs systématiques. — Dans la théorie des erreurs, on distingue les *fautes* et les *erreurs* et ces dernières se subdivisent en erreurs *accidentelles* et en erreurs *systématiques* qui, elles-mêmes, sont *constantes* ou *variables*.

Par exemple, un opérateur lisant à contresens, sur le décamètre, 6 mètres au lieu de 4 mètres, commettra une *faute*, qu'avec de l'atten tion il pourra éviter ; en estimant les centimètres sur un chaînon de 20 centimètres ou les millimètres sur une mire, il pourra commettre, en plus ou en moins, une erreur dite, dans ce cas, *accidentelle* et de signe variable.

Mais, si l'erreur provient d'une cause permanente, connue ou inconnue et se reproduisant toujours de la même manière en suivant une certaine loi, elle sera *systématique* et se distinguera en systématique *constante*, si elle conserve la même valeur et agit dans le même sens, et en systématique *variable*, si le signe ou la valeur ne sont pas constants. Ainsi, la conséquence d'un chaînage avec un décamètre d'une inexactitude constante sera, sur sa longueur mesurée, une erreur systématique constante et de même signe, mais si l'on mesurait un angle avec un instrument décentré on produirait une erreur systématique variable, parce que cette erreur, toujours la même pour une même position du cercle et de l'alidade, varie avec cette position (149).

Les erreurs accidentelles conduisent à l'*erreur moyenne arithmétique*, qui est la moyenne arithmétique e_1 d'une série de ces erreurs, prises sans tenir compte de leurs signes et dont la valeur est exprimée par la formule :

$$(a) \qquad e_1 = \pm \frac{\Sigma (\varepsilon)}{N},$$

dans laquelle $\Sigma (\varepsilon)$ désigne la somme des erreurs ε sans distinction de signe et N leur nombre.

Elles déterminent aussi l'*erreur moyenne quadratique* e_2, que l'on préfère généralement pour caractériser certains degrés de précision en topographie. Cette erreur diffère de la précédente en ce qu'elle tient compte des signes.

(1) *Notions élémentaires sur la théorie des erreurs*, Topographie appliquée aux travaux publics, livre Ier.

L'erreur moyenne quadratique a pour formule :

$$(b) \qquad e_2 = \pm \sqrt{\frac{\Sigma \varepsilon^2}{N}}.$$

La relation entre les deux formules précédentes est, très approximativement :

$$(c) \qquad e_2 = \frac{5}{4}\, e_1,$$

de sorte que, en remplaçant e_1 par sa valeur (a) donnée plus haut, on a :

$$(d) \qquad e_2 = \pm\, 1{,}25 \times \frac{\Sigma\,(\varepsilon)}{N}.$$

C'est à l'aide de ces formules que l'on établit par exemple que *l'erreur moyenne e_s* (arithmétique ou quadratique) *d'une somme de mesures partielles effectuées dans des conditions à peu près identiques est égale à l'erreur moyenne $\pm e$ d'une partie multipliée par la racine carrée du nombre N des parties* :

$$(e) \qquad e_s = \pm\, e\, \sqrt{N}.$$

Enfin nous signalerons une troisième erreur remarquable, dont l'expression se déduit de celles des deux autres ; c'est *l'erreur probable e*, traduite par l'une ou l'autre des formules approximatives suivantes :

$$(f) \qquad e_0 = \frac{2}{3}\, e_2.$$

$$(g) \qquad e_0 = \frac{5}{6}\, e_1$$

C'est encore en s'appuyant sur ces formules et sur diverses considérations de probabilité, que l'on donne pour l'expression de l'erreur maxima e_m à tolérer :

$$(h) \qquad e_M = 3\, e_0 = 2{,}5\, e_1 = 2\, e_2.$$

Nous terminons en faisant remarquer, comme Prévot d'ailleurs, que la base de ces formules ne serait rigoureusement exacte que si le nombre d'erreurs N était infiniment grand; ces formules ne sont donc qu'approchées en pratique, mais, néanmoins, on a constaté, après beaucoup d'expériences, qu'elles conduisent à des résultats très voisins de la vérité.

Seulement nous nous poserons cette question, comme André Pelletan à la fin de sa théorie des erreurs : « Faut-il appliquer ces calculs, généralement longs et laborieux, à tous les levés topographiques? » et nous répondrons comme lui : « Si quelques géomètres agissent ainsi, il nous semble qu'ils se donnent bien souvent une peine inutile. Ce n'est que pour les levés qui ont une haute importance, qu'il y a lieu d'entreprendre ces sortes de calculs ; autrement, ils sont superflus (1). »

NIVEAU A BULLE ; NIVELLE.

146. Réglage. — Méthodé du retournement. — Le réglage de la bulle d'une nivelle, indispensable pour l'usage des instruments de précision auxquels elle est annexée, a été précédemment décrit (22) et c'est à cette occasion que nous avons cité la méthode du retournement.

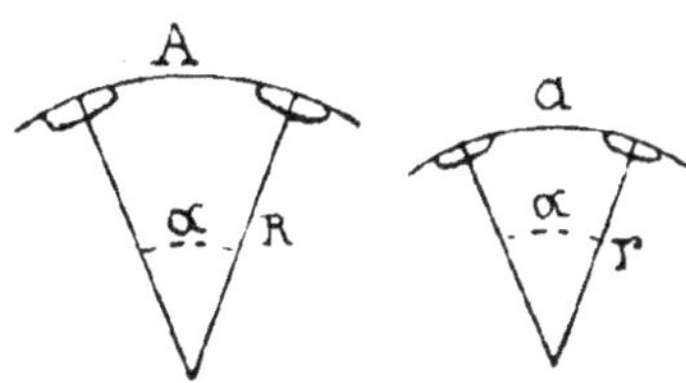

Fig. 104. — Sensibilité de la bulle d'un niveau.

147. Sensibilité de la bulle. — Valeur angulaire d'une division de la fiole. — Rayon de courbure. — Hauteur verticale h' **correspondant à un déplacement** a**, égal à une division de la fiole, pour un diamètre D.** — On appelle *sensibilité d'une bulle*, le chemin parcouru par cette bulle pour un déplacement angulaire donné α ; or, on a (fig. 104) :

$$\frac{a}{\Lambda} = \frac{r}{R},$$

donc *la sensibilité est proportionnelle au rayon de courbure de la fiole.*

La détermination de ce rayon, utile dans certains cas, s'opère différemment suivant la monture de la fiole.

Si cette dernière est reliée à une règle r, par exemple, comme dans la figure 8, on pose la règle sur un plan P (fig. 105) et on note la position de la bulle, en B ; puis ou soulève la règle par un bout d'un arc connu m, ce qui donne une deuxième position B_1 de la bulle, la première étant venue en B'.

En appelant R le rayon de courbure et n l'arc $B'B_1$ mesurant le déplacement de la bulle, on aura :

$$\frac{R}{r} = \frac{n}{m}$$

d'où :

$$R = \frac{n}{m} \times r.$$

La démonstration de cette formule se ferait facilement en discutant es positions des plans P et P_1, par rapport au plan horizontal, que nous supposons ici intermédiaire, en Ph ; ce qui conduit à décomposer l'angle total m du déplacement en deux angles partiels α et β s'appuyant

(1) André PELLETAN, *Topographie* ; théorie des erreurs, p. 376.

sur P*h* et ayant chacun leurs côtés respectifs perpendiculaires à ceux des positions diverses de la bulle, comme on peut le voir à l'inspection de la figure 105.

Ce procédé pour déterminer R ne donne généralement qu'un résultat approximatif, en raison de la difficulté d'apprécier rigoureusement la valeur de *m* ; mais lorsque la nivelle fait corps avec un instrument muni d'une lunette dont l'axe optique est parallèle au plan méridien de la bulle, on peut obtenir des éléments plus précis.

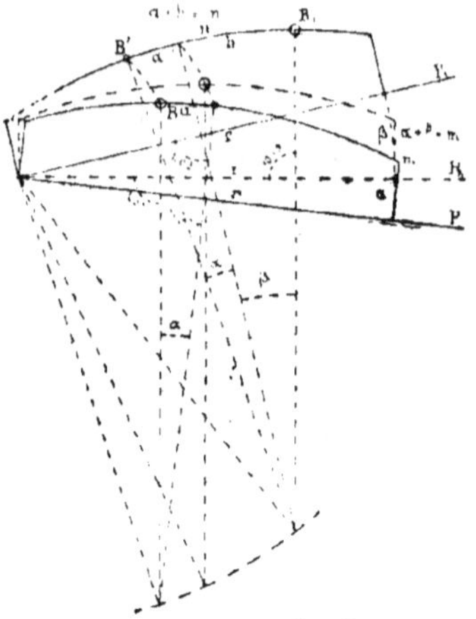

Il suffit, en effet, de lire sur une mire verticale placée à une grande distance D de l'instrument, 50 ou 100 mètres par exemple, les hauteurs données par les deux positions B_1 et B' et, en appelant *h* la différence de ces hauteurs et *n* la longueur de l'arc compris entre B_1 et B', on aura comme précédemment, en raison des grandeurs relatives de R et de D par rapport à *n* et à *h*, très petits :

Fig. 105. — Recherche du rayon de la fiole du niveau.

$$\frac{R}{D} = \frac{n}{h}$$

d'où l'on tirera :

$$R = \frac{n}{h} \times D.$$

n représente ordinairement la valeur d'un nombre exact *k* de divisions, de sorte qu'une seule de ces divisions, *a*, aura pour expression linéaire :

$$a = \frac{n}{k}.$$

Si nous appelons α la valeur angulaire, en grades, d'une division *a* de la fiole, on aura :

$$\alpha = \frac{a}{\dfrac{2\pi R}{400}} = \frac{400\,a}{2\pi R} = \frac{200\,a}{\pi R}.$$

Enfin, à la distance D, une déviation d'une seule division *a* produira une différence de hauteur :

$$h' = \frac{h}{k}.$$

DIVISIONS DES DROITES ET DES ARCS.

148. Précaution à prendre dans la lecture des divisions rectilignes, — circulaires. — Chiffraisons directes, — rétrogrades. — Verniers opposés. — Verniers complémentaires. — Il peut être utile de lire les distances linéaires tantôt de gauche à droite (sens direct), tantôt de droite à gauche (sens rétrograde) ; les arcs aussi peuvent se lire dans ces deux sens (36). Dans ce but, la chiffraison des échelles ou des cercles est souvent double ((Voy. Échelle à biseau, p. 149 et fig. 106, **A**). La lecture est assurément plus commode, mais c'est à la condition qu'on ne prendra pas un nombre pour un autre et surtout qu'on n'oubliera pas, entre deux nombres consécutifs, le sens dans lequel on lit. Par exemple, si on va de B vers A (sens rétrograde) (fig. 106, **A**), on notera pour la position du point C, 84 et non 96. C'est surtout vers le milieu de la distance totale que l'erreur est le plus à craindre. Ainsi, l'un des index O des verniers (fig. 106, **B**), si on suit le sens direct, est sur la division 212 et non sur la division 228, comme on pourrait le noter par inadvertance.

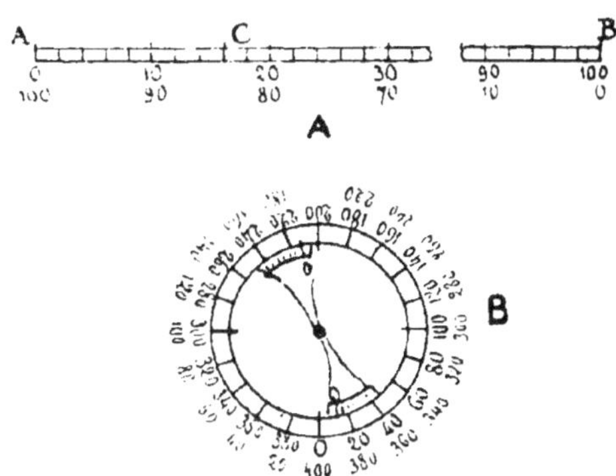

Fig. 106. — Erreur à craindre avec les chiffraisons doubles.

De même, il ne faudrait pas confondre, pour le point C, 84 avec 16 et, pour le vernier, 212 avec 188.

Pourtant, dans ces derniers cas, les fautes se reconnaîtraient plus facilement, parce qu'on remarque que l'on prend les nombres *complémentaires* pour les nombres réels. En effet, $84 + 16 = 100$ et $212^g + 188^g = 400^g$.

D'ailleurs, quand les cercles comportent des *verniers opposés*, c'est-à-dire situés aux extrémités d'un même diamètre, la faute se constatera encore plus simplement, puisque les deux lectures devront différer de 200^g, sous réserve de l'imperfection du centrage (149 *a*) ; mais alors on risque de tomber dans une autre faute que nous appellerons une faute d'entraînement ou de répétition et qui consiste instinctivement à répéter la première.

C'est pourquoi M. Sanguet a imaginé deux verniers, qu'il appelle *complémentaires*, donnant deux fractions de convention dont la somme est égale au nombre de centigrades que donnerait un vernier normal unique, et dont la différence doit être, à une ou deux unités près, égale au dixième de la somme.

149. Vérification des divisions d'un cercle et de ses positions relatives avec les verniers. — Décentrage.. — La perfection des machines à diviser rend aujourd'hui les erreurs de division assez rares et, en tout cas, bien peu importantes, et nous n'en tiendrons pas compte ; mais le décentrage, c'est-à-dire la non-coïncidence des centres du cercle et des verniers, ainsi qu'une erreur dans la position de ces derniers, dont les zéros doivent se trouver aux extrémités d'un même diamètre, nécessitent une vérification assez compliquée dont nous donnerons seulement le résumé d'après Prévot.

On fait tourner l'alidade, qui, on le sait, entraîne toujours les deux verniers, de 400^g, mais en s'arrêtant à des positions intermédiaires à peu près équidistantes, dont on note la valeur, pour chacun des deux verniers, et on fait la différence des deux lectures, à chacune de ces positions. On a ainsi un résultat 200^g $\pm$ ε, ε représentant l'écart entre ces deux lectures.

Il est bon de recommencer l'opération plusieurs fois en s'arrêtant, à un ou deux grades près, aux mêmes points et de prendre la moyenne de l'écart, pour ces points voisins.

a. Si les écarts moyens observés ε sont nuls, ou ne diffèrent que de la tolérance permise par la nature de l'instrument, celui-ci peut être considéré comme exempt des défauts que nous recherchons.

b. Si les écarts ε dépassent cette tolérance mais toujours d'une quantité à peu près constante, l'erreur provient de la position de l'un des zéros des verniers, qui n'est pas en prolongement exact du rayon sur lequel se trouve l'autre, et cette erreur est la mesure du déplacement de ce zéro.

c. Enfin, l'*inégalité* des écarts ε est un indice du décentrage des verniers ; seulement ces écarts peuvent comprendre, en outre, l'erreur précédente, concernant le zéro de l'un des verniers.

150. Courbe de l'erreur. — Cette inégalité dans l'écart ε entre les deux verniers résulte de la position relative A'L', A"L" de l'alidade décentrée par rapport au diamètre AL, passant par le centre vrai C et le centre erroné C' (fig. 107).

Quand l'inégalité ne comprend pas d'autres erreurs que celles du décentrage, elle s'étend de 0 à un maximum pour revenir à zéro, puis elle atteint un autre maximum de même valeur que le précédent, mais de signe contraire ; traduite graphiquement, elle donnerait lieu à une courbe de forme sinusoïdale. On démontre que chacune des erreurs ε représente le double de l'erreur d'excentricité.

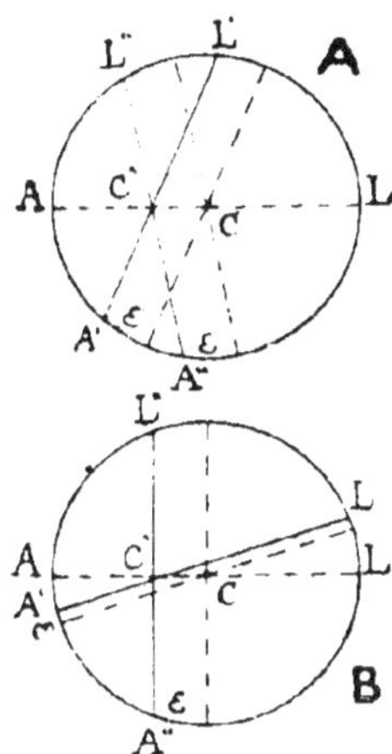

Fig. 107. — Erreur produite par le décentrage de l'alidade.

Si, au décentrage, se joint l'erreur constante résultant du déplacement du vernier (b), l'inégalité s'étend encore entre deux points zéro et deux maxima, mais ceux-ci sont inégaux : le plus grand M est augmenté d'une constante V égale à l'erreur de déplacement, et le plus petit m diminué de cette même constante, dont on aura la valeur en posant

$$M - V = m + V$$

d'où

$$V = \frac{M - m}{2}.$$

En ajoutant cette valeur à m ou la retranchant de M et divisant ensuite par 2, on a la mesure maximum de l'erreur propre au décentrage.

On aura une idée de l'importance du décentrage quand on saura qu'une excentricité de $0^m,0001$ (un dixième de millimètre), dans les petits goniomètres dont le diamètre est de $0^m,105$, apporte dans un angle une erreur qui peut s'élever jusqu'à $0^{gr},25'$ ou $0°\ 13'\ 2/3$.

151. Correction du décentrage de l'alidade et du déplacement d'un zéro du vernier. — On annule les conséquences du décentrage en prenant, pour valeur d'un angle, la moyenne des lectures faites sur les deux verniers, et c'est ce que l'on fait toujours dans les opérations de haute précision, avec des instruments même très peu décentrés ; mais pour les travaux courants, on ne peut toujours s'astreindre à cette précaution ; aussi est-il préférable de rejeter un instrument dans lequel l'erreur du décentrage est supérieure à la tolérance admise, car les constructeurs ne donnent pas d'organes de réglage pour corriger ce défaut.

Pour le déplacement du vernier, qui n'est pas non plus rectifiable, l'inconvénient est moindre, parce qu'il s'agit d'une erreur constante facile à déterminer et qui agit toujours dans le même sens. On peut du reste, dans ce cas, pour les détails, ne se servir que d'un seul et même vernier.

§ II. — **MESURES LINÉAIRES**

152. Vérification. — Nous renvoyons, pour la vérification des mesures de terrain, à ce que nous avons dit sur l'*étalon* et l'étalonnage (43), nous bornant à ajouter ici qu'il est bon de vérifier également les diverses échelles linéaires du bureau. (Voir les tolérances accordées par le nouveau cadastre, 296 et suiv.)

Dans ce but, le géomètre, pour apporter toute la précision possible à ses travaux graphiques comme à ses opérations du terrain, doit posséder un mètre étalon en métal, dont la longueur a été rigoureusement vérifiée, pour une température donnée, ordinairement 0°, et qui lu iservira aussi, par exemple, à tracer les carrés de ses feuilles, dont nous parlerons plus tard (247).

153. Fautes et erreurs. — La mesure des lignes est soumise à diverses fautes et erreurs dont l'importance est variable avec la disposition et la nature des instruments.

Que l'on mesure avec des règles, par exemple, ou bien des chaînes ou des rubans, les fautes grossières de *n* portées (confusion dans le compte des centaines) ou d'une portée de 5, 10 ou 20 mètres, suivant l'instrument, sont faciles à éviter avec un peu d'attention, et d'ailleurs, le plus souvent, faciles aussi à reconnaître par le calcul ou le rapport du plan.

Mais il existe, en outre, des fautes de mètres, de doubles-décimètres, de lectures rétrogrades comme celles que nous avons citées précédemment (148), qui exigent un plus grand soin pour être évitées.

Rappelons, à ce sujet, que c'est, pour l'opérateur, une bonne habitude de lire à haute voix parce que l'aide, attentif, dressé à cet effet, peut souvent signaler la faute.

Enfin notons aussi parmi les fautes, quand il s'agit de la chaîne, les anneaux bouclés (53) provenant de deux chaînons dont les extrémités se superposent sur leur anneau commun et qui ont pour conséquence de raccourcir la chaîne de quelques centimètres.

En dehors des fautes, que l'on évitera par une attention soutenue, il existe des causes d'erreurs dépendant ou de la matière des instruments ou de leur pratique et qui sont, pour cette raison, plus ou moins inhérentes à l'opération.

Par exemple, la température qui influe sur la longueur de l'unité de mesure (43), de même que la tension ; puis, au lieu d'un chaînage en ligne droite, le chaînage en *ligne brisée* quand les portées ne sont pas suffisamment alignées ; la courbe dite *chaînette* de l'instrument dans les mesurages *plombés* (51) et encore, dans ce même cas, le défaut d'horizontalité de la chaîne ; enfin, quand les poignées ne sont pas entaillées pour recevoir la fiche, la position de cette dernière, qui ne peut être combinée pour annuler l'erreur produite par son diamètre. Toutefois, il est important de noter que cette dernière erreur est de sens contraire à la plupart des autres quand la fiche est tenue, par les deux chaîneurs, tangentiellement à l'extérieur des poignées ; c'est donc ainsi qu'il conviendra d'opérer.

En résumé, en prenant la moyenne des principales erreurs et en appliquant leur théorie, **Prévot** arrive aux conclusions suivantes :

a. *Erreur moyenne de la chaîne.* En général, l'erreur moyenne e de chaînage à craindre sur une longueur L, exprimée en mètres, est :

1° En terrain horizontal, la chaîne traînant sur le sol :

$$\text{Partie systématique} : e_s = + 0,0004 \times L;$$
$$\text{Partie accidentelle} : \quad e_A = \pm 0,003 \times \sqrt{L}.$$

2° En terrain moyennement accidenté :

$$\text{Partie systématique} : e_s = + 0,001 \times L;$$
$$\text{Partie accidentelle} : \quad e_A = \pm 0,005 \times \sqrt{L}.$$

Comme le dit d'ailleurs Prévot, ces résultats peuvent, suivant les circonstances, subir des fluctuations, mais, malgré leur aléa, ils se rapprochent suffisamment de la réalité pour servir de guide dans la discussion des opérations.

Ajoutons du reste que, pour nos levés de détails, il n'y aura guère lieu d'en tenir compte et que, pour les ensembles, nous serons encadrés dans un réseau déterminé avec des instruments plus parfaits et donnant, par conséquent, une précision plus grande que la chaîne.

b. *Erreur moyenne du ruban d'acier.* Ainsi, par exemple, en appliquant sa théorie des erreurs au ruban d'acier, Prévot trouve des coefficients d'erreurs inférieurs à ceux de la chaîne de 30 à 40 p. 100 environ quand on opère en terrain quelconque.

c. *Erreur moyenne de la chaîne Tranchard.* Quant à la chaîne Tranchard, on peut dire que sa précision est celle du ruban d'acier.

§ III. — INSTRUMENTS ANGULAIRES HORIZONTAUX.

Vérifications.

154. Généralités sur les vérifications. — Bien que les instruments angulaires soient des plus variés, il ne faut pas croire que les procédés de vérification et de réglage diffèrent notablement avec chacun d'eux.

De même, les organes destinés à ces délicates opérations, sans être pour tous identiques de forme et de position, se retrouvent néanmoins assez facilement, sur chaque instrument et, avec un peu de réflexion, il n'est pas difficile d'en déterminer la fonction.

Disons, enfin, que les constructeurs sérieux prennent de plus en plus la bonne habitude de joindre à leurs instruments une notice sur leur fonctionnement, qui évite le tâtonnement des débuts.

Dans tous les cas, lorsqu'on se livrera aux minutieuses opérations de certains réglages, qui se font souvent en agissant sur des vis minuscules, nous conseillons de choisir une installation offrant, avec une stabilité absolue, des garanties pour la recherche de ces petits et indispensables organes, pour le cas où, par suite d'une manœuvre inhabile, ils se détacheraient complètement de leur logement. On s'imagine facilement en effet l'embarras qu'éprouverait un géomètre pour retrouver dans une terre labourée une vis de 2 ou 3 millimètres tombée pendant un réglage que, par économie de temps, il aurait essayé de faire à une station quelconque, au lieu de prendre une disposition spéciale pour cette délicate opération.

Nous avons vu (56) les conditions que doit remplir tout instrument angulaire pour donner la valeur de la projection horizontale d'un angle de l'espace.

HORIZONTALITÉ DU LIMBE.

155. Calage du limbe ou de l'axe vertical. — En premier lieu le *limbe des divisions doit être horizontal*, ce qui s'obtient généralement par le calage. Pour les instruments qui ne sont pas munis de ce système, on y supplée par la verticalité de leur axe, auquel le limbe est perpendiculaire par construction. Ainsi, par exemple, pour le pantomètre, lorsqu'il est installé sur un bâton d'équerre, planté verticalement. Mais quand les instruments sont montés sur la douille d'un trépied, il faut disposer les branches de celui-ci de façon à amener cette douille aussi verticalement que possible.

VERTICALITÉ DE LA VISÉE.

Il faut ensuite que la visée se fasse *dans le plan vertical passant par chacun des côtés de l'angle du terrain* ; or, pour remplir cette condition, nous pouvons partager les instruments en deux classes : 1° ceux dans lesquels l'organe de visée est, ou du moins doit être, un *plan vertical*, 2° ceux dont le viseur est *une droite*, mobile autour d'un axe qui lui est perpendiculaire, et qui doit engendrer, dans son mouvement, un plan vertical, étant entendu que la verticalité, dans les deux cas, n'existe qu'après un calage préalable ou une installation comme celle du pantomètre, précédemment décrite.

156. Plan de visée. — L'alidade à pinnules, soit indépendante comme celle de la planchette (132), soit mobile comme dans le graphomètre (65), soit enfin fixe comme dans le pantomètre (62) et l'équerre (57), rentre dans la première classe.

On vérifiera d'abord si sa surface de visée est plane en *bornoyant* (1) le fil et les arêtes de la pinnule opposée, puis si ce plan passe par le centre de rotation de l'alidade. Ensuite, l'instrument auquel appartient l'alidade étant calé ou placé

---

(1) *Bornoyer* est une expression technique très fréquente dans le langage des constructeurs et que nous trouvons également utile pour les géomètres. Ce mot vient de *borgne* et ce radical est bien choisi, car pour pratiquer le bornoyage il faut fermer un œil.

Bornoyer, c'est vérifier si des droites, et plus généralement des lignes planes, sont dans un même plan.

Pour bornoyer, on ferme un œil, ordinairement l'œil droit, puis on regarde à la fois les diverses lignes, et on cherche s'il existe une position pour laquelle ces lignes semblent se confondre en toutes leurs parties, ce qui a lieu en effet quand elles sont dans un même plan.

sur une douille verticale, on dirigera cette alidade sur une verticale certaine, telle qu'un fil à plomb librement suspendu ou une arête de bâtiment bien construit ; si les deux génératrices de son plan de visée se confondent, dans toute leur longueur, avec la verticale, on en conclura la verticalité de ce plan.

Nous comprenons dans la deuxième classe les instruments à lunette et ceux dans lesquels la lunette est remplacée par un simple tube viseur tournant comme cette dernière.

157. Ballottements de la lunette. — Mais, tout d'abord, nous devons prémunir les opérateurs contre un défaut que l'on rencontre quelquefois dans les lunettes, parce qu'il compromet la précision en général et, particulièrement, les vérifications. Il s'agit d'une sorte de ballottement des divers tubes qui se pénètrent et, notamment, du porte-réticule. On conçoit que, quand ce défaut se produit, l'axe optique peut se déplacer et alors la lunette doit être retournée au fabricant.

158. Ligne de visée. — Dans les instruments de la deuxième classe, l'axe optique de la lunette ou l'axe du tube doivent décrire dans leur mouvement un plan, et ce plan doit être vertical. La première condition sera remplie si les axes de la lunette ou du tube sont perpendiculaires à l'axe des tourrillons autour desquels se fait le mouvement.

a. *Perpendicularité de la ligne de visée et de son axe de rotation.* — Les moyens de vérification de cette condition dépendent de la construction des instruments, mais en tout cas, le principe s'appuie sur la méthode de retournement que nous avons appliquée déjà (22).

Après avoir calé le goniomètre, au moins approximativement, car le calage absolu n'est pas nécessaire, on fait une première visée, en terrain peu incliné, sur un point suffisamment éloigné, puis une seconde visée après retournement. Si la seconde visée coïncide avec la première, la perpendicularité existe ; si elle est distincte, il y a un défaut que l'on corrige en déplaçant, avec beaucoup de précaution, le porte-réticule à l'aide de la clé de réglage disposée à cet effet. Seulement, il ne faut pas oublier que le retournement a doublé l'erreur et, en conséquence, le déplacement doit amener la nouvelle direction sur la bissectrice de l'angle compris entre la première et la deuxième visée (fig. 108).

Dans certains instruments, comme le cercle d'alignement que nous avons décrit (68, *c*), la méthode s'applique en retournant directement la lunette par l'inversion de ses tourillons ; dans d'autres instruments, comme le petit goniomètre de poche, par exemple (73-3°), la lunette ne peut s'enlever, mais elle fait une révolution complète autour de l'axe des tourillons ; alors, après la première visée, on fait une lecture sur le limbe, puis, la lunette étant retournée bout pour bout par sa rotation, on l'entraîne pour la seconde visée, dirigée comme la première, sur le même point, et on fait une seconde lecture, qui doit différer exactement de 200 grades sur la première ; s'il y a une différence, on fait mouvoir la lunette de la moitié vers le point observé, et on déplace le

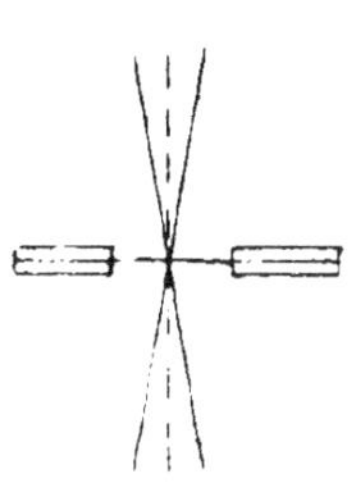

Fig. 108. — Perpendicularité de l'axe de la lunette et de celui des tourillons. Vérification par retournement.

porte-réticule comme précédemment, de façon à ramener le rayon visuel sur ce point. Enfin, quand la lunette ne peut tourner complètement sur ses tourillons, après une première visée, suivie d'une première lecture, on la démonte et on la remonte à l'envers, de façon à lui faire occuper la position qu'elle aurait eue après une révolution complète, et l'on fait la deuxième lecture après la deuxième visée, puis on termine comme dans le cas précédent.

Nous convenons que ce dernier procédé est peu pratique et que quelquefois, même, le remède qu'il donne est pire que le mal, lorsque par exemple le montage de la lunette est imparfait ; aussi est-il, croyons-nous, plus prudent de choisir un instrument présentant des moyens plus simples de vérification, comme il en existe maintenant chez tous les constructeurs.

b. *Verticalité du plan engendré par la ligne de visée.* — Mais il ne suffit pas que l'axe d'une lunette ou d'un viseur engendre un plan ; il faut encore que ce plan soit vertical quand la verticalité de l'axe principal de l'instrument ou l'horizontalité de son limbe a été assurée par un calage ou autrement. Cette vérification se fera encore, comme nous l'avons vu déjà (156), à l'aide d'un fil à plomb ou d'une arête verticale : on pointera la croisée des fils du réticule ou l'axe d'un tube viseur quelconque vers l'un des points extrêmes du fil à plomb et l'on fera mouvoir ensuite lentement la lunette vers l'autre extrémité. Si, pendant ce mouvement, l'axe de la lunette ou du viseur n'a pas quitté le fil à plomb, c'est que le plan engendré est vertical ; mais si cet axe s'écarte du fil, le plan de visée est incliné et on l'amènera dans la verticale en agissant, dans le sens convenable, sur les vis qui permettent d'élever ou d'abaisser légèrement l'une des extrémités des tourillons.

c. *Vérification de l'horizontalité de l'axe du tourillon.* — Cette opération revient d'ailleurs à la vérification de l'horizontalité de l'axe des tourillons, laquelle peut s'obtenir directement avec une nivelle spéciale s'adaptant sur ces tourillons, et que l'on retourne bout pour bout en notant la position de la bulle avant et après ce retournement. S'il existe une différence entre les deux lectures, elle représente le double de l'inclinaison des tourillons, que l'on ramène par conséquent à l'horizontale en corrigeant la moitié de l'erreur à l'aide des vis de réglage.

159. Inégalité des diamètres des tourillons. — Dans les diverses manœuvres ou vérifications ayant pour base l'inversion des tourillons, on admet que ceux-ci ont le même diamètre ; autrement il faudrait rendre l'instrument au fabricant pour rectification. Pour s'assurer de cette égalité des diamètres, on note comme précédemment la bulle dans deux positions, mais ce n'est plus la nivelle que l'on inverse, ce sont les tourillons. Si les deux positions ne sont pas identiques, les diamètres sont inégaux.

Fautes et erreurs dans l'usage des goniomètres. Précision et compensation.

160. Fautes. — Nous les avons en grande partie signalées à propos de la division des cercles et de l'usage des verniers (148) ; ajoutons celles qui résultent quelquefois d'une confusion dans les signaux visés, quand, par exemple, plusieurs sommets de polygones seront jalonnés à la fois. Comme pour le chaînage, ces fautes seront d'autant plus rares que l'attention sera plus grande.

161. Erreurs diverses. — Des erreurs variées peuvent être commises dans la mesure des angles, par exemple pour la plantation des jalons ou autres signaux, et, en suivant l'ordre des opérations, la mise en station de l'instrument, son calage, le pointé de la lunette, enfin la lecture de l'angle.

Quand il s'agit d'éléments à soumettre à la rigueur du calcul, pour obtenir des résultats numériques de grande précision, ces erreurs ne sont pas à négliger et on tient compte de leur valeur probable, que donne la théorie ; mais quand les éléments mesurés, angles ou distances, n'ont d'autre but que le rapport des détails du terrain, à l'échelle du millième par exemple, déjà grande pour les plans agricoles, une erreur de quelques centimètres sera insignifiante, puisque à cette échelle un décimètre, représenté par un dixième de millimètre, est à peine appréciable par les meilleurs dessinateurs.

En donnant la valeur de quelques-unes de ces erreurs, dans des conditions déterminées, on se rendra compte d'ailleurs de leur influence sur les résultats graphiques.

162. Erreurs produites par l'inexactitude d'un angle et le déplacement du sommet. — Soit ASB un angle de 1ᶜ centésimale. A 100 mètres du sommet S (fig. 109), l'écart entre A et B mesuré par la corde ou l'arc de l'angle, sensiblement égaux à cette distance, sera de $0^m,015$; s'il s'agissait d'une minute sexagésimale, il serait de $0^m,029$, c'est-à-dire le double, à un millimètre près. A 1 kilomètre de S, il serait de $0^m,15$ ou de $0^m,29$ suivant la division, et seulement de $0^m,0015$ ou $0^m,0029$ à 10 mètres.

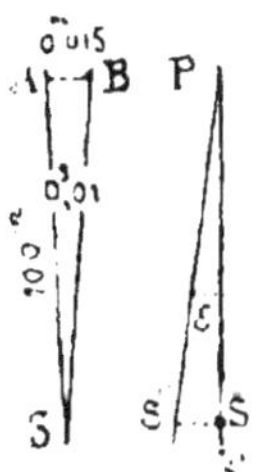

Fig. 109. — Erreur à 100 mètres.

Par conséquent un instrument donnant, par exemple, à l'aide du vernier, l'approximation à $0^g,05$ près, sera susceptible de déplacer un point de $0^m,07$ à $0^m,08$ à une distance de 100 mètres, sans préjudice d'autres erreurs possibles, dont nous parlerons plus tard.

De même, tout point visé B qui s'écarte de la vraie position A qu'il devrait occuper, comme un jalon, par exemple, que l'on a placé à côté du piquet, ou qui, n'étant par vertical, est visé à une certaine hauteur, produirait une erreur de $0^g,02$ si son écart, perpendiculaire à AS, était de $0^m,03$, sa distance d au sommet S de l'angle étant de 100 mètres. Mais cette erreur pour le même écart diminuerait proportionnellement à la distance AS ; ainsi à 200 mètres elle ne serait plus que de $0^g,01$.

Un résultat analogue se produirait par suite du déplacement de l'axe d'un instrument angulaire par rapport au sommet de l'angle à mesurer ; seulement, les conséquences de l'écart varieraient suivant les positions diverses du point excentrique.

Nous trouvons là quelque analogie avec l'erreur de décentrage que nous avons précédemment signalée (149, c). Ainsi l'erreur de visée ε sera nulle (fig. 109) si, pour viser le point P, l'instrument, au lieu d'être en S, est en S', sur le prolongement de PS ; elle est maximum s'il est en S″ sur la perpendiculaire SS″ à PS ; cette erreur est, enfin, inversement proportionnelle à la distance SP.

163. Précision des goniomètres. — En faisant usage d'un cercle de $0^m,13$ à $0^m,15$ de diamètre, avec des petites visées de 60 mètres en moyenne, c'est-à-dire dans la condition la plus défavorable, une mise en station à moins de $0^m,02$ près et un signal déplacé au plus d'un centimètre, Prévot déduit une erreur moyenne totale, pour une visée, de 18 milligrades. Pour les deux visées nécessaires à la lecture d'un angle l'erreur moyenne sur la mesure de cet angle serait de $18\sqrt{2} = $ 25 milligrades (145, c).

Pour un goniomètre portatif, dont le diamètre est ordinairement de $0^m,10$ environ, ce même auteur estime l'erreur moyenne totale d'une visée à $\pm$ 30 milligrades, et à $30\sqrt{2} = $ 42 milligrades celle produite dans la lecture d'un angle. Ce chiffre est de 25 p. 100 inférieur à celui trouvé pour le graphomètre, dans des conditions identiques.

164. Erreur due à l'excentricité des viseurs. — Il ne s'agit plus ici d'une erreur dans le sens que nous avons donné jusqu'à présent à ce mot (145), mais d'une conséquence inhérente à la construction de certains instruments, tels que le théodolite à lunette excentrique (117) et la boussole dont le viseur est placé latéralement ; ce que nous allons dire sur cette dernière, concernant l'excentricité, peut s'appliquer au théodolite.

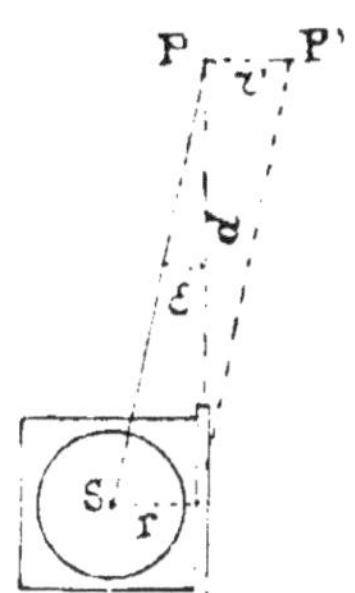

Fig. 110. — Correction pratique de l'excentricité.

Cette erreur ε (fig. 110), dans la visée, est en raison directe du rayon r de la boussole et en raison inverse de la distance d de la station au point visé P. En admettant, par exemple, un rayon de 0m,10 et une distance de 60 mètres, on aurait, pour ε, 1 décigrade environ ; à 30 mètres, l'erreur serait de 2 décigrades.

165. — Compensation de l'erreur d'excentricité et de l'imperfection des réglages de la boussole. Observations inverses. — On peut compenser l'erreur d'excentricité en faisant, en chaque station, une visée à droite et une visée à gauche, en retournant la boussole de 200 grades ; la moyenne des deux lectures, faite après avoir augmenté ou diminué la seconde de 200 grades donnera la lecture exacte, et les défauts de réglage se trouvent également compensés.

On obtiendrait le même résultat, par une simple lecture, le viseur étant toujours du même côté, en prenant pour azimut d'une droite la moyenne des azimuts observés en chacune de ses extrémités et ayant corrigé, préalablement, le deuxième azimut de 200 grades (fig. 111). C'est ce qu'on appelle des observations *inverses*.

$$A_z = \frac{A_{z_1} + (A_{z_2} + 200^g)}{2}$$

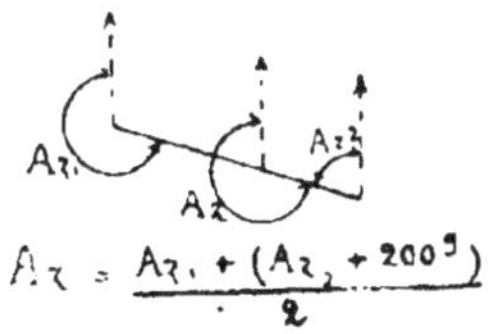

Fig. 111. — Observations inverses.

On corrige l'erreur en quelque sorte artificiellement en plantant le jalon en P' (fig. 110) à une distance r' égale à r, ou bien on dispose sur le jalon, planté en P, un voyant, fixé en son milieu, d'un largeur égale à 2r et faisant par conséquent, à droite et à gauche, une saillie égale à r ; l'opérateur vise alors l'arête située du même côté que le viseur.

Enfin, sans qu'il soit nécessaire de faire deux visées ni d'employer le moyen précédent, les erreurs s'atténuent plus ou moins selon les inégalités plus ou moins grandes des distances SP des signaux, quand on a le soin de placer toujours le viseur du même côté.

166. Précision des opérations à la boussole. — Nous avons dit déjà (75) que la boussole ne pouvait guère convenir à nos opérations, à moins qu'il ne s'agisse de détails très rapprochés et encadrés dans des lignes bien déterminées. Aux erreurs propres aux goniomètres en général, viennent s'ajouter en effet celles qui résultent des incertitudes apportées par les fluctuations de l'aiguille, l'absence de vernier, etc. Dans bien des cas, c'est à peine à un cinquième de grade que l'on pourra garantir l'exactitude d'un angle, ce qui donnerait une erreur de $0^m,30$ à 100 mètres de distance ; mais si la visée ne dépasse pas 20 à 30 mètres, cette erreur ne sera que de $0^m,06$ à $0^m,10$, c'est-à-dire négligeable pour beaucoup de détails au millième.

§ IV. — INSTRUMENTS PROPRES A LA MESURE DES HAUTEURS

Mesure des angles verticaux.

ÉCLIMÈTRES.

167. Vérification en général et, particulièrement. de la visée initiale. — Les éclimètres donnent lieu aux vérifications des cercles en général que nous avons résumées précédemment (148 et suivants), ainsi qu'à la plupart de celles que nous avons énumérées pour les goniomètres, auxquels d'ailleurs ils sont souvent annexés ; mais il en est une qui leur est propre et dont on comprendra l'importance, c'est d'assurer, lorsque l'instrument est calé, la coïncidence de l'index de l'alidade et du zéro du limbe vertical, ou de la division 100^g, suivant les cas, *quand le viseur est horizontal.*

a. *A l'aide d'une nivelle.* — Lorsque le viseur porte une nivelle dont le parallélisme de la bulle et de l'axe de ce viseur est bien établi, la vérification est simple : il suffit en effet, après avoir amené la bulle de cette nivelle entre ses repères par un mouvement convenable du viseur, de vérifier la coïncidence de l'index et du zéro du limbe. Si elle n'existe pas, on l'obtient à l'aide d'une vis spéciale qui fait mouvoir très lentement celle des deux divisions (limbe ou vernier) qui doit rester fixe pendant la mouvement du viseur.

b. *Par le retournement.* — A défaut de nivelle, on emploie un procédé de retournement analogue à celui déjà décrit (158) : après avoir mis en coïncidence le zéro du limbe et celui du vernier, on fait une visée sur une mire verticale ou sur une surface verticale quelconque, suffisamment éloignée, 100 mètres par exemple pour une lunette et 40 mètres pour un viseur ordinaire, on note ou on marque la trace de cette visée ; puis on fait décrire un mouvement horizontal de 200ᵍ et un mouvement vertical également de 200ᵍ. Si l'axe du viseur se prolonge exactement sur le premier point, les zéros sont réglés ; si l'on constate une différence, on en prend la moitié, on amène la ligne de visée sur le point intermédiaire et on rétablit la coïncidence des zéros, qui vient d'être détruite par ce petit mouvement, à l'aide de la vis de réglage.

c. *Par les visées réciproques.* — La méthode précédente est inapplicable lorsque la division verticale ne comprend qu'un secteur ; mais on peut avoir recours alors aux observations inverses ou réciproques, analogues à celles que nous avons déjà décrites pour les corrections de la boussole (165). On s'installe d'abord en M′ (fig. 112), sur la verticale d'un point quelconque M, et on fait une visée sur la verticale d'un autre point N à une hauteur $Nm = MM′$, puis on note l'angle d'inclinaison α. On se transporte ensuite en N′ sur la verticale de N et l'on vise sur un point n de la verticale précédente placé à la hauteur $Mn = NN′$ et on lit l'angle d'inclinaison α'.

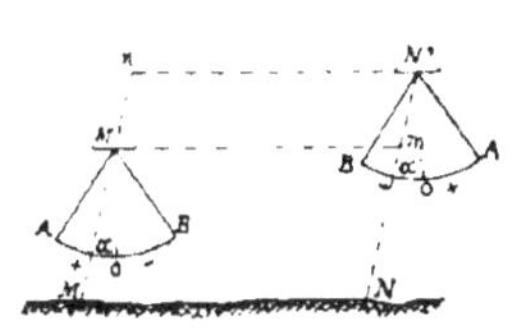

Fig. 112. — Visées réciproques.

Les lignes M′m et N′n sont parallèles, par conséquent si les deux lectures ne diffèrent que par le signe, l'instrument est réglé ; si les deux lectures sont inégales, $\dfrac{\alpha + \alpha'}{2}$ est la valeur du déplacement à faire subir à l'arc fixe. Si les deux lectures sont égales et de même signe, les lignes de visée sont horizontales, mais l'instrument n'est pas réglé et la valeur lue est égale à celle de l'erreur à corriger.

168. Erreurs et précision. — Les erreurs sont de même nature que celles des cercles horizontaux et la précision par les éclimètres à lunette dont le limbe a un diamètre de 10 à 12 centimètres est estimée par Prévot à 0^{gr},01 environ pour chaque visée, ce qui correspond (162) à 0^m,015 pour une distance de 100 mètres et à 0^m,15 pour 1 kilomètre, tandis que l'erreur pour cette dernière distance ne serait que de 0^m,005 avec un bon niveau à bulle, comme nous le verrons plus loin (p. 176).

CLISIMÈTRES.

169. Vérification. — Dans les clisimètres, tels que le niveau de Chézy (88), il convient de s'assurer de l'horizontalité de la ligne de visée initiale, après le calage. Cette vérification s'obtient par un retournement horizontal analogue à ceux décrits précédemment (158 et 167), en employant successivement chacune des deux visées ; si une erreur est constatée, on la corrige à l'aide de la vis spéciale.

Dans le niveau de pente Berthélemy, on emploierait, pour la vérification, les visées réciproques (167, *c*).

170. Erreurs et précision. — Les fautes et erreurs sont de même nature que dans les lectures circulaires ; de plus, dans les viseurs à pinnules, les erreurs seront notablement augmentées par le diamètre de l'œilleton ou des fils et la largeur des fentes (26) ; aussi la précision dans les clisimètres à pinnules n'atteint que le $\dfrac{1}{1000}$ environ. Avec le niveau Berthélemy, un opérateur exercé estime les pentes à $\dfrac{1}{2000}$ près.

Niveaux proprement dits.

NIVEAU DE MAÇON.

171. Vérification et précision. — On vérifiera la position de la ligne de foi par le retournement, tel qu'il est indiqué dans la description de l'instrument (99) et, si le trait sur la traverse est erroné, on le remplacera par un autre ou on rognera avec précaution l'un des deux côtés du niveau.

La précision du niveau sera d'autant plus grande que la longueur de sa base se rapprochera davantage de celle de la droite à niveler, mais à la condition que la ligne de foi grandira avec la base.

NIVEAU D'EAU.

172. Vérification et précision. — Il suffira de vérifier la forme des fioles qui, on le sait (101), doivent être cylindriques et de même diamètre. Une visée de 30 à 40 mètres ne sera guère appréciable qu'à 2 centimètres près environ, après qu'on aura pris la précaution de bien chasser l'air emprisonné dans le tube en imprimant à celui-ci plusieurs mouvements dans un plan vertical.

NIVEAU GOULIER.

173. Vérification et précision. — Au moment où l'on achète l'instrument, le colonel Goulier conseille de le mettre en station et de faire une visée ; puis de le détacher du trépied avec précaution afin de ne pas déranger ce dernier et de l'agiter fortement, comme une sonnette, en frappant les parois avec le pendule. Si, après cette épreuve, le niveau, rétabli sur son pied, donne une autre cote que la précédente, il faut le refuser.

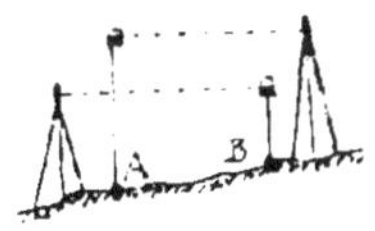

Fig. 113. — Vérification du niveau Goulier.

Après cette constatation de la suffisante mobilité du pendule, on s'assure que le fil est horizontal en visant un même point avec les deux extrémités de ce fil, qui doivent toutes deux couvrir le point.

Il est indispensable aussi de vérifier la perpendicularité du viseur sur la tige du pendule. Dans ce but on effectue une opération réciproque (167, *c*) : après avoir planté deux piquets A et B, distants de 30 à 40 mètres (fig. 113), on se place successivement sur chacun d'eux ou mieux en arrière de 1 mètre environ et l'on déduit, par les visées nécessaires (84), la différence de niveau entre A et B, qui doit être la même dans les deux cas, à 1 ou 2 centimètres près. Si, après plusieurs épreuves, cette approximation que doit donner l'instrument n'est jamais atteinte, l'instrument doit être rectifié par le constructeur, car il ne pourrait donner de bons résultats, malgré son incorrection, qu'étant placé toujours à égale distance des points à viser, comme les autres niveaux d'ailleurs.

NIVEAU A BULLE ET A LUNETTE.

174. Vérification. — La reproduction *in extenso* des instructions de l'École des Ponts et Chaussées sur l'usage et le réglage des niveaux d'Égault (109) et à nivelle indépendante (112), essentiellement pratiques, nous paraît suffisante, d'autant plus que les procédés indiqués se rapprochent beaucoup, pour la plupart, de ceux que nous avons donnés pour la vérification des instruments angulaires.

175. Inégalité du diamètre des colliers. — Nous signalerons cependant, comme défaut grave, l'inégalité des colliers ou anneaux de la lunette, qui détruit le parallélisme de l'axe de figure et de la ligne des supports ; ce défaut en effet n'est pas annulé par la méthode des doubles visées et il ne peut être corrigé par l'opérateur, à moins de se placer toujours à égale distance des points à viser, ce qui est souvent gênant ; or il suffirait d'une différence de 1/10 de millimètre pour produire, à 100 mètres, une erreur d'au moins 4 centimètres sur la visée.

La vérification des colliers peut se faire à l'aide d'un niveau spécial de grande précision comme celle du diamètre des tourillons (159) : on inverse les colliers en retournant la lunette bout pour bout, mais non la nivelle ; un changement dans la bulle est l'indice de l'inégalité.

Un nivellement réciproque, fait avec beaucoup de soin, arriverait au même résultat.

176. Fautes, erreurs et précision. — Prendre une division pour une autre sur la nivelle et surtout aussi sur la mire, pour les multiples de 5, de 10, de 100 divisions. Sur la mire

10.

on lira, notamment, en sens inverse dans les compartiments des chiffres, prenant la dernière division pour la première et réciproquement. On commettra une faute analogue dans les sous-compartiments formés par les décrochements à la cinquième division.

Chacune des opérations nécessaires pour obtenir la différence de niveau entre deux points est la cause d'une erreur plus ou moins appréciable ; en admettant que ces opérations aient été faites dans les meilleures conditions : opérateurs exercés, bons instruments, égalité dans les distances entre deux points, l'erreur moyenne de la différence de niveau entre deux points distants de 150 à 200 mètres est seulement de $\pm\, 0^m,001$ environ pour les nivellements de précision et de $\pm\, 0^m,002$ pour les bons nivellements ordinaires, ce qui représente pour un kilomètre nivelé en six stations $\pm\, 0,001\sqrt{6}$ $= 2^{mm},5$ environ pour le premier cas et 5 millimètres pour le second.

§ V. — INSTRUMENTS MIXTES

Nous aurons peu à dire sur les instruments mixtes ; formés par la combinaison d'instruments plus simples, étudiés précédemment, il nous suffira généralement de renvoyer à ce que nous avons dit à leur sujet relativement à leur vérification et à la précision qu'ils donnent.

177. Boussoles et théodolites. — Ainsi, pour les boussoles éclimètres, on n'a qu'à se reporter à la boussole ordinaire (166) et aux éclimètres (167). Pour les théodolites, on consultera les articles relatifs aux arcs et aux cercles (148 à 151), puis le paragraphe concernant la mesure des angles horizontaux (154 à 164) et, enfin, les observations sur les éclimètres (167 et 168).

STADIMÉTRIE ET TACHÉOMÈTRES.

Nous nous étendrons davantage sur la stadimétrie en général et les tachéomètres, qui en dérivent, parce que nous avons réservé pour ce chapitre ce qui concerne leur vérification et leur réglage.

178. Relation entre la lunette stadimétrique et la stadia. — Vérifications. — On sait que, dans la plupart des instruments français, l'écartement des fils stadimétriques est fixe et tel qu'à 100 mètres, ils doivent recouvrir sur la stadia un intervalle métrique à cote ronde, par exemple un mètre (stadia au 1/100), $0^m,50$ (stadia au 1/200), 2 mètres (stadia au 1/50). Pour vérifier si cette condition est bien remplie, il suffit de placer, sur un terrain à peu près horizontal, deux piquets distants de 100 mètres, si la lunette à vérifier est anallatique, et de 100 mètres augmentés de la distance focale f de l'objectif (1), si elle est simplement stadimétrique, puis de disposer, sur l'un d'eux, la stadia tenue verticalement et, sur la verticale de l'autre, l'*objectif* de la lunette, à $100^m + f$, si cette dernière est simplement stadimétrique (119) et le *centre* de l'instrument à 100 mètres, si elle est anallatique (122). On pointe ensuite la lunette sur la stadia, on lit les deux cotes données par les fils et on en fait la différence. Si elle n'est pas égale au nombre *générateur* annoncé : $0^m,50$, 1 mètre ou 2 mètres, il faut rectifier ou la stadia ou la lunette ; ou tout au moins, à défaut de rectification de l'un de ces deux instruments, on notera exactement le nombre générateur constaté H pour avoir le rapport constant 100/H, qui deviendra alors une quantité quelconque, moins commode pour la détermination de la distance.

Aussi sera-t-il préférable de faire modifier les divisions de la stadia si les éléments stadimétriques de la lunette sont fixes, ou, si la lunette est anallatique, de déplacer le verre anallatiseur à l'aide des vis spéciales V, V' disposées extérieurement à cet effet (125).

179. Fautes, erreurs et précision, dans les mesures stadimétriques. — Les fautes se rencontreront surtout dans la lecture des stadias ; elles sont analogues à celles que nous avons notées pour le nivellement (176). Les erreurs sont celles que nous avons déjà signalées dans l'emploi des lunettes : réglage imparfait, visées incorrectes, et dans les lectures à distance, sur les mires, défaut de verticalité de ces dernières, influences atmosphériques, etc.

En discutant avec grand soin toutes ces causes, Prévot a déduit pour la loi théorique d'erreur en fonction de la distance D, la formule suffisamment approximative suivante :

$$e = 0^m,04 + 0^m,0006\ D,$$

qui donne, pour 200 mètres :

$$e = 0^m,04 + 0^m,06 = \pm 0^m,10.$$

Il ajoute d'ailleurs que cette évaluation est plutôt faible, surtout

---

(1) Plus d'un écolier a déterminé, inconsciemment, avec une précision qui serait suffisante ici, cette distance focale en essayant d'allumer une feuille de papier à l'aide d'une lentille recevant les rayons solaires, distance égale à celle de la lentille au point allumé. Pour avoir f, il suffira donc de répéter cette expérience avec l'objectif que l'on dévissera.

avec les lunettes anallatiques, dont le verre supplémentaire diminue un peu la puissance.

D'un autre côté, le colonel Goulier, après des expériences nombreuses, a donné pour l'erreur moyenne à 100 mètres, des évaluations stadimétriques :

INSTRUMENTS.	ANGLE stadi-métrique.	PUISSANCE de la lunette.	GROSSISSEMENT de la lunette.	ERREUR moyenne pour 100 mèt.
Lunette de Porro (à 5 ou 7 fils et plusieurs oculaires)..........	1/50	36	»	± 0^m,03
Lunette de la boussole nivelante du génie...	1/50	12	12	± 0^m,08
Tachéomètre { du génie	1/70	14	14	± 0^m,10
Tachéomètre { de Goulier........	1/100	20	18	± 0^m,11
Tachéomètre { à grande portée..	1/200	26	30	± 0^m,15
Tachéomètre { de Moinot........	1/200	15	»	± 0^m,30

En Allemagne, avec une lunette dont le grossissement est 25 M. Jordan a obtenu la formule approchée :

$$e = \frac{D}{700} + \frac{D^2}{100\,000},$$

qui donne, pour D = 100 mètres, ± 0^m,24.

En Italie, après avoir accordé en 1889 au service du cadastre, pour les côtés inférieurs à 150 mètres, une tolérance de ± 0^m,16 pour 100 mètres, le règlement l'a élevée, en 1897, à ± 0^m,30.

M. Prévot, à la suite d'expériences faites avec le diastimomètre Sanguet, a trouvé, pour cet utile auxiliaire, une précision au moins égale à celle de la lunette stadimétrique.

Enfin, pour compléter cet aperçu de la précision des mesures stadimétriques, nous renverrons à la notice sur le tachéomètre autoréducteur Sanguet (127-4°), où l'on remarquera des résultats supérieurs encore à la plupart de ceux que nous venons de donner, et nous terminerons par le tableau suivant, des erreurs moyennes de mesures effectuées par un géomètre du cadastre avec le longi-altimètre du même auteur (128) et comparées aux mêmes mesures déduites d'une triangulation établie dans ce but.

NOMBRE des lignes mesurées.	LONGUEUR MOYENNE des lignes mesurées.	ERREUR MOYENNE d'un résultat.
	mètres.	
38	90	$\pm\ 0^{\mathrm{m}},07$
22	100	$\pm\ 0^{\mathrm{m}},09$
26	150	$\pm\ 0^{\mathrm{m}},14$
20	170	$\pm\ 0^{\mathrm{m}},19$
14	200	$\pm\ 0^{\mathrm{m}},19$

180. Vérification et réglage des tachéomètres. — Erreurs et précision. — Le tachéomètre résumant les principaux instruments étudiés jusqu'ici, il faut se reporter, pour en assurer la vérification et le réglage, à ce que nous avons dit à ce sujet sur le goniomètre, l'éclimètre ou le clisimètre, la lunette stadimétrique et, enfin, sur la boussole.

Il en est de même pour les erreurs et la précision, sur laquelle notamment nous avons particulièrement insisté, parce que nous croyons que le tachéomètre est véritablement l'instrument de l'avenir et qui n'attend plus, pour sa vulgarisation, que la diminution de son prix, encore trop élevé.

§ VI. — INSTRUMENTS GRAPHIQUES DU TERRAIN

181. Planchette et alidade. — Vérifications. — Erreurs et précision. — La surface de la planchette doit rester plane ; autrement il serait impossible de la niveler dans toutes ses parties et le plan de collimation de l'alidade ne serait pas partout vertical. Cette alidade doit remplir d'ailleurs les conditions que nous avons énumérées, suivant les cas, pour une alidade à pinnules (156) ou une alidade à lunette (158) ; il faut en outre que son plan de visée passe par le bord de la règle ; sinon il se produit une *erreur de collimation* analogue à celle qui résulte de l'excentricité du viseur, dans la boussole. Mais cette erreur, en raison du peu de largeur de la règle, est négligeable, comme aussi celle qui résulterait d'un défaut de parallélisme entre le plan de visée et la *ligne de foi*, surtout lorsqu'on a la précaution de se servir toujours, pour cette ligne, du même côté de la règle.

Des erreurs de plus grande importance sont produites par

l'imperfection de l'orientement et de la mise au point. Les fluctuations de la température et de l'état hygrométrique de l'atmosphère agissent, en outre, d'une façon notable sur le papier. Aussi on peut dire, d'une façon générale, que les goniographes sont bien inférieurs aux goniomètres dont les données numériques permettent de dessiner dans de meilleures conditions au bureau.

Cependant nous ajouterons, comme pour la boussole, qu'il est des cas où les levés à la planchette, même pour les plans à grande échelle, sont préférables, notamment pour la détermination des courbes de niveau ; nous les signalerons d'ailleurs en exposant les méthodes de levé.

182. Alidade autoréductrice du général Peigné. — Tachéographe de Schrader. — Ce que nous venons de dire de la planchette s'applique plus ou moins à ces instruments, qui la prennent pour base, mais dans des proportions moindres évidemment si les moyens de visée et de mise en station sont plus perfectionnés.

Seulement, en outre, il y aurait lieu de tenir compte ici des organes tachéométriques à l'aide desquels on déduit d'abord les éléments traduits ensuite graphiquement, et nous renvoyons, dans ce but, à ce qui a été dit sur ce sujet (177 et suivants).

§ VII. — INSTRUMENTS GRAPHIQUES DU CABINET

183. Considérations générales. — Le papier et sa variation. — En décrivant les instruments graphiques de cabinet (138 et suivants), nous avons déjà signalé les précautions à prendre pour leur emploi, comme nous le ferons plus tard à propos du dessin topographique (245) ; nous n'avons donc que peu à ajouter sur ce qui concerne la précision. Elle dépendra surtout du soin que le dessinateur apportera dans les opérations d'ensemble et de détails : rectitude des droites tracées, à la règle ou au fil ; minutie dans l'application des cotes, à l'aide d'une pointe de crayon très fine ou d'un piquoir ; netteté des intersections pour en obtenir le point précis ; détermination rigoureuse des carrés ou lignes de repère quelconques pour évaluer les variations du papier (245) ; coïncidence parfaite des traits à l'encre et au crayon.

Pour l'évaluation des erreurs graphiques, inhérentes à tout travail manuel, il faudra tenir compte de l'échelle du dessin, du rayon des rapporteurs employés, de la longueur des lignes, surtout lorsqu'elles ne se ferment pas.

Dans certains cas le travail graphique, bien exécuté, sera même le révélateur des fautes du terrain, en faisant ressortir, par exemple, certaines formes par trop contradictoires avec les probabilités.

Nous avons déjà, plusieurs fois, fait allusion aux variations hygrométriques du papier (183 et 245) lequel s'allonge à l'humidité et se raccourcit à la chaleur. On sait que les dessinateurs s'appuient sur cette propriété pour tendre leurs feuilles sur les planches à dessin : ils mouillent le papier, dont ils se hâtent ensuite de fixer solidement les bords, et ce papier, emprisonné sur ses quatre côtés, se tend à mesure qu'il sèche. Alors la température a beaucoup moins d'action sur lui.

Lorsque les grandes feuilles, roulées ou non, restent en liberté sur la table du géomètre, les influences atmosphériques peuvent amener des différences de $\frac{1}{150}$ à $\frac{1}{200}$; elles sont très atténuées si, au préalable, on a collé le papier sur toile.

En tout cas, nous verrons plus tard (245) comment on annule, dans les calculs, les effets des variations.

IV

MÉTHODES DE LEVÉ

Nous avons donné, dès le début de cet ouvrage (12), une idée d'ensemble des opérations successives à entreprendre pour l'exécution du plan d'un domaine, dans les limites de 1 à 2 kilomètres qui nous sont tracées par la triangulation dite de troisième ordre, dont les côtés ne dépassent pas ces dimensions. Il nous faut maintenant faire un exposé des diverses méthodes employées pour la détermination des points quelconques du détail.

Nous distinguerons, comme nous l'avons fait précédemment pour les instruments, les méthodes propres à la planimétrie, celles qui s'appliquent spécialement au nivellement et, enfin, les méthodes mixtes concernant à la fois la planimétrie et le nivellement.

Quant aux développements que nécessitent la triangulation de quatrième ordre et la polygonation principale, nous les réservons pour le chapitre suivant (224), qui fera l'objet d'une analyse d'un levé relativement étendu.

§ I. — PLANIMÉTRIE

184. Cheminements. — Les *cheminements*, nous l'avons dit (12), sont l'intermédiaire entre la triangulation et le levé des détails. D'un côté en effet, lorsque leurs lignes sont encadrées dans celles du réseau trigonométrique, ils sont l'auxiliaire de ce dernier, dont ils resserrent les mailles et même, pour des domaines relativement peu étendus, on les substitue souvent aux triangles. D'un autre côté, ils vont chercher au besoin, dans les lieux les plus couverts, les détails les plus variés pour leur donner leur position sur le plan. C'est, notamment, grâce à eux que l'on peut serpenter dans les forêts les plus inaccessibles et que l'on atteint, dans les villes, les cours les plus obscures et les sinuosités les plus cachées des murs mitoyens (Voir, sur ce dernier sujet, plus loin la Pl. XIII).

Les cheminements sont formés par des lignes brisées sur lesquelles on s'appuie directement pour lever les points de détail (Voir plus loin exemple fictif n° XIV du nouveau cadastre).

Quand ces lignes sont rattachées à la triangulation par leurs extrémités ou lorsqu'elles forment des polygones, on dit que les cheminements sont *fermés*; autrement, ils sont dits *en l'air*, ou *non fermés*.

Dans les deux cas, il faut mesurer leurs côtés et leurs angles, avec plus ou moins de soin selon leur importance. **6ABCD13** est un cheminement fermé (fig. 114) rattaché aux points trigonométriques **6** et **13**; CEFA est aussi un cheminement fermé rattaché au précédent; *m*, *n*, *o*, sont des cheminements en l'air.

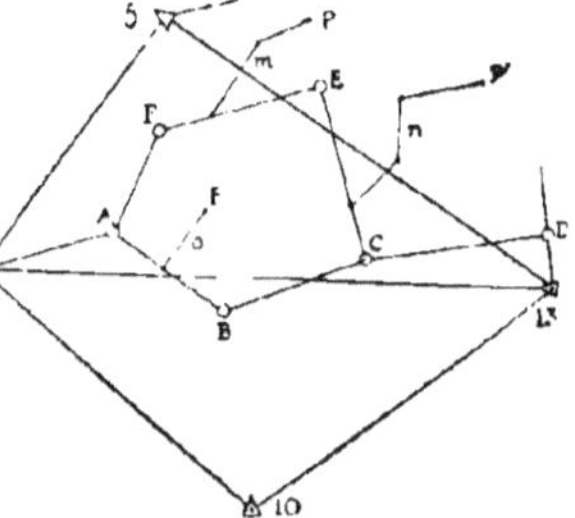

Fig. 114. — Cheminements divers.

Les premiers permettent, sur place, une vérification par la somme de leurs angles, en y comprenant, quand il y a lieu, quelques-uns des angles de la triangulation; ainsi, par exemple, on doit s'assurer sur le terrain que l'égalité suivante est satisfaite, à la tolérance près :

$$10,6,A + 6,A,B + ABC + BCD + C,D,13 + D,13,10 + 13,10,6$$
$$= 100^g \times (2n - 4) = 100^g \times [(2 \times 7) - 4] = 1\,000^g.$$

Une seconde vérification est obtenue par le calcul des coordonnées de leurs sommets, que nous donnerons aux applications (241). Pour les cheminements non fermés, il n'y a pas de vérification d'angles, du moins directe; aussi doit-on particulièrement éviter les *fautes* (145) en mesurant leurs éléments.

On voit qu'avec les cheminements en l'air on peut aller

Muret. — Topographie.   11

chercher, partout, les points tels que P, P′, P″, puisque les angles et les côtés sont quelconques; mais on conçoit que la position de ces points sera d'autant moins précise que les côtés qui les rattachent seront plus longs et leurs angles plus nombreux, à moins, toutefois, qu'ils n'aient été *recoupés* (187), c'est-à-dire atteints par un autre cheminement auxiliaire, ou bien visés d'une station voisine.

Dans les autres méthodes que nous allons exposer, les opérations s'appuieront sur les sommets ou sur les côtés de la triangulation ou, plus souvent, sur ceux des cheminements fermés.

185. Méthode des coordonnées. — La méthode des *c ordonnées* consiste à rattacher les points P, P′, P″, P‴

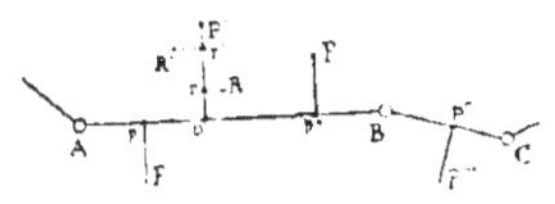

Fig. 115. — Levé par ordonnées.

(fig. 115) aux cheminements par des perpendiculaires ou *ordonnées* abaissées de ces points sur les lignes AB, BC des cheminements et à fixer les pieds p, p', p'', p''', par rapport à un point connu A, B de ces lignes, en mesurant les distances Ap, Ap', Ap'', AB, Bp''', BC; il faut aussi, bien entendu, mesurer pP, $p'P'$, $p''P''$, $p'''P'''$.

Nous avons donné, à propos de l'usage de l'équerre (58), le moyen pratique d'abaisser ces ordonnées.

Souvent, quand des points tels que R, R′ se trouvent assez rapprochés d'une ordonnée $p'P'$, on se sert de cette dernière comme d'un cheminement en l'air et on fixe les points R et R′ en déterminant, à vue, les pieds r, r' dont on arrête la position en chaînant $p'P'$; on mesure ensuite ou on estime les sous-ordonnées rR, $r'R'$.

186. Méthode des intersections. — Dans la méthode des *intersections*, les points tels que P, P′, P″, P‴,... (fig. 116) sont rattachés par des triangles s'appuyant sur un côté AB du canevas, que l'on mesure en arrêtant

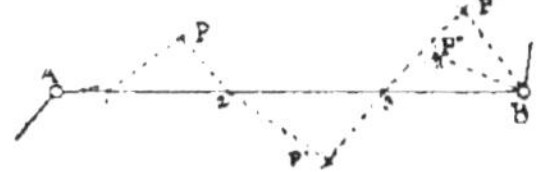

Fig. 116. — Levé par intersections et recoupements.

les points 1, 2, 3,... ; puis on chaîne les côtés 1P, 2P, 2P′, 3P′, 3P″, 3P‴, BP″, BP‴, auxquels on donne dans la pratique, quand ils s'écartent notablement de la direction perpendiculaire à AB, le nom de *diagonales*, réservant le nom d'*ordonnées* aux lignes auxiliaires s'approchant de cette direction. Pour que la position des points ne présente pas d'incertitude sur le plan, il faut que les angles formés en ces points par les diagonales ne s'écartent pas trop de l'angle droit ; ainsi le point p'' est mal fixé, car l'intersection qui le détermine est incertaine.

On donne quelquefois à ce procédé le nom de méthode de levé par *triangulation*, mais nous ne conseillons pas ici l'usage de ce mot qui peut faire confusion avec la triangulation proprement dite (12).

187. Méthode des recoupements. — Au lieu de mesurer les diagonales de la figure précédente, si on mesure les angles qu'elles forment avec le côté AB, les points P, P′, P″, P‴ seront déterminés par *recoupement,* c'est-à-dire par deux directions angulaires qui se coupent.

On remarquera que, dans ce cas, l'opérateur n'a pas à quitter la ligne AB, ni à prendre de mesures linéaires en dehors de cette ligne, ce qui est souvent commode quand les terrains sont plus ou moins inaccessibles.

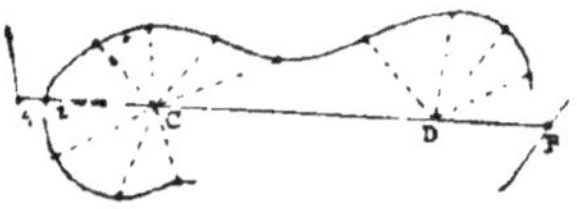

188. Méthode par rayonnement. — En un point quelconque C d'une droite connue, et fixé par le chaînage (fig. 117), ou aux extrémités A et B, on dirige sur les points à lever des *rayons* dont on mesure la longueur et l'angle formé avec la droite.

Fig. 117. — Levé par rayonnement.

189. Méthode des alignements. — La méthode des *alignements* consiste à prolonger sur les côtés d'un polygone connu les droites sur lesquelles se trouvent des points à déterminer et, au besoin, à admettre dans ce but une ou plusieurs de ces droites prolongées comme cheminements auxiliaires (fig. 118).

Soit ABCDEF, par exemple, un polygone circonscrivant un ensemble de parcelles. Les parcelles seront déterminées ainsi que le périmètre si, après avoir établi leurs prolongements, tracés en ponctué, et chaîné le polygone, on mesure, de plus, les droites auxiliaires *r*P*s*, P*vq*, *tv* et *mn*, et en arrêtant sur ces lignes les points qui s'y trouvent. Il est bon, quand c'est possible, de prendre pour vérification quelques prolongements supplémentaires, tels que P*o* en mesurant *no*. On fera bien aussi, quand certains prolongements formeront des angles très aigus, de prendre des diagonales

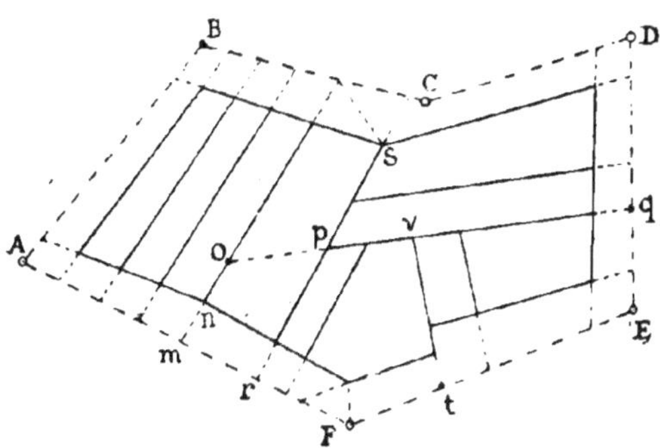

Fig. 118. — Levé par alignements.

telles que celle qui assure la position de S.

Nous aurons l'occasion de revenir particulièrement sur cette méthode, très importante dans les levés du cadastre (Pl. XI).

190. Méthode par relèvement, dite problème de la carte ou de Pothenot. — Il s'agit ici d'un problème classique, qui se résout graphiquement ou triogonométriquement, et qui permet de déterminer un point inconnu en position, — mais où l'on stationne, — à l'aide de trois points connus sur lesquels on dirige, de la station, des rayons visuels dont on mesure les angles.

Soient A, B, C (fig. 119, **A**), les trois points connus et X la position indéterminée de laquelle on a dirigé

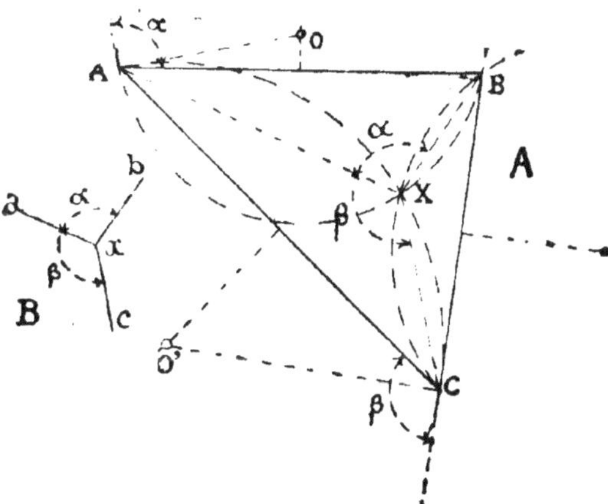

Fig. 119. — Problème de la carte ou de Pothenot.

les rayons visuels XA, XB, XC et mesuré les angles α et β qu'ils font entre eux. On construira sur AB et sur BC les arcs *capables* des angles α et β et leur intersection déterminera la position de X.

On sait qu'il suffit, pour résoudre ce problème bien connu de géométrie élémentaire, de construire à l'une des extrémités A de AB et C de AC des angles respectivement égaux à α et à β et d'élever en A et en C, sur les directions obtenues, des perpendiculaires qui vont généralement rencontrer celles que l'on élève également sur les milieux de AB et de AC. Les points de rencontre O et O′ de ces perpendiculaires sont les centres des arcs passant par AB et par AC et qui se couperont au point cherché.

Un troisième arc, capable de l'angle 400^g — $(\alpha + \beta)$ et décrit sur BC, passerait par l'intersection des deux premiers.

La solution serait en défaut si le quadrilatère ABCXA était inscriptible.

On obtient le résultat cherché, plus simplement encore, par un rapide tâtonnement, surtout en usage dans les levés à la planchette.

Sur un papier transparent, on trace en un point quelconque x, les angles contigus α et β et on promène le papier sur le dessin où se trouvent les trois points A, B, C, de façon à faire passer par ces points les côtés xa, xb, xc des deux angles (fig. 119, **B**).

La solution numérique, avec transformation de formules pour le calcul par logarithmes, fait l'objet d'un problème intéressant de trigonométrie, pour l'étude duquel nous renvoyons aux ouvrages spéciaux.

C'est surtout en hydrographie que cette méthode est appliquée. Elle est attribuée à Pothenot, mathématicien français de la fin du XVIIe siècle ; de là son nom. Mais peu de temps avant, Marolois en avait déjà donné une solution, ignorée sans doute de Pothenot et que d'autres attribuent à Snellius (1).

191. Levé au mètre ou par [triangulation. — Notons enfin cette méthode spéciale, appliquée surtout par les architectes pour le levé de bâtiments et ainsi nommée parce qu'elle n'emploie pas d'autres instruments que les mesures linéaires et qu'elle décompose généralement en triangles les figures à lever. Cependant, pas plus ici que plus haut (186), nous ne sommes partisan de détourner le mot *triangulation* de sa véritable signification topographique.

Cette méthode peut être aussi d'ailleurs utilisée avec avantage pour lever une ou plusieurs pièces de terre contiguës dans les terrains dégagés.

C'est ainsi que l'on opère dans les intérieurs en mesurant, par exemple, toutes les faces des pièces d'un appartement

(1) Voy. les *Recherches sur les instruments, les méthodes et le dessin topographiques*, par le colonel Laussedat, t. I, p. 151.

(fig. 120) ou des locaux variés d'une ferme et, en outre, l'une au moins des diagonales de chaque pièce ou local. De même on chaîne toutes les limites d'un terrain ainsi que ses diagonales en nombre suffisant (fig. 121). On obtient ainsi un résultat souvent satisfaisant ; mais où il est bien douteux, c'est lorsqu'on relève un angle tel que A ou B par un triangle dont les côtés sont très petits par rapport à ceux de cet angle,

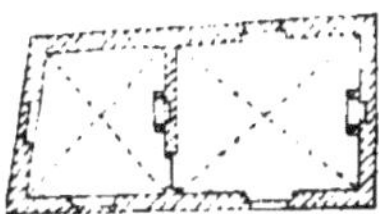

Fig. 120.

Fig. 121.

Fig. 122.

Levé au mètre ou par triangulation.

parce qu'une erreur légère, dans la petite diagonale surtout, en entraîne une grande aux extrémités des côtés (fig. 122), et cette erreur a pour cause moins encore la lecture que l'incertitude de la position des deux points de cette diagonale sur les droites dont elle détermine la direction.

Par exemple, pour lever le plan du jardin ABCD (fig. 122) dont les quatre côtés sont supposés rectilignes dans leur ensemble, le levé au mètre pourra être exact si, avec ces côtés, on mesure la diagonale AC et mieux encore les deux diagonales AC et BD ; mais on risque de produire une notable déformation du quadrilatère ABCD, si on remplace ces diagonales par les petites lignes mn et op, dont les points m, o, n et p peuvent se trouver sur une aspérité ou sur un creux des murs.

192. Combinaisons des méthodes précédentes. — Il est bien rare, dans un levé de quelque étendue, qu'une seule méthode soit appliquée ; l'opérateur aura, le plus souvent, grand avantage à en combiner plusieurs. Aucune règle n'est à préciser à ce sujet et le choix sera commandé par des raisons diverses, telles que la nature des points à lever, les obstacles que présente le terrain, les instruments employés, etc.

193. Choix des instruments. — Cette question du choix des instruments est aussi bien complexe. Si on s'en tenait à la théorie pure, les instruments devraient souvent varier avec les méthodes, le but du plan à lever, son échelle, le temps à y consacrer, etc. Mais alors l'opérateur serait entraîné à des dépenses considérables de matériel et pas toujours en rapport avec sa situation ; un instituteur, par exemple, qui ne fait ordinairement que l'arpentage, n'a pas besoin d'être outillé comme un professionnel, et ce dernier même, en partant pour ses opérations du terrain, n'empruntera à sa collection que l'indispensable pour ne pas traîner à sa suite un bagage encombrant. Ce sujet sera développé plus loin (262).

194. Fautes, erreurs et précision. — Les diverses méthodes peuvent être soumises, comme les instruments, à l'examen raisonné de la théorie des erreurs, mais pour la plupart, étant donné le cadre restreint de nos opérations, nous le croyons superflu.

Ce n'est pas à dire que le géomètre doive négliger les précautions : il faut au contraire qu'il se garantisse contre les fautes, toujours possibles, et qu'il sache tenir compte de la valeur relative des instruments qu'il emploie.

Dans ce but, il prendra, généralement, une surabondance d'éléments qui, non seulement, lui révéleront les fautes ou erreurs grossières, mais encore lui en indiqueront, le plus souvent, la valeur et la localisation. C'est ainsi, par exemple, qu'il observera, autant que possible, tous les angles d'un polygone ou d'un cheminement fermé et qu'il en mesurera deux fois, et en sens inverse, tous les côtés ; de même, pour les points importants du détail, il ne se contentera pas d'un rattachement ; enfin, selon les cas, il multipliera les chaînages et les angles et aussi les indications quelconques susceptibles de préciser la position relative des points et des lignes, telles qu'un rattachement par prolongement, l'observation que plusieurs points sont en ligne droite, etc., etc.

195. Carnet et croquis. — Et c'est ici le moment de parler, d'une façon générale, du carnet et du croquis, dont la clarté contribue à la précision du plan autant qu'à la rapidité de son exécution (Voir ce que nous avons dit à propos de la Pl. XI).

Le carnet reçoit, en général, tous les renseignements qui peuvent, sans inconvénient, se noter isolément et qui encombreraient, sans grande utilité, les croquis d'ensemble. Ainsi, après avoir fait sur l'une des premières feuilles, simple ou double, une esquisse de la triangulation ou des principaux polygones, on en désigne les sommets par un numéro ou par une lettre, s'ils ne sont pas trop nombreux (fig. 123), puis on consacre, à chaque sommet, une feuille ou une demi-feuille pour noter les opérations faites en ce point, telles que la valeur des angles mesurés, les mesures ou cotes de rattachement du point, et les diverses particularités, s'il en existe, propres à faciliter la recherche du piquet, s'il est au niveau ou au-dessous du sol, et son emplacement, si ce piquet à été enlevé.

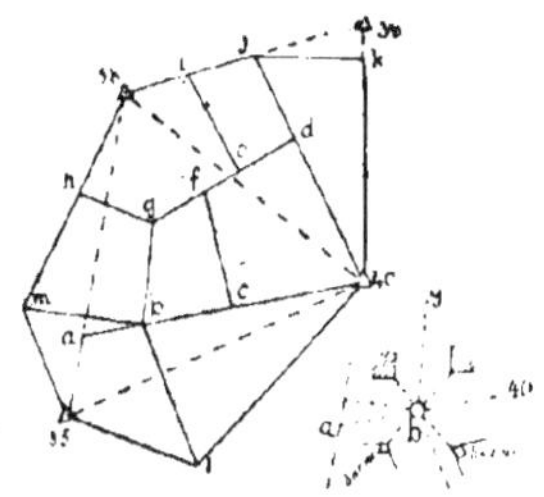

Fig. 123. — Croquis du carnet.

Sur le croquis d'ensemble, quand les lignes ne sont pas trop serrées, on inscrit le chaînage ou mesurage, aller et retour, de chacune d'elles ; autrement, on divise l'ensemble en plusieurs parties que l'on reproduit sur d'autres feuilles du carnet.

196. Inscriptions des cotes cumulées. — Notons, à ce sujet, une bonne méthode pour l'inscription des cotes, ordinairement *cumulées*, c'est-à-dire ayant toutes, pour origine, l'une des extrémités de la ligne : dans chaque sens, les cotes *précèdent*, généralement, le point auquel elles s'appliquent ; ainsi, pour le point g (fig 124), nous concluons, de la position de 177,52, que cette cote a pour origine le sommet e, tandis que 181,60 a pour départ le point h ; de même, la cote 88,77 est la distance de f à e, tandis que la cote 270,35 est la distance de ce même point à h. Cette règle, cependant, quand les points

Fig. 124. — Cotes cumulées.

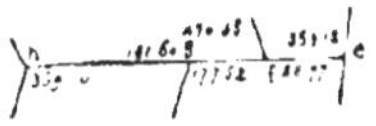

sont rapprochés, laisse quelquefois un moment d'incertitude ; par exemple, à première vue, la cote 177,52 peut aussi bien s'appliquer à f, venant de h, qu'à g, venant de e ; mais une inspection rapide des cotes voisines suffit pour détruire l'ambiguïté, qui d'ailleurs n'existerait pas si à notre première règle on pouvait toujours en appliquer une seconde, qui serait d'inscrire toutes les cotes d'une même origine *au-dessus* de la ligne et celles de l'autre origine *au-dessous* ; seulement, pour les points rapprochés, on est assez souvent obligé d'apporter des exceptions, pour qu'il n'y ait pas mélange de chiffres.

On trouvera du reste, sur la figure 151, page 286 et sur les planches III, page 292 ; IV, page 300 et V, page 318, de nombreux exemples de ce mode de chiffraison.

La dispersion des renseignements sur les diverses feuilles d'un carnet aurait l'inconvénient d'entraver la promptitude des recherches, si l'on n'avait la précaution de disposer à la fin une petite table renvoyant à ces feuilles, numérotées à cet effet, et mise au courant tous les jours.

197. Double sens attribué au mot *cote* en topographie. — Il convient de définir ici, pour éviter une confusion plus tard, ce qu'on entend par *cote* en topographie, d'autant plus que ce mot y est pris sous deux sens différents.

En planimétrie on appelle *cote* toute mesure, prise, le plus souvent, *horizontalement* (3), et destinée à la construction de l'ensemble ou des détails du plan.

En nivellement ce mot est particulièrement appliqué aux mesures *verticales* qui déterminent les ondulations du terrain. On le remplace par le mot *altitude* quand la hauteur à laquelle il s'applique est comptée à partir de la surface de la mer, supposée prolongée sous le sol.

Ainsi, par exemple, un géomètre, qui a le plus souvent en vue la précision des surfaces et des limites, dira que *son plan est coté* lorsqu'il comportera les mesures horizontales, façades et lignes d'opérations, qui ont servi à l'établir, et à l'aide desquelles on pourrait au besoin en reconstituer les détails sur le terrain s'ils venaient à disparaître.

Mais l'ingénieur et l'officier, qui ont plus spécialement en vue les formes du terrain, appelleront généralement *plan coté* celui qui, ne figurant pas ordinairement les mesures ou cotes planimétriques, donnera, à leurs places respectives, les hauteurs ou altitudes du terrain, auxquelles ils attribuent le nom de *cotes*.

Quant aux architectes, ils donnent indifféremment le nom

de *cotes* aux distances horizontales ou verticales de leurs plans élévations et coupes.

Sur les plans figurant à la fois des cotes horizontales et des cotes verticales ou altitudes, on établit la distinction en écrivant ordinairement en italique les distances horizontales et en caractères droits les distances verticales, que l'on enferme en outre, pour éviter toute ambiguïté, entre parenthèses.

Nous nous efforcerons dans la suite de préciser dans quel sens nous entendrons le mot *cote*, mais ce sera souvent en allongeant la phrase ; aussi est-il fâcheux que l'on n'ait pas songé encore à établir une distinction courte et nette comme le colonel Goulier l'a proposé, par exemple, pour le nom de *nivelle* donné dans certains cas aux niveaux à bulle (21).

198. Rapport provisoire. — Le chaînage d'ensemble et la mesure des angles principaux étant les premières opérations à effectuer sur le terrain, le carnet donne, pour les détails, les éléments de croquis que l'on peut de suite dresser par parties, et très rapidement, à une échelle plus ou moins grande selon le nombre et l'importance des détails, et en appliquant d'ailleurs les méthodes graphiques que nous exposerons plus loin. De cette façon, les fautes grossières que l'on aurait pu commettre dans les opérations initiales seront signalées par ce rapport expéditif, et rectifiées immédiatement : en outre, cette proportionnalité dans les lignes du canevas permettra de mettre à peu près les détails à leur place, surtout si l'on a la précaution de porter avec soi un petit rapporteur, pour l'utiliser au besoin, et de marquer au crayon, sur chacune des lignes, et dans le sens du chaînage des détails, des points numérotés, de 10 en 10 millimètres, mis en place à l'aide d'un *mètre pliant*, un des éléments essentiels du matériel de poche que tout opérateur sérieux se compose.

De la sorte, le géomètre aura vite gagné le temps perdu à la préparation soignée du croquis, car il se **rendra** compte, bien plus facilement, du nombre et de la nature des meilleurs éléments nécessaires au levé des détails. Il va sans dire que si, parmi ces derniers, se trouvent des groupes comportant beaucoup de cotes à inscrire sur un petit espace, ces groupes feront l'objet de croquis spéciaux à plus grande échelle ou seront reportés sur les feuillets du carnet.

Dans certains cas, par exemple pour le nivellement ou les opérations au tachéomètre ou à la boussole, les carnets ont une disposition spéciale ; nous la donnerons en parlant de la pratique de ces opérations (219-221).

Avec tout ce qui précède, nous serions en état, maintenant, de partir sur le terrain pour lever tous les éléments nécessaires à la planimétrie (8) ; mais, nous l'avons dit, notre but est de dresser un plan véritablement topographique, et il nous faut alors d'autres éléments pour modeler en quelque sorte, sur notre plan, les ondulations du sol ; c'est le nivellement qui va nous les donner, et il va faire l'objet du paragraphe suivant.

§ II. — NIVELLEMENT DIRECT

199. Nivellement simple. — Nivellement composé. — Nous savons déjà, du moins en principe, déterminer la différence de niveau entre deux points (84) : 1° lorsque cette différence est inférieure à la longueur de la mire ; 2° lorsqu'elle dépasse cette longueur.

Le premier cas est un nivellement *simple*, parce qu'il se résout par une seule station ; le second cas est un nivellement *composé*, parce qu'il en nécessite plusieurs.

Le premier cas d'ailleurs rentrerait dans le second, si la distance horizontale entre les deux points dépassait notablement le double de la portée de l'instrument à employer, soit 80 mètres pour le niveau d'eau (102) et 200 mètres pour le niveau de précision à bulle (176).

200. Altitudes ou cotes. — A l'inspection des formules qui résument ces deux cas, il est facile de voir que si l'altitude ou cote (82) Al d'un point A est donnée, on aura pour celle Ml d'un point quelconque M, dont on connaîtra la hauteur $\pm\, h'$ par rapport à A,

$$Ml = Al \pm h',$$

selon que le point M sera *plus* élevé ou *moins* élevé que le point A.

201. Méthodes générales. — Les méthodes générales du nivellement direct ne sont pas sans analogie avec celles de la planimétrie ; ainsi on procède par *cheminements*, *fermés* ou *ouverts*, ou par *rayonnements* ; ou bien, sur des lignes droites, désignées sous le nom d'*alignements*, on détermine des *profils* ; ou encore on décompose le sol en rectangles ou en carrés et les *coups de niveau* sont donnés sur l'intersection de leurs côtés. Enfin on combine ces diverses méthodes, et nous verrons aussi que, dans certains cas, au lieu de chercher, sur le terrain, la cote de points déterminés en planimétrie, c'est la position des points pour une cote donnée que nous aurons à trouver.

202. Points de repère. — Il y a tout intérêt, aujourd'hui, à prendre pour plan de comparaison d'un nivellement de quelque importance le niveau de la mer. On trouvera des *repères* se rapportant à ce niveau sur toutes les lignes de chemins de fer, sur les routes nationales et en d'autres endroits, qu'on fera bien d'aller chercher, même par une journée de travail. En tout cas, à défaut de repère précis, on se contentera d'une cote prise sur la carte de l'état-major au 1/80 000 ; mais alors il sera prudent d'indiquer cette source parce que, le plus souvent, elle ne sera exacte qu'à quelques mètres près.

Partant d'un point connu, on arrivera par le plus court chemin au sommet le plus voisin d'un polygone topographique par un cheminement que nous pourrions appeler *cheminement de rattachement*, puisqu'il n'a pas d'autre but que de rattacher le terrain au niveau de la mer. Aussi ce cheminement ne comportera aucune opération planimétrique, c'est-à-dire ni mesurage de côtés, ni mesurage d'angles, ni même, s'il peut être exécuté dans la même journée, aucune plantation de piquets.

On se bornera seulement à marquer quelques points provisoires, dont les distances entre eux seront commandées par la portée plus ou moins grande de l'instrument employé et par la condition du maximum de leur différence de niveau (4 mètres au plus). On établira ainsi les éléments d'une série de stations dont chacune fera l'objet d'un nivellement simple (199), et dont l'ensemble formera un nivellement composé aboutissant sur un premier point du terrain, dont l'altitude sera par conséquent déterminée. Si le départ du cheminement a été un point certain, il sera bon, même, de reprendre ce cheminement en sens inverse en prenant pour départ l'altitude obtenue. Si la différence s'écarte peu de la tolérance permise (176), on prendra, pour altitude du premier point, la moyenne des deux résultats ; autrement on recommencera une troisième fois l'opération.

On fera bien de choisir, pour ce repère du terrain, un point présentant une sérieuse fixité, car il deviendra, en quelque sorte, l'étalon du nivellement, puisque c'est toujours sur lui que devront aboutir toutes les opérations de cette nature.

203. Nivellement par cheminement. — C'est alors que l'on mettra réellement en pratique la méthode du cheminement en partant, par exemple, du point 35 (fig. 123, page 188), que nous supposons déterminé comme il est dit précédemment, et qui consiste à aller d'un point sur un autre par un nivellement simple ou composé. On suivra de préférence, au début, le polygone enveloppe du terrain 35, *m*, 38, J, 39, *k*, 40, *l*, et on se fermera sur 35 en observant ce que nous avons dit sur l'écart. Seulement, ici, il faudra procéder à la répartition de *l'erreur de fermeture*.

204. Répartition ou compensation de l'erreur de fermeture. — Lorsque, partant d'un point connu, on y revient après une série de stations quelconques, on devrait, théoriquement, retrouver comme résultat final la cote du départ, mais on trouve généralement une différence que l'on appelle l'*écart* ou l'*erreur de fermeture*, dont il faut d'abord évaluer l'importance. S'il s'agit, par exemple, d'un cheminement étendu, fait avec un bon niveau à bulle, dont l'erreur moyenne est de 5 millimètres par kilomètre, et que la longueur totale du cheminement soit de 6 kilomètres, on aura pour l'erreur moyenne quadratique totale :

$$e_{\scriptscriptstyle s} = \pm\, 0^{\mathrm{m}},005 \sqrt{6} = 0,012, \qquad (145,\ e)$$

et, pour l'écart maximum toléré :

$$e_{\scriptscriptstyle M} = \pm\, 0^{\mathrm{m}},005 \sqrt{6} \times 2 = 0,024. \qquad (145,\ h)$$

Si l'écart constaté reste dans cette limite, on le répartit proportionnellement entre les différences de niveau des points nivelés quand les dénivellations représentent, pour la plupart, des pentes supérieures à 5/100, et la répartition a lieu proportionnellement aux distances horizontales entres les points si les pentes sont inférieures.

On peut considérer comme un cheminement fermé, et par conséquent lui appliquer la même règle de *compensation*, tout nivellement partant d'un point connu et qui y revient par le même chemin. Autrement ce cheminement est dit *ouvert* comme en planimétrie (184) et ne présente d'autre garantie contre les fautes ou erreurs que l'attention plus ou moins soutenue de l'opérateur ; aussi un pareil cheminement ne doit-il être admis que pour des points tout à fait secondaires.

Quand l'écart dépasse notablement la tolérance, il y a lieu de rechercher si quelques fautes ne se sont pas glissées dans le cours de l'opération, d'abord en vérifiant les calculs, puis les cheminements secondaires, s'il en existe ; on a chance ainsi de localiser les fautes. Par exemple, si, après le cheminement du périmètre (fig. 123, p. 188) dont la fermeture serait notablement erronée, on a nivelé les traverses, on peut essayer la fermeture en passant par J, d, 40, et, si elle a lieu dans de bonnes conditions, il y a des probabilités pour que les fautes commises se trouvent sur le chemin J, 39, K, 40 ; ou encore on peut suivre m, b, c, 40 et, si on reproduit la cote de 40, c'est probablement sur 40. l, 35 qu'on découvrira la faute. En tout cas, après un plus ou moins grand nombre d'essais, on retournera sur le terrain pour commencer la recherche par les points plus particulièrement notés comme douteux. D'ailleurs, pour l'ordre de ces recherches, l'opérateur souvent pourra s'appuyer aussi sur ses souvenirs, qui lui rappelleront certaines circonstances plus ou moins défavorables dans lesquelles il a opéré.

205. Nivellement par rayonnement. — Des points sont dits nivelés par rayonnement lorsqu'ils ont été visés d'une station, sans liaison entre eux. On obtient leur altitude assez rapidement en déterminant d'abord celle du plan horizontal de visée ; il suffit, dans ce but, d'ajouter à l'altitude du point connu la hauteur du coup arrière donné sur ce point, puis ensuite en retranchant de l'altitude du plan de visée la hauteur du coup avant donné sur chaque point du rayonnement. Ce procédé sera compris à l'inspection seule de la figure ci-contre (fig. 125).

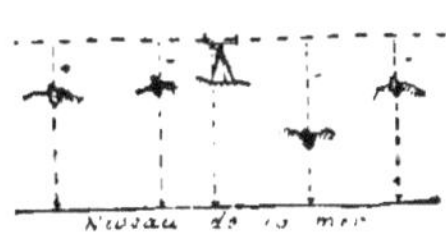

Fig. 125. — Nivellement par rayonnement.

Ce moyen est expéditif et, pour cette raison, fréquemment employé, notamment pour la recherche des courbes de niveau, dont nous parlerons plus tard. Généralement il ne comporte pas la double visée ; aussi, dans le cas où la lecture unique se ferait sur la mire Bourdalouë, devrait-on la doubler avant de l'inscrire. Mais il ne permet pas de vérification, à moins que les points ne soient *recoupés* d'une autre station. Pourtant, si une faute grossière était commise, elle pourrait être souvent soupçonnée par la forme bizarre, l'*allure* insolite, qu'elle donnerait aux courbes, si l'on opère sur un terrain naturel.

Les erreurs de calculs se constateraient toutefois, si l'on a le soin de grouper les cotes comme on l'a fait pour chacune des stations, notées au carnet de nivellement par rayonnement (219, *b*) et où l'on voit facilement que *le produit de l'altitude du plan de visée par le nombre des lectures, diminué de la somme de ces lectures, est égal à la somme des altitudes des points visés.*

206. Méthode des profils. — La méthode des profils consiste à choisir les points à niveler sur une ligne quelquefois brisée mais plus souvent droite — du moins dans le sens topographique (44); — les points ainsi *alignés* sont plus faciles à déterminer en planimétrie, puisqu'il suffit de chaîner la droite ou ses fragments, que nous supposons rattachés d'une manière quelconque au canevas d'ensemble.

Les profils sont disposés, généralement, par groupes de droites *parallèles*. Dans certains cas, ces parallèles sont *équidistantes* et coupées par d'autres qui leur sont *perpendiculaires* ; alors le terrain se trouve ainsi couvert par un treillis régulier, à mailles carrées (fig. 126), plus ou moins serrées selon les irrégularités du sol, et c'est sur les intersections de ces lignes que les coups de niveau sont donnés.

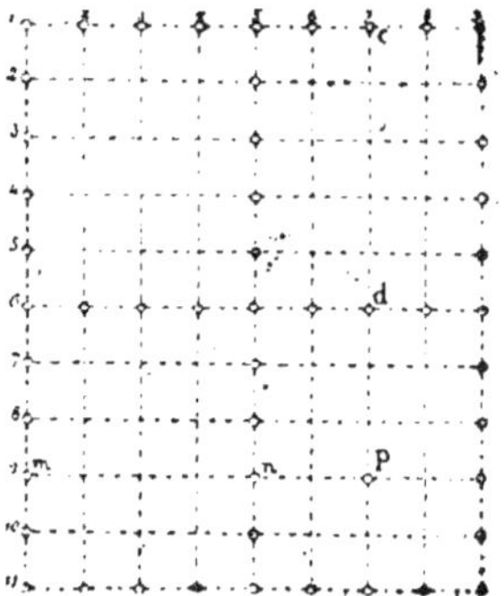

Fig. 126. — Profils en quinconce.

Ces intersections se déterminent d'ailleurs facilement par prolongements ; il suffit de jalonner les côtés du rectangle limite ainsi que deux lignes intermédiaires perpendiculaires, et le porte-mire, avec un peu d'habitude, trouve vite les intersections sur lesquelles il doit méthodiquement se placer.

En effet, pour obtenir par exemple le point p, il lui suffira de prolonger les lignes tracées par les jalons c, d, et m, n.

207. Précision des profils. — Profils en long. — Profils en travers. — Profils en quinconce. — Au point de vue de la précision, les profils présentent une grande variété, depuis ceux qui sont destinés, par exemple, à définir toutes les ondulations de l'axe d'un tracé de chemin de fer et à guider ensuite les terrassements, jusqu'à ceux qui n'ont pour but que la détermination des courbes de niveau. Les premiers, qui prennent le nom de *profils en long* (Voy. Pl. IV, p. 300), peuvent être assimilés à un véritable cheminement fermé, car ils se relient souvent à des points connus, ou bien ils sont vérifiés par un nivellement en sens inverse, tandis que les points des derniers n'ont aucune liaison entre eux et sont considérés comme les points perdus d'un nivellement par rayonnement. Entre ces deux extrêmes, nous pouvons signaler les *profils en travers*, levés généralement sur des perpendiculaires aux profils en long, souvent équidistantes, et qui ne présentent qu'une précision bien relative mais suffisante, d'abord parce que ces profils sont assez courts, ensuite parce qu'ils ne sont destinés ordinairement qu'à établir le métré des terrassements.

Les profils *en quinconce* ou parallèles (fig. 126), dans certains cas, doivent être levés avec un soin particulier, lorsque, par exemple, les courbes de niveau qu'ils déterminent ont pour but une étude de drainage ou d'irrigation, et que les pentes du terrain sont très faibles.

208. Combinaison des diverses méthodes. — Comme pour la planimétrie, sur un même terrain, on combine souvent entre elles plusieurs des méthodes que nous venons de décrire, et nous n'avons qu'à renvoyer à ce que nous avons déjà dit sur le choix de ces combinaisons (192).

209. Recherche d'un point de cote déterminée. — Cotes rondes. — Jusqu'à présent, il n'a été question que de déterminer l'altitude de points donnés, sur le terrain ; il s'agit ici d'un problème inverse. Ce problème consiste à trouver des points de cotes déterminées, problème qui, dans sa généralité, peut avoir un nombre indéfini de solutions ou n'en avoir aucune, mais dont nous réduirons l'étendue en ajoutant : 1º que ces points doivent se trouver dans le rayon d'action de l'instrument de nivellement employé, 50 mètres environ par exemple, s'il s'agit d'un niveau d'eau, 150 mètres s'il s'agit d'un niveau à lunette ; 2º que les hauteurs demandées doivent avoir pour limite supérieure l'altitude du plan de visée de cet instrument, mis en station en un point quelconque du terrain, et pour limite inférieure cette même altitude diminuée de la longueur de la mire en usage. Le problème se limitera encore davantage si l'on assigne aux points cherchés une autre condition que l'altitude ; ainsi on peut demander qu'ils soient situés sur une ligne déterminée.

Pour trouver ces points, on installera un niveau d'eau, ou tout autre, dans le voisinage de leur emplacement probable (fig. 127), en *s* par exemple, et on visera d'abord un sommet P, d'une altitude connue, soit : 139m,70, à laquelle on ajoutera la hauteur lue sur la mire, 0m,55. On aura ainsi, pour l'altitude du plan de visée, 139,70 + 0,55 = 140m,25, qui sera la limite supérieure de l'altitude des points

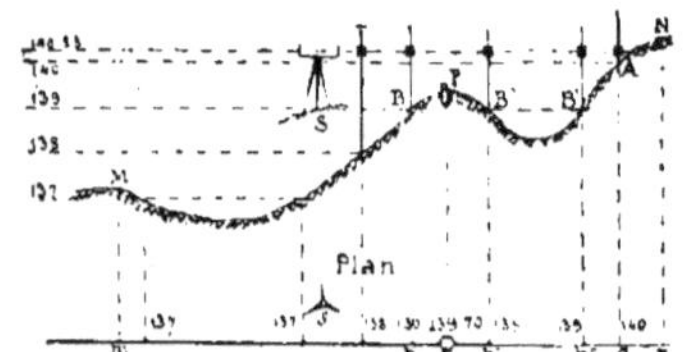

Fig. 127. — Recherches des cotes rondes.

possibles ; en admettant 4 mètres pour la hauteur de la mire, la limite inférieure, pour ces mêmes points, sera 140m,25 — 4 = 136m,25.

C'est donc seulement entre les altitudes 136m,25 et 140m,52 que pourront se trouver les points à chercher, et si, de plus, nous imposons comme condition de placer ces points sur une ligne se projetant suivant la droite *mpn*, leur recherche deviendra très limitée. Enfin elle le sera encore plus si nous admettons qu'en raison de la portée de l'instrument on ne pourra étendre la recherche au delà de M ni de N. Soit donc 139 l'altitude de l'un de ces points à déterminer ; on fixera le voyant de la mire à

$$140,25 - 139,00 = 1^{m},25,$$

et l'aide, tout en tenant le talon de l'instrument constamment sur le sol, se déplacera sur MN, projetée en *mn*, jusqu'à ce que l'opérateur, qui commande le déplacement tout en visant la mire, aperçoive la ligne de foi sur le prolongement de la ligne de visée. A ce moment, il arrêtera l'aide, qui enfoncera un piquet ou une fiche à l'emplacement B,*b* du pied de la mire, lequel est à la cote 139. En effet, la ligne de foi se trouvant sur la ligne de visée au moment de l'arrêt, était à 140,25, altitude de cette ligne ; mais cette ligne de foi avait été placée à $1^m,25$ du pied de la mire, et l'altitude de ce dernier se trouve ainsi à $140,25 - 1,25 = 139$.

A l'aspect du terrain, l'opérateur estime s'il y a lieu de chercher d'autres points ; on voit que, dans la figure ci-contre on trouverait B′,*b*′ et B″,*b*″ à cette même cote.

Les points de cote 140 se détermineraient de la même façon, en faisant la différence $140,25 - 140 = 0,25$ et en plaçant la ligne de foi à $0^m,25$; sur la figure, il n'existe qu'un seul point à cette altitude.

Enfin, par le même procédé, on trouverait un point à 138 et deux points à 137.

Rattachant ensuite ces divers points à *m*, ou à *n* par le chaînage, il est facile de les poser immédiatement avec l'échelle, sur la copie du plan, emportée à cet effet sur le terrain ; mais il ne faut pas omettre d'inscrire leur cote à côté de leur position.

On pourrait, tout aussi bien, déterminer des points à cotes quelconques (pourvu qu'elles soient dans les limites possibles), mais nous verrons plus loin pourquoi, généralement, on cherche plutôt des points à cotes rondes (211).

On conçoit que d'autres points existent, généralement, en dehors de la ligne déterminée MN se projetant en *mn* ; s'ils ne s'en écartent que de 1 à 2 mètres, on les rattachera à cette ligne par des coordonnées dont le pied sera arrêté à vue en chaînant la ligne ; s'ils sont plus éloignés on les fixera par la méthode la plus expéditive en les groupant, par exemple, si c'est possible et s'ils sont nombreux, sur une nouvelle droite, telle que MN, dont on rattachera les extrémités, ou bien par un rayonnement partant de S ou de tout autre point connu, s'ils sont forcément disséminés ou en petit nombre.

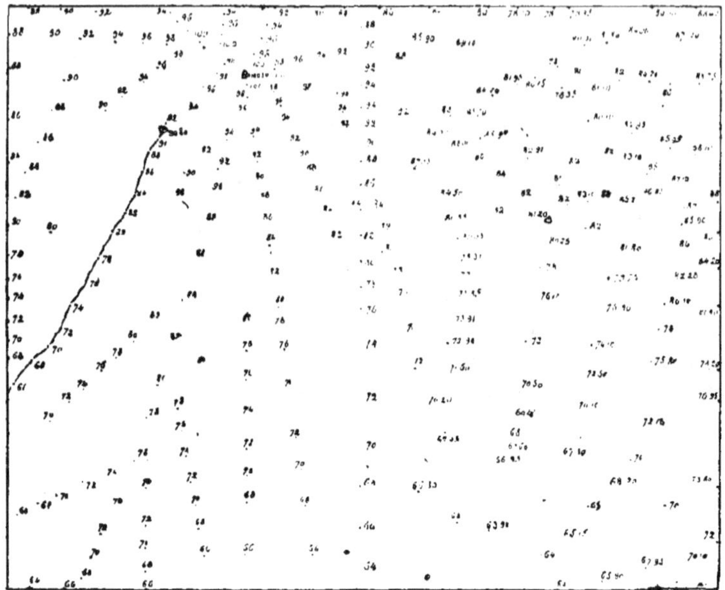

a. Formes du terrain définies par des altitudes disséminées.

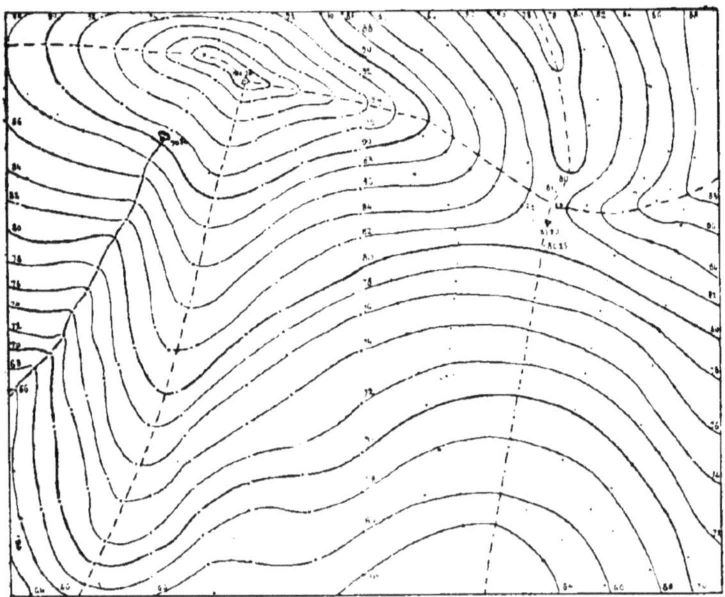

Fig. 128.

b. Le même terrain défini par des courbes de niveau équidistantes.
(Équidistance : 2^m,00.)

MÉTHODE CONVENTIONNELLE POUR LA REPRÉSENTATION DES
FORMES DU TERRAIN. — COURBES DE NIVEAU. — HACHURES.
— TEINTES.

210. Cotes quelconques. — Nous savons déterminer
l'altitude des points du terrain et en les multipliant suffisamment, on conçoit que ses formes seront géométriquement
définies. mais cette multitude de points disséminés, bien
que cotés à leurs places respectives sur le plan, ne parlera
pas aux yeux, et ce n'est que par un examen prolongé du
dessin que l'on pourra se faire une idée approximative des
ondulations du sol, comme il est facile, d'ailleurs, de s'en
convaincre par la figure 128 *a*.

211. Courbes de niveau. — **Équidistance.** — Mais si
l'on imagine de chercher, sur le terrain, des séries de points
de même cotes, *comme nous venons de l'apprendre, à cotes
rondes* de préférence, et si, de plus, *nous choisissons ces séries
de façon qu'il y ait, entre chacune d'elles, une différence de
hauteur constante,* par exemple si l'on détermine les points
à la cote 64, puis d'autres à la cote 66, puis 68, 70, etc. ; enfin
si l'on joint, sur le plan, tous les points de mêmes cotes par
une courbe continue, l'ensemble de ces courbes donnera
généralement une sorte de modelé du terrain, analogue à
celui qu'obtient l'artiste graveur par le choix habile de traits
qui caractérisent une figure, sans le secours du pinceau ni
du crayon.

On se rendra compte du résultat de ce procédé graphique
en comparant la figure 128 *b*, où il a été appliqué, à la figure
précédente, ne donnant que les éléments numériques du même
terrain. On peut d'ailleurs, lorsque les cotes des points disséminés sont quelconques, comme celles situées à droite de
la figure 128, faire passer des courbes à cote rondes à travers
tous ces points, comme nous le verrons plus loin (214, *b*).

Par définition, tous les points de chacune de ces courbes
ont la même altitude ; ils appartiennent par conséquent à
une même surface horizontale, que nous considérons comme
plane, et les courbes sont dites, pour cette raison, des *courbes
de niveau.* L'écartement constant *e* des plans de ces courbes

(fig. 129), qui est ici de 1 mètre, est désigné sous le nom d'*équidistance des courbes*, qu'il ne faut pas confondre avec l'écartement variable E de ces courbes, sur le plan ; ce dernier se mesure horizontalement, tandis que l'écartement des plans s'apprécie verticalement.

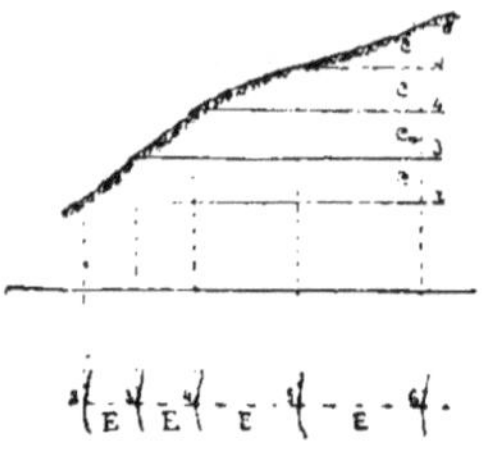

212. Notion des courbes par une inondation.

— Pour donner une idée très nette de ces courbes et établir, pratiquement, leur relation avec les ondulations du sol, on emploie souvent l'hypothèse de l'inondation :

Fig. 129.
Équidistance *e* ;
écartements E.

Imaginons un bassin suffisamment profond, muni d'un robinet d'alimentation à sa partie supérieure, et d'une règle verticale divisée en décimètres ou en centimètres, à partir du fond, supposé horizontal. Puis disposons dans ce bassin, d'abord vide, une surface fortement ondulée, telle que le modèle en plâtre d'un terrain accidenté.

Introduisons ensuite l'eau dans le bassin et fermons le robinet au moment où, atteignant les parties basses du modèle, cette eau affleure l'échelle à une division qui marquera ainsi la hauteur de l'inondation depuis le fond, que nous pouvons assimiler au niveau de la mer.

La trace au crayon du niveau de l'eau sur le modèle, déterminera une ou plusieurs courbes, selon la nature des aspérités du sol, mais toutes seront à la même hauteur, au même plan d'eau.

Ouvrant de nouveau le robinet et le refermant quand l'eau atteindra la division suivante de l'échelle, on obtiendra une nouvelle série de courbes planes, dont l'équidistance sera égale à la valeur d'une division.

Enfin, continuant ainsi le système d'inondations successives, en s'arrêtant à chaque division pour garder sur le modèle la trace des niveaux correspondants, on obtiendra un ensemble de courbes dont les plans seront tous équidistants.

213. Relation entre les courbes et les formes du terrain.

— Projetées sans déformation sur le dessin, puisqu'elles sont parallèles à son plan (211), et si l'équidistance est suffisamment rapprochée, ces courbes caractériseront clairement les formes du terrain dont elles seront véritablement l'épure géométrique.

En effet, *sur un même plan, toutes les pentes (87) de même valeur donneront des courbes dont les projections seront également écartées* et, *pour des pentes différentes, ces écartements seront d'autant plus petits que les pentes seront plus grandes,* de telle sorte qu'un œil un peu exercé estimera, au moins approximativement, le rapport des pentes entre elles par les nuances plus ou moins foncées que pro-

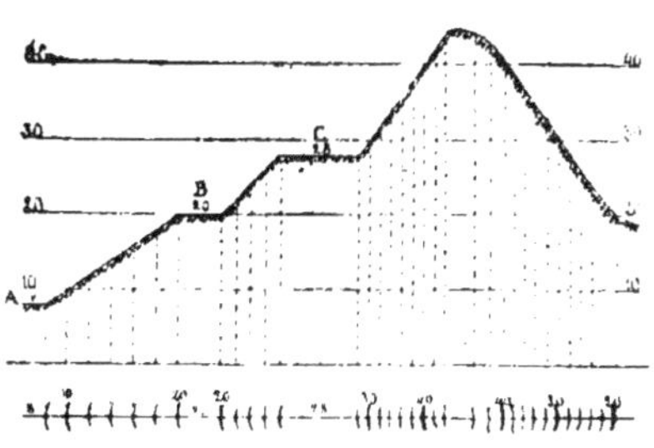

Fig. 130. — Terrasses échelonnées, raccordées par des pentes diverses.

duiront les courbes par leur rapprochement. C'est ce que l'on voit sur les terrasses échelonnées de la figure 130, et sur les figures suivantes.

Mais en même temps que, par leur écartement sur le dessin, les courbes de niveau traduisent les pentes, c'est-à-dire ce que nous appellerons les *sinuosités du terrain dans le sens vertical,* elles définiront aussi, par leurs sinuosités propres, *celles du terrain dans le sens horizontal.* Ainsi, par exemple, *si nous considérons les courbes de niveau de bas en haut, nous constaterons que leurs concavités ont pour cause des vallons ou dépressions quelconques, tandis que leurs con-*

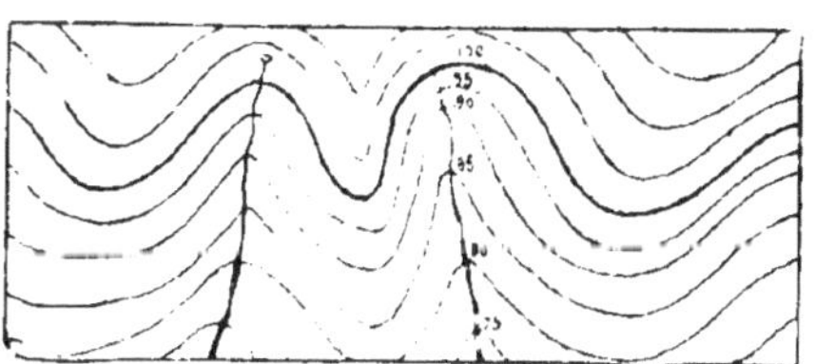

Fig. 131. — Formes ondulées du terrain.

vexités résultent de promontoires ou bombements divers, dont plusieurs prennent des noms particuliers, comme les dépressions du reste (fig. 131).

Nous verrons de même que *les courbes fermées* (fig. 132) *plus ou moins concentriques, se rapprochent plus ou moins des formes coniques, elliptiques ou sphériques, tandis que celles qui sont plus ou moins parallèles et plus ou moins symétriques par rapport à un axe indiqueront les flancs d'une vallée si cet axe est*

à la cote la plus basse et les flancs d'une colline s'il est à la cote la plus haute. Dans le premier cas, cet axe prend le nom de *thalweg* (mot allemand qui signifie *chemin de la vallée*) et dans le second celui de *ligne de faîte* ou de *partage des eaux.*

Entre les divers sommets, en suivant la ligne de faîte, nous

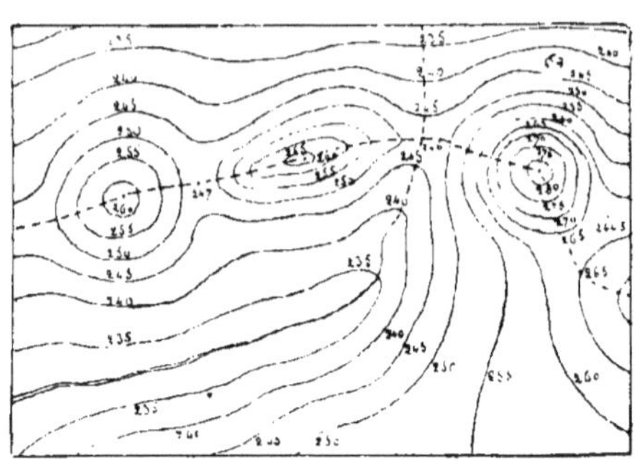

Fig. 132. — Formes mamelonnées du terrain, cols.

trouverons des dépressions marquées par des courbes opposées, les unes ascendantes, qui coupent la ligne de faîte, et les autres descendantes, qui s'en éloignent. Ces courbes caractérisent le *col*, point topographique important qui est un *minimum* d'altitude si on le considère sur la ligne de faîte et un *maximum* du chemin normal aux courbes descendantes. Les lignes normales aux courbes sont dites *lignes de plus grande pente.*

Tous ces détails sur les courbes de niveau se trouvent concentrés d'ailleurs sur la planche IX (ch. VI. § III) et on les les comprendra mieux encore par la comparaison de cette planche et du relief dont elle a fait l'objet.

On appréciera encore plus l'utilité des courbes de niveau lorsque nous traiterons quelques-unes des applications de la topographie (mêmes ch. et §).

214. Détermination des courbes. — a. *Par le filage* (*méthode du génie militaire*). — Deux méthodes sont en usage pour la détermination des courbes de niveau. L'une consiste à les chercher directement sur le terrain, en appliquant le procédé que nous avons donné plus haut (209), puis à en lever les points comme ceux de la planimétrie. C'est la méthode du *filage* des courbes, appliqué surtout par le génie et que le colonel Goulier, pour cette raison, a appelé la *méthode du génie militaire.*

b. *Par interpolation (méthode des géomètres civils).* — L'autre méthode, employée plutôt dans les services civils, a reçu par

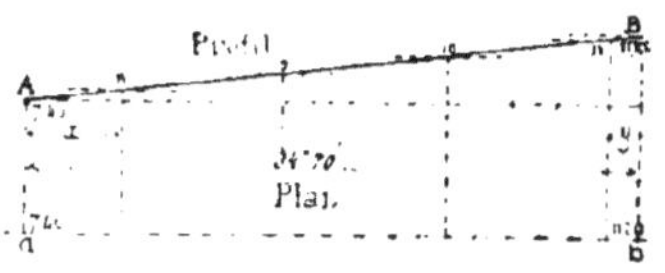

Fig. 133. — Interpolation des courbes.

le même auteur le nom de *méthode des géomètres civils,* que l'on pourrait nommer, par analogie avec la précédente, *méthode du génie civil.* Elle procède par *interpolation,* en déterminant sur le plan, entre des points cotés, dont la position a été relevée, le passage des courbes, ce qui conduit à admettre qu'entre ces points la pente est constante. Soit, par exemple (fig. 133) deux points a et b d'un plan au $\dfrac{1}{1000}$ et distants de $34^{m},70$, le premier étant à l'altitude 7,40 et le second à $11^{m},20$. Cherchons sur la droite AB du terrain, le passage des courbes 8, 9, 10 et 11. La position du point 8 s'obtiendra par la proportion suivante, déduite des triangles semblables du profil AB :

$$\frac{x}{34,70} = \frac{8-7,4}{11,20-7,40},$$

d'où

$$x = \frac{34,7 \times 0.60}{3,8} = 5^{m},48.$$

et de même, pour le point 11, on posera

$$\frac{y}{34,70} = \frac{11,20-11}{11,20-7,40},$$

d'où :

$$y = \frac{34,70 \times 0,2}{3,8} = 1^{m},83.$$

Quant aux points 9 et 10, compris entre les deux précédents, on aura leur position en prenant le tiers de la distance entre ces derniers.

On arriverait au même résultat, mais avec moins de précision, par la construction graphique indiquée suffisamment par
la figure, mais il faudrait alors, surtout dans les faibles pentes,
exagérer notablement l'échelle des hauteurs, afin d'avoir avec
AB et les horizontales 8 à 11 des angles moins aigus. (V. autre
méthode, n° 246 *bis*, p. 277.)

215. Précision donnée par les courbes de niveau.—On
conçoit que les courbes de niveau définiront le terrain avec
d'autant plus de précision que leurs plans seront plus rapprochés, en d'autres termes, que leur équidistance sera plus petite
parce qu'alors elles ne laisseront passer dans leurs zones étroites
que des sinuosités du sol insignifiantes ; c'est ce que nous déve-
lopperons plus loin à propos du choix de l'équidistance (218).

Mais, en tout cas, qu'on les file sur le terrain par la méthode
du génie militaire ou qu'on les déduise de cotes isolées ou de
profils par la méthode du génie civil, on n'obtiendra toujours
par ces méthodes, qui généralement se valent, qu'une surface
moyenne se rapprochant plus ou moins de la vérité. Ajoutons
qu'il sera toujours préférable, lors même qu'on opérera par la
seconde méthode, de faire le tracé graphique de ces courbes sur
place où, dans les endroits douteux, on saisira plus facilement
leur *allure* ou *mouvement*. Et c'est pourquoi l'annexe de la
planchette pour cette opération est souvent avantageuse,
d'abord par la méthode expéditive dont elle facilitera l'emploi
et qui est bien suffisante pour déterminer la position des points
des courbes, alors même qu'on aurait levé la planimétrie par
des méthodes plus précises, ensuite parce que cet instrument
tiendra lieu de table à dessin.

Pourtant il faut convenir que lorsque les points, préalablement, ont été fixés autrement, bien des praticiens, habitués
à croquiser sans autre appui que la main, ne tiennent pas à
s'embarrasser de cet auxiliaire pour le tracé à vue des courbes
sur leur croquis.

216. Équidistance graphique. — Nous avons vu plus haut (213)
que, sur un *même plan*, les pentes de même valeur sont traduites par
des courbes dont les projections sont également écartées ; or, ce même
écart, pour les mêmes pentes, peut encore exister sur des cartes
d'échelles différentes, mais alors l'équidistance des courbes ne sera

plus la même que la précédente ; elle devra être modifiée, suivant certaines conditions que nous allons déduire des considérations sur l'équidistance graphique.

L'*équidistance graphique* e_g des courbes est la valeur de l'équidistance réelle e (211) exprimée à l'échelle $\frac{1}{d}$ du plan sur lequel ces courbes sont projetées. Ainsi on a

$$(1) \qquad e_g = e \times \frac{1}{d} = \frac{e}{d}.$$

Par exemple, si l'on a levé les courbes de mètre en mètre et qu'elles soient rapportées sur un plan à l'échelle de 1/1000, l'équidistance graphique sera de $0^m,001$; si le plan était à l'échelle de 1/2000, l'équidistance graphique serait de 0,0005 pour la même équidistance réelle de 1 mètre. Si l'équidistance du terrain est de 5 mètres, l'équidistance graphique sera de 0,0025 à l'échelle de 1/2000 et de 0,005 à celle du 1/1000.

Au lieu de déduire l'équidistance graphique de l'équidistance réelle et de l'échelle du plan, on peut se donner l'équidistance graphique et l'échelle et en conclure l'équidistance réelle e à adopter pour le levé du plan. Sa valeur, déduite de la formule précédente, sera

$$(2) \qquad e = d e_g.$$

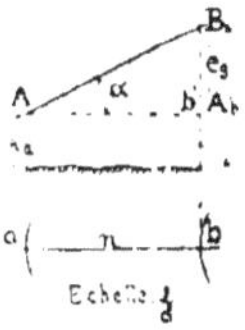

Fig. 134. — Équidistance graphique.

La question, ainsi posée, a peu d'intérêt pour les plans à grande échelle, que nous nous proposons de lever, mais elle est plus importante pour les cartes topographiques (5) à diverses échelles parce que, dans la comparaison qu'on en peut faire, *si les courbes*, sur ces cartes, *ont la même équidistance graphique e, les pentes α de mêmes valeurs seront traduites par les mêmes écarts horizontaux n entre deux courbes consécutives.*

Soient deux courbes consécutives se projetant en a et en b (fig. 134) et dont la plus basse est à l'altitude A_a et la plus élevée à l'altitude A_b ; l'équidistance réelle de ces courbes est $e = A_b - A_a$.

Soit n l'écartement de ces courbes, à l'échelle du plan $\frac{1}{d}$. La pente α du terrain entre a et b sera donnée par le triangle rectangle ABb', rapporté à la même échelle $\frac{1}{d}$ et dans lequel $Ab' = n$ et $b'B = e_g$, équidistance graphique, c'est-à-dire la valeur réelle $A_b - A_a$, rapportée à l'échelle de $\frac{1}{d}$.

Supposons maintenant, sur une carte à l'échelle de $\frac{1}{2d}$ la projection de deux autres courbes consécutives dont l'écart sera n, comme précédemment, et l'équidistance graphique toujours e_g ; le triangle rectangle sera identique au précédent et la pente a sera la même.

Mais, pour avoir l'équidistance réelle e' des nouvelles courbes, il faudra, dans la formule (2), remplacer d par $2d$, dénominateur de la nouvelle échelle ; on aura alors

$$e' = 2d \times e_g :$$

donc pour une échelle moitié plus petite $\dfrac{1}{2d}$, il faudra, pour traduire une même pente, une équidistance réelle double.

D'une façon générale, $e_m = md \times e_g$, c'est-à-dire que, quand les échelles diffèrent, si l'on veut que les mêmes pentes soient traduites par les mêmes écarts des courbes, il faut que l'équidistance réelle des courbes augmente à mesure que l'échelle diminue.

Pour les terrains moyennement accidentés, l'équidistance graphique admise est ordinairement $0^m,0005$, ce qui donne pour les échelles suivantes, les équidistances réelles de :

$0^m,50$	pour le	$\dfrac{1}{1\,000}$
$1^m,00$	—	$\dfrac{1}{2\,000}$
$2^m,50$	—	$\dfrac{1}{5\,000}$
$5^m,00$	—	$\dfrac{1}{10\,000}$
$10^m,00$	—	$\dfrac{1}{20\,000}$

Cette constante de l'équidistance graphique est surtout précieuse pour les militaires qui ont besoin d'estimer rapidement, sur des cartes à diverses échelles, la valeur des pentes ; mais, pour diverses raisons, on ne peut toujours l'adopter. Ainsi, pour la carte de l'état-major au 1/80 000, où l'équidistance des courbes, en suivant la progression précédente, devrait être de 40 mètres, on trouve une équidistance qui varie avec les régions : en hautes montagnes, elle est en effet de 40 mètres, mais elle est de 20 mètres dès que les pentes s'adoucissent et de 10 mètres dans les coteaux et les pays de plaine, c'est-à-dire dans la plus grande partie de la France.

217. Hachures et teintes. — D'ailleurs ces courbes, à part quelques exceptions, comme la carte des environs de Paris, où l'on trouve des courbes à l'équidistance de 5 mètres, celle de la frontière des Alpes, où cette équidistance est de 20 mètres, etc., n'existent que sur les minutes au 1/40 000, classées au service géographique et dont la réduction à moitié a formé le 1/80 000 (1). Sur l'ensemble de la France, à cette dernière échelle, pour mieux accentuer le modelé du terrain, on a tracé, entre les courbes, supprimées ensuite, des hachures normales, dont la grosseur et le rapprochement sont réglés par rapport à l'écartement de ces courbes, conformément à certaines lois traduites par un dessin type que l'on appelle *diapason*, sur lequel se règlent les dessinateurs. Mais le diapason varie avec certaines pentes et diverses échelles, et encore selon les pays.

Les hachures, tracées avec art et précision, parlent plus aux yeux que les courbes, et c'est pour cette raison qu'à l'origine de la carte de l'état-major elles ont été choisies ; mais elles font souvent confusion avec les détails de la planimétrie, et augmentent notablement le prix de revient de la gravure ; en outre, elles ne permettent pas, aussi bien que les courbes, de résoudre divers problèmes de l'ingénieur. Pour réunir, en partie du moins, les avantages des hachures et des courbes, on pose généralement, sur ces dernières, une teinte grise habilement nuancée, reproduite par la lithographie, qui laisse les courbes apparentes tout en accentuant le relief. C'est ainsi notamment que le service géographique a exécuté la carte des environs de Paris au 1/20 000, celle de la France au 1/200 000, etc.

218. Choix de l'équidistance. — Pour les plans qui nous intéressent plus particulièrement, on se contente ordinairement des courbes de niveau avec une équidistance dont la valeur est commandée par la nature des mouvements du terrain et le but du plan, et sans se préoccuper de l'équidistance *graphique*. Lorsqu'il s'agit de drainage ou d'irrigation par exemple, sur un sol peu incliné dans son ensemble mais dont les accidents sont petits et nombreux, il n'est pas rare de prendre 0^m,20 ou 0^m,25 pour l'équidistance avec l'échelle du 1/1000 pour le plan. De la sorte, les détails qui échappent entre deux courbes consécutives sont de bien minime impor-

____

(1) Ces minutes ont rendu de grands services pour les avant-projets de chemins de fer et autres travaux ; on en peut obtenir des calques moyennant références et paiement préalable des frais d'exécution, qui s'évaluent au décimètre carré.

tance et la position des drains ou des rigoles pourra être rigoureusement définie.

Dans beaucoup d'autres circonstances, comme l'étude d'un chemin à travers des pentes plus accentuées, l'équidistance de un mètre sera suffisante, avec la même échelle.

Enfin, quand on voudra seulement donner une idée d'ensemble des principales ondulations, l'équidistance **de 2 à 5 mètres** pourra être adoptée, avec les échelles de 1/2 000 à 1/10 000, retrouvant ainsi en grande partie la gradation que nous avons donnée pour l'équidistance graphique (216).

219. Carnets et croquis de nivellement. — Les résultats d'un nivellement direct s'inscrivent sur des carnets plus ou moins détaillés ou sur des croquis le plus souvent à l'échelle, comme on l'a vu plus haut (195).

a. *Carnet pour cheminement.* — Voici un exemple de carnet simplifié, pour un nivellement fait à la mire Bourdaloue, divisée comme on le sait à 2 centimètres, avec des hauteurs lues dont la valeur est réduite de moitié (95).

On inscrit, sur ce carnet, les nivellements par cheminements, dont tous les points sont déterminés par une succession de nivellements simples. Lorsque, dans le cours de l'opération, on pointe par exception, d'une même station, sur plusieurs points isolés, c'est-à-dire en dehors du cheminement, on les rattache à celui-ci par un artifice d'inscription afin de garder l'ordre nécessaire aux vérifications, que nous allons faire ressortir, ou bien encore on les isole d'une façon très claire pour éviter toute confusion avec les autres points.

Sur le type de carnet qui précède, on a inscrit les éléments du cheminement fermé, suivant le polygone 1, 3, 4, 7, 9, 1. On remarquera, en outre, les points isolés 5, 6, 8 dont nous parlerons tout à l'heure. Quant aux points 2 et 10, ils ont été placés sur les droites 1,3 et 9,1 parce qu'entre les extrémités de ces droites la différence de hauteur est trop grande pour un seul coup de niveau ; d'ailleurs leur longueur dépasse trop la double portée du niveau à bulle pour un nivellement précis.

Notons que si les points 2 et 10 ne servent que d'intermédiaires, sans utilité pour la planimétrie, il n'est pas nécessaire qu'ils soient rigoureusement sur les alignements 1,3 et 9,1.

L'opérateur a donc fait un premier nivellement simple (199) entre 1, point connu, et 2 ; les deux coups arrière donnés sur 1 ont pour moyenne 3,106 ; les deux coups avant 0,607, donc le terrain monte de 1 vers 2 et la différence 3,106 — 0,607 = 2,499 est positive et s'inscrira dans la colonne *ascendante*. Cette différence, ajoutée à l'altitude 132,154 du point 1, donnera l'altitude 134,653 du point intermédiaire 2.

Entre 2 et 3 on procédera de même pour avoir l'altitude 136,890 du point 3.

La distance 3,4 est un peu longue pour un seul coup de niveau qui est néanmoins encore possible, en redoublant d'attention ; mais là, il est à remarquer que le coup arrière 0,630 est inférieur au coup avant 2,395, ce qui indique une descente ; on inscrira donc la différence 2,395 — 0,630 = 1,765 dans la colonne négative ou *descendante* et cette différence devra être retranchée de l'altitude précédente pour obtenir celle du point 4, qui sera 136,890 — 1,765 = 135,125.

Une seule station est nécessaire pour déterminer 7 à l'aide de 4, mais ici, de cette station, on a nivelé, en outre, deux points isolés 5 et 6 et l'inscription de leurs éléments sur le carnet demande un peu d'attention : après avoir inscrit les deux coups arrière sur 4, dont la moyenne est 3,081, on a visé sur 5 et inscrit les deux coups de niveau dans la colonne *avant*, avec leur moyenne 0,916 ; la différence des moyennes 2,165, positive, a été placée dans la colonne ascendante et donne, pour l'altitude du point 5, 135,125 + 2,165 = 137,290. L'opérateur a ensuite, *sans déplacer son instrument*, déterminé 6 par rapport à 5 ; mais alors les deux coups avant (moyenne 0,916) donnés sur 5, après avoir visé en *arrière* sur 4, deviennent des coups arrière sur 5 et c'est pourquoi nous les retrouvons dans cette colonne *arrière*, puis nous inscrivons à l'*avant* les deux coups sur 6 et leur moyenne 0,599. La différence 0,916 — 0,599 = 0,317 étant positive donne, pour l'altitude de 5, 137,290 + 0,317 = 137,607. Pour la même raison, la moyenne 0,599 devient coup arrière sur 6 et la moyenne 0,156 résulte des deux coups avant sur 7 ; la différence de ces moyennes 0,599 — 0,156 = 0,443 est positive et donne, pour l'altitude de 7, 137,607 + 0,443 = 138,850.

Carnet de nivellement, par cheminement fermé.

Numéros des piquets	DISTANCES. Cumulées	Partielles	COUPS ARRIÈRE. Lectures sur la mire	Moyennes	COUPS AVANT. Lectures sur la mire	Moyennes	DIFFÉRENCES. Ascendantes. + Ar.—Av.	Descendantes. — Av.—Ar.	ALTITUDES. Déduites des cotes du terrain	Compensées
	Mèt.	Mèt.								Mèt.
1↑	.....	.....	.....		.....		.....		.....	132,154
		200	1,552 1,554	3,106	0,303 0,304	0,607	2,499			
2	200	.....	.....		.....		.....		134,653 —002	134,651
		170	1,637 1,633	3,270	0,515 0,518	1,033	2,237			
3↑	*370*	.....	.....		.....		.....		136,890 —002	136,886
		300	0,318 0,312	0,630	1,200 1,195	2,395		1,765		
4↑	*300*	.....							135,125 —004	135,117
			1,542 1,539	3,081	0,459 0,457	0,916	2,165			
5	.....	.....							137,290	137,281
		270	0,459 0,457	0,916	0,300 0,299	0,599	0,317			
6	.....								137,607	137,597
			0,300 0,299	0,599	0,078 0,078	0,156	0,443			
7↑	*270*	.....	.....		.....			.....	138,050 —003	138,039
			0,206 *0,206*	*0,412*	*1,092* *1,090*	*2,182*		*1,770*		
8	.....	320	.....		.....			.....	*136280*	136,268
			0,206 0,206	0,412	0,994 0,996	1,990		1,578		
9↑	*320*	.....	.....		.....			.....	136,472 —003	136,458
		180	0,324 0,324	0,648	1,384 1,385	2,769		2,124		
10	180	.....	.....		.....			.....	134,351 —002	134,335
		220	0,227 0,228	0,455	1,319 1,315	2,634		2,179		
1↑	*400*	.....	.....		.....		.....	.....	132.172 —002	132,154
Tot.	1 660	1 660	13,117	13,117	13,099	13,099	7,661	7,643		

Écart :   + 0,018   + 0,018 | + 0,018 | 0,000

CROQUIS ET OBSERVATIONS DIVERSES.

Les points 5 et 6 sont intercalés dans le cheminement ; leurs éléments entrent dans les totaux.

Le point 8, nivelé par rayonnement, n'est pas rattaché au cheminement : aussi, ses éléments, en italique, n'entrent pas dans les totaux.

La compensation a été faite proportionnellement aux distances horizontales, données dans les premières colonnes.

Le point 8 est isolé comme 5 et 6, mais, comme exemple, nous l'avons déterminé par rayonnement, en donnant le coup arrière 0,412 sur 7 et le coup avant 2,182 sur 8, sans le rattacher au cheminement ; alors ses éléments ne doivent pas entrer dans les totaux de vérification et c'est pourquoi nous les avons distingués des autres en les inscrivant en *italique*.

Les deux coups arrière sur 7, dont la moyenne est 0,412, qui ont servi à déterminer 8, se retrouvent au même titre pour 9, l'instrument n'ayant pas changé de position, et la moyenne, 1,990, des coups avant sur ce dernier point donne, avec la précédente, la différence négative 1,578 ; on a ainsi, pour l'altitude de 9, 138,050 — 1,578 = 136,472.

Erreur de fermeture et compensation. — En continuant le cheminement suivant la règle habituelle, on arrive à l'altitude de 10, puis on reproduit celle de 1, avec une différence en plus de $0^m,018$.

Or, le périmètre du cheminement est de $1^{km},660$ et si nous appliquons la formule.

$$e_c = 0^m,005\sqrt{1,660 \times 2} = 0^m,013 \qquad (204)$$

nous trouvons que l'écart e à tolérer est de $0^m,013$ seulement. Cependant, nous n'hésitons pas à accepter 0,018, surtout en considération de plusieurs *portées* de l'instrument, supérieures à la portée normale de 100 mètres (176), et nous répartirons cet écart, de 0,001 environ par hectomètre, proportionnellement à la distance entre les points ; ce sont ces petites corrections qui sont inscrites avec le signe — sous les altitudes déduites du terrain. Ainsi le point 2, distant de 200 mètres du point 1, sera réduit de 0,002 dans son altitude, qui deviendra 134,651. Le point 3, distant du précédent de 170 mètres, sera réduit aussi de 0,002, qui s'ajouteront à la réduction précédente et son altitude sera 136,890 — 0,004 = 136,886, etc.

b. *Carnet de nivellement par rayonnement.* — Ce même carnet pourrait aussi servir à l'inscription des cotes relevées par rayonnement, dans le cas où l'on procéderait par coups arrière et coups avant, en observant, toutefois, qu'il n'y aurait, pour chaque station, qu'un coup arrière, sur le point connu, contre un plus ou moins grand nombre de coups avant, selon le plus ou moins grand nombre de points à viser ; mais, comme on l'a dit plus haut (205), il vaut mieux, en chaque station, déterminer l'altitude du plan de visée et en déduire, après chaque lecture, celle du point visé. On établirait alors un carnet très simplifié, comme celui que nous donnons ici et qui permet, par sa disposition, des vérifications multiples.

Carnet de nivellement par rayonnement.

POINTS visés.	LECTURES.	ALTITUDES. du plan de visée.	ALTITUDES. du point visé.	CROQUIS et OBSERVATIONS.
		STATION A.		
1	3,182	135,336	132,154	
2	0,686		134,650	
10	1,004	$\times 3$	134,332	
	4,872	406,008 −4,872	401,136	
		STATION B.		
2	3,603	138,253	134,650	
3	1,371		136,882	
4	3,133		135,120	
5	0,969		137,284	
6	0,653		137,600	
7	0,213	$\times 6$	138,040	
	9,942	829,518 −9,942	819,576	
		STATION C.		
7	0,112	138,152	138,040	
8	1,882		136,270	
9	1,690		136,462	
10	3,817	$\times 4$	134,335	
	7,501	552,608 −7,501	545,107	

L'altitude d'un point visé est égale à celle du plan de visée diminuée de la lecture sur ce point.

On remarquera que nous avons choisi, comme exemple, la recherche des mêmes altitudes que dans la méthode par cheminement (219, *a*) et qu'il nous a suffi de trois stations au lieu de sept.

Ces deux sortes de carnets sont suffisants pour l'inscription des éléments du nivellement relevés d'après les diverses méthodes. Ainsi, par exemple, dans le cas d'un profil en long (207), levé comme un véritable cheminement, on choisira le premier carnet ; pour les profils, parallèles ou non, dont le but n'est que de grouper les points sur des droites pour les rattacher plus facilement, points qui sont d'ailleurs levés par rayonnement, on adoptera le second.

Enfin, nous avons vu qu'il est des cas, notamment pour les points à cotes rondes (209), où aucun carnet n'est employé ; mais il faut alors, à la place d'un carnet, l'un des croquis dont nous allons parler.

c. *Croquis.* — Nous avons déjà vu (195) qu'il est bon de joindre des croquis aux renseignements numériques consignés sur un carnet. Ces croquis en effet, placés en regard des cotes et des lettres ou numéros désignant les stations, en montrent la disposition sur le terrain. Outre ces croquis du carnet, il est utile souvent d'en établir d'autres pour inscrire les rattachements de points nivelés aux détails de la planimétrie et qui serviront à les mettre en place sur le plan. Ces croquis seront dessinés à vue ; mais dans certains cas, par exemple pour le levé direct des courbes de niveau sur le terrain (214), ces croquis, plus ou moins approximatifs, devront être remplacés par un calque ou mieux une copie rapide du plan planimétrique préalablement rapporté, qui sera emportée sur place avec une échelle et un rapporteur et installée sur une planchette ou d'une façon plus ou moins rustique selon l'habileté de l'opérateur.

Entre autres détails à figurer sur les croquis destinés à recevoir les éléments des courbes, nous signalerons notamment, comme le fait M. Sanguet, le tracé des lignes de faîte en rouge et celui des thalwegs en bleu, qui aident si bien au choix des points utiles et à donner l'allure générale des courbes.

§ III. — DÉTERMINATION DES HAUTEURS PAR LA MÉTHODE TRIGONOMÉTRIQUE

220. Opportunité de l'emploi de la méthode trigonométrique. — Emploi des éclimètres et des clisimètres. — Nous avons vu (83) que la différence de hauteur entre deux points peut s'obtenir par la mesure d'un angle dans le plan vertical de leur droite, mais nous savons que cette méthode, en général beaucoup plus expéditive, donne une précision moins grande que la méthode directe (168-176) ; aussi est-ce à cette dernière que l'on a recours quand il s'agit de déterminer avec une grande approximation l'altitude de points fixes. Il y aura donc lieu, pour l'opérateur, de juger dans quelle mesure ces points seront nécessaires.

Dans les questions d'hydraulique, par exemple, il sera souvent important de préciser l'altitude d'une source, d'un déversoir, d'un plan d'eau quelconque, et alors la méthode directe devra être appliquée. Mais quand le topographe voudra seulement définir l'ensemble des formes du terrain et chercher, dans ce but, les lignes caractéristiques à travers un bois, une terre labourée ou un marais, la méthode trigonométrique sera suffisante.

Alors, plaçant un éclimètre ou un clisimètre sur un point déterminé du sol, il en fixera d'abord l'altitude, s'il ne l'a déjà, en visant un point de hauteur connue, puis, de là, il rayonnera sur tous les points visibles et utiles, tels que ceux, par exemple, qui se trouvent aux changements de pente, sur une ligne de faîte ou de partage des eaux, sur une ligne de réunion des eaux ou thalweg, sur un sommet ou sur un col, etc. Ces points auront été préalablement levés et rapportés sur le plan, de sorte qu'il suffira de prendre graphiquement, sur celui-ci, leur distance horizontale à la station de l'instrument et d'appliquer l'une des formules données pour en obtenir l'altitude.

Cette méthode est celle de rayonnement précédemment décrite (205), mais appliquée à l'aide d'un autre instrument.

De même, avec les instruments angulaires on pourrait aussi opérer par cheminement et, dans les fortes pentes, avec des côtés ne dépassant pas notablement la portée des niveaux à bulle, on obtiendrait une précision comparable à celle que donnent ces derniers, surtout en pratiquant les visées réciproques ou inverses (165-167 c).

La précision des résultats dépendra aussi, naturellement de celle des instruments employés : avec un éclimètre ou un clisimètre à viseur, elle sera beaucoup moindre qu'avec un instrument à lunette, comme le théodolite ou le tachéomètre.

Ce dernier surtout sera précieux, parce qu'on sait qu'avec l'altitude il donnera la position, en planimétrie, du point visé, comme nous le verrons d'ailleurs en étudiant l'application des méthodes.

§ IV. — MÉTHODES TACHÉOMÉTRIQUE, PHOTOGRAPHIQUE ET BAROMÉTRIQUE

221. Méthode tachéométrique. — À vrai dire, les opérateurs au tachéomètre n'emploient pas d'autres méthodes que celles que nous venons d'exposer, mais, comme ils ont en main un instrument qui concentre le décamètre, le goniomètre, la boussole, l'éclimètre ou le clisimètre, on conçoit qu'il est intéressant de voir comment, avec un pareil instrument, ces méthodes seront appliquées.

Dans l'étude qui va suivre nous aurons en vue le tachéomètre système Porro (124) et l'autoréducteur Sanguet (127), signalant, à l'occasion, les différences de résultats entre ces deux instruments.

Jusque dans ces derniers temps, les tachéomètres ont été surtout en usage pour l'étude des projets de voies, ferrées et autres, qui nécessite le levé d'une bande de terrain généralement très longue et étroite, sans fermeture latérale et d'une précision relative ; mais depuis la perfection apportée dans leur construction, et les ingénieuses combinaisons récentes auxquelles ils ont donné lieu, on les met en parallèle, et quelquefois avec avantage, avec les anciens instruments pour les levés réguliers de parcellaires, comme nous le verrons plus loin dans notre historique du cadastre (ch. VI, § II).

On peut dire que la caractéristique de la méthode tachéométrique, c'est la vitesse. Aussi faut-il, pour tirer le meilleur parti des tachéomètres, une organisation spéciale sur le terrain et également, quoique dans une proportion moindre, pour les opérations du cabinet.

Tous ceux qui se livreront à la pratique de ces merveilleux instruments devront donc comprendre, parmi les accessoires qu'ils nécessitent, *l'exposé de la méthode* se rapprochant le plus de l'instrument employé et que les constructeurs, pour la plupart, annexent d'ailleurs à l'appareil. C'est pourquoi nous nous bornerons ici à un court aperçu.

Tout opérateur se servant habituellement du tachéomètre, et dans un rayon suffisamment étendu, formera d'abord une brigade, composée ordinairement de trois employés, lui compris : le principal ou chef de la brigade, qui dirige le travail, le lecteur ou opérateur et l'aide ou copiste.

Tous les trois sont munis d'une sorte de corne de chasse, à l'aide de laquelle ils établissent entre eux et avec leurs auxiliaires un langage conventionnel à distance.

La brigade comprend, en outre, un homme de peine et deux ou trois porte-mires.

Il va sans dire que, pour les opérations de peu d'étendue, ce nombreux personnel peut se réduire à un opérateur et à un porte-mire.

Le directeur du travail procède d'abord à une reconnaissance du terrain d'autant plus minutieuse qu'il est plus couvert, car dans un bois, par exemple, il ne sera pas toujours facile d'apercevoir les mouvements du sol, pourtant si importants pour l'étude des chemins de fer et des routes. Il fera, tout en cheminant, un croquis à vue et au pas figurant, notamment, avec les voies diverses et les grandes lignes du parcellaire, les lignes de faîtes ou de partage des eaux et les thalwegs (213) ; il notera les points convenables pour les stations et les fera remarquer à ses porte-mires, qui devront également jeter un premier coup d'œil sur les points de détails sur lesquels ils auront plus tard à placer leurs mires. Ces points, dont les plus importants seront marqués par des piquets, porteront des numéros inscrits au croquis et c'est là, assurément, une grande difficulté pour un croquiseur novice, d'apporter de l'ordre dans cette multitude de nombres disséminés, le plus souvent, irrégulièrement.

Après cette reconnaissance, et les travaux préliminaires de piquetage (nous allions dire d'attaque !), la brigade prend, en quelque sorte, son poste de combat, dirigée par son chef, qui a un grand intérêt, notamment, à veiller à la marche des porte-mires pour éviter les pertes de temps.

L'opérateur s'installe, avec son instrument, au point choisi pour la première station, qui doit être, comme les suivantes, à peu près sur l'axe de la zone qu'il s'agit de lever, et entre lesquelles les distances n'atteindront pas, généralement, plus de 200 à 300 mètres pour avoir une précision suffisante. Puis, de là, il vise, en premier lieu, un point connu, autant que possible, et, successivement, tous les points compris dans le tour d'horizon et dont la distance ne dépasse pas, approximativement, la moitié de celle de la deuxième station. La visée, sur cette seconde station, sera faite avec un soin particulier.

C'est donc la méthode du rayonnement qui est appliquée pour les points de détails et celle du cheminement non fermé pour la ligne brisée reliant les sommets. Mais, quand l'opérateur le juge utile, il peut *recouper* ces points d'un autre centre de rayonnement et avoir ainsi de nombreuses vérifications.

A mesure que l'opérateur lit, à haute voix, et toujours dans le

MURET. — Topographie.   13

Carnet du Tachéomètre (système Porro),

INDICATION des STATIONS.	HAUTEUR de l'instrument en station.	NUMÉROS des points.	ANGLE.		LECTURE des fils.	NOMBRE générateur.	HAUTEUR de visée sur la mire.
			Hori-zontal.	Vertical.			

Carnet du Tachéomètre, pour plans côtés,

STATIONS. — Hauteur de l'instrument.	NUMÉROS des points.	LECTURES sur la mire.	COORDONNÉES POLAIRES.		
			Rayon ρ.	Azimut Θ.	Inclinaison φ.

d'après I. Moinot, Ingénieur civil.

DISTANCES horizontales.	HAUTEURS verticales.		COTES de mire et de l'instrument.	COTES finales.	OBSERVATIONS.
	en montant.	en descendant.			

de J.-L. Sanguet, Ingénieur topographe.

DIFFÉRENCE DE NIVEAU $Z = \rho \times \varphi$.		ALTITUDE		OBSERVATIONS.
+	—	du point de mire.	du sol.	

même ordre, les éléments donnés par son instrument, le copiste les inscrit sur un carnet spécial, à leurs colonnes respectives.

Nous donnons ici deux types de carnet d'inscription, l'un pour le tachéomètre du système Porro, l'autre pour le tachéomètre Sanguet. Cet habile ingénieur a créé, en outre, deux autres types, le premier s'appliquant à la planimétrie seule et le second à la tachéométrie de grande précision, comprenant le contrôle de toutes les lectures et le calcul des trois coordonnées rectangulaires de chaque point levé.

On remarquera que la partie de gauche, pour chaque carnet, est destinée à l'inscription des éléments du terrain, tandis que la partie de droite reçoit l'inscription de ceux qui résultent du calcul.

Le chef de brigade, tout en observant de près le travail de ses deux collaborateurs, surveille et dirige la marche des divers porte-mires de façon à éviter toute perte de temps et toute confusion dans les visées.

Après les inscriptions faites à la première station, l'opérateur se transporte ensuite à la seconde, où il agit comme à la précédente, mais en visant d'abord cette dernière qui devient alors la station *arrière*, tandis que la troisième station sera la station *avant*.

Pour plus de précision, il fera bien, comme le conseille Sanguet, de faire placer un point auxiliaire entre deux stations consécutives, qu'il visera de chacune d'elles et où il se placera pour les viser, successivement, toutes les deux. De cette façon, il aura sectionné la distance totale en deux fragments dont chacun sera mesuré plus exactement.

On comprend qu'il est important d'augmenter la précision entre les points de stationnement, puisqu'il s'agit là d'un véritable cheminement principal d'où dépend la position de tous les autres points, levés par rayonnement.

Aussi, en raison de la longueur de ce cheminement, qui atteint quelquefois plusieurs centaines de kilomètres, les tachéométreurs apportent un soin tout spécial à rechercher sur leur route, ou dans le voisinage, des repères de nivellement pour s'y rattacher.

D'un autre côté, ils trouvent en quelque sorte à volonté l'occasion de vérifier les angles de leur cheminement axial puisqu'il leur suffit de faire un pointé sur le soleil ou certaines étoiles, et de quelques calculs, pour comparer leur méridien initial avec celui du lieu de la vérification (79) (1).

Quand on opère avec un tachéomètre système Porro, le rapport donne lieu à diverses opérations numériques, notamment pour la réduction des longueurs à l'horizon et la déduction des hauteurs d'après les angles verticaux observés. Ces éléments, indispensables pour la construction du plan, s'obtiennent avec une précision suffi-

---

(1) Nous donnerons, dans nos *questions diverses* (ch. VI, § v), quelques indications sur les procédés employés pour déterminer une méridienne.

sante et assez rapidement en faisant usage d'une règle logarithmique spéciale, et s'inscrivent dans des colonnes réservées au carnet d'observation.

Le tachéomètre Sanguet, par sa disposition, évite ces opérations, et les données utiles s'obtiennent immédiatement par un petit calcul mental ; on les inscrit, comme les précédentes, dans les colonnes réservées.

On peut alors calculer les coordonnées des points et les rapporter directement à l'aide d'un rapporteur de précision, divisé à cet effet.

Et c'est pour cette opération graphique que nous retrouvons l'emploi du lecteur ou du croquiseur et de l'aide.

Ce dernier, en effet, muni du carnet, lit dans un ordre constant, pour chaque point, son azimut, sa distance de la station et son altitude, et le dessinateur fait mouvoir, autour des points de station préalablement marqués, le bord du rapporteur, qui donne la direction du rayon visuel et aussi, par sa division mobile, que l'on peut changer suivant l'échelle, la longueur de ce rayon. Le point est piqué à l'extrémité du rayon, et, à côté, avec son numéro, on inscrit l'altitude dictée (du moins pour quelques-uns, afin de servir de repères).

On obtient alors la planimétrie en joignant les points, sur le dessin, comme ils le sont sur le croquis, et les courbes du figuré du relief se déduisent des altitudes disséminées (214, *b*) et en tenant compte également des directions générales des thalwegs et lignes de partage, indiquées par le croquiseur.

Cette succession d'opérations donne lieu à des questions de détail que nous avons négligées mais que l'on trouve dans toutes les méthodes annexées aux instruments.

On remarque aussi, dans ces méthodes, l'exposé de procédés pour le tracé des courbes géométriques sur le terrain, ce qui est assez naturel puisque, après le levé des longues zones dont les tachéomètres ont maintenant la spécialité, c'est encore souvent par l'usage de cet instrument que se fait l'application des axes des projets sur le terrain. C'est dans ce but que les opérateurs conservent avec soin les piquets de leurs cheminements auxquels les axes étudiés sont rattachés.

Ces sujets sont intéressants, mais en dehors de notre cadre ; aussi nous bornerons-nous, dans notre paragraphe spécial sur le tracé des chemins ruraux, aux cas les plus élémentaires (ch. VI, § III).

222. Méthode photographique. — Le colonel Laussedat. — Système Gaultier. — Avec les progrès aujourd'hui accomplis, nous ne pouvons passer sous silence la méthode photographique, dont M. le colonel Laussedat est l'initiateur non seulement en France mais aussi à l'étranger (1) et qui, après être restée longtemps dans le

---

(1) Nous venons d'apprendre, par la lecture du tome II des *Recherches* de M. LAUSSEDAT, *sur les instruments, les méthodes et le dessin topographiques,* que ce savant officier avait été obligé, bien malgré lui, de suspendre ses études sur ce sujet. Ayant été

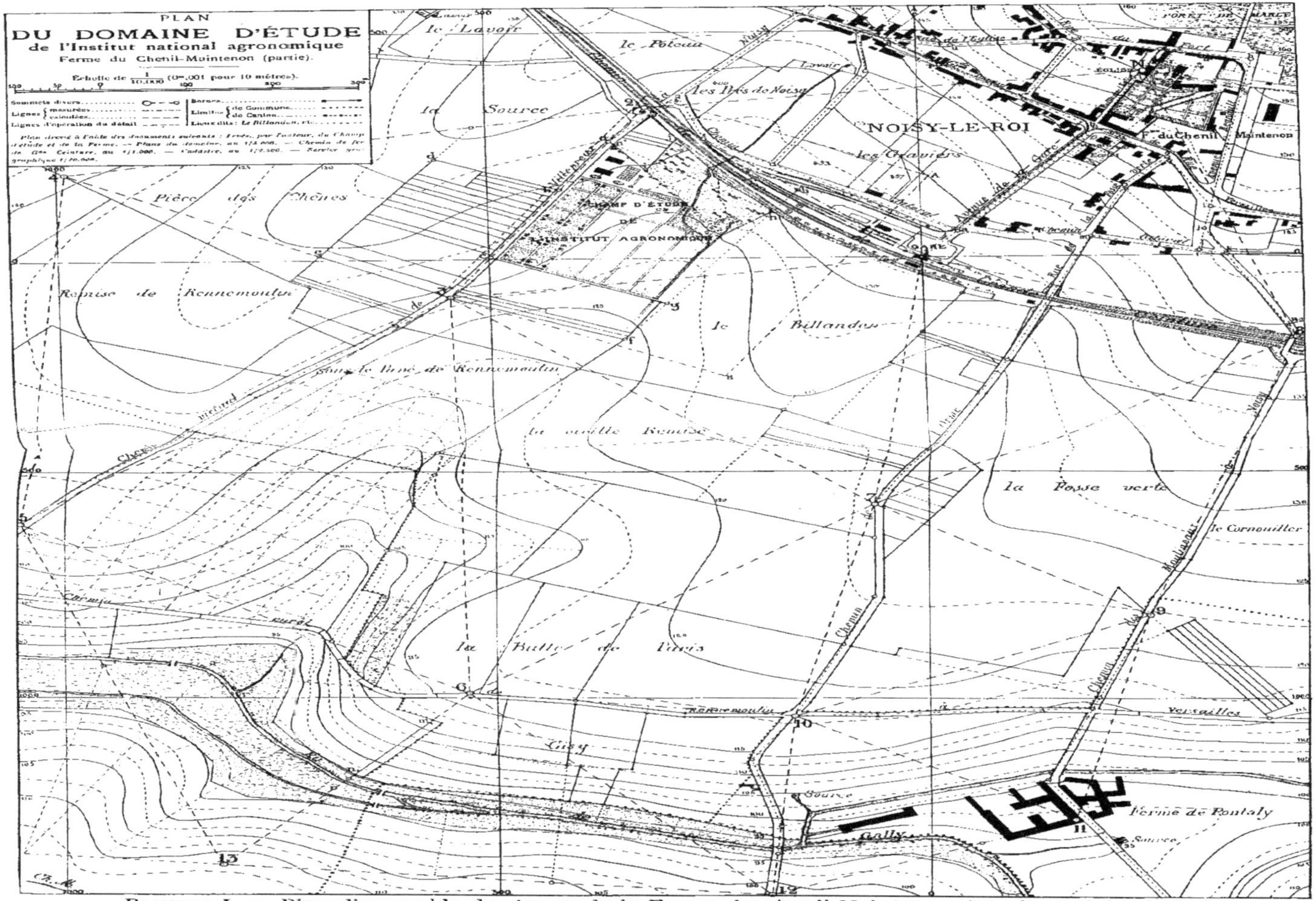

PLANCHE I. — Plan d'ensemble des terres de la Ferme du chenil Maintenon (partie) à Noisy-le-Roi.

domaine de la topographie expéditive, peut être considérée maintenant, surtout dans les pays découverts, comme un auxiliaire sérieux de la topographie régulière.

Nous signalerons, à ce point de vue, l'instrument de levé réalisé par M. Gaultier et qui se compose d'un cercle répétiteur et d'une chambre noire à distance focale de 0^m,30. Il est disposé de manière à permettre de faire successivement, à chaque point de station, un tour d'horizon trigonométrique et un tour d'horizon photographique, c'est-à-dire d'effectuer simultanément et la triangulation subsidiaire et le levé parcellaire. Le tour d'horizon photographique s'effectue au moyen de huit clichés, se répartissant pour l'ensemble de l'opération, en moyenne, à raison d'un cliché par hectare. Sur ces clichés se repèrent photographiquement une ligne horizontale et une ligne verticale.

Les points à lever sont marqués sur le terrain par des jalons en métal munis d'un voyant portant un numéro d'ordre.

Les points trigonométriques, qui sont en même temps des points de station photographiques, sont rapportés sur le plan par leurs coordonnées rectangulaires, mais leur position est, en outre, contrôlée graphiquement, comme celle des points de détail, par plusieurs recoupements.

Les plans levés par M. Gaultier ne donnent pas seulement la planimétrie du terrain, mais encore l'altitude d'un certain nombre de points levés, en mesurant, sur les clichés, la distance de ces points à la ligne d'horizon des plaques photographiques.

Voici, du reste, la conclusion du rapport de la commission extra-parlementaire du cadastre qui a examiné l'instrument de M. Gaultier, ainsi que divers plans levés par l'auteur dans plusieurs départements, sous le contrôle d'adjoints du génie délégués par elle.

« *Sous le rapport de la précision du plan*, la méthode de levé par la photographie, telle que l'a employée M. Gaultier, a donné de très

témoin de ses efforts et de ses succès chez notre maitre, **M. Bardin**, vers 1860, nous éprouvons une émotion douloureuse en écrivant les lignes qui suivent.

En 1871, pendant qu'il remplissait sa triste mission de délimiter contradictoirement notre nouvelle frontière de l'est, notre capitaine, devenu colonel. apprit que ses travaux sur la métrophotographie, publiés en 1854 et en 1864 dans le *Mémorial de l'Officier du Génie*, dédaignés chez nous, avaient été mis à profit par nos ennemis aux sièges de Strasbourg et de Paris!

Bien d'autres pays d'ailleurs, comme l'Allemagne, sont devenus tributaires de notre ancien capitaine et nous sommes heureux de signaler, parmi les promoteurs de ses procédés, deux ingénieurs agronomes espagnols, MM. Ciriaco de Triarte et Leandro Navarro, qui ont publié à Madrid, en 1899. un ouvrage remarquable sur la *Topographie photographique.*

bons résultats et semble comparable aux meilleures méthodes actuelles d'arpentage cadastral.

Cette méthode exige une triangulation subsidiaire à mailles très serrées, qu'elle fournit d'ailleurs elle-même, et l'emploi sur le terrain d'un matériel important. Le levé s'effectue assez rapidement ; mais, par contre, le rapport du plan nécessite de délicates et minutieuses opérations de bureau.

Elle n'est applicable qu'en terrain découvert et c'est en terrain légèrement ondulé qu'on peut l'utiliser le plus avantageusement.

Elle est purement graphique, mais elle offre, par les nombreux moyens de contrôle qu'elle comporte, des garanties d'exactitude supérieures à celles de toutes les autres méthodes graphiques, sur lesquelles elle a, en outre, l'avantage de pouvoir fournir des cotes d'altitude.

Étant donné qu'elle peut encore recevoir des perfectionnements, il y a lieu de penser que, *sous le rapport de la rapidité d'exécution et de la dépense*, elle sera à peu près équivalente aux autres méthodes.

En résumé, la méthode de levé par la photographie, qui n'avait été généralement employée jusqu'à présent que pour les levés topographiques, paraît avoir été assez sérieusement perfectionnée par M. Gaultier pour être admise à l'essai dans les travaux du cadastre (1). »

223. Méthode barométrique. — Enfin nous citerons encore la méthode barométrique, non pas pour obtenir les résultats rigoureux que nous exigeons de nos méthodes, mais pous avoir, dans certains cas particuliers, une approximation suffisante.

C'est ainsi, par exemple, que M. Cormouls Houlès, l'intelligent propriétaire du domaine des Faillades, où nous trouverons plus tard de nombreux exemples de travaux agricoles aussi simples que fructueux (ch. VI, § III) a pu déterminer seul, sans autre instrument qu'un excellent *baromètre altimétrique* de 12 centimètres, compensé pour hauteurs inférieures à 1 000 mètres, un grand nombre d'altitudes, à moins de 2 mètres près. Elles lui ont permis de définir très suffisamment cette propriété, de 650 hectares, fortement ondulée, avec des dénivellations de plus de 100 mètres, par des courbes d'une équidistance de 5 mètres, qui ont servi, entre autres études, à l'exécution d'un plan relief d'ensemble, au 1/2 500.

Il est vrai que, pour encadrer ce *levé expédié*, nous avions couvert ce domaine d'un réseau polygonal, levé et nivelé par les méthodes régulières et sur les sommets duquel, avec la boussole et le baromètre, M. Cormouls venait continuellement se fermer et compenser ses erreurs inévitables.

(1) Procès-verbaux de la Commission extraparlementaire du Cadastre, fascicule 6, p. 515.

V

APPLICATION GÉNÉRALE DES MÉTHODES ET DES INSTRUMENTS

224. Exposé. — a. *Méthode d'ensemble.* — Nous connaissons maintenant, en nombre plus que suffisant, les instruments topographiques avec leurs propriétés, la précision qu'ils donnent, les corrections dont ils peuvent être l'objet ; d'un autre côté, nous venons de voir l'exposé des diverses méthodes en usage pour lever le plan de l'ensemble et des détails d'un territoire de faible étendue. Il nous reste à appliquer ces méthodes et à les approprier aux instruments décrits.

Dans ce but, nous allons suivre, avec l'opérateur, sur un terrain suffisamment étendu — 200 hectares environ — et assez mouvementé, les diverses phases du travail, choisissant pour chacune d'elles les instruments les plus convenables, mais en notant cependant la façon d'opérer pour le cas où quelques-uns seulement seraient à la disposition du géomètre. Nous aurons ainsi l'occasion de mettre en pratique les diverses méthodes qui ont fait l'objet du chapitre précédent.

b. *Méthode simplifiée.* — Nous ajouterons toutefois, pour ceux dont les opérations restent habituellement dans des limites beaucoup plus restreintes, que si les règles générales que nous allons poser, surtout pour la triangulation et la polygonation, sont toujours applicables, on peut néanmoins simplifier le calcul et le rapport, comme nous l'avons fait par exemple pour le plan du champ d'étude (253, *a*) et celui des bâtiments de la ferme (261, *b*).

Là, en effet, comme on le verra, il n'est plus question ni d'azimuts, ni d'orientements ; néanmoins, on trouvera toujours, pour les polygones, un calcul d'ordonnées que nous conseillons d'effectuer parce qu'il donne, assez rapidement, une vérification numérique en même temps qu'il facilite un rapport graphique précis.

§ I. — OBJET DU PLAN. — PROGRAMME DES OPÉRATIONS

225. Résumé. — Nous admettons, d'abord, que l'objet principal du plan est de donner au propriétaire le bornage de ses terres, avec leurs contenances, en détaillant les contours de toutes les pièces, pour faciliter les assolements. Ce plan devra figurer en outre toutes les voies d'accès, depuis la ferme jusqu'au ru de Gally (pl. I, p. 222), la gare des voyageurs et des marchandises, avec ses abords, les terres enclavées et celles du voisinage ; les bâtiments de la ferme et tous les détails du champ d'étude de l'Institut national agronomique.

A la planimétrie, dont les divisions principales viennent d'être décrites, le géomètre ajoutera le figuré du relief du sol par des courbes de niveau afin de permettre l'étude de la direction du rayage des pièces, des corrections avantageuses de certains chemins et du tracé éventuel de chemins nouveaux, des irrigations possibles avec les cours d'eau et du drainage de certaines parties du domaine.

226. Échelle adoptée. — Limites de la précision des mesures. — Le but du plan sera atteint en adoptant, pour sa construction, l'échelle du 1/1000 (un millimètre pour mètre) ; en effet, la plus petite fraction linéaire susceptible d'être exprimée clairement sur un dessin est d'environ un cinquième de millimètre représentant $0^m,20$ à cette échelle. Cette approximation sera généralement suffisante ; cependant, quand il s'agira de points bien définis sur le sol, comme les piquets ou les bornes qui déterminent les limites des terrains, les bâtiments et les murs de clôture, les mesures seront prises avec tout le soin nécessaire jusqu'au centimètre, apprécié sur le décamètre en acier, employé à cet effet.

227. Mesure des lignes et des angles. — La base de la triangulation sera mesurée au moins trois fois, avec un ruban d'acier ou une règle en bois de 5 mètres, et davantage si les résultats obtenus diffèrent de plus de $0^m,02$ à $0^m,03$ pour

100 mètres, limite de la tolérance (53). Les côtés des polygones topographiques seront mesurés deux fois, au décamètre en acier, avec une tolérance de 0ᵐ,04 à 0ᵐ,05 pour 100 mètres, selon les difficultés. On adoptera, pour longueur des diverses lignes principales mesurées, la moyenne des résultats compris dans la tolérance, et ramenés à la température zéro (43).

Les longueurs déterminant les limites des propriétés, et généralement toutes celles destinées à fixer les détails considérés comme importants, seront aussi mesurées deux fois, soit par deux mesurages cumulés, en sens inverse, soit par un mesurage cumulé et un mesurage partiel. Enfin, pour les détails secondaires, un seul mesurage sera suffisant.

Les angles de la triangulation, dont les côtés varient de 200 à 900 mètres, seront mesurés par deux réitérations au moins (71), avec un instrument donnant, autant que possible, la minute centésimale ou les 30″ sexagésimales, ou, tout au moins, les deux minutes centésimales ou la minute sexagésimale.

Les angles des polygones topographiques seront obtenus avec le même instrument, et réitérés également. Leur vérification se fera sur le terrain par la formule connue : $S = 100^g \times (2n - 4)$ avec la tolérance admise (240, *b*).

228. Mesures surabondantes. — On prendra les mesures en surabondance, toutes les fois qu'elles seront utiles pour la vérification et qu'on pourra le faire sans difficulté. Ainsi, par exemple, ayant levé un point par la méthode des intersections, on déterminera ce point par trois cotes au lieu de deux, pourvu toutefois que ces cotes donnent des intersections convenables, ou bien, après avoir fixé deux ou plusieurs points par une méthode quelconque, on mesurera les distances de ces points entre eux si leur position exacte a une importance suffisante.

De même, de chaque station trigonométrique, on pointera tous les sommets visibles ; comme aussi, dans les polygones, on mesurera, à l'occasion, les angles formés par une ou plusieurs diagonales avec les côtés ; ou bien on visera quelques points importants du détail.

Il ne faut pas oublier que ces diverses données supplémentaires, outre qu'elles assureront une plus grande sécurité, seront le plus souvent une économie de temps, parce qu'elles permettront, dans bien des cas, pendant la construction du plan, de localiser rapidement, et même de corriger, des fautes ou des erreurs constatées qui pourraient nécessiter, autrement, de longues recherches au bureau d'abord et sur le terrain ensuite.

229. Conservation des croquis. — On conservera les croquis sur lesquels toutes les mesures seront inscrites pour le cas où il y aurait lieu, plus tard, de les appliquer sur le terrain, — par exemple pour rétablir des limites détruites — ou de dresser des plans partiels à diverses échelles.

230. Nivellement. — Repère initial. — Des altitudes par nivellement direct, en partant du repère à la cote de 133ᵐ,173 situé à la gare de Noisy, seront déterminées sur les sommets trigonométriques ainsi que sur les sommets des principaux cheminements. On gardera les millimètres sur le carnet si l'instrument employé permet de les apprécier, mais on ne cotera que les centimètres sur le plan.

Si l'instrument dont on dispose pour la mesure des angles est un théodolite, on prendra de chaque point trigonométrique, sur les points voisins, des angles verticaux à l'aide desquels on déduira l'altitude provisoire de ces points, ce qui permettra la localisation, et quelquefois même la désignation des points où des fautes (176) auraient pu être commises dans le nivellement direct.

Quand les sommets cotés émergent au-dessus du sol, on inscrira également la cote de celui-ci, en centimètres. Enfin, tout en suivant les cheminements, on disposera de part et d'autre, surtout aux changements de pentes, des points qui serviront à la détermination des courbes de niveau. Quand ce sera possible, la position de ces points sera choisie en outre pour qu'ils soient faciles à rattacher à la planimétrie, dont les points seront d'ailleurs tout d'abord nivelés.

§ II. — TRIANGULATION

231. Ordre du travail. — Dans l'esprit qui vient d'être exposé, on déterminera d'abord la triangulation, qui s'étendra sur la partie urbaine comme sur la partie rurale, puis la polygonation, dont nous ne calculerons que les polygones du bourg de Noisy et celui qui circonscrit le champ d'étude de l'Institut agronomique; ensuite, comme il serait trop long, et d'ailleurs inutile, d'analyser les détails dans tout le périmètre de notre plan d'ensemble, nous nous bornerons à ce champ d'étude et à ses abords pour la partie rurale, et aux bâtiments de la ferme et d'un fragment de la principale rue de Noisy, pour la partie urbaine.

232. Reconnaissance du terrain. — Le programme ainsi tracé, le géomètre va tout d'abord procéder à la reconnaissance du terrain, accompagné du propriétaire ou du fermier s'il ne connaît pas lui-même toutes les limites ; un ou deux aides suivront également, munis d'un marteau, d'un certain nombre de piquets et d'un paquet de jalonnettes (14). Quant à l'opérateur, il sera en possession d'un carnet et, si c'est possible, d'un croquis plus ou moins exact dressé à l'aide de vieux plans du cadastre ou de tout autre renseignement graphique préalablement recueilli, par exemple de la carte de l'état-major, qu'il a ici la bonne fortune de trouver au 1/20 000 (1).

Si le lecteur veut bien se joindre, comme nous, à ce groupe, nous n'aurons qu'à suivre ensemble l'exploration sur la carte, réduite au 1/10 000, que donne la planche première, page 222.

Le rendez-vous est à la gare de Noisy où, après avoir expliqué au chef le but de la réunion, on note l'altitude de l'unique repère de nivellement du voisinage : 133^m,173.

On remarque ensuite qu'il serait facile de s'installer sur le toit aplati du bâtiment principal avec un goniomètre quelconque, d'où l'on pourrait dominer une partie de la région à lever et faire notamment une visée sur le clocher N et diriger une base horizontale vers le passage à niveau du chemin vicinal de Villepreux. Ce serait le sommet 1 de la triangulation et, dans le coin du jardin du gardien du passage à niveau, on

---

(1) A défaut de croquis, on peut construire très rapidement une esquisse en mesurant approximativement, à la chaîne ou même au pas, la base de la triangulation projetée et les angles avec une boussole de poche, et en construisant le dessin, chemin faisant, à l'aide du décimètre et du rapporteur, au 1/10 000 par exemple.

placerait un piquet déterminant le sommet 2 ; ou aurait ainsi 1-2 pour la base principale.

Suivant d'ailleurs la voie, légèrement en remblai du côté de la plaine, dans la direction de ce passage, nous notons, chemin faisant, que la limite du chemin de fer et des terrains voisins est complètement déterminée par des bornes et la plaine nous apparaît comme légèrement vallonnée et à peu près découverte, ce qui facilitera le choix des points trigonométriques.

Du point 2 nous pourrons faire une seconde visée sur le clocher N et diriger une ligne auxiliaire sur un arbre émergeant de l'origine d'un vallon, en 4. Cette ligne nous servira ultérieurement à rattacher l'ensemble des parcelles du voisinage. Il va sans dire que le point 2 fixé par un piquet provisoire, comme tous ceux qui ne sont pas déterminés par un objet à demeure, est placé de telle sorte que la circulation et le fonctionnement de la barrière ne soient pas entravés. Cette observation s'applique d'ailleurs à tous les sommets trigonométriques, sur lesquels des jalons pourront être nécessaires pendant plusieurs jours.

Continuant notre exploration en descendant le chemin vicinal de Villepreux, longeant à gauche le champ d'étude de l'Institut agronomique, dont nous ferons l'analyse spéciale au point de vue topographique (253), et à droite un groupe de parcelles à divers propriétaires, toutes bornées, nous arrivons au tournant du chemin dont la borne, en 3, est bien placée pour la triangulation. De là, en effet, nous apercevons un ensemble de points, de 1 à 7, qui, placés approximativement sur le croquis, ou déterminés provisoirement par un levé rapide, avec recoupements (187), forment entre eux de bons triangles.

De 3 nous nous dirigeons vers 5, coin d'un chemin de Rennemoulin, village voisin, et d'où nous recouperons 4 et pourrons viser vers l'emplacement 6, déjà pressenti de 3, et vers 13, commencement du plateau de l'autre côté de la vallée, audessus du pont Cavalier, limite de cantons.

Avant de quitter 5, nous en fixons la position et nous suivons le chemin rural de Rennemoulin jusqu'à l'emplacement vu approximativement de 3 et de 5, en 6, dont le piquet, pour le retrouver avec facilité, sera disposé sur le bord et en prolongement de la limite $n_1 m_1$ bornée. Ce prolongement, effectué plus tard de l'autre côté de la vallée, déterminera 13.

De 6 on aperçoit le flanc de coteau 12, où nous placerons un point plus tard, le point 3, le tournant du chemin 7 et le carrefour 10.

Nous descendons ensuite, en longeant $m_1 n_1$ jusqu'au pont Cavalier, pour remonter jusqu'au plateau opposé et disposer en 13 un piquet tel, qu'il soit sur le prolongement de $m_1 n_1$ et qu'on aperçoive 5 et 12.

Marchant à flanc de coteau, nous allons placer 12 d'où l'on peut viser sur 11, poinçon couronnant le toit de la ferme Pontaly, et traverser à nouveau le ru de Gally pour planter un piquet en 10, sur la crête du plateau.

De ce point 10, on rayonnera sur 6, 12, 11, 7 et 9, mais ces deux derniers points restent à préciser. Nous suivons à cet effet le chemin de l'Orme et nous choisissons, pour le point 7, une borne située au tournant de ce chemin ; puis, à travers champ, nous nous transportons sur le chemin de Noisy aux Moulineaux où nous plaçons le point 9 sur le prolongement d'une parcelle limite, après nous être assuré que les points 7, 10 et 11 pourront être visés, ainsi que le coin du pont du chemin de fer, en 8, où nous nous dirigeons maintenant.

Ce dernier point, duquel on aperçoit tous les autres, à l'exception de 11, 12 et 13, est sur la crête du talus et dans le prolongement du parapet du pont.

De 8 nous revenons à la gare, notre quartier général, après un parcours d'environ 6 kilomètres, pendant lequel, outre le choix de nos sommets trigonométriques et tout en devisant avec le propriétaire et son fermier, nous avons jeté un premier regard sur les divisions du parcellaire, sur les accès de la vallée, sur les bornages possibles, etc., de sorte que nous avons déjà une idée d'ensemble de la polygonation à établir. Les aides, également, qui, autant que nous, ont besoin de connaître un terrain sur lequel ils auront fréquemment à agir loin de l'opérateur qui les dirige, ont acquis une première connaissance de leur champ d'exercices variés.

233. Piquetage définitif des sommets trigonométriques. — Pendant l'exploration, il a été reconnu, avec le propriétaire, qu'il y aurait utilité à conserver, après l'exécution du plan, les sommets trigonométriques, et de remplacer, à cet effet, les points provisoires par d'autres plus résistants.

Les points 1, 3, 4, 7, 11 et le clocher N, sont déterminés par des signaux fixes : croix, poinçons, bornes ou arbre. Quant aux points 2 et 8, leurs rattachements sont tellement faciles que l'on peut se dispenser de les déterminer autrement (Voy. la figure 151, p. 286, pour le point 2 et la figure 135 pour le point 8). Il ne reste, par conséquent, que les piquets provisoires 5, 6, 9, 10, 12 et 13 à remplacer.

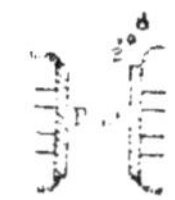

Fig. 135. — Rattachement du point 2.

Or, on trouvera, dans le pays, un mesuisier, un charron ou un charpentier qui débitera dans du chêne ou de l'acacia, de 8 à 10 centimètres d'équarissage, des piquets de $0^m,50$ environ de longueur (fig. 136), les creusera, suivant l'axe, d'un trou cylindrique de 3 centimètres de diamètre et les goudronnera ensuite. Ces piquets, enfoncés avec soin, seront d'une très longue durée et pourront recevoir, exactement sur leur centre, un jalon qui, planté verticalement, sera visé dans toutes les directions sans excentricité. On demandera, par la même occasion, quelques bouts de forte planche et on cherchera, chez un voisin, un sac de plâtre pour disposer sur le toit, autour du point 1, une petite plate-forme (fig. 137). Enfin, on scellera,

Fig. 136. — Piquet trigonométrique.

pour quelques jours, des jalons de 3 mètres environ sur le centre des bornes 3 et 7.

Un seul aide, un peu exercé, muni d'une brouette, de jalons et de divers accessoires, suffira d'ailleurs pour la plantation des piquets définitifs, dans le trou desquels il disposera, chaque jour, les jalons supposés nécessaires pour la journée — car il serait peut-être imprudent de les laisser la nuit au hasard des chemins sur les bords desquels les piquets se trouvent presque tous.

234. **Mesure de la base principale et de la base de vérification**. — Pendant ce temps l'autre aide, sous la direction du géomètre, installera la plate-forme en 1, et tous deux mesureront ensuite, avec le plus grand soin, la base 1-2 avec un décamètre en acier, étalonné (43), ou une règle de

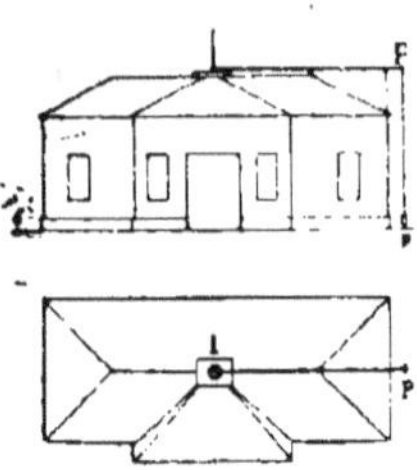

Fig. 137. — Situation du point principal de la triangulation.

5 mètres; en tout cas, c'est à l'aide d'une règle que le premier tronçon de cette base à partir de 1, sera déterminé. A cet effet, on placera l'une des extrémités de la règle exactement sur le point 1 (fig. 137) ou sur sa verticale, à l'aide du fil à plomb; puis, dirigeant cette règle sur 2 et la tenant horizontalement, on laissera glisser ce fil à plomb sur son extrémité jusqu'au sol où l'on marquera sa projection p ; on répétera cette opération pour s'assurer de l'exactitude de ce point marqué p qui servira alors de départ pour le décamètre. On conçoit qu'à la longueur totale trouvée, et ramenée à la température 0 (42), il faudra ajouter celle de la règle projetée 1 p.

235. **Mise en station sur les sommets trigonométriques; établissement de points d'attente pour le rattachement des polygones.** — Le géomètre procédera ensuite à la mesure des angles de la triangulation en s'installant successivement sur chacun des sommets accessibles. Pendant la mise en station, les aides iront placer les jalons sur les points à viser en commençant par ceux qui sont visibles de cette station pour l'opérateur et, de préférence, dans l'ordre à suivre pour les observations ; mais, avant de partir, une entente s'établira entre le géomètre et ses aides pour que ceux-ci, après la plantation des jalons, reviennent sur certains alignements, où l'on conviendra de disposer les piquets d'attente, s'il a y lieu, pour servir ultérieurement à relier directement certains cheminements aux lignes trigonométriques. Par exemple, **sur la ligne 1-2 (Pl. III, p. 292)**, et pendant que la visée se fera de 1 à 2, un aide se trouvera sur le prolongement de fh, afin de pouvoir marquer, sur ce prolongement, le point h', dont l'observateur en 1 précisera la position sur 1-2. On fermera ainsi le quadrilatère 2,3,*f*,*h'*, sur les côtés duquel on pourra solidement appuyer le *champ d'étude de l'Institut agronomique*. C'est du reste le seul point qui sera à déterminer, pour le moment, pendant le stationnement en 1. A l'inspection du plan, il sera facile de voir les points placés des autres sommets. Nous ferons remarquer à cette occasion que, lorsqu'on dispose des points sur une ligne dont on doit stationner aux deux extrémités, il est préférable de faire placer, de chacune d'elles, les points qui en sont le plus rapprochés. Ainsi, sur 2-3, *a* sera placé du point 2, tandis que, du point 3, on placera le point *c*.

On reconnaîtra que cette facilité de rattachement de cheminements ou polygones directement sur les côtés de la triangulation est un excellent élément de précision pour le levé des détails ; mais il n'est guère possible que dans les terrains découverts ; autrement, on a souvent des difficultés, ou tout au moins des tracés secondaires à effectuer, pour établir une liaison entre les lignes trigonométriques et les polygones topographiques.

C'est ce qu'on remarquera par exemple aux abords du point inaccessible 11, ainsi qu'au clocher N, de Noisy-le-Roi (Voy. ch. VI, § v).

236. Mesures de l'angle. — Carnet d'observations pour les angles trigonométriques. — Les indications que nous avons données sur la mesure des angles, notamment par la réitération (71 et suiv.), nous dispensent de revenir sur ces opérations, mais il est utile de nous arrêter sur l'inscription des lectures, car l'ordre est une condition indispensable pour bien classer et permettre de les restituer à leurs places respectives les centaines de cotes relevées journellement par un géomètre.

Les carnets d'inscription varient quelque peu avec les méthodes employées et la nature des instruments, mais ils sont en général faciles à traduire, surtout lorsqu'ils sont accompagnés de croquis, comme dans celui dont nous donnons un type plus bas, et qui est presque identique à celui admis par A. Pelletan dans son *Traité de topographie*.

Nous avons inscrit, sur ce tableau, les observations faites de la station 1 (1ʳᵉ colonne), en prenant pour direction initiale la ligne 1 N, par la visée sur le clocher N de Noisy (colonne 2) et en établissant, pour ce départ, la coïncidence du zéro du vernier A avec celui du limbe (colonne 3) ; ensuite nous avons relevé le vernier B, qui marque 200 grades exactement ; l'erreur des verniers est donc ici nulle et nous inscrivons zéro à la colonne 4, comme aussi à la colonne 5, dans laquelle, pour plus de simplicité, on ne fait figurer que les moyennes des parties décimales, les erreurs ne pouvant porter que sur ces petites quantités.

Après le retournement de la lunette et sa révolution de 200 grades autour de l'axe de l'instrument, nous constatons au vernier A $200^g,02$ que nous portons à la colonne 6, puis $0^g,02$ au vernier B, à porter à la colonne 7. La moyenne des verniers A et B, déduction faite de 200 grades, est donc de 0,02 portés à la colonne 8, et la moyenne des colonnes 5 et 8, $\frac{(\alpha+\beta)}{2}$ égale à 0,01 sera inscrite à la colonne 9.

Entraînant ensuite l'alidade sur le point 2, on obtiendra, successivement, les éléments inscrits aux colonnes 3 à 8 ; et l'angle de N à 2, après les diverses compensations des moyennes, sera égal à $84^g,78$ (colonne 9) duquel on déduira la moyenne précédente 0,01 des visées sur N, ce qui donnera pour l'angle N,1,2, $84^g,77$ (colonne 10).

Pointant après l'alidade sur 3, on cotera les lectures et moyennes, comme précédemment, de 3 à 9, et on aura pour l'angle partiel entre 2 et 3, $146^g,09 - 84^g,78 = 61^g,31$ (colonne 10), Enfin, on terminera le tour d'horizon en se fermant sur N et, après avoir ajouté 400 grades à la colonne 9, l'angle de 8 à N aura pour valeur $400^g,01 - 311^g,11 = 88^g,90$.

Comme vérification, on fera la somme des décimales dans les colonnes 3, 4. 6, 7 et la somme 54, des décimales de la colonne 9, devra être la moyenne $\frac{51+54+57+55}{4}$ des quatre résultats précédents.

Une autre vérification se trouvera dans la somme des angles de la colonne 10, qui devra être égale à 400 grades ou à très peu près.

Le deuxième tour d'horizon donnant lieu aux mêmes remarques, nous nous bornerons à ajouter que si l'origine des directions est toujours N, l'origine des divisions sur le limbe

Carnet d'observation des angles de la triangulation, avec retournement de la lunette et réitération.

| DÉSIGNATION des | | 1re POSITION DE LA LUNETTE. | | | 2e POSITION DE LA LUNETTE. | | | MOYENNE des deux positions | ANGLES MOYENS. | | CROQUIS, OBSERVATIONS et CALCULS DIVERS. |
| stations. | points visés. | Vernier A. | Vernier B. | Moyenne a. | Vernier A. | Vernier B. | Moyenne a. | $\frac{a+a}{2}$ | de chaque tour d'horizon. | des deux tours d'horizon. | |
1	2	3	4	5	6	7	8	9	10	11	12
		g.	g	g.	g.	g.	g.	g.	g.	g.t	
1	N	0,00	0,00	0,00	200,02	0,02	0,02	0,01	»	»	
1er tour d'horizon.	2	84,77	78	775	284,78	79	785	84,78	84,77	»	
	3	146,08	09	085	346.10	09	095	146,09	61,31	»	
	7	229,55	55	55	29,54	52	53	229,54	3,45	»	
	8	311,11	12	115	111.10	11	105	311,11	81,57	»	
	N	400,00	00	00	200,03	02	025	400,01	88,90	»	
		51	54		57	55		54	400,00		
1	N	99,00	01	005	299,02	0,01	015	99,01	»	»	
2me tour d'horizon (réitération).	2	183,79	79	79	383,79	81	80	183,795	84,785	84,78	
	3	245,09	08	085	45,09	10	095	245,09	61,295	61,30	
	7	328,55	56	555	128,56	55	555	328,555	83,46	83,455	
	8	410,11	11	11	210,12	12	12	410,115	81,56	81,565	
	N	499,01	01	01	299,03	02	025	499,015	88,90	88,90	
		55	56		61	61		58	400,00	400,00	

Colonne 12 — CROQUIS, OBSERVATIONS et CALCULS DIVERS.

1er tour d'horizon.

Dans la 1re position de la lunette, le zéro du limbe coïncide avec celui du vernier A et la lunette est pointée sur N, pris comme origine du 1er tour d'horizon.

Vérification : Colonnes $\dfrac{3+4+6+7}{4} = 9$

$$\frac{51+54+57+55}{4} = 54$$

2e tour d'horizon.

Dans la 1re position de la lunette, le zéro du vernier A est placé au $\frac{1}{4}$ environ du limbe (71), soit à 99g et la même origine N est gardée pour le second tour d'horizon.

Vérification : $\dfrac{55+56+61+61}{4} = 58$

a été reportée au quart *environ* du cercle, soit à 99 grades (71) ; en outre, nous avons une moyenne de plus inscrite à la colonne 11, et qui se déduit des angles partiels de chaque tour d'horizon (colonne 10).

A ce tableau, on ajoute ordinairement une douzième colonne pour les croquis, observations et calculs divers.

A noter particulièrement, dans cette colonne, l'angle azimutal (79) 363^g,50 de la droite 1N, avec la méridienne du point 1, déterminée (ch. VI, § v) spécialement en ce point, choisi pour origine des coordonnées que nous allons bientôt calculer (239, *d*).

237. Correction ou compensation provisoires des angles. — Tous les angles étant ainsi mesurés, notés au carnet et leurs moyennes déduites, on construira rapidement à l'aide de la base et à une petite échelle, suffisante toutefois pour avoir la place d'inscrire ces angles, un canevas trigonométrique (fig. 138) pour servir aux compensations raisonnées et aux calculs des triangles et des coordonnées de leurs sommets.

On sait la double condition à remplir pour les angles : en chaque tour d'horizon, leur somme doit être égale à 400 grades, et, dans chaque triangle, à 200 grades. Ajoutons en outre que si, dans les moyennes du carnet (colonne 11), les décimales sortent de l'approximation donnée par l'instrument, qui est ici le centigrade, nous sommes d'avis, pour plus de simplicité dans les calculs, de les supprimer, autant que possible, en augmentant ou en diminuant le chiffre des centigrades d'une unité, surtout si, par l'examen des figures adjacentes, on trouve une indication pour savoir dans quel sens cette petite simplification peut être faite.

C'est ce qui a eu lieu, par exemple, en étudiant les triangles 1,3,7 et 1,7,8 : pour le premier, la somme des angles était un peu faible et 83^g,46 convenait mieux que 83^g,455, tandis que dans le second, elle était un peu forte, et conséquemment 81^g,56 était préférable à 81^g,565.

Ce que nous venons de dire pour un cas particulier se généralise d'ailleurs pour les compensations dans l'ensemble du réseau.

Du reste, il ne faut pas perdre de vue que ces compensations, bien que s'approchant de la vérité, ne sont encore que provi-

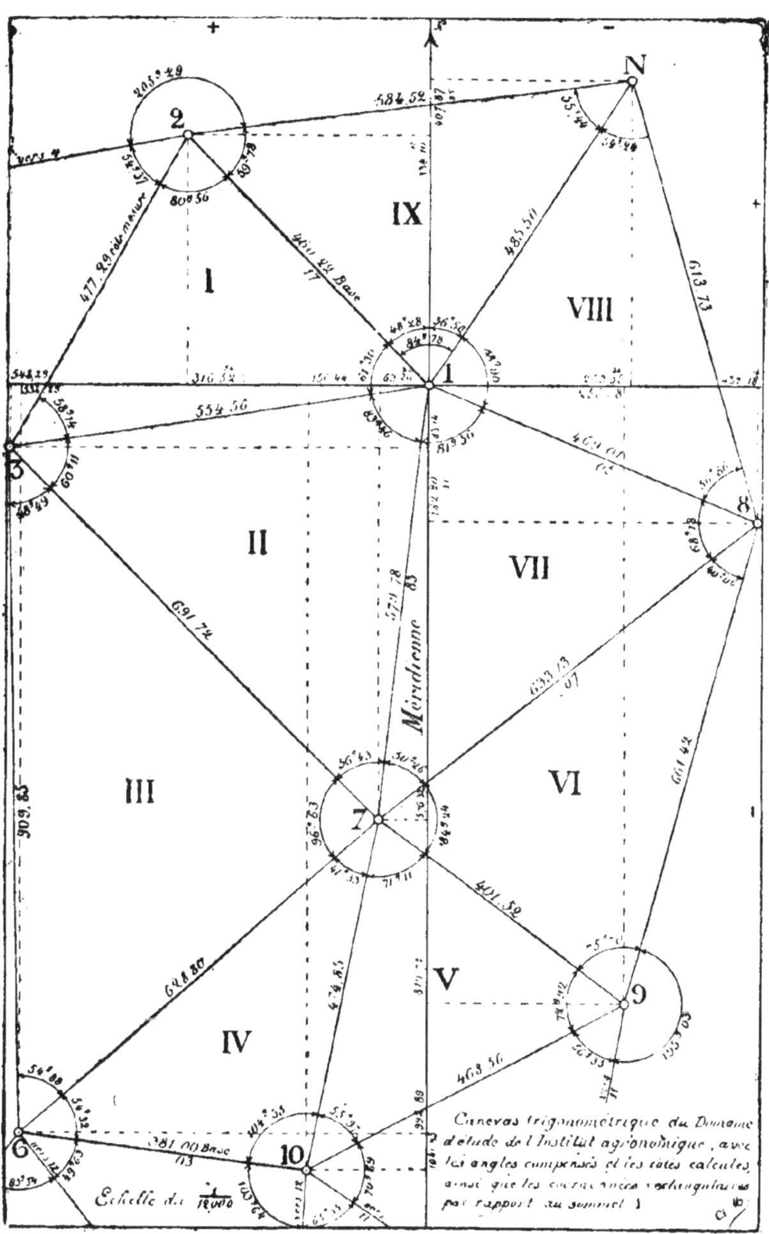

Fig. 138. — Observations trigonométriques et coordonnées.

soires, car il peut arriver que la compensation des côtés, que nous aurons aussi à indiquer (238, *c*), révèle quelques modifications à apporter encore aux angles ; mais avant, il faut procéder au calcul de la triangulation.

238. Calcul des triangles. — Le calcul d'une triangulation, dans les limites très restreintes que nous admettons, comprend seulement : 1° la détermination des côtés des triangles à l'aide de la base et des angles ; 2° le calcul des *coordonnées rectangulaires* de chaque sommet par rapport à deux axes, que nous supposons ici dirigées suivant la méridienne du point 1 et la perpendiculaire à cette méridienne au même point.

a. *Détermination des côtés.* — Pour ne pas étendre outre mesure les calculs dont nous allons faire l'analyse, nous bornerons notre triangulation aux sommets 1, N, 2, 3, 6, 7, 8, 9, 10, choisis sur le terrain d'ensemble (Pl. I, p. 222) et qui permettent d'ailleurs de considérer soit une *chaîne* de triangles I, II, III, IV, avec la base 1-2 et une base de vérification 6-10, soit deux *réseaux* avec les *centres polaires*, en 1 et en 7, autour desquels rayonnent, pour le premier, les triangles I, II, VII, VIII, IX et, pour le second, les triangles II à VII. C'est là une disposition très favorable, pour les vérifications, dont nous parlerons plus loin (fig. 138 et 143).

b. *Tableau du calcul des triangles.* — Pour le calcul des triangles, et quel que soit l'ordre suivi, il faut commencer par celui dans lequel entre l'une des bases mesurées, soit, ici, par le triangle I, dans lequel on connaît un côté 1-2 et les angles. On sait que les autres côtés se déduiront de la formule générale :

$$b = \frac{a \sin B}{\sin A}; \qquad c = \frac{a \sin C}{\sin A}$$

ou :

$$\text{\textit{III}} \quad \begin{cases} \log b = \log a - \text{C}^{\text{t}} \log \sin A + \log \sin B \\ \log c = \log a - \text{C}^{\text{t}} \log \sin A + \log \sin C \end{cases}$$

le triangle II s'obtiendra en s'appuyant sur le côté 1-3, précédemment calculé, puis le triangle III à l'aide du côté 3-7, etc.; de sorte que, de proche en proche, on arrivera, par le calcul, à la base de vérification 6-10, mesurée directement. Puis, en continuant, le triangle VII devra reproduire 1-7, déjà calculé

Tableau des calculs de la triangulation.

TRIANGLES. 1	SOM-METS. 2	ANGLES. 3	CÔTÉS OPPOSÉS. 4	CÔTÉS OPPOSÉS. 5	LOGA-RITHMES. 6
I	1	61,30	2-3	477,29	2,67878 9,91426 0,10155 2,66297 9,97943 2,74395
	3	58,14	1-2	460,22	
	2	80,55	1-3	554,56	
II	1	83,46	3-7	691,72	2,83993 9,98517 0,11081 2,74395 9,90850 2,76326
	7	56,43	1-3	554,56	
	3	60,11	1-7	579,78	
III	3	48,49	6-7	628,80	2,79851 9,83593 0,11965 2,83993 9,99939 2,95897
	6	54,88	3-7	691,72	
	7	96,63	3-6	909,85	
IV	6	54,32	7-10	474,85	2,67656 9,87704 0,00101 2,79851 9,78144 2,58096
	10	64,35	6-7	628,80	
	7	41,33	6-10	381,03	
V	7	71,11	9,10	468,56	2,67076 9,95366 0,04054 2,67656 9,88661 2,60371
	9	72,92	7-10	474,85	
	10	55,97	7-9	401,52	

TRIANGLES. 1	SOM-METS. 2	ANGLES. 3	CÔTÉS OPPOSÉS. 4	CÔTÉS OPPOSÉS. 5	LOGA-RITHMES. 6
VI	7	84,24	8-9	661,42	2,82048 9,98655 0,23022 2,60371 9,96756 2,80149
	8	40,06	7-9	401,52	
	9	75,70	7-8	633,13	
VII	7	50,26	1-8	469,05	2,67122 9,85125 0,04848 2,80149 9,94333 2,76330
	1	81,56	7-8	633,13	
	8	48,18	1-7	579,83	
VII	1	81,56	7-8	633,07	2,80145 9,98152 0,05667 2,76326 9,85125 2,67118
	8	68,18	1-7	579,78	
	7	50,26	1-8	469,01	
VIII	8	56,86	1-N	485,50	2,68619 9,89157 0,12344 2,67118 9,99336 2,78798
	N	54,24	1-8	469,01	
	1	88,90	N-8	613,73	
IX	N	55,44	1-2	460,17	2,66292 9,88359 0,09314 2,68619 9,98747 2,76680
	2	59,78	1-N	485,50	
	1	84,78	2-N	554,52	

en II, et enfin, le dernier triangle 1X complétera la fermeture sur la base 1-2.

Or, dans tous ces calculs, c'est toujours la même formule *m* qui est appliquée, formule dans laquelle, pour la détermination des deux côtés inconnus de chacun des triangles, log *a* et C^t log A entrent à la fois dans le calcul de ces deux côtés.

C'est ce qui explique la disposition des logarithmes de la colonne 6 du tableau des calculs, tableau qui se comprend facilement. Prenons, par exemple, la première bande horizontale, dans laquelle on a groupé tous les éléments du triangle I (colonne 1).

Avant tout calcul on a ainsi placé les données :

	1	61^g,30	2-3	
	3	58^g,14	1-2	460,22
	2	80^g,56	1-3	

en ayant soin d'inscrire, sur la ligne du milieu, le côté **connu** 1-2 = 460,22 avec son angle opposé 3 = 58^g,14, puis on a cherché *dans l'ordre suivant*, les :

$$\log \sin 61^g, 30 = 9,91426$$
$$C^t \log \sin 58^g, 14 = 0,10155$$
$$\log \sin 80^g, 56 = 9,97943$$
$$\log 460,22 = 2,66297$$

qu'on a inscrits à leurs positions respectives (col. 6) ; enfin on a fait les deux sommes 2,67878 et 2,74395 des trois logarithmes accolades, inscrites l'une en haut, l'autre en bas et, sortant les nombres auxquels elles correspondent, on les a inscrits dans la colonne 5 en regard de leur désignation 2-3 et 1-3.

La même disposition sera admise pour les triangles suivants, qui emprunteront aux précédents, comme nous l'avons dit plus haut, le côté connu ainsi que son logarithme.

Par exemple, au triangle II on retrouvera, dans la ligne du milieu, le côté 1-3 = 554^m,56 et son logarithme 2,74395 qui figurent à la dernière ligne de calculs du triangle I. Et l'on évitera des erreurs, tout en calculant plus vite, si l'on observe partout le même ordre dans la recherche et l'inscription des logarithmes.

Le but du calcul de la triangulation, après sa vérification, est surtout de déduire les éléments nécessaires à la détermination des coordonnées de ses sommets, éléments qui sont, avec les orientements dont nous allons parler tout à l'heure, les logarithmes des côtés ; aussi divers auteurs sont-ils d'avis de ne pas chercher ces côtés et, conséquemment, de supprimer la colonne 5. Mais, pour les triangulations de très petite étendue, qui figurent en entier sur une seule feuille, comme le plan dont elles sont la base, nous sommes d'avis de donner les côtés parce qu'ils servent de vérification immédiate de la position des sommets, après leur placement à l'aide des coordonnées.

c. *Compensation des résultats.* — En examinant les résultats des calculs, nous constatons que le triangle IV donne pour le côté 6-10, une longueur de 381^m,03, alors que la mesure directe de ce côté, considéré comme base de vérification, a donné pour moyenne 381 mètres.

Déjà, dès le premier triangle, nous trouvions, entre le côté 1-3, qui a pu être mesuré dans toute sa longueur pour le rattachement de polygones topographiques et le levé des détails et ce même côté, déduit du calcul, une petite différence de 0^m,03.

Continuant les calculs par les triangles V, VI et VII, nous venons reproduire le côté 1-7, dans ce dernier triangle, avec une différence de 0^m,05 par rapport au même côté, obtenu dans le triangle II.

Enfin si, au lieu de suivre l'ordre de la chaîne I, II, III, IV,... nous cherchons à reproduire la base 1-2 en pivotant autour du pôle 1 par les triangles I, II, VII, VIII, IX, le calcul nous donne pour cette base, 460^m,17, tandis que la mesure directe, adoptée au départ, est de 460^m,22.

Or, étant donnés, d'une part le millième, échelle de notre plan ; d'autre part, la longueur des côtés et la limite d'approximation des angles, qui est le centigrade, ces différences sont insignifiantes et leur répartition méthodique inutile.

Elle nécessiterait d'ailleurs une modification de tous les angles qui les ferait varier de quelques milligrades seulement et un nouveau calcul des côtés, dont la variation serait de quelques millimètres. Aussi, garderons-nous les résultats trouvés pour en déduire les coordonnées, nous réservant de modifier très légèrement quelques-unes de ces dernières, s'il y a lieu.

Pourtant, sans nous étendre sur les méthodes rigoureuses à l'aide desquelles on compense les triangulations plus étendues et dont les éléments sont plus précis que les nôtres, disons que, par un examen raisonné des différences, on peut souvent reconnaître les lignes probables sur lesquelles certaines corrections peuvent s'appliquer. Par exemple, si nous admettions la longueur de 477^m,32, obtenue par la mesure directe pour 2-3, 1-3 augmenterait aussi légèrement et on pourrait allonger 1-7, qui s'en déduit, de 0^m,02 ou 0^m,03, ce qui aurait pour conséquence, dans le triangle IX, de rapprocher le côté 1-2 de la longueur initiale 460^m,22.

Mais alors le triangle I devrait être calculé de nouveau, par exemple avec 460^m,22 et 447^m,32, ce qui amènerait, comme nous le disions plus haut, des modifications aussi fastidieuses qu'inutiles dans les angles et dans toute la suite des calculs.

239. Calcul des coordonnées rectangulaires. — C'est surtout ici que nous nous étendrons volontiers parce que ce système de coordonnées est applicable au polygone topogra

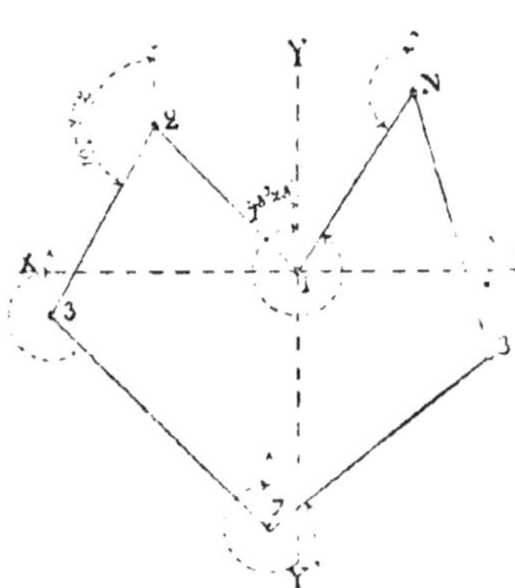

Fig. 139. — Axes des coordonnées. Azimut et orientements.

phique, et si la triangulation est plutôt superflue pour nos opérations, le polygone topographique en est surtout le canevas. Or les coordonnées en permettent d'abord la vérification, et, en outre, elles donnent un moyen aussi pratique que précis de rétablir au besoin, à toute époque, les sommets sur le terrain et de les placer sur le plan.

Soit un polygone quelconque 1,2,3,7,8,N,1 (fig. 139), décomposé en triangles ou non, dont on connaît les côtés, les angles, ainsi que l'angle Az = 48^{g}28 formé par l'un des côtés 1-2 la méridienne YY′; soit XX′ perpendiculaire à YY′ en 1.

Ces deux perpendiculaires pouvant d'ailleurs être situées en tout autre point, mais rattaché, toutefois, au polygone.

a. *Angles d'orientement.* — *Angles topographiques.* — — L'angle Az, nous l'avons vu (79), s'appelle l'angle azimutal ou simplement l'azimut de 1-2 au point 1, et on le compte, ordinairement, à partir de YY′ jusqu'à 1-2, c'est-à-dire dans le sens *direct* (36) et tout angle, *compté dans le même sens*, à partir de la parallèle à YY′, menée par chacun des autres sommets du polygone jusqu'aux droites issues de ce sommet est dit l'*orientement* de ces droites. Ainsi 48^g,28 est l'azimut de 1-2, au point 1, par lequel passe la méridienne YY′ ; mais l'angle 167^g,72 compris entre la parallèle à la méridienne YY′, au point 2, et la droite 2-3 est l'orientement de cette droite au point 2, et non plus l'azimut.

Les orientements, comme les azimuts, **se** comptent de 0^g à 400^g.

De plus, nous appellerons *angle topographique* de deux côtés contigus d'un cheminement celui qui est mesuré par l'arc décrit du sommet, en partant du côté qui vient d'être parcouru, que nous appellerons le *côté arrière*, et en suivant le sens des angles azimutaux jusqu'à l'autre côté, ou *côté avant*.

Notons que, quand le cheminement est fermé, les angles topographiques sont tous extérieurs au polygone s'ils ont été mesurés en suivant le cheminement dans le sens azimutal, dit aussi sens direct (79) (fig. 140), tandis qu'ils seront intérieurs dans le sens contraire.

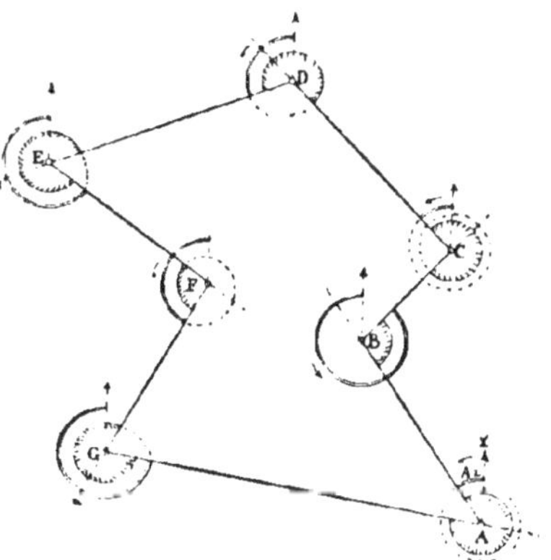

Fig. 140. — Détermination des orientements.

b. *Détermination ou transmission de l'orientement.* — Ceci posé, on *obtiendra l'orientement d'une droite, en un sommet donné, en ajoutant à l'orientement de la droite précédente l'angle topographique de ces deux droites, augmenté de 200^g, le tout*

diminué de 400^g, *quand cette soustraction sera possible, ou de*
2×400^g (on sait que, en trigonométrie, à tout angle supérieur
à 2π, on peut retrancher 2π ou un multiple de 2π sans altérer
la valeur des lignes trigonométriques ni leurs signes).

Étant bien entendu, toutefois, que le sens suivi sur le cheminement pour la détermination des orientements successifs
sera le même que celui suivi préalablement pour la mesure des
angles topographiques.

Considérons le polygone quelconque ABCDEFGA (fig. 140),
dont les angles topographiques, *hachurés* sur la figure, seront désignés par les lettres des sommets, l'azimut d'origine
par Az et les orientements par les lettres de leurs sommets
affectées de l'indice *o*. Prolongeons les côtés dans le sens suivi
pour la détermination des angles topographiques, comme des
orientements, et indiqué par l'ordre des lettres. Menons enfin,
en chacun des sommets, une parallèle à AY ; marquons d'un
double trait l'arc figurant l'amplitude de l'angle d'orientement,
et pour mieux suivre la continuité des arcs divers, réunissons
par une courbe ponctuée la fin de l'arc d'orientement avec
l'origine de l'arc topographique. Nous formerons ainsi une
sorte de spirale ou volute, dont un examen attentif et la considération des angles correspondants vont justifier les égalités
ci-après :

$$Az = \text{Azimut initial.}$$
$$B_o = Az + 200^g + B,$$
$$C_o = B_o + 200^g + C - 2 \times 400^g,$$
$$D_o = C_o + 200^g + D - 400^g,$$
$$E_o = D_o + 200^g + E - 400^g,$$
$$F_o = E_o + 200^g + F - 400^g,$$
$$G_o = F_o + 200^g + G - 400^g.$$
$$A_o = G_o + 200^g + A - 2 \times 400^g.$$

Prenons, par exemple, l'orientement C_o de la droite DC
au point C.

La spirale, en la suivant dans le sens de la flèche, se compose
d'abord de B_o depuis le départ jusqu'au prolongement de BC ;
puis, ajoutant 200^g, nous rencontrerons BC et, de là, nous terminerons le chemin en ajoutant l'angle topographique qui va
de BC à CD. La spirale qui coupe deux fois la ligne CY et va
même au delà jusqu'à CD, est donc égale à :

$$B_0 + 200^g + C = 2 \times 400^g + C^o,$$

d'où :

$$C_0 = B^o + 200^g + C - 2 \times 400^g.$$

Un raisonnement analogue, plus ou moins simplifié suivant les sommets où on l'appliquerait, justifierait toutes les égalités posées précédemment.

c. *Signes des angles d'orientement.* — *Abscisses et ordonnées.* — Les angles d'orientement, qui ont pour origine (239, a) une parallèle à la méridienne, et s'étendent jusqu'à 200 grades, donnent la direction de la droite *avant* dans les quatre quadrants. En effet, en leur appliquant les signes adoptés en trigonométrie, notamment pour les sinus et cosinus, on voit (fig. 141) :

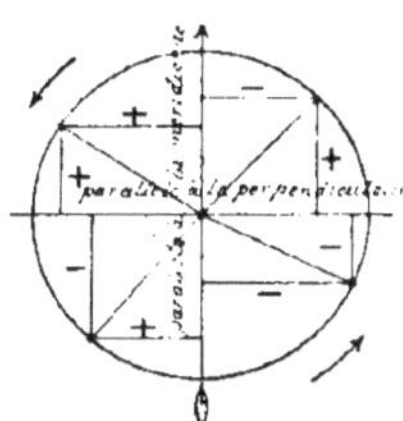

Fig. 141. — Signes des lignes trigonométriques.

1º Que les sinus *positifs* indiquent des distances *à gauche* de la parallèle à la méridienne et que les sinus *négatifs* s'appliquent à des distances à *droite* de cette parallèle, distances que l'on désigne sous le nom d'*abscisses.*

2º Que les cosinus *positifs* donnent des distances *au-dessus* de la perpendiculaire à la méridienne et que les cosinus *négatifs* les placent *au-dessous*, distances que l'on désigne sous le nom d'*ordonnées* (1).

Rappelons en outre, entre autres relations, que pour tout angle modifié de 100^g ou d'un multiple de 100^g le sinus devient le cosinus, et *vise versa*, tandis que si la modification est de 200^g ou d'un multiple de 200^g, les valeurs absolues de ces lignes sont les mêmes. Pour déterminer les signes, il suffit de se reporter à la figure 141 et de considérer dans quel quadrant, à partir de la parallèle à la méridienne, se trouvent les lignes après la modification.

(1) Cette convention relative aux signes, qui résulte du sens direct adopté en topographie, surtout depuis l'introduction de la méthode tachéométrique, a pour conséquence une modification, que nous regrettons, à la règle suivie dans les sciences pour fixer la position des points par rapport à deux axes, où, on le sait, le signe + se place habituellement à droite ou au-dessus et le signe — à gauche ou au-dessous de ces axes.

Voir en outre, sur les coordonnés, la note à la suite de l'article 84 de l'Instruction du 30 décembre 1910 sur le cadastre.

Tableau du calcul des coordonnées des sommets trigonométriques.

| SOMMETS. | | ANGLES aux points arrière. | | CÔTÉS. | LOGARITHMES. | | COORDONNÉES. partielles. | | DISTANCES. | | OBSERVATIONS. |
| Arrière. | Avant. | topographiques. | orientements. | | du { sin M⁰ / côté h / cos M⁰ } | des coordonnées partielles. | Abscisses. | Ordonnées. | à la méridienne (abscisses). | à la perpendiculaire (ordonnées). | |
1	2	3	4	5	6	7	8	9	10	11	12
		gr. cgr.	gr. cgr.	m.							
1	»	»	»	»	»	»	»	»	0,00	0,00	»
2	1	»	48,28	460,22	9,83743 2,66297 9,86091	2,50040 2,52388	+ 316,52	+ 334,10	+ 316,52	+ 334,10	Voir les coordonnées de 2. ligne 15.
3	3	319,44	167,72	477,29	9,68628 2,67878 9,94160	2,36506 2,62038	+ 231,77	— 417,24	+ 548,29	— 83,14	Voir les coordonnées de 3, ligne 8.
4	6	233,26	200,98	909,85	8,18733 2,95897 9,99995	1,14630 5,95892	— 14,00	— 909,75	+ 534,29	— 992,89	»
5	10	290,80	291,78	381,03	9,99637 2,58096 9,40978	2,57733 1,69074	— 377,85	— 49,06	+ 156,44	— 1041,95	»
6	7	295,65	387,43	474,85	9,29263 2,67656 9,99148	1,96919 2,66804	— 93,45	+ 465,63	+ 63,29	— 576,32	Voir les coordonnées de 7, lignes 9 et 10.
7 Z	1 Nord.	295,61 206,96	303,04 000,00	579,78	9,03786 2,76326 9,99710	1,80112 2,76056	— 63,26	+ 576,32	+ 0,03	0,00	Voir ligne 1, les coordonnées de 1.
		Vérification de l'orientement.									
8	3	»	109,58	534,56	9,99506 2,74395 9,17585	2,73901 1,91980	+ 548,29	— 83,14	+ 548,29	— 83,14	Voir les coordonnées de 3, ligne 3.
9	7	339,89	249,47	691,72	9,84584 2,83993 9,85321 *307*	2,68577 2,69314 *300*	— 485,03	— 493,34 *—493,18*	+ 63,26	— 576,48 *—576,32*	Voir ligne 6, les coordonnées de 7.
10	7	345,12	346,10	628,80	9,87452 2,79851 9,82118	2,67303 2,61969	— 471,01	+ 416,57	+ 63,28	— 576,32	Voir les coordonnées de 7, lignes 6 et 9.
11	8	»	274,60	469,01	9,96448 2,67118 9,58937	2,63566 2,26155	— 432,18	— 182,20	— 432,18	— 182,20	Voir les coordonnées de 8, ligne 13.
12	N	»	363,50	485,50	9,73435 2,68619 9,92433	2,42054 2,61052	— 263,35	+ 407,87	— 263,35	+ 407,87	Voir les coordonnées de N, ligne 14.
13	8	196,68	342,78	633,07	9,89353 2,80145 9,79417	2,69498 2,59562	— 495,42	+ 394,11	— 432,16	— 182,21	Voir les coordonnées de 8, ligne 11.
14	N	274,96	17,74	613,73	9,43944 2,78798 9,98292	2,22742 2,77090	+ 168,82	+ 590,06	— 263,34	+ 407,85	Voir les coordonnées de N, ligne 12.
N 2	2 3	290,32 259,66	108,06 167,72	584,52	9,99651 2,76680 9,10129	2,76331 1,86809	+ 579,84	— 73,80	+ 316,50	+ 334,05	Voir ligne 2, les coordonnées de 2.
		Vérific. de l'orient.									
16	9	209,07	258,54	401,52	9,90054 2,00371 9,78260	2,50425 2,38631	— 319,34	— 243,40	— 256,08	— 849,72	»

Nous aurons l'occasion de tenir compte de ces relations dans le calcul des coordonnées rectangulaires.

d. *Coordonnées partielles ou relatives.* — *Coordonnées totales ou absolues.* — *Distances à la méridienne et à la perpendiculaire.* — Soit un polygone quelconque ABCDE (fig. 142), dans l'intérieur duquel, pour plus de généralité, nous supposons placée l'origine O des axes coordonnés (239). Par chacun des sommets, menons des parallèles à ces axes. Nous obtenons ainsi un ensemble de triangles rectangles dont chacun des côtés du polygone est une hypoténuse ; les côtés parallèles aux axes coordonnés sont des *coordonnées partielles* ou *coordonnées relatives* de l'une des extrémités de l'hypoténuse par rapport à l'autre ; ainsi, dans le triangle ABc, Bc et Ac sont les coordonnées relatives de B, par rapport à A ; Bc est l'abscisse relative et Ac, l'ordonnée relative. Dans le triangle BCd, Cd est l'abscisse de C par rapport à B et Bd est en l'ordonnée.

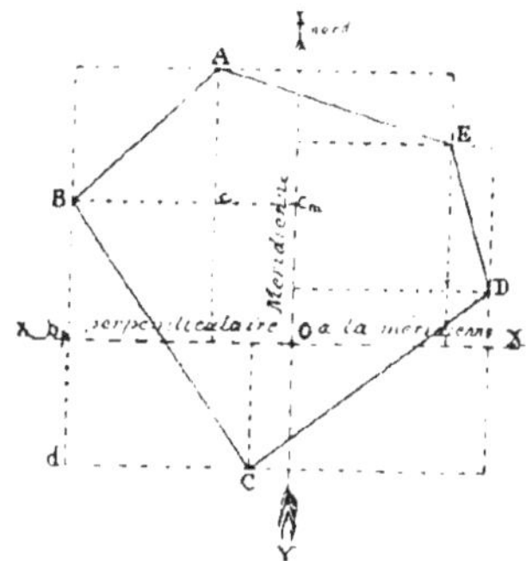

Fig. 142. — Coordonnées partielles et totales.

Les *coordonnées totales* ou *absolues* d'un point sont ses *distances à la méridienne* et *à la perpendiculaire* ; ainsi, pour le point B son abscisse absolue est Bc et son ordonnée est Bb Ces coordonnées absolues s'indiquent souvent par la lettre du point affectée de l'indice x pour l'abscisse et y pour l'ordonnée : $Bc_m = B_x$ et $Bb = B_y$.

Remarquons que les coordonnées totales d'un point ne sont pas nécessairement plus longues que ses coordonnées partielles ; ainsi, par exemple, il est facile de voir que les coordonnées partielles de C par rapport à D sont respectivement plus grandes que C_x et C_y.

e. *Tableau des calculs des coordonnées.* — *Sommets arrière.* — *Sommets avant.* — C'est en faisant l'examen détaillé du tableau des coordonnées que nous allons signaler, pour ne pas nous répéter, certaines dispositions adoptées pour les logarithmes, ainsi que les avantages de conserver les angles d'orientement avec leur valeur jusqu'à 400 grades et les signes de leurs sinus et cosinus.

Dans la première colonne, nous désignons les sommets dont les coordonnées sont successivement connues et desquelles on déduit celles des sommets de la seconde colonne, absolument comme dans le nivellement direct (84). C'est pour cette raison que nous croyons devoir appeler *sommets arrière* les premiers et *sommets avant* les seconds.

Ainsi, sur la première ligne, ayant noté le point de départ 1 (**fig. 143**), qui est ici l'origine des axes coordonnés, et coté, pour cette raison, 0 aux colonnes 10 et 11, nous inscrivons sur la seconde ligne ce même point, duquel procède le second 2 et nous traduirons ainsi les deux premières colonnes : 2, calculé par le point 1, ou, par abréviation, 2 par 1. C'est-à-dire que nous considérons le triangle rectangle dont 1-2 = 460,22 est l'hypoténuse, longueur d'ailleurs inscrite dans la colonne 5 avec son logarithme, 2,66297, sur la même ligne, colonne 6.

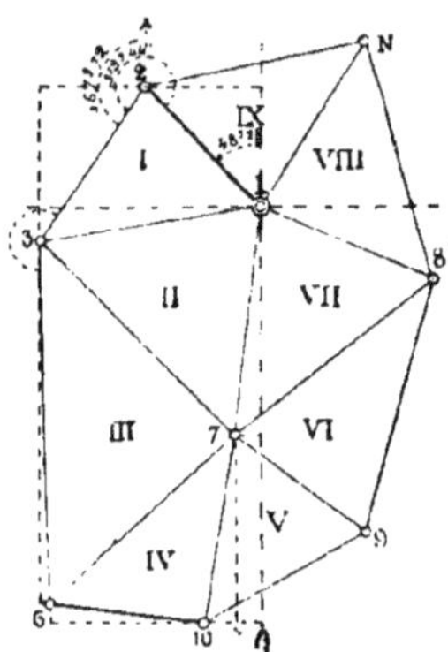

Fig. 143. — Croquis du réseau triangulaire.

Dans la colonne 3 nous inscrirons les angles topographiques (239,*a*) pour en déduire les orientements (239,*b*) de la colonne 4, mais ici cet orientement de 2-1 au point 1 n'est autre que l'azimut 48^g,28, directement déterminé sur place.

Ces éléments, donnés par les angles de la triangulation (**fig. 138, page 239**) ou le calcul des triangles (**page 240**), s'inscriront donc tout d'abord dans les colonnes 1 à 6, en suivant un ordre continu pour se *fermer* sur le point de départ 1.

Par exemple, pour le calcul de 3 par 2 (ligne 3), nous aurons, pour la valeur de l'angle topographique en 2 :

$$59^g,78 + 205^g,29 + 54^g,37 = 319^g,44 \ \text{(colonne 3)} ;$$

pour l'orientement 2_0 de 2-3, au sommet 2, nous obtiendrons (239,*b*) :

$$2_o = 48^g,28 + 319^g,44 + 200^g - 400^g = 167^g,72 \text{ (colonne 4)}.$$

Le côté 2-3 = 477,29 se trouvera dans la colonne 5 du tableau des calculs de la triangulation (238,b), et son logarithme 2,67878, dans la colonne 6 du même tableau.

Les éléments ainsi préparés, on obtiendra les coordonnées partielles par la résolution des triangles rectangles dont les hypoténuses h figurent à la colonne 5 et leurs logarithmes à la colonne 6 ; au-dessus de ces derniers on placera les logarithmes des sinus des orientements M_o et, au-dessous, ceux des cosinus ; leurs sommes log h + log sin M_o et log h + log cos M_o seront inscrites dans la colonne 7 et les nombres auxquels elles correspondent, avec leurs signes, dans les colonnes 8 et 9. Enfin les coordonnées totales des points *avant*, obtenues en ajoutant les coordonnées partielles, et en tenant compte de leurs signes, aux coordonnées absolues des points *arrière*, s'inscriront dans les colonnes 10 et 11.

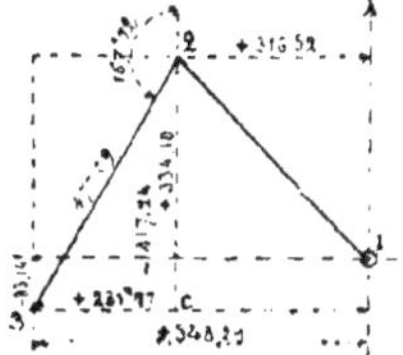

Fig. 144. — Coordonnées absolues.

Un exemple numérique résumera cette série d'opérations.

Soit à calculer les coordonnées absolues du point 3 par rapport au point 2, dont les coordonnées absolues sont : + 316^m,52 pour la distance à la méridienne et + 334^m,10 pour la distance à la perpendiculaire.

Dans le triangle rectangle 2-3-c (fig. 144) on connaît l'hypoténuse 2-3 et l'angle aigu 2, ce dernier donné par l'orientement de 2-3, en 2. On aura, par conséquent :

$$\log 3\text{-}c = \log 477,29 + \log \sin 167^g,72 = 2,67878 + 9,68628 = 2,36506$$

et :

$$\log 2\text{-}c = \log 477,29 + \log \cos 167^g,72 = 2,67878 + 9,94160 = 2,62038$$

d'où :

$$3\text{-}c = +231,77 \quad \text{et} \quad 2\text{-}c = -417,24.$$

Le logarithme de l'hypoténuse, commun aux deux calculs

précédents, explique la disposition des logarithmes dans la colonne 6.

Ce qui mérite ici plus particulièrement l'attention, ce sont les signes des coordonnées partielles, qui donnent la position du point 3 par rapport au point 2 (ligne 3), et par suite, celle de ses coordonnées absolues, *mais à la condition de garder à l'angle d'orientement en 2 sa valeur jusqu'à* 400^g, et non pas seulement jusqu'à 200^g comme le font certains praticiens, qui, s'ils n'altèrent pas les valeurs des coordonnées, se privent de l'avantage d'en traduire algébriquement le sens (239, *c*).

On aura en effet, sans recherche, pour les coordonnées absolues de 3 (ligne 3) :

$$\text{Distance à la méridienne} = +316,52 + 231,77 = +548.29$$
$$\text{Distance à la perpendiculaire} = +334,10 - 417,24 = -83,14$$

Les autres coordonnées s'obtiendront de même jusqu'à ce que l'on vienne se fermer sur le point de départ ou sur un point déjà connu.

Dans le tableau que nous analysons, après avoir déterminé successivement les coordonnées des sommets 2 par rapport à 1 (ligne 2), 3 par rapport à 2 (ligne 3), 6 par rapport à 3 (ligne 4), 10 par rapport à 6 (ligne 5) et 7 par rapport à 10 (ligne 6), nous avons reproduit les coordonnées du point de départ 1, qui sont + 0,03 et 0,00 (ligne 7) au lieu de 0.

C'est là une très petite différence, qu'il est inutile de compenser pour notre échelle.

Ce résultat devait être prévu d'ailleurs, à moins de fautes dans les calculs, puisque l'on opérait d'après une triangulation se fermant sensiblement. Pourtant, si dans cette dernière — cas très rare, mais possible — deux erreurs identiques, mais de sens contraire, se trouvaient annulées, leur existence pourrait se manifester par des discordances dans les coordonnées.

Si l'on constatait une différence plus considérable, comme il arrive souvent pour des polygones non triangulés, on pourrait, d'abord, en rechercher la cause en suivant un autre ordre pour les calculs. Par exemple, en continuant l'examen

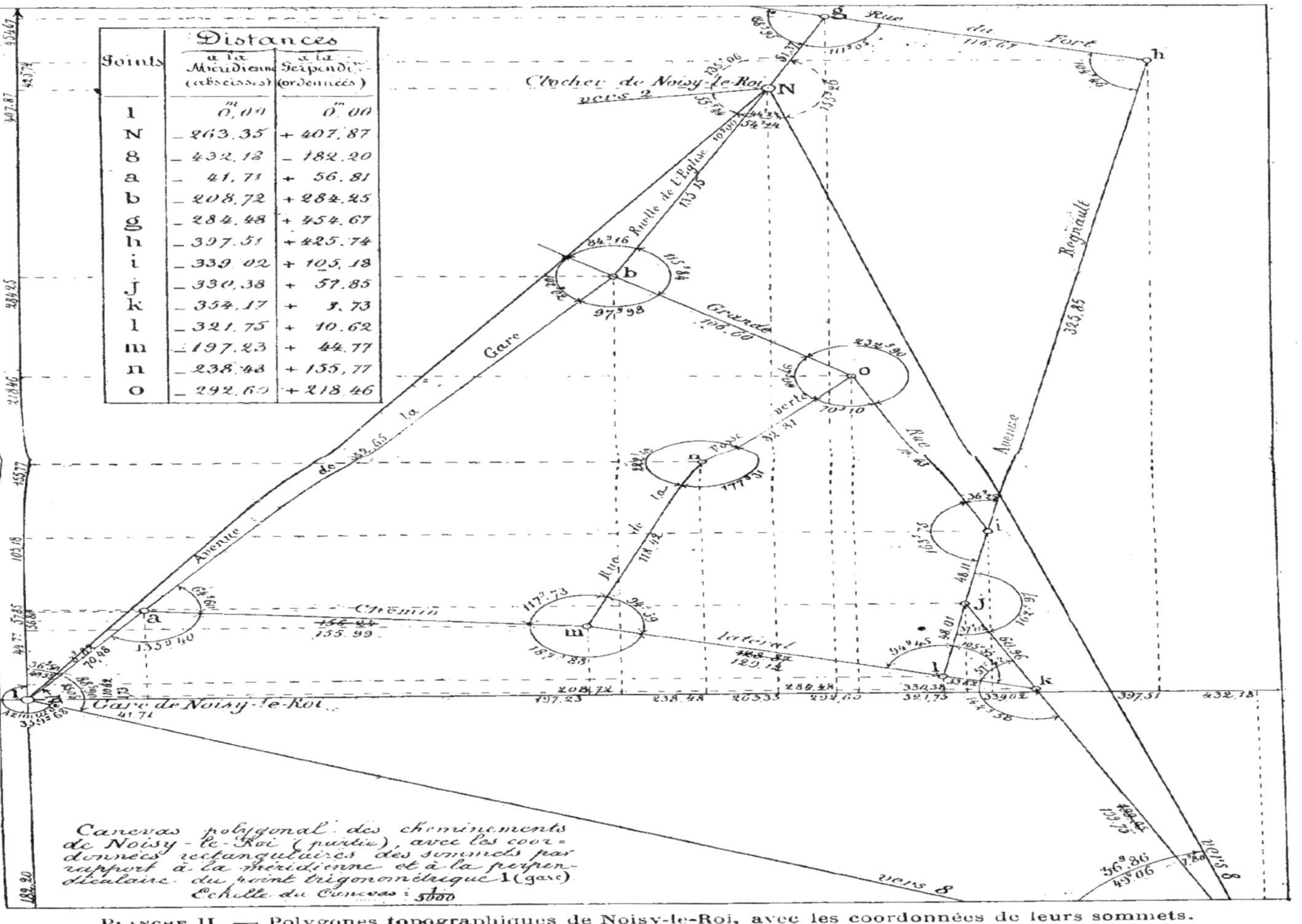

PLANCHE II. — Polygones topographiques de Noisy-le-Roi, avec les coordonnées de leurs sommets.

de notre tableau, on remarquera que le point 3, déjà calculé par le point 2 (ligne 3), est calculé en outre par le point 1 (ligne 8) et les coordonnées obtenues sont identiques aux précédentes ; nous en concluons que les points 2 et 3 sont solidement fixés.

De même le point 7 qui se vérifie par les points 3 (ligne 9) et 6 (ligne 10). Par rapport à 6, le point 7 a une position identique, à 1 centimètre près, à celle donnée par le point 10 (ligne 6) ; mais par rapport à 3, si sa distance à la méridienne est exacte, à 3 centimètres près, la distance à la perpendiculaire diffère de $0^m,16$, ce qui est plus notable.

f. *Discussion d'une erreur.* — Cherchons la raison de cette différence :

Les coordonnées absolues de 7 dépendent ici de celles de 3 ; mais nous venons de voir que 3, obtenu par 1 (ligne 8), ne diffère pas de 3, obtenu par 2 (ligne 3) ; donc il est à supposer que la différence notée provient de l'ordonnée partielle — 493,34. Or cette ordonnée dépend de l'angle d'orientement $249^g,47$ (ligne 9) et du côté 691,72, qui ont contribué également au calcul de l'abscisse — 485,03, laquelle a conduit à l'abscisse absolue -|- 63,26, reconnue exacte. Par conséquent l'angle et le côté ne sont pas erronés, et la faute ne peut se trouver que dans le logarithme du cosinus de l'angle, puisque celui du côté, commun aux deux coordonnées partielles, donne une abscisse exacte, ou bien encore dans la somme des logarithmes du côté et du cosinus.

Contrôlant d'abord le cosinus de l'orientement, nous constatons enfin qu'il est de 9,85307 au lieu de 9,85321, ce qui amène les modifications en italique des colonnes 7, 9 et 11 de la ligne 9, c'est-à-dire la rectification des ordonnées partielle et totale. Cette dernière s'accorde maintenant avec celles obtenues par 10 (ligne 6) et par 6 (ligne 10), pour le point 7.

Avec un peu de pratique, la cause de ces erreurs s'aperçoit ordinairement assez vite ; nous aurons plus loin (242-243), à propos des polygones topographiques, l'occasion d'en discuter d'une autre nature et d'en chercher la compensation.

Pour terminer l'examen de ce premier tableau du calcul

des coordonnées, nous appellerons l'attention sur le procédé qui consiste à obtenir toutes celles des points situés aux extrémités d'un rayonnement dont 1 est le centre à l'aide de ce point 1 ; mais alors, comme vérification, il est bon de cheminer ensuite suivant le périmètre du rayonnement.

C'est pourquoi, sur le tableau, après avoir calculé 2 (ligne 2), 3 (ligne 8), 7 (ligne 7), 8 (ligne 11) et N (ligne 12), par 1, on reproduit les mêmes points dans l'ordre 3 par 2 (ligne 3), 7 par 3 (ligne 9), 8 par 7 (ligne 13), N par 8 (ligne 14), et 2 par N (ligne 15) dont les résultats, on le voit, sont sensiblement les mêmes que les précédents.

Il n'a pas été question, jusqu'à présent, du point 9, situé en dehors des chemins suivis. Son calcul, par rapport à 7, est noté à la fin du tableau, ligne 16. On aurait pu le calculer également par 10 et, comme vérification, revenir ensuite sur 8, déjà connu.

§ III. — POLYGONATION

240. Polygones topographiques. — Après avoir déterminé et calculé tous les éléments de la triangulation, nous allons procéder aux tracés des polygones, déjà amorcés d'ailleurs en divers endroits, comme on l'a vu précédemment (235).

Le but de ces polygones, on le sait, est d'établir des bases pour le levé des détails, relativement peu nombreux dans cette plaine de grande culture. Sur le plan (Pl. I, page 222), on reconnaîtra facilement les polygones à leurs sommets marqués par des cercles plus petits que ceux des points trigonométriques ; leurs côtés sont ponctués différemment et, souvent, se confondent avec les limites ou *têtières* de certaines parcelles dont la plus accentuée est en *de*, dans le triangle 2-3-4, auquel elle est rattachée. On suivra également les côtés de ces polygones sur les divers chemins et dans le voisinage de la rivière. Quelquefois même ils se confondront avec les côtés des triangles, partiellement comme sur 2-4 et en totalité comme sur 1-2, 2-3, 6-10 et 8-9, que nous avons distingués, pour cette raison, par un ponctué mixte.

15*

Dans la région bâtie, couverte en grande partie par les triangles 1-2-N et 1-N-8, nous avons figuré les polygones tracés sur les voies publiques, ainsi que ceux destinés au levé de l'intérieur de la ferme du Chenil-Maintenon, au sud-est du clocher N, levé qui fera d'ailleurs l'objet d'une description spéciale avec plan (261).

a. *Détermination et rattachement des sommets.* — Les sommets ont été déterminés soit par les bornes de diverses parcelles, soit par des piquets en bois, soit enfin par des traits gravés sur le pavé et les bordures des trottoirs. Pour être facilement retrouvés en cas de destruction, ils ont été *rattachés* par des intersections ou des prolongements, figurés sur un *carnet de rattachements.*

b. *Mesure des angles et des côtés. — Écart de fermeture angulaire et compensation.* — Puis tous les angles ont été mesurés et doublés ou réitérés (71), et leur somme, en chaque sommet et pour chaque polygone, a été vérifiée.

Combinant ce qui a été dit sur la précision des goniomètres (163), dont nous appellerons ε l'erreur moyenne tolérée pour chaque angle, avec la formule (145, *h*) nous aurons, pour l'erreur maxima e_M à tolérer, qu'on appelle dans le cas actuel, l'*écart de fermeture angulaire*, *n* étant le nombre d'angles mesurés :

$$e_M = 2\varepsilon \sqrt{n}.$$

Cette répartition se fait proportionnellement entre tous les angles, à moins que, par la comparaison des polygones voisins, on ait des raisons de la faire autrement. Elle n'empêche pas l'introduction d'erreurs ou de fautes de sens contraire qui s'annulent, mais cette coïncidence sera d'autant plus improbable que les polygones contigus seront plus nombreux.

D'ailleurs, le calcul des coordonnées des sommets, auquel nous allons procéder maintenant, vient encore augmenter l'improbabilité d'erreurs latentes.

Les polygones, dont les côtés ont été mesurés deux fois comme leurs angles, s'appuient sur le triangle I-N-8 (Pl. II, p. 254), et ce calcul va nous donner quelques cas intéressants que nous ferons ressortir en analysant le tableau suivant.

241. Tableau du calcul des coordonnées de la polygonation. — Ordre des calculs. — On remarquera que ce tableau, comme disposition, est identique à celui que nous avons donné (239, *e*) pour les coordonnées de la triangulation ; nous n'avons donc qu'à renvoyer à ce que nous avons dit plus haut sur ce sujet. Il y a pourtant une différence que nous signalerons, c'est que, dans le calcul des coordonnées des sommets trigonométriques, les résultats, à moins de *fautes* de calcul, sont nécessairement exacts si la triangulation a été *compensée*, tandis qu'il faut nous attendre à des discordances plus ou moins nombreuses et plus ou moins importantes avec la polygonation, qui n'a d'à peu près vérifié que les angles. Le canevas d'ensemble peut être décomposé en divers cheminements que nous allons successivement examiner.

a. *Cheminement* 1-*b*-N (lignes 1 à 3). — Tout d'abord, il convient de cheminer de 1 vers N, car les points *a* et *b*, qui sont sur cette direction, ont besoin d'être assurés pour servir d'origine à de nouveaux cheminements. On voit, à l'inspection du tableau des calculs, que la fermeture est très bonne sur N (ligne 2) ; trop bonne peut-être, si l'on considère que *b*N n'a été obtenu que par diverses opérations auxiliaires susceptibles d'entraîner chacune quelques petites erreurs, opérations qui seront ultérieurement détaillées (ch., VI § v).

b. *Cheminement* 1 *à* 8 (lignes 4 à 8). — Puis nous avons suivi un autre cheminement plus important, de 1 à 8, en passant par *a*, *m*, *l* et *k*. Notons qu'on néglige souvent, à un premier calcul de fermeture, les points intermédiaires d'une ligne droite, tels que *l*, pour ne considérer que les extrémités *m* et *k* de la droite ; on ne revient sur ces points qu'après la vérification des ensembles. C'est d'ailleurs ainsi que nous avons fait précédemment en ne calculant *a* qu'après le point *b*.

Ici, la fermeture n'est pas aussi bonne que la précédente, puisque les coordonnées du point final 8 (ligne 8) présentent des discordances de 8 et de 9 centimètres avec les coordonnées du même point déduites de la triangulation (239, *e*). A remarquer aussi que, dans ce cheminement de 1 vers 8, nous avons

Tableau du calcul des coordonnées des sommets polygonaux.

#	SOMMETS		ANGLES aux POINTS arrière		CÔTÉS	LOGARITHMES		COORDONNÉES PARTIELLES		DISTANCES		OBSERVATIONS
	Arrière	Avant	topographiques	d'orientements		du { sin M_o, côté h, cos M_o }	des coordonnées partielles	Abscisses	Ordonnées	à la méridienne (abscisses)	à la perpendiculaire (ordonnées)	
	1	2	3	4	5	6	7	8	9	10	11	12
			gr.	cgr.	m.							
1	1	»	»	»	»	»	»	»	»	0,00	0,00	»
2	1	b	»	359,68	352,65	9,77221 2,54734 9,90636	2,31955 2,45370	—208,72	+284,25	—208,72	+284,25	»
3	b	N	213,82	373,50	135,15	9,60675 2,13082 9,96123	1,73757 2,09205	—34,65	+123,61	—263,37	+407,86	C[o]ordonnées de N : —263,35 +407,87
4	1	a	»	359,68	70,48	9,77221 1,84807 9,90636	1,62028 1,75443	—41,71	+56,81	—41,71	+56,81	Dans les colonnes 3 à 11, lorsque l'on remarque deux nombres l'un au-dessous de l'autre, au lieu d'un, celui du dessus est la donnée ou le résultat primitif ; celui du dessous est le résultat définitif, déduit de corrections diverses.
5	a	m	135,40	295,08	156,24 155,99	9,99870 2,19379 19310 8,88765	2,19249 180 1,08144 075	—155,77 —155,52	—12,06 —12,04	—197,48 —197,23	+44,75 +44,77	
6	m	l	187,88	282,96	128,87 129,12	9,98425 2,11016 11099 9,42239	2,09441 524 1,53255 338	—124,28 —124,32	—34,08 —34,15	—321,76 —321,73	+10,67 +10,62	
7	l	k	»	282,96	33,62	9,98425 1,52660 9,42239	1,51085 0,94899	—32,72	—8,89	—354,18 —354,17	+1,78 +1,73	
8	k	s	142,58	225,54	199,95 199,75	9,59163 2,30091 30049 9,96407	1,89254 12 2,26498 56	—78,08 78,00	—184,07 —183,89	—432,26 —432,47	—182,29 —182,16	Coordonnées de s : —432,48 —182,20
9	t	j	308,53	388,54	48,53	9,25408 1,68133	0,93541	—8,62		—350,38		»
10	j	t	»	388,54	48,44	9,25408 1,68224 9,99289	0,93632 1,67513	—8,64	+47,33	—349,02	+105,23 +105,18	»
11	i	.	236,25	24,76	122,43	9,57887 2,08788 9,96629	1,66675 2,05417	+46,42	+113,28	—292,60	+218,51 +218,46	»
12	o h	b l	232,90 302,02 Vérific. de l'orient.	57,66 150,68	106,60	9,89590 2,02776 0,79037	1,92366 1,81813	+83,88	+65,79	—208,72	+284,30 +284,25	Voir ligne 2, les coordonnées de b.
13	i	h	»	388,51	325,85	9,25408 2,51301 9,99289	1,76709 2,50590	—58,49	+320,56	—397,51	+425,70 +425,74	»
14	h	g	295,54	84,05	116,67	9,98622 2,06596 9,39432	2,05318 1,46128	+113,03	+28,93	—284,48	+454,72 +454,67	»
15	g	N	288,95	173,00	51,37	9,61438 1,71071 9,95971	1,32509 1,67042	+21,14	—46,82	—263,34	+407,90 +407,85	Voir ligne 3, les coordonnées de N.
16	m	n	282,27	377,35	118,42	9,54199 2,07342 9,97191	1,61541 2,04533	—41,25	+111,00	—238,73 —238,48	+155,75 +155,77	»
17	n o	o b	177,31 303,00 Vérific. de l'orient.	354,66 57,66	82,81	9,81525 1,91808 9,87905	1,73333 1,79713	—54,12	+62,68	—292,85 —292,60	+218,43 +218,45	Voir ligne 11, les coordonnées de o.
18	j	k	»	225,54	60,96	9,59163 1,78504 9,96407	1,37667 1,74911	—23,84	—56,12	—354,19	+1,78 +1,73	»

suivi le sens *rétrograde*, de sorte que les angles *topographiques* sont intérieurs au polygone 1 *a m k* 81 (239, *a*).

C'est le contraire pour les autres cheminements.

c. *Cheminement l à b* (lignes 9 à 12). — Nous reviendrons tout à l'heure sur les erreurs signalées ; en attendant, nous continuons notre marche en suivant le cheminement depuis *l* jusqu'à *b*, point déterminé plus haut, et dont nous reproduisons d'ailleurs à peu près exactement les coordonnées.

Arrivé à l'extrémité *b* du cheminement, on a continué jusqu'à 1, ce qui a permis de vérifier l'orientement, que l'on avait déjà en ce point pour 1 *b* (ligne 2) et qui, on le sait, doit différer de 200^g pour la même ligne, à l'autre extrémité *b* (79).

d. *Cheminement de i à* N (lignes 13 à 15). — Nous allons ensuite sur N en partant de *i* pour passer par *h* et par *g*, et là encore nous ne constatons aucune erreur notable (8 centimètres au plus), surtout si nous tenons compte de la forte pente de *ih* (Voy. les courbes de niveau du plan d'ensemble) et de la distance *g*N, déduite comme *b*N de plusieurs opérations secondaires.

e. *Cheminement mno* (lignes 16 et 17). — Enfin nous suivons la traverse *mno*, mais c'est là que des erreurs plus graves se révèlent, puisque nous avons, notamment, une différence de 0^m,25 sur l'ordonnée absolue du point *o*.

Ici encore nous avons une vérification de l'orientement, comme pour le cheminement *c*.

242. Principes préliminaires pour l'analyse des erreurs. — Avant d'analyser les diverses erreurs notables signalées, il convient de faire diverses remarques que nous mettrons ensuite en pratique.

a. *Généralement, dans la polygonation, lorsque les angles ont été mesurés avec un goniomètre à lunette, de bonne construction, les erreurs portent sur les côtés plutôt que sur les angles.*

La mesure des angles, en effet, rencontre ordinairement moins de difficultés que celle des côtés ; de plus, la somme constante des angles autour d'un même point ou dans un polygone permet une sérieuse vérification.

Cette vérification n'existe pas pour les côtés dont la mesure, en outre, faite souvent sur un terrain rugueux, irrégulier, plus ou moins incliné, avec un aide plus ou moins inhabile ou inattentif, est soumise à de nombreuses causes de fautes ou d'erreurs.

Donc, c'est sur les côtés que portera tout d'abord et surtout notre investigation.

b. *Toute erreur, sur un côté, influe à la fois sur les coordonnées partielles qu'il détermine, mais d'une façon inégale, excepté pour le cas ou l'orientement du côté serait de 50 grades. Et la coordonnée la plus affectée est celle qui forme, avec le côté, l'angle le plus petit.*

c. *Dans la recherche d'une erreur, il devra être tenu compte des signes des coordonnées partielles.*

On conçoit, en effet, qu'il ne suffit pas que la modification d'un côté produise, en valeur absolue, celle cherchée pour ces coordonnées ; il faut, en outre, que l'addition algébrique de l'ordonnée partielle modifiée, à l'ordonnée absolue, donne le résultat attendu et non le résultat contraire, qui doublerait l'erreur au lieu de la détruire.

243. Examen, localisation et répartition des erreurs constatées au tableau du calcul des coordonnées des sommets polygonaux. — Parmi les divers résultats auxquels conduisent les cheminements (a), (b), (c), (d), (e), il est à remarquer que le chemin (c) mène à b, en passant par o, sans erreur notable ; or ce chemin a pour départ le point l, qui serait exact. Mais alors, s'il en est ainsi, 1° l'erreur importante que le cheminement (e) nous révèle et qui, probablement, vient de m, n'aurait donc pas d'influence sur l ; 2° l'erreur constatée sur 8 dans le cheminement (b) aurait son origine au delà de l, c'est-à-dire entre l et 8.

Examinons ces deux hypothèses : nous disons d'abord que l'erreur produite sur o en partant de m vient de ce point plutôt que de n. En effet, cette erreur se manifeste surtout sur la distance à la méridienne ; or, d'après le principe posé précédemment (242, b), c'est surtout le côté ma qui peut modifier le résultat dans ce sens. En le diminuant, par exemple, de $0^m,25$, l'abscisse partielle de m sera réduite de $0^m,25$ tandis que son ordonnée ne le sera que de $0^m,02$.

Les coordonnées absolues de m deviendront, en tenant compte des signes (242, c) :

Pour la distance à la méridienne (abscisse
absolue)............................... — 197,23
Pour la distance à la perpendiculaire (ordonnée absolue)....................... + 44,77

En gardant les distances nm et on, les coordonnées partielles données par ces deux côtés ne varieront pas, mais les coordonnées absolues de n et de o, modifiées par suite des rectifications de celles de m, seront :

	Distances	
	à la méridienne.	à la perpendiculaire.
n	—238,48	+155,77
o	—292,60	+218,45

Ces résultats sont satisfaisants pour le cheminement (c), mais que va devenir le cheminement (b)?

Si nous conservons les côtés

$$ml = 128,87, \qquad lk = 33,62, \qquad k8 = 199,95,$$

les abscisses de l, k et 8 vont diminuer, comme celle du point m, de $0^m,25$, ce qui donnera notamment, pour le point 8, une erreur en sens inverse de celle constatée, mais beaucoup plus élevée. Quant au point l, qui a été le départ des cheminements (c) et (d), reconnus très suffisamment exacts, il va transmettre à ceux-ci sa modification et, par conséquent, en altérer sensiblement les bons résultats.

La conséquence que nous allons tirer de cette discussion, c'est qu'il faut ajouter au côté ml, les $0^m,25$ dont nous avons diminué ma. En d'autres termes, la distance primitive aml est exacte, mais le point m s'est trouvé déplacé vers l de $0^m,25$. Cette hypothèse probable devient d'ailleurs une certitude en nous reportant à notre carnet de croquis, qui va nous rappeler nos souvenirs. Ce fait particulier n'a rien à voir avec la théorie ; nous le donnons cependant comme exemple, pour mettre en garde les praticiens contre les inadvertances qu'ils peuvent commettre.

Un piquet *m* (fig. 145) a été placé en *prolongement du mur* AB, à 5^m,40 du point A, et c'est bien sur la verticale de ce piquet que le goniomètre a été installé pour la mesure des angles ; seulement plus tard, quand on a procédé au chaînage des lignes, le piquet avait disparu et on l'a rétabli à 5^m,40 de A, mais en prolongeant par erreur le point *n*, où se trouvait en ce moment un jalon, et le point A. Le nouveau ipquet a été ainsi rétabli en *m′* au lieu de *m* ; or, si l'on pose la proportion, suffisamment exacte,

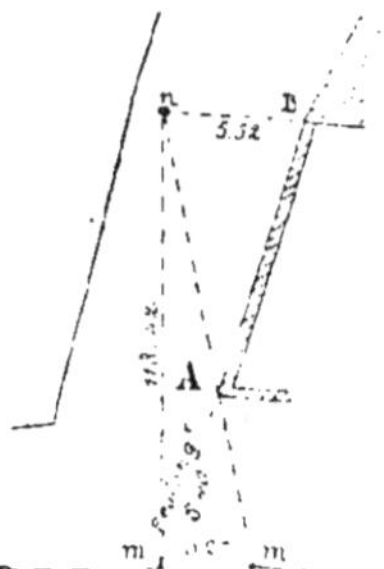

Fig. 145. — Recherche d'une erreur.

$$\frac{x}{5,40} = \frac{5,62}{118,42 - 5,40}$$

on obtient, pour la valeur de *x*, 0^m,27 ; c'est-à-dire le déplacement que nous avions prévu, à 2 centimètres près.

La correction du point *m* étant de cette façon justifiée, nous reprenons le cheminement (*b*) avec les nouveaux éléments, dont les résultats sont inscrits sous les données ou résultats primitifs au tableau des calculs, et nous arrivons ainsi à *l* et à *k*, à peu près identiques dans leurs distances à la méridienne et qui diffèrent seulement de 5 centimètres à la perpendiculaire.

Mais en poursuivant les calculs jusqu'au point 8, si l'écart de 8 centimètres à la méridienne, constaté dans le calcul primitif, reste très sensiblement le même (432,25 au lieu de 432,26) (1), celui à la perpendiculaire augmente encore de 5 centimètres et atteint 0^m,14 (182,34 au lieu de 182,29).

Ceci nous conduit à supposer qu'une *faute* de 0^m,20 a pu être commise dans la lecture de la distance 8*k*. Essayons donc 8 par *k* avec 199^m,75 au lieu de 199^m,95.

Nous obtenons alors, pour les coordonnées absolues de 8, — 432^m,17 à la méridienne, c'est-à-dire presque l'identité avec la triangulation, et — 182^m,16 à la perpendiculaire,

---

(1) Cette petite modification transitoire n'est pas inscrite au tableau.

soit seulement le faible écart de 4 centimètres en moins avec cette même triangulation.

Le cheminement (c), par suite de la petite modification de 5 centimètres de la perpendiculaire de son point de départ *l*, subira cette rectification en chacun de ses points et le sommet terminus *b* ne s'en trouvera que mieux, puisqu'il sera intégralement reproduit.

De même le cheminement (*d*) sera finalement amélioré, le point N ne différant plus que de 2 centimètres sur la perpendiculaire.

Enfin, la dernière traverse (*c*), qui avait particulièrement attiré notre attention par l'importance de sa discordance au point *o*, s'accorde maintenant très sensiblement.

Notons que cette traverse n'est qu'un détail dans l'ensemble et cependant c'est elle qui nous a mis sur la trace des erreurs et donné le moyen de les localiser, ce qui prouve, en passant, que le calculateur ne doit rien négliger.

Et c'est pourquoi on trouve aussi, à notre tableau, le calcul de la position de *k* par *j* (ligne 18) qui confirme cette position, déjà donnée précédemment par *l*.

On remarquera d'ailleurs que les côtés de ce petit triangle *jkl* se vérifient mutuellement, ce qui a son importance puisque à un moment, lorsqu'il s'agissait du déplacement de *m*, on aurait pu admettre que les $0^m.25$ que nous retirions à *am* pouvaient se reporter sur *lk*.

244. Règle pour la réparatition de l'erreur de fermeture. — Les petits écarts, très tolérables, qui restent maintenant, peuvent se répartir au jugé, c'est-à-dire selon le plus ou moins de garantie que présente le chaînage. Quand on n'a aucune raison de faire la rectification sur un point plutôt que sur l'autre, on donne divers moyens de la répartir proportionnellement, notamment en employant la méthode dite des *répartitions parallèles*, proposée par le colonel Goulier, que nous allons résumer. Cette méthode est graphique ou numérique.

a. *Répartition graphique.* — Entre deux points connus A et M, on a cheminé suivant une ligne brisée A B C D M (fig. 146, **A**) en mesurant ses angles et ses côtés, puis sur le plan, où déjà A et **M** étaient fixés on a rapporté cette ligne, d'après les procédés graphiques qui seront exposés plus loin, en partant du point A ; et, au lieu d'arriver sur le point M, on s'en écarte d'une distance mM, dite *écart de fermeture*.

Si cet écart est tolérable (240, *b*) et n'est pas annulé après la vérification de la construction graphique, on le rectifie en déplaçant les points, suivant une parallèle à mM et proportionnellement à leur distance à l'origine A mesurée sur la ligne brisée. Pour la rectification de *c*, par exemple, on posera la proportion suivante :

$$\frac{c\mathrm{C}}{\alpha + \beta} = \frac{m\mathrm{M}}{\alpha + \beta + \gamma + \delta}$$

d'où :

$$c\mathrm{C} = \frac{m\mathrm{M}}{\alpha + \beta + \gamma + \delta} \times (\alpha + \beta).$$

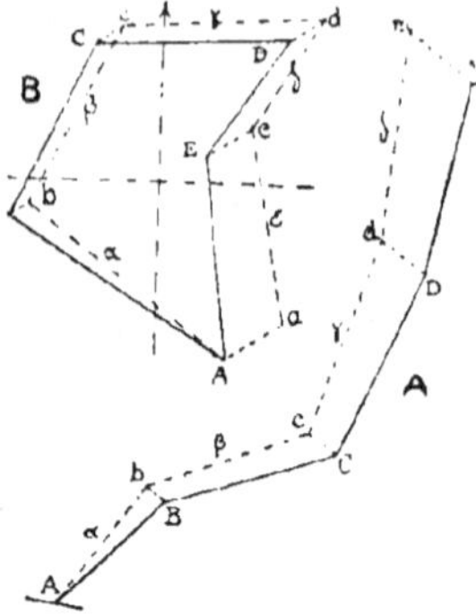

Fig. 146. — Répartitions parallèles.

Il faut convenir que, dans la pratique, ces résultats sont bien petits et que, pour les obtenir, il suffira d'un calcul mental ou à la règle à calcul, en arrondissant les longueurs.

Par exemple, si nous admettons ici que le plan soit rapporté au $\dfrac{1}{500}$ et que l'on ait :

$$\alpha = 76^{\mathrm{m}},43 ; \qquad \beta = 82^{\mathrm{m}},60 \qquad \gamma = 124^{\mathrm{m}},10 \qquad \delta = 138^{\mathrm{m}}$$
$$\text{et} \quad m\mathrm{M} = 0^{\mathrm{m}},90 \text{ mesurés graphiquement,}$$

on pourra poser sans erreur sensible pour le résultat :

$$\alpha + \beta + \gamma + \delta = 80 + 80 + 120 + 140 = 420 \text{ et } c\mathrm{C} = \frac{0,9 \times 280}{420} = 0^{\mathrm{m}},60.$$

Or, à l'échelle du $\dfrac{1}{500}$ $0^{\mathrm{m}},90$ est représenté graphiquement par $0^{\mathrm{m}},0018$ et $0^{\mathrm{m}},60$ par $0^{\mathrm{m}},0012$, c'est-à-dire par des longueurs que l'on n'appliquera qu'à l'aide d'échelles finement gravées et des crayons durs finement taillés.

Au lieu d'un cheminement sur un point M, distinct du point de départ A, on peut considérer un polygone, tel que ABCDEA (fig. 146, **B**) se posant graphiquement suivant A*bcdea*, avec une erreur de fermeture *a*A. La répartition se ferait comme précédemment, c'est-à-dire suivant des parallèles à *a*A et dont on aurait, pour la longueur de l'une d'elles, *d*D par exemple :

$$d\mathrm{D} = \frac{a\mathrm{A}}{\alpha + \beta + \gamma + \delta + \varepsilon} \times (\alpha + \beta + \gamma).$$

b. *Répartition numérique.* — Lorsque les sommets d'un polygone sont déterminés par leurs coordonnées rectangulaires, calculées en partant d'un point A, et que l'on revient sur ce point, en passant par les points intermédiaires, avec un écart aA ; autrement dit, lorsque les coordonnées rectangulaires, à l'arrivée, ne sont plus identiques à celles de A, elles s'appliquent à un point a différent de A (fig. 147).

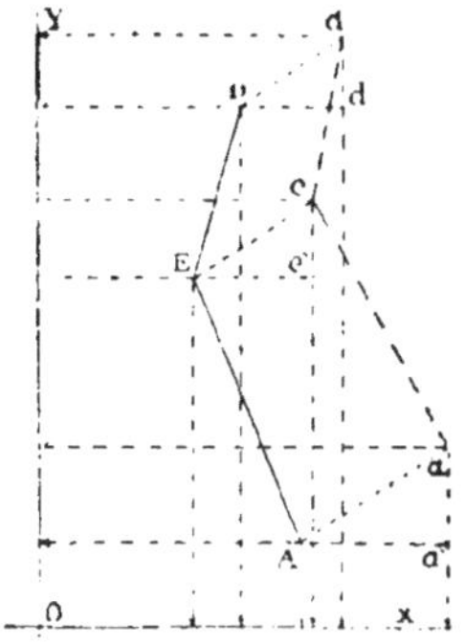

De sorte que les erreurs à rectifier ont pour coordonnées partielles les côtés de petits triangles rectangles dont les hypoténuses sont les écarts aA, eE, dD, en chacun des points. Mais le triangle rectangle d'écart total Aaa' est connu et tous les autres tels que Eee', Ddd', lui sont semblables. D'autre part, nous venons de voir comment on obtenait la valeur de Ee, Dd,... (fig. 146, **B**) ; par conséquent, il sera facile de déduire, de ces triangles semblables, les petites coordonnées partielles ee', e'E ; dd', et d'D, rectificatives des coordonnées totales des points E, D,.... On passera d'ailleurs des coordonnées absolues de e, d,..., erronées, aux coordonnées correspondantes des points rectifiés E, D,..., en tenant compte des positions relatives des points faux e, d,..., et des points E, D,... admis comme vrais, par rapport aux axes des coordonnées. Ainsi, dans la figure 147, pour avoir les coordonnées totales de E et de D, il faudra diminuer les abscisses de c et de d de e'E et d'D et leurs ordonnées de $e'e$ et $d'd$. Pour avoir celles de C (fig. 146, **A**), il faudrait diminuer l'ordonnée de c et augmenter son abscisse. Enfin, pour avoir les coordonnées totales de B, il faudrait augmenter celles de b.

Comme nous l'avons dit précédemment (244, a), toutes ces petites corrections ne s'étendent pas, le plus souvent, au delà de quelques millimètres ; aussi, en raison du temps qu'elles emploient et des échelles de nos plans, croyons-nous suffisant, et même préférable, de nous en tenir aux répartitions approximatives que nous avons indiquées plus haut (243)

Fig. 147. — Répartitions numériques.

§ IV. — LE DESSIN TOPOGRAPHIQUE
RAPPORT DE LA TRIANGULATION ET DE LA POLYGONATION

245. Notions générales. — **Rapport du plan.** — Après les opérations du terrain concernant la triangulation et la polygonation, et les calculs qu'elles ont nécessités, il est bon de procéder à leur *rapport*. C'est le nom que l'on donne à l'ensemble des opérations graphiques à effectuer, à l'aide des mesures prises, pour la construction du plan.

Mais alors il devient opportun de donner quelques conseils sur le dessin topographique, d'autant plus que, dans l'analyse des détails, nous passerons souvent, pour ne plus revenir sur certaines questions, du levé au rapport.

Et, tout d'abord, il convient de s'arrêter ici un instant sur le choix du papier et sur les moyens de parer aux inconvénients hygrométriques, que nous avons déjà signalés (183).

En raison de l'étendue souvent fort grande de ses plans, le géomètre emploie surtout le papier dit *mécanique* ou au *rouleau*, de forces diverses, dont la hauteur varie de 1 mètre à 1^m,80, et dont la longueur est indéfinie.

Ce papier doit être conservé dans un endroit sec et à une température moyenne, 15° à 20° par exemple. Si le plan à construire nécessite une feuille de plusieurs mètres, il est bon, quelque temps avant le *rapport*, dont nous parlons plus loin 247), de la faire coller sur toile, surtout si l'on peut recourir à un spécialiste.

Contre-collé ou non, on tracera d'abord, pour le rapport, comme nous le verrons, les lignes principales (247) ; or sur ces droites, à partir d'une origine nettement déterminée, ou pointera avec grand soin des distances de 100 en 100 mètres avec le mètre étalon (43), de façon à pouvoir retrouver facilement ces points. On pourra alors, à une date et dans des conditions atmosphériques quelconques, constater les modifications linéaires qu'aura subies le papier en en tenir compte, s'il y a lieu.

Par exemple, si les 100 mètres primitivement appliqués sur le plan ne donnent plus, à l'échelle, que 93^m,50, c'est que le papier sera raccourci de 1/2 p. 100 et les nouvelles cotes que l'on aurait à appliquer en ce moment devront subir, au préalable, une réduction de 1/2 p. 100. Pour la même raison, si, l'on avait à prendre, sur le plan, des distances graphiques (142), il faudrait les majorer de 1/2 p. 100. Ainsi une distance de 80 mètres sur le papier, serait, en réalité, de 80^m,40.

C'est surtout lorsqu'il s'agit de surfaces calculées graphi-

quement qu'il est important de noter les variations du papier
(266). (Voir l'exemple fictif n° XXIII annexé à l'instruction
du 30 X^bre 1910.)

Le *dessin topographique* a pour but de reproduire sur le
papier, à une échelle donnée, et à l'aide des mesures et autres
renseignements pris sur le terrain, la projection des détails
du sol (planimétrie) et d'en figurer en outre, par divers procédés, les multiples ondulations (figuré du relief).

On peut dire que la caractéristique de ce genre de dessin
doit être la précision, car le plus souvent, en raison de la
petitesse relative de son échelle, on ne peut y inscrire, comme
dans le dessin d'architecture ou le dessin industriel, les distances numériques qui ne peuvent être alors appréciées que
graphiquement, par l'emploi de l'échelle.

Une autre condition essentielle est la simplicité et la clarté.
On devra donc proscrire les traits inutiles, ainsi que la **variété**
de leurs épaisseurs, sauf lorsqu'elles ont une signification
particulière, comme les courbes *maîtresses*, par exemple (254).
Les écritures seront sans prétention, se plaçant modestement
dans les endroits où elles gêneront le moins, tout en ne laissant
aucune ambiguïté sur le point ou le lieu qu'elles désignent et
dont l'importance fixera leurs proportions. Elles ne **devront**
jamais écraser le trait, qui est la partie principale du dessin.

Pour la même raison, les teintes seront généralement
légères, transparentes et harmonieuses. Ainsi, sous prétexte
qu'une prairie est à une certaine époque de l'année très verte
et une eau très bleue, il serait de mauvais goût d'appliquer
sur le dessin un plat d'épinards ou un baquet d'indigo.

En résumé, en topographie, ce n'est qu'avec des restrictions qu'on imite la nature, dont on se rapproche seulement
un peu plus quand le dessin est *à l'effet*, comme nous le verrons
plus loin (245, *e*). Ajoutons enfin que l'échelle du dessin a
aussi une certaine influence sur les préceptes que nous venons
d'exposer ; on conçoit en effet, par exemple, que le trait,
au $\dfrac{1}{5000}$ devra être plus fin qu'au $\dfrac{1}{500}$; que, par contre, les
teintes d'une surface beaucoup plus réduite, seront plus **vigou-**
reuses ; que les écritures seront plus déliées.

Dans l'exécution d'un dessin topographique, il y a lieu de considérer, successivement, l'échelle, qui fixe les proportions du plan, le crayon, qui donne la précision, le trait, qui accentue les contours, les écritures, qui font parler le dessin, et les teintes qui l'animent.

a. L'échelle. — Nous n'avons qu'à renvoyer à ce qui a été dit sur ce sujet (142).

b. Le crayon et la pointe sèche ou piquoir. — La précision ne peut s'obtenir avec le crayon que si la pointe est très fine et très effilée ; cette seconde condition, quoique moins importante que la première, a cependant son utilité pour dégager la pointe et éviter le petit déplacement que pourrait produire l'ombre conique. La comparaison des deux figures ci-contre (fig. 148, A et B) nous évite d'entrer à ce sujet dans de plus longs développements.

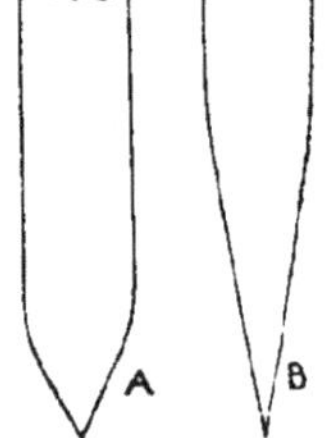

Fig. 148. — Taille du crayon.

On arrive à la pointe convenable en enlevant le bois au canif et en usant la mine de plomb à l'aide d'une lime spéciale ou sur un papier-émeri très fin ; mais il faut alors, pour que cette pointe soit suffisamment résistante, que la mine soit très dure, nº 4 au moins.

Le dessinateur conservera la pointe assez longtemps dans une bonne condition s'il fait les tracés légèrement et surtout s'il ne l'emploie pas à d'autres usages, pour lesquels il est préférable d'ailleurs de prendre un crayon plus tendre et moins aigu.

Quand la position des points a été déterminée par la méthode des intersections (186), la géométrie graphique apprend que ces intersections s'obtiennent en décrivant des arcs de cercle à l'aide d'un compas auquel on adapte un crayon, qui devra remplir les conditions énumérées précédemment. C'est ainsi en effet qu'on opère quand le rayon des arcs atteint quelques centimètres ; on prend la distance voulue sur l'échelle, ordinairement métallique, dite des dixmes (142) ; mais quand ce rayon est plus petit, nous préférons le compas à pointes sèches à l'aide duquel on décrit, dans la région prévue, un fragment d'arc de rayon d, non par un trait continu, mais

seulement indiqué par quelques points suffisamment rapprochés (fig. 149) et qui fixe la direction suivant laquelle la distance d' sera ensuite portée et marquée par un point P plus

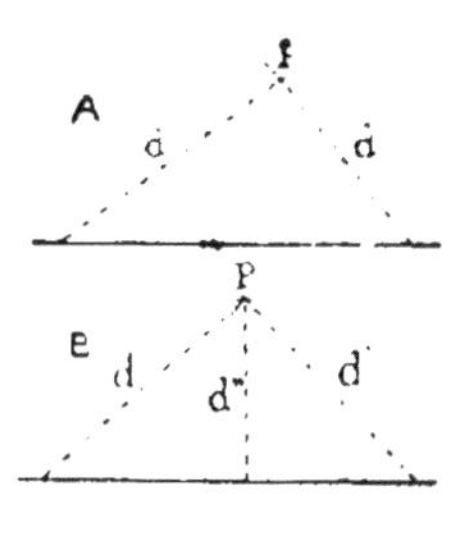

Fig. 149. — Rap-
port des inter-
sections.

accentué, mais qui ne le serait qu'après
l'application d'un troisième arc si une troisième distance d'' avait été prise pour vérification.

Au lieu d'employer le compas on peut,
dans beaucoup de cas, placer les quelques points qui amorcent les arcs au
crayon, à l'aide d'un biseau que l'on fait pivoter avec attention autour des centres.
Avec un peu d'habitude, on obtient ainsi
le résultat avec la même précision, mais
plus rapidement et sans crainte de percer
le papier de plusieurs trous où l'encre vient quelquefois se
loger.

Quant aux distances à porter sur des lignes droites, nous
sommes aussi partisan, pour les mêmes raisons, de les appliquer
à l'aide d'un biseau et du crayon et non en les prenant d'abord
sur l'échelle des dixmes avec un compas à pointes sèches,
pour les reporter ensuite sur le dessin.

Enfin, lorsqu'une succession de points sur des droites
doivent servir de centres à de très petits cercles à l'encre, pour
indiquer des alignements d'arbres, par exemple, il vaut mieux
les marquer au piquoir, qui forme ainsi une sorte d'avant-
trou dans lequel viendra se loger la pointe sèche du compas
tire-ligne à ressort.

Cet usage du piquoir, qui remplace avantageusement la
pointe plus ou moins *mousse* ou arrondie du crayon, est fréquent pour les rapports de précision, mais il faut alors beaucoup d'attention et une certaine habileté, afin de donner au
point, sans hésitation, son exacte position.

Dans les parties courbes, il y aura avantage à ne laisser
aucune incertitude au tracé au crayon, pour que le tire-ligne
ou la plume suivent exactement les lignes au moment de
leur tracé à l'encre.

c. *Le trait.* — Par trait, en topographie, on entend le résultat du tracé à l'encre de Chine ou en couleur, à l'aide du tire-ligne ou de la main.

On conçoit que la première condition du trait est de couvrir exactement le tracé au crayon, car un trait déplacé est une erreur qui peut en amener beaucoup d'autres. Supposons, par exemple, une droite qui s'écarte, à l'échelle du $\frac{1}{1000}$ de 1/4 de millimètre de sa véritable position et que 50 parcelles aboutissent plus ou moins obliquement sur cette droite, la longueur de toutes ces parcelles sera erronée de $0^m,25$ au minimum et bien davantage si leur obliquité avec la droite est notable.

La grosseur du trait, avons-nous dit, varie avec l'échelle. Au $\frac{1}{500}$ par exemple, elle peut être de 1/15 de millimètre, mais au $\frac{1}{5000}$ elle serait de 1/20 de millimètre. Rien n'est d'ailleurs absolu dans ces épaisseurs qui dépendent encore de la qualité du tire-ligne, de l'habileté de l'opérateur, du rapprochement des détails, etc. Généralement, il vaut mieux un trait un peu gros, mais régulier, qu'un trait plus fin, mais inégal. Cette inégalité provient de l'inclinaison variable du tire-ligne, mais elle résulte aussi, souvent, de l'absence de limpidité de l'encre, trop vieille ou trop épaisse, défaut auquel il est facile de remédier.

Le trait est rectiligne ou courbe. Dans le premier cas il se trace à la règle et au tire-ligne ; dans le second cas, on fait usage du compas si la courbe est circulaire et de la plume, si elle est quelconque, mais pour avoir avec la plume une régularité suffisante, il faut la tenir avec une certaine fermeté et placer la main dans le sens de la ligne. Quelques dessinateurs emploient le tire-ligne, au lieu de la plume, pour le tracé des courbes quelconques. Quand on a une certaine habitude, ce moyen, qui donne une grande régularité, réussit assez bien pour les courbes peu accentuées, mais il faut être bien habile pour ne pas dévier de la ligne au crayon lorsque ces courbes changent brusquement de direction.

Certains traits, comme les lignes d'opération par exemple, ou celles d'un projet, ou les courbes de niveau, se tracent conventionnellement en couleur, en rouge notamment ou en sépia; mais ces couleurs, ne présentant pas une grande fixité, ne doivent être appliquées sur les lignes qu'après le lavis. Or, comme il est convenable, avant cette dernière opération, de nettoyer le dessin à la gomme, il faut prendre quelques précautions pour garder suffisamment la trace des lignes à ne passer qu'ultérieurement en couleur.

Les lignes d'opérations, généralement au carmin, se tracent ordinairement en plein et leur grosseur est variable suivant leur importance, comme on le verra à l'inspection de nos divers dessins, qui montrent également que, lorsqu'elles aboutissent à un sommet trigonométrique ou polygonal, on les arrête aux petits triangles ou cercles conventionnels qui marquent ces sommets.

Sur ces dessins, elles sont en noir, et alors le trait est ponctué conventionnellement.

d. *Les écritures.* — Nous considérons, comme écritures, les noms, lettres et nombres divers inscrits sur les dessins topographiques. C'est après le trait et avant le lavis que se font les écritures, qui exigent un certain art, non seulement dans leur exécution, mais encore dans leur disposition, surtout quand les détails sont nombreux et rapprochés.

Lorsqu'il s'agit d'une carte topographique proprement dite, le dépôt de la guerre a en quelque sorte codifié toutes les dimensions et proportions de ces détails, ainsi que les formes conventionnelles de ceux que leur petite étendue et la réduction de l'échelle ne permettaient pas de figurer par la projection de leurs contours, comme aussi il a fixé la composition des teintes nombreuses adoptées pour le coloris ou *lavis.* Mais, pour nos plans à grandes échelles, il n'existe pas de règles aussi absolues, si ce n'est celles que nous avons énoncées dans nos considérations générales. (Voir aussi les signes conventionnels du cadastre, Pl, IX et X.)

Il y a pourtant certaines formes que l'on doit proscrire, ainsi que certains procédés ; par exemple les écritures de fantaisie, admises par les architectes, ainsi que l'emploi de la règle et du compas pour le tracé des lettres.

Il faut s'exercer au tracé à main levée des lettres dites

moulées, dont certaines formes, fréquemment employées, se rapprochent de la bâtarde et, comme modèles, il suffira de choisir un ouvrage de typographie quelconque, d'une bonne impression, en s'arrêtant de préférence aux lettres maigres, en majuscules et en minuscules, droites et penchées, mais en éliminant l'art moderne.

On trouvera, sur plusieurs de nos planches, quelques types réduits employés fréquemment pour le $\frac{1}{500}$ que l'on pourra s'efforcer d'imiter et qui, diminués d'une moitié environ, serviront également pour le $\frac{1}{1000}$. Les quelques autres dessins disséminés dans cet ouvrage donneront une idée des proportions pour des échelles plus petites.

Pour les cotes, qui ont fait déjà le sujet d'un alinéa auquel nous renvoyons (196), il faut apporter la même simplicité dans leurs formes, toujours très réduites, et encore plus de soin peut-être pour leur inscription, car si une lettre obscure peut se traduire généralement à l'aide des lettres voisines, il n'en est pas de même pour un chiffre mal fait.

e. *Le lavis.* — L'usage des teintes en topographie prend le nom de *lavis*. Nous avons donné déjà, dans les considérations générales, quelques préceptes pour son exécution d'ensemble.

Les teintes employées sont conventionnelles, quoique, pour la plupart, on cherche à se rapprocher de la réalité, soit par la nuance, soit par la façon de les appliquer.

On distingue le lavis *en minute*, composé de teintes *plates*, *panachées* ou *fondues*, et le lavis *à l'effet*, beaucoup plus artistique, qui est une sorte de paysage vu de haut. Les architectes-paysagistes excellent dans ce dernier genre, comme aussi certains topographes.

Alors la réalité remplace le plus souvent la convention. Les constructions sont représentées par la projection et la nuance de leurs toitures ; les bois, par leur feuillé, leurs éclaircis, leurs teintes variées, suivant les saisons ; les prairies et les terres cultivées, par un choix d'aspects agréables, dont les couleurs, quoique distinctes, se fondent dans l'ensemble d'une végétation printanière ou automnale ; les eaux par leurs contours agrestes ou herbés et leurs reflets bleuâtres. Le tout, animé par l'habile distribution des ombres propres et portées qui font distinguer, quoique en projection horizontale, la saillie des toitures, la forme des arbres et jusqu'au relief du terrain.

Ce genre de dessin artistique réussit surtout du $\dfrac{1}{1000}$ au $\dfrac{1}{20000}$ et lorsque la planimétrie est variée, sans de trop grands espaces uniformes.

Par un travail au trait et à la plume, on obtient aussi, en noir, des résultats assez satisfaisants, comme le montre notre plan de la ferme du Chenil-Maintenon, traité un peu en ce genre (Pl. V, p. 318), et surtout les belles épreuves des cartes topographiques que publient aujourd'hui les services spéciaux, français et étrangers.

Enfin, aux grandes échelles, le géomètre applique quelquefois un système mixte qui donne de bons effets, mais à la condition d'être pratiqué avec goût et prudence. S'il se trouve, par exemple, quelques bois isolés dans le périmètre de son plan, il ne devra qu'en esquisser les massifs en ménageant au besoin beaucoup plus d'éclaircis qu'ils n'en comportent, afin d'éviter ces masses lourdes et disgracieuses qui semblent des taches au milieu des teintes conventionnelles, dont nous donnons ci-après le tableau, d'après l'état-major. Nous ajoutons quelques indications pour la construction des cartes en noir, utiles surtout lorsque ces dernières doivent être reproduites par l'impression.

Il convient de noter que, dans la pratique, le dessinateur ne s'astreint guère à l'observation rigoureuse des proportions indiquées ; c'est le sentiment qui le guide, le plus souvent, pour le mélange des couleurs, quand il n'emploie pas les nuances toutes préparées que l'on trouve maintenant dans le commerce.

L'application des teintes sur le plan présente quelques difficultés suivant les couleurs employées, la nature des mélanges et aussi l'étendue de la surface à couvrir. Par exemple, le bleu est moins soluble que le carmin, et le vert, obtenu par le mélange du bleu et du jaune, se décompose partiellement quelquefois quand ce mélange est insuffisant. En général, plus une teinte est difficile à employer et plus il faut l'étendre d'eau. Si la teinte obtenue est trop pâle, on la laisse sécher, puis on en applique une seconde, qui double l'intensité de la première.

246. Type de coloris agricole. — Certains agriculteurs, qui possèdent le plan d'ensemble de leurs fermes, ont pris la bonne habitude d'en faire tirer, en autographie, un certain nombre d'exemplaires en noir et, chaque année, ils en teintent une épreuve pour indiquer l'emplacement de leurs principales cultures. Ils admettent, pour chacune, une nuance spéciale, obtenue à l'aide de crayons de couleur ou des teintes fondamentales, qui sont le rose (carmin), le bleu (bleu de prusse), le jaune (gomme-gutte).

Ces teintes donnent, notamment, le violet (rose + bleu), le chamois (rose + jaune), le vert (bleu + jaune).

Le champs d'étude (Pl. III, p. 292), tout en restant dans les teintes conventionnelles principales, donne une idée de ce coloris.

246 *bis*. Type d'épure pour l'interpolation des courbes de niveau. — Lorsqu'un nivellement a été effectué suivant une succession de profils, parallèles ou non, on peut généraliser la méthode d'interpolation graphique des courbes, exposée précédemment (214 *b*), mais il faut alors une grande finesse dans le dessin qui devient ainsi une véritable épure, comme celle de la figure 150.

Les données de cette épure sont les traces des divers profils *sur le plan, avec leurs cotes*, tels que *gh* et *ie* ; *les résultats* sont les points des courbes ; les *moyens* employés sont les profils graphiques, avec exagération des hauteurs, et que l'on coupe par des horizontales à la cote des courbes à chercher.

On notera que, pour l'application de cette méthode, il est préférable de choisir, pour la direction des profils, des alignements suivant la plus grande pente du terrain.

Ainsi les profils au *nord* de la figure sont préférables, pour la plus grande partie, à ceux à l'*est*, parce qu'ils donnent de meilleures sections avec les horizontales. Le profil *nord-est* est l'inverse des précédents ; il est déduit des courbes sur *de*, au lieu de donner des points de ces dernières.

247. Rapport de la triangulation et des polygones. — On a appris, en géométrie, comment on construit un triangle,

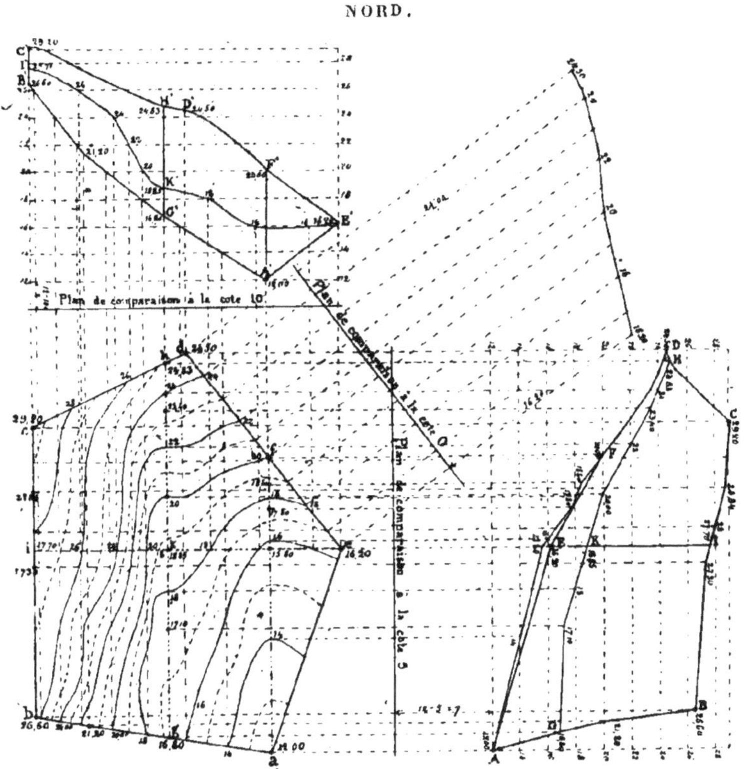

Fig. 150. — Méthode d'interpolation des courbes à l'aide des profils. — Échelle du plan : 1/10 000. — Échelle des hauteurs : 0,0015 pour mètre. (Épure construite pour le traité d'*Irrigations et Drainages* de E. Risler et G. Wery.)

connaissant trois de ses éléments, parmi lesquels il doit entrer au moins un côté. Il suffirait donc, pour rapporter la triangulation, de tracer d'abord sur le papier, et dans une position convenable pour que l'ensemble se trouve bien disposé sur la feuille, à l'échelle adoptée pour le plan, la base de la trian-

Tableau des teintes et traits conventionnels de la topographie.

DÉSIGNATION DES DÉTAILS	REPRÉSENTATION DES DÉTAILS	
	SUR LES CARTES EN NOIR.	SUR LES CARTES LAVÉES.
Eaux diverses.	Les eaux sont *filées*, c'est-à-dire indiquées par des traits parallèles aux rives et s'écartant davantage à mesure qu'ils s'en éloignent. Sur les eaux à contours fermés, comme les étangs par exemple, on remplace quelquefois le filage par des traits horizontaux. On dit alors que les eaux sont *hachées*.	Les eaux douces sont représentées par une teinte bleue *dégradée* ou *fondue*, c'est-à-dire plus pâle à mesure qu'on s'éloigne des rives. Le bleu est composé par 1 partie (1) d'indigo et 18 à 20 parties d'eau. Du côté de l'ombre, la teinte est plus foncée que du côté éclairé. Pour la mer, le bleu est verdâtre. Il est composé de 1 partie d'indigo, $\frac{1}{2}$ partie de gomme-gutte et 20 à 24 parties d'eau.
Sables : plages, dunes, bancs.	Pointillé rond, plus ou moins serré et assez régulier. Pour les dunes et les bancs, on obtient une sorte de modelé en modifiant l'écartement des points, comme les graveurs en taille-douce.	Teinte aurore formée de 2 parties de gomme-gutte, $\frac{3}{4}$ de partie de carmin et 16 parties d'eau. Quand les bancs sont vaseux, 1 partie de gomme-gutte, $\frac{1}{3}$ d'encre de Chine, très peu de carmin et d'indigo et 20 à 24 parties d'eau. Teinte plus foncée sur les bords.
Rochers.	Traits irréguliers don-	On emploie des teintes variées suivant la nature des rochers. En général, du côté de l'ombre, on applique de la sépia ou de

(1) Par *partie*, on entend la quantité de liquide, eau ou couleur, que contient un pinceau plein, la couleur étant supposée à sa plus grande intensité, tout en restant cependant liquide.

DÉSIGNA-TION DES DÉTAILS.	REPRÉSENTATION DES DÉTAILS	
	SUR LES CARTES EN NOIR.	SUR LES CARTES LAVÉES.
Rochers (*suite*).	nant, autant que possible, le caractère par la direction des fissures, la position et la forme des ombres, etc.	l'encre de Chine, se fondant du côté des parties éclairées avec le jaune de Naples et quelques touches de terre de Sienne brûlée. Quand les rochers sont au bord de la mer, le jaune est relevé par des points d'indigo.
Marais...	Traits horizontaux parsemés de légers bouquets d'herbes formés par des petits traits verticaux et inégaux.	Teintes panachées vert d'herbe et bleu léger : le vert d'herbe se compose de 3 parties de gomme-gutte, 1 partie d'indigo, 8 à 10 parties d'eau. Le bleu comme celui des eaux.
Tour-bières.	Petits rectangles irréguliers avec traits horizontaux.	Teinte des marais appliquée dans les petits rectangles.
Terres labourables.	Petites lignes variées, dirigées dans le sens des sillons. Quand les terres dominent, souvent on les laisse en blanc.	Teinte brune : 3 parties de gomme-gutte, 1 partie de carmin, $\frac{1}{4}$ de partie d'encre de Chine, 8 parties d'eau.
Vignes ..	Petits ceps formés d'un trait vertical et d'un S entrelacé. Sur les cartes à petite échelle, des lignes de points, assez rapprochées.	Brun violet : 1 partie de gomme-gutte, 1 partie de carmin, $\frac{1}{4}$ de partie d'indigo, 8 parties d'eau.
Prairies...	Pointillé serré, formé de points un peu allongés dans le sens vertical.	Vert d'herbe, comme celui des marais.

DÉSIGNATION DES DÉTAILS.	REPRÉSENTATION DES DÉTAILS	
	SUR LES CARTES EN NOIR.	SUR LES CARTES LAVÉES.
Bois.....	Feuillé plus ou moins varié et plus ou moins garni, suivant la nature des bois et l'échelle de la carte. Quand l'échelle le permet, on distingue par de petites étoiles les bois de sapins ou à feuilles persistantes.	Jaune-jonquille composé de 1 partie de gomme-gutte et de 7 ou 8 parties d'eau. On ajoute quelquefois un peu d'indigo.
Broussailles.	Feuillé peu garni et léger, mélangé de points.	Teinte panachée; jaune-paille formé de 1 partie de gomme-gutte et de 14 à 16 parties d'eau; vert léger comme celui des marais, mais plus pâle et plus bleu.
Bruyères.	Pointillé semé de petits bouquets comme ceux des marais.	Panaché vert rose; le vert comme ci-dessus, le rose composé de 1 partie de carmin et 12 parties d'eau.
Landes..	Analogue aux bruyères, mais un dessin plus régulier.	Vert-olive et aurore. Le vert est composé de 1 partie de gomme-gutte, $\frac{1}{2}$ partie de bleu d'indigo, $\frac{1}{2}$ partie de la teinte rose des bruyères et 8 parties d'eau. L'aurore, de 1 partie de gomme-gutte, $\frac{3}{8}$ de partie de carmin et 10 à 12 parties d'eau.
Friches..	Pointillé moins serré et moins régulier que celui des prairies.	Vert-pistache et aurore léger. Le vert est formé comme celui des marais, mais moitié plus pâle et l'on y ajoute un peu plus de gomme-gutte. L'aurore est semblable à celle des landes.

16.

DÉSIGNA-TION DES DÉTAILS.	REPRÉSENTATION DES DÉTAILS	
	SUR LES CARTES EN NOIR.	SUR LES CARTES LAVÉES.
Vergers..	Points en quinconces.	Gomme-gutte et indigo mélangés également.
Haies....	Feuillé très étroit, suivant la direction de la haie.	Feuillé vert foncé.
Jardins..	Définis par le tracé de leurs allées et de petits traits variés, comme pour des terres labourées, dans les polygones qu'elles déterminent.	Teintes multicolores.
Construc-tions.	Hachures à 50^g, d'autant plus rapprochées que les bâtiments ont plus d'importance. Quand l'échelle est très petite, les hachures sont remplacées par une teinte noire.	Carmin plus ou moins foncé, selon l'importance des constructions.
Murs de clôture. Murs mitoyens.	Par deux traits parallèles, quand l'échelle le permet, avec hachures. Trois traits pour les murs mitoyens. Un seul trait un peu gros pour les petites échelles.	Carmin, pâle pour les murs surmontés d'une grille, plus foncé pour les autres, très foncé pour les murs mitoyens. Trait rouge pour les petites échelles.
Talus....	Hachures perpendiculaires au bord et en s'amincissant vers le bas.	Sépia, fondue vers le bas.
Limites..	D'État .... +·+·+·+·+·+ Bleu foncé. De départem^t. — — — — Bleu léger. D'arrondiss^t.. — — —·— Rouge .... De canton.... .... Vert ...... De commune. .... Minium ...	Convention adoptée par l'État-major mais qui varie sur les cartes particulières.

gulation, puis d'ouvrir aux extrémités de cette base, à l'aide du rapporteur ou d'une table des cordes (138), les deux angles adjacents. On obtiendrait ainsi les deux côtés inconnus du premier triangle, et s'appuyant sur l'un d'eux, on aurait le second triangle par une construction analogue. En agissant ainsi de proche en proche, on déterminerait plus ou moins exactement l'ensemble de la triangulation. On procède de la sorte, par exemple, pour déterminer le canevas à plus petite échelle sur lequel on inscrit les divers éléments des calculs (fig. 138, p. 239) et aussi pour le repérage de la base de départ par rapport aux bords du papier (250 c) ; mais la précision serait le plus souvent insuffisante pour le plan définitif et il est préférable de se servir alors des coordonnées absolues des sommets.

A cet effet, on trace avec beaucoup de soin, sur la feuille du plan et dans une direction autant que possible parallèle aux bords de cette feuille et, en tout cas, indiquée par le canevas de repérage, des carrés de 100 ou 200 mètres dont les côtés sont parallèles à la méridienne ou à la perpendiculaire (fig. 150 *bis*) ; on inscrit sur ces côtés leurs distances aux axes d'origine avec leur signe, et l'on place ensuite, dans leurs carrés respectifs, tous les points donnés par leurs coordonnées.

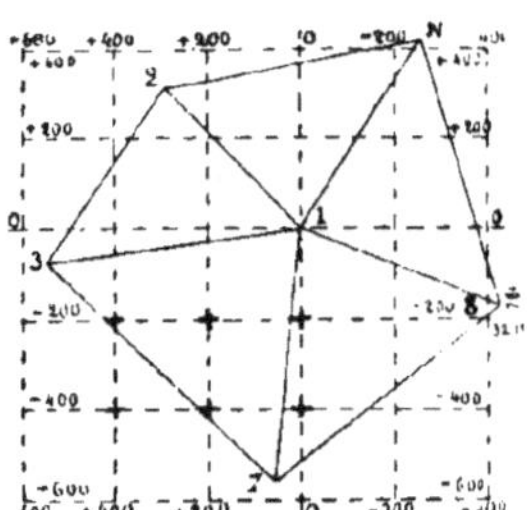

Fig. 150 *bis*. — Rapport des coordonnées.

Par exemple, pour fixer le point 8, dont l'abscisse est de — 432,18 et l'ordonnée de — 182,20, dans le canevas graphique ci-contre, dont les carrés sont de 200 mètres, on marquera dans le troisième quadrant, à l'échelle du plan, sur un fragment de parallèle menée à $32^m,18$ au delà du côté — 400, un point à (200 — 182,20) = $17^m,80$ en deçà du côté — 200. Tous les autres points seront déterminés d'une façon analogue, comme l'indique la figure.

On conserve sur le plan tous les carrés, soit par des traits continus, soit en les amorçant seulement aux intersections, ce qui permet de se rendre compte des variations linéaires du papier et d'en déduire les corrections à faire subir aux longueurs graphiques (245) (Pl. I et VIII).

Les polygones se rapportent de la même façon lorsque les coordonnées de leurs sommets ont été calculées.

248. Vérification du rapport. — Après avoir joint tous les sommets des triangles ou des polygones, il ne faut pas omettre de vérifier graphiquement leur longueur afin de s'assurer qu'aucune erreur n'a été commise dans l'application des coordonnées. Ces erreurs, il est vrai, se constateraient généralement plus tard, avec le rapport des détails, mais il faudrait alors, souvent, détruire et recommencer un travail plus ou moins considérable, basé sur une ligne déplacée.

§ V. — LEVÉ ET RAPPORT DES DÉTAILS

249. Détails ruraux. — **Détails urbains.** — Après la polygonation, il reste à procéder au levé et au rapport des détails ; nous les diviserons en détails *ruraux* ou *des champs* et en détails *urbains* ou *des villes*, que l'on peut appliquer aussi aux bourgs et villages, et, dans chacune de ces divisions, nous distinguerons les voies et chemins divers et les *champtiers ou lieux-dits* et les *îlots* (1).

Nous mènerons de front les deux opérations du terrain et du cabinet, à cause des relations constantes qui existent entre elles.

Les détails ruraux se trouvent au sud du chemin de fer de Grande-Ceinture, qui traverse notre plan (Pl. I, p. 222) ; ils comprennent : 1° la plus grande partie des terres de la ferme du Chenil-Maintenon, dont les élèves de l'Institut agronomique suivent les opérations ; 2° le champ spécial d'étude du même Institut. Les détails considérés comme urbains sont situés au nord et donnent les îlots du village de Noisy-le-Roi, notamment celui des bâtiments de la ferme du Chenil-Maintenon. (Voir aussi la planche XIII.)

(1) On appelle *îlot,* dans les villes, l'espace limité par des voies publiques ou privées. La commission du cadastre a désigné, sous ce nom, l'ensemble de parcelles *contiguës* appartenant à un même propriétaire.

On conçoit qu'il serait beaucoup trop long, et d'ailleurs inutile, d'analyser le levé et le rapport de tous les détails compris dans notre plan d'ensemble, sur lequel il suffira d'examiner avec soin les lignes principales et leurs combinaisons. Nous nous bornerons à donner, comme type d'opérations rurales détaillées, le plan de la partie du chemin vicinal de Noisy à Villepreux, aux abords du passage à niveau, et celui du champ d'étude de l'Institut agronomique.

Dans la région urbaine, nous prendrons un fragment de la Grande-Rue (chemin de grande communication n° 70) comme spécimen de plan de voie, et l'îlot de la ferme du Chenil-Maintenon sera un excellent modèle de plan de constructions.

Détails ruraux, ou des champs.

250. Plan du chemin vicinal de Noisy-le-Roi à Villepreux (partie). — a. *Levé.* — Dans les villes et, généralement dans les lieux bâtis, lorsqu'on lève un *plan de détails*, c'est-à-dire comprenant, outre les voies, les diverses propriétés, on fait d'abord le levé des rues et voies diverses, laissant, aux endroits convenables, des points dits *d'attente* qui serviront plus tard d'origine aux lignes destinées au levé des *intérieurs* ou *parcelles ;* nous donnerons, plus loin, un exemple de ce levé (Pl. IV, p. 300). Mais, dans la campagne, les chemins, ordinairement beaucoup plus simples, sur leurs bords, que les rues, sur leurs façades, sont alors confondus dans une même opération, avec les parcelles qu'ils contournent ; c'est ce que nous ferons remarquer à propos du levé du champ d'étude (253).

Pourtant, exceptionnellement, lorsque, par exemple, les détails sont nombreux et rapprochés, il est préférable de faire un croquis spécial pour le chemin, et à grande échelle, pour y inscrire clairement toutes les cotes. C'est ainsi que nous avons levé séparément le chemin vicinal de Noisy à Villepreux (fig. 151) entre le chemin latéral et le champ d'étude, à cause des détails du passage à niveau et de ses abords.

D'ailleurs, l'examen de ce plan sera l'occasion de montrer la façon d'opérer lorsqu'il s'agit d'un plan de chemin ne devant

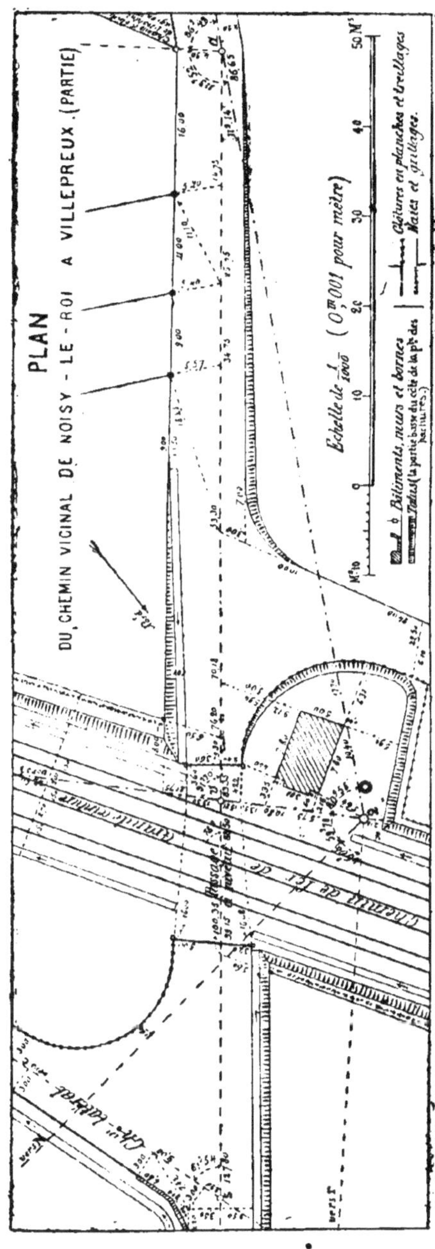

Fig. 151.

comprendre aucun détail parcellaire, comme les *plans d'alignement*, destinés seulement à étudier les rectifications à apporter à leurs bords ou côtés.

Bien qu'il y ait affluence de lignes de bases au point 2, (2-1, 2-3, 2-N, 2-r), lesquelles suffiraient à la rigueur pour rattacher tous les détails, aux abords du passage à niveau, on a trouvé préférable d'en déterminer une de plus, mieux disposée, en partant du point *a*, déjà fixé pour le levé du champ d'étude, pour aboutir au point *r*, sommet d'un polygone **urbain** (Pl. I page 222); cette ligne serait nécessaire du reste pour le levé entre le passage à niveau et le carrefour *r*, car la ligne **2r**, utile comme rattachement angulaire du point *r* au sommet trigonométrique **2**, traverse les terrains en bordure et le chaînage direct en serait fort difficile.

L'intersection de *ar* avec 2-1 a été faite en *v*, et l'angle des **deux** droites (91ᵍ,70ᵛ) a été mesuré, ainsi que celui de la base du chemin latéral, en *s*. Notre charpente est maintenant complète pour asseoir les détails du chemin.

Ces détails comprennent les deux bords du chemin, marqués par la limite des terrains de culture, plusieurs talus et fossés, le débouché du chemin latéral et, enfin, la traversée du chemin de fer, avec ses voies, rigoles d'assainissement, haies et talus, barrières du passage et maison du gardien.

Ils sont levés, en grande partie, par la méthode des intersections (186), comme il est facile de le voir ici par le tracé des lignes auxiliaires.

Faisant planter un jalon en *s* (1), l'opérateur s'installe en *a* pour faire placer par son aide, auquel il a donné au préalable les explications nécessaires, s'il n'a pas une pratique suffisante, tous les points utiles sur la ligne *as* (45), alignés à vue, ou mieux à la lunette plongeante.

Ainsi, par exemple, en allant de *a* vers *s*, il marquera les points cotés 14,75, 25,75, 34,75 en *prolongement* des limites de propriétés, qui sont ici bornées ; de même les points cotés 53,30, 70,18, 76,20 sont sur des prolongements que l'on interprète facilement. Seulement, arrivé là, l'opérateur fera bien de quitter le sommet *a*, où il laissera un jalon, pour se transporter en *s*, d'où il alignera plus facilement les derniers points, beaucoup plus rapprochés de *s* que de *a*.

La ligne *as* sera ensuite chaînée en cumulant toutes les distances, qui ont pour origine commune le point *a*, et en prenant les précautions nécessaires pour éviter les erreurs de lecture (50) ; puis sur un croquis à une échelle suffisante, et dont les décamètres seront déjà marqués et numérotés au crayon dans le sens du chaînage (198), il inscrira toutes les cotes lues en observant, autant que possible, les conseils donnés pour leur position (196), comme le montre d'ailleurs la figure.

Après le chaînage de la base, on procédera à la mesure des ordonnées telles que 5,20, 5,40, 5,57 et les diagonales comme 11,10 et 18,25, toutes situées vers le départ de *a*.

____

(1) Le point *v* serait préférable, mais le jalon, en cet endroit, serait très gênant pour la circulation.

Enfin on mesurera certaines façades, soit à titre de vérification, comme la façade 16 mètres, qui contrôlera l'intersection obtenue par l'ordonnée 5,20 et la diagonale 11,10 soit pour placer, sur ces façades, l'origine de certains détails, telle que la cote 9 mètres, qui pose le commencement du talus et la cote 10,50 celui du fossé ; ces deux cotes ayant pour origine commune la borne déterminée par l'intersection 5,57-18,25. Quant aux façades 11 mètres et 9 mètres, elles vérifient, par leur somme, la position des bornes extrêmes, obtenue par les intersections précitées.

On remarquera que ces deux cotes se vérifient elles-mêmes par celles de la base.

Nous croyons superflu de commenter ainsi toutes les cotes prises ; elles se justifieront par un examen attentif de la figure. Disons seulement que ce que nous avons fait sur la base *as* se répétera, avec les nuances commandées par la diversité des détails, sur les lignes 2-1, 2-*a* et celle qui, de *s*, se dirige vers *t*.

Ainsi, par exemple, on observera que les points situés entre deux bases, et dans le voisinage de leur sommet commun, sont souvent fixés par l'intersection de deux ordonnées issues, respectivement, de chacune de ces bases ; c'est ce qui a lieu, notamment, pour les extrémités des barrières du passage à niveau, pour les angles du bâtiment du gardien, pour l'angle du chemin latéral, etc.

Le levé de l'amorce du chemin de fer fera aussi l'objet d'une autre observation. Les diverses lignes, entre le pied des talus, sont parallèles ; il suffira donc d'avoir la position de l'une d'elles et les distances entre chacune pour les figurer sur le plan. On aura cette direction, soit en marquant l'intersection de l'un des rails avec la base 2-1 et en arrêtant, sur *avs*, la position du même rail ; c'est ce que donnent les cotes 22,60 et 88,50 ; soit en prenant l'angle (78^g) de ce rail au point fixé sur *avs*.

b. *Utilité du rapport d'un croquis, en général, pour faire mieux comprendre la nécessité de ses cotes.* — D'ailleurs, le meilleur moyen de se rendre compte de l'utilité des cotes diverses, au double point de vue de la construction du plan et des vérifications que permettent les cotes surabondantes, c'est de rapporter le plan à l'aide de ces cotes.

Nous ajouterons seulement que si cet exercice est pratiqué à l'aide des cotes de nos dessins, et à une échelle notablement plus grande, on constatera très probablement, dans les cotes de détail, de nombreuses discordances, en raison des origines diverses de la plupart des plans (1), dont beaucoup de cotes ont été prises *graphiquement* sur des dessins à petite échelle.

D'un autre côté, les cotes seront quelquefois insuffisantes car, pour ne pas surcharger le dessin, plusieurs n'ont pas été inscrites ; il suffira alors de prendre, à l'aide d'une échelle, les cotes omises.

Toutefois, ces restrictions ne portent pas sur la triangulation ni sur les polygones topographiques, dont l'accord entre les côtés et les angles a été établi, sauf d'insignifiantes compensations ou des erreurs matérielles de copie.

c. *Rapport du plan.* — 1º Après avoir tracé, sur une feuille à dessin, la base principale *avs* dans une position convenable, qui sera donnée suffisamment par le croquis, s'il a été construit à peu près à l'échelle, on fixe la position de l'une de ses extrémités, *a* par exemple, de préférence, parce qu'elle est l'origine des cotes ; puis, à partir de cette origine, on marque à l'aide d'une règle divisée de précision et d'un piquoir, et à l'échelle adoptée pour le plan, des points équidistants, de 50 en 50 mètres ou de 100 en 100 mètres, selon l'échelle. Si l'on rapportait notre dessin à l'échelle du $\frac{1}{500}$ ($0^{\mathrm{m}},002$ pour mètre), le point 100 serait seul à marquer ; si l'échelle était au $\frac{1}{200}$ ($0^{\mathrm{m}},005$ pour mètre), on aurait les points 50 et 100.

On porte ensuite, au compas ou à l'aide d'un biseau, les distances complémentaires pour fixer les sommets des bases transversales, c'est-à-dire $100 - 83,35 = 16,65$ pour le point *v* et 27,80 au delà du point 100 pour le sommet *s*.

On rapporte, après, les angles transversaux en *v* et en *s* en appliquant l'un des procédés donnés (138).

(1) Voir le titre de la planche I, page 222.

Puis on pose le point 2 en prolongeant 1-v d'une distance v-2 $= 15^m,21$; on joint 2 à a et l'on vérifie la longueur $86^m,65$, puis l'on ouvre, en 2, l'angle $59^g,78$, en a l'angle $113^g,52$ et, à $88^m,50$, sur as, l'angle 78^g du rail.

2° Le canevas ainsi tracé, on procède, graphiquement, à peu près comme sur le terrain.

Ainsi, on place le biseau sur as, en faisant coïncider son zéro avec le point a et, regardant la chiffraison de droite à gauche, on marque sans déplacer le biseau, si sa longueur est suffisante, tous les points compris jusqu'au premier repère marqué 50 ou 100, c'est-à-dire, ici, tous les points cotés de la base s'il s'agit de l'échelle du $\dfrac{1}{500}$ et seulement jusqu'à $34^m,75$ inclus si l'on rapporte au $\dfrac{1}{200}$ avec un biseau de 20 centimètres. Dans cette dernière hypothèse, on reporterait ensuite le **zéro du** biseau sur le point 50 et l'on marquerait tous les points, diminués de 50, jusqu'à 90. Le point $99^m,15$ se placerait à $0^m,85$ en deçà du repère 100 et le point $100^m,35$ à $0^m,35$ au delà.

Lorsque les points sont très nombreux sur les bases, ce qui n'est pas souvent le cas d'ailleurs dans les opérations rurales, il est bon, pour éviter la confusion, d'en coter quelques-uns au crayon au moment où on les trace, mais ce serait apporter une autre confusion que d'inscrire toutes les cotes.

3° On décrit ensuite les arcs formant les intersections diverses, telles, par exemple, que celles qui déterminent les première et troisième bornes, les intersections de coordonnées comme celles qui fixent les barrières du passage à niveau ou la borne d'angle du chemin de fer et des terrains sur la crête du talus (8 mètres et $6^m,50$), ou encore le coin du bâtiment du gardien ($7^m,80 + 3^m,35$ et $9^m,12$), les intersections multiples et surabondantes comme au coin du chemin latéral, etc.

4° Enfin on applique le biseau entre deux intersections successives, ce qui permet à la fois de vérifier, par la longueur des façades, si la distance entre ces intersections **est** graphiquement exacte, et de déterminer par le fractionnement de ces façades et les ordonnées intermédiaires, les petites sinuosités que ces dernières font ordinairement supposer, — car, lorsque la rectitude entre les points d'intersection est bien apparente, ces ordonnées sont inutiles.

Ces ordonnées intermédiaires sont d'ailleurs rares ici, mais on en trouve plusieurs exemples sur le plan de la Grande-Rue de Noisy (Pl. IV, p. 300). En portant les façades 9 et 11 mètres, on vérifierait d'abord l'écart entre les bornes extrêmes, puis on donnerait la direction suivant laquelle l'ordonnée 5^m,40 doit être appliquée.

Il existe au sommet a une autre ordonnée isolée, de 4^m,90, mais sa direction est parfaitement déterminée, car elle est prise sur une base du plan d'étude formant avec a-2 un angle de 113^g,52'. Cette ordonnée, qui fixe la borne du champ d'étude, sert même de vérification pour la position de la première borne parcellaire, qui doit se trouver à 16 mètres à gauche de cette dernière.

251. Bâtiment complet, figuré en amorce. — Direction à donner aux amorces. — C'est exceptionnellement que l'on trouve sur un plan de voie quelconque un bâtiment complet, puisque ces sortes de plans ne comportent que l'amorce des propriétés riveraines ; il est facile de voir que celui que nous donnons est fixé par plusieurs données surabondantes, mais s'il y avait entre elles quelques contradictions, il y a une condition qu'il faudrait garder avant tout, c'est la rectangularité des façades, puisque rien ne justifierait son altération dans cette construction toute moderne, solide, simple et isolée. Une autre condition, moins évidente toutefois que la précédente, quoique exacte dans l'espèce, c'est la perpendicularité des façades sur l'axe de la voie ferrée.

Cette digression, qui s'applique à bien des cas, est assurément inutile pour les praticiens, mais elle a sa raison d'être pour les débutants, comme nous avons l'occasion de le constater chaque année.

Par contre, nous ajouterons que, trop souvent, des opérateurs qui ne sont pas novices, admettent, *a priori*, la perpendicularité de certaines directions, alors que rien ne la justifie nous avons vu quelquefois des plans construits dans ces conditions qui ont amené de notables erreurs de limites et des contestations fâcheuses.

Ces directions doivent donc être déterminées, au moins approximativement, comme nous l'avons fait, surtout lorsque le plan est destiné à recevoir le tracé des alignements.

252. Plans d'alignement ruraux. — L'exemple que nous venons d'étudier peut être considéré comme un type de plan d'alignement rural. Ces plans, destinés à la rectification des chemins, sont ordinairement rapportés à l'échelle du $\frac{1}{500}$ et même du $\frac{1}{1\,000}$ lorsque les détails sont peu nombreux ; on y ajoute souvent le nom des propriétaires riverains ou les numéros du plan cadastral (287), mais les cotes ne sont pas inscrites.

Enfin les *alignements*, c'est-à-dire les lignes, ordinairement droites ou brisées, qui déterminent, pour l'avenir, les bords du chemin, sont figurés par des traits plus accentués que ceux du plan et les conditions dans lesquelles ces droites doivent être tracées sur le terrain sont formulées dans un procès-verbal, inscrit sur le plan.

On dirait ici, par exemple, que l'alignement côté *est* du chemin est déterminé par une droite partant du coin du chemin latéral et allant sur la borne du champ d'étude de l'Institut national agronomique et que l'alignement du côté *ouest* est une parallèle au côté précédent et à 7 mètres de distance.

Nous n'avons pas tracé ces alignements pour ne pas surcharger le dessin, mais cette question spéciale sera plus complètement traitée à l'occasion du plan de la Grande-Rue de Noisy (259).

253. Plan du champ d'étude de l'Institut national agronomique. — a. *Levé de la planimétrie*. — Nous avons levé le champ d'étude d'abord comme *périmètre*, pour déterminer exactement les limites et la surface du terrain concédé, ensuite comme *détails intérieurs* pour l'instruction pratique des élèves. Ultérieurement, nous avons rattaché ce travail topographique spécial à la triangulation et à la polygonation établies sur le domaine d'étude, d'après un plan d'ensemble au $\dfrac{1}{4\,000}$. L'examen des résultats ainsi obtenus sera un utile exercice pour donner une idée des levés de détails et des opérations qui les précèdent ou qui les suivent.

L'ensemble du champ d'étude forme la plus grande partie du lieu-dit *le Pavé de Rennemoulin* profondément modifié, dans ses divisions ou son *parcellaire*, par l'ouverture du chemin de fer de Grande-Ceinture et les échanges réalisés par le propriétaire de la ferme du Chenil-Maintenon. Il reste encore, dans ce lieu-dit, avec le champ

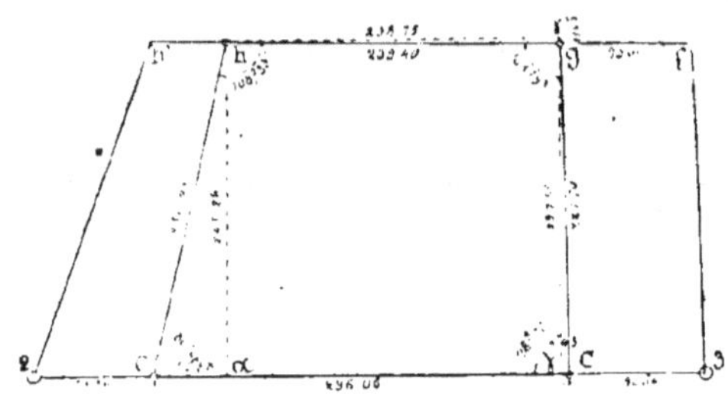

Fig. 152.

d'étude, quelques parcelles comprises dans le polygone 2h'f32 (Pl. III, p. 292), polygone que nous avons subdivisé par les côtés *ah* et *cg* pour mieux circonscrire le terrain spécial dont nous nous occupons, dans le quadrilatère *acgh* (fig. 152).

S'il s'agissait du plan d'ensemble, ce polygone, dont on a mesuré les côtés et les angles, serait rattaché, comme tous les autres, à la triangulation et, par suite, aux deux axes de coordonnées passant par le point 1 ; mais, si on limite le plan au périmètre concédé, il est plus simple et plus commode de calculer les ordonnées du polygone par rapport à l'un de ses côtés, considéré comme axe unique. Ici, par exemple, nous avons choisi le côté *ac* qui, dans l'établissement du plan, sera placé parallèlement au bord du papier, et le calcul des triangles rectangles nous a donné les résultats notés sur la figure 152, qui permettent les vérifications suivantes :

$$ac = a\alpha + h\gamma' + \gamma c = 52{,}88 + 238{,}75 + 4{,}43 = 296{,}06$$
$$h\alpha = \gamma'g + g\gamma = 17{,}62 + 227{,}66 = 245{,}28.$$

On remarquera que, pour rattacher ce polygone à l'ensemble, il suffit de mesurer 2*a* ; mais on mesurerait également, pour vérification, tout ou partie des autres éléments 2h', *h'h*, *gf* et *c*3. On aurait pu aussi, au lieu de calculer les triangles rectangles, se borner à construire les angles avec un rapporteur d'un rayon suffisant.

Le polygone établi, on a obtenu le périmètre en appliquant, le plus souvent, la méthode des coordonnées (185), notamment sur le chemin vicinal, sur la plaine et pour la limite sinueuse du chemin de fer, méthode tout indiquée dans ces terrains découverts et où le bâton d'équerre est facile à planter (fig. 44). On peut d'ailleurs employer aussi, sur les chemins où cette plantation serait moins facile, l'équerre Coutureau (61).

Le périmètre, au sud-ouest (1), est levé directement, puisque l'on a pu prendre la limite elle-même comme côté du polygone topographique, ce qui arrive souvent en plaine et que l'on constatera aussi sur notre plan d'ensemble (Pl. I, p. 222).

De même, la limite ij, vers le nord, est donnée par son angle $87^g,14'$ et sa rencontre $69^m,75$ avec la base ah, ainsi que par sa longueur, mesurée de part et d'autre de cette base.

La borne a', se trouvant sur la ligne ah, et le point i, fixé par sa distance $22^m,90$ à cette base, déterminent la limite $a'i$, dont le prolongement, bordant la prairie, a été effectué jusque sur la base gh, en h'' (Pl. III, p. 292).

On a, de la sorte, établi une base secondaire $a'ii'h''$ qui, avec une autre base $a''i'$, nous permettront de lever tous les détails compris dans cette partie triangulaire du champ.

Le ruisseau du lavoir sera déterminé par des ordonnées tracées *à vue*, c'est-à-dire sans le secours d'instruments, sur une base auxiliaire $i'i''$ se dirigeant sur la tête du mur en talus du ruisseau souterrain, rattachée aux ordonnées rectangulaires, ladite base se prolongeant dans le petit potager.

Les autres lignes d'opération, avec leurs cotes, donnent une idée suffisante de la façon dont tous les détails ont été levés et il sera facile de se rendre compte que, pour la plupart, on a appliqué la méthode des alignements (189). On verra aussi que, pour le champ de démonstration, par exemple, on s'est borné à arrêter, par des cotes, les allées principales,

(1) Ne pas oublier ici que, pour placer l'entrée du terrain d'étude au bas de la feuille, on a dû donner une direction *quelconque* à la méridienne, indiquée d'ailleurs par la flèche.

supposant que, entre chacune d'elles, les petites cases de culture ont été disposées régulièrement.

Le chemin de fer a été figuré à l'aide d'un plan obligeamment communiqué par la Compagnie du chemin de fer de Grande-Ceinture, mais on devine que le levé en aurait été facile en cotant tous ses détails sur les prolongements de nos lignes, tels que *jj'*, *hh'*, en se servant en outre de *j'h'* et, enfin, en appuyant sur cette dernière, et perpendiculairement, quelques autres lignes auxiliaires.

b. *Rapport de la planimétrie.* — Dans tous les éléments mesurés jusqu'à présent, on n'a eu en vue que la planimétrie. Si ces éléments ont été groupés clairement sur un croquis, établi à peu près à l'échelle, on pourrait procéder maintenant au nivellement, dont les détails seraient reportés aussi sur ce croquis ; mais il est rare que cette superposition de deux travaux bien différents n'amène pas de confusion ; aussi est-il préférable de rapporter d'abord la planimétrie dont le calque ou une copie servira pour le figuré du relief ou, tout au moins, de faire une copie du croquis, sur laquelle on ne conservera que ce qui peut être utile au nivellement.

On suivra, pour le rapport du plan du champ d'étude, la marche que nous avons déjà donnée pour celui du plan d'alignement (250, *c*).

Ainsi, après avoir tracé la base *ac* (fig. 152) dont on a préalablement raisonné la position sur le papier, afin que l'ensemble du plan y occupe une place convenable, on établit rigoureusement, à l'échelle adoptée et à leurs distances respectives de *a* ou de *c*, les perpendiculaires αh et γg, dont les extrémités déterminent les points *h* et *g*, que l'on joint à *a* et à *c*, et l'on s'assure de l'exactitude graphique des côtés *ah*, *hg* et *gc* ainsi déterminés. Puis on porte sur ces côtés, dans le sens du chaînage, toutes les cotes cumulées, après avoir préalablement, pour les lignes longues et chargées de cotes, marqué des points de 50 en 50 mètres ou de 100 en 100 mètres. On trace ensuite les bases auxiliaires, soit en ouvrant l'angle qu'elles font avec la ligne principale comme *ij* sur *ah*, soit en joignant leurs extrémités, déjà placées sur ces lignes, comme *a'* sur *ah* et *h"* sur *gh* (Pl. III, p. 292), et l'on marque tous les points chaînés sur ces lignes secondaires. Enfin, avec beaucoup d'attention, on cherche, sur ces différentes lignes, les points qui déterminent un alignement et on les joint par un trait léger sur lequel on porte les distances aux points de détail.

Par exemple, on prendra sur $a'h''$ le point coté $11^m,50$ et sur $a''i'$ le point correspondant $14^m,40$ on joindra ces deux points par une droite et, sur cette dernière ligne que nous appelons un *alignement*, on portera les cotes cumulées $24^m,70$, $34^m,70$ (1), $49^m,70$, $59,70$ (1), $78^m,60$, qui fixeront deux angles de chacun des bâtiments. En opérant de même pour le second alignement, situé à $34^m,20$ sur la base $a'h''$ et $34^m,40$ sur la base $a''i'$, on aura les deux autres angles des mêmes bâtiments, qui seront ainsi déterminés.

Le périmètre des cases à végétation sera fixé de la même façon.

Si l'on jugeait utile une vérification, on n'aurait qu'à mesurer un ou plusieurs alignements dans le sens transversal, tels que ceux qui sont indiqués (mais non cotés, pour ne pas charger le dessin), et à appliquer ces mesures sur le plan où elles devraient donner un résultat identique au précédent. Sinon, on s'efforcera, par des déductions raisonnées, analogues à celles que nous avons déjà faites, de reconnaître l'erreur et de la rectifier (251).

Si cette erreur a une certaine importance et ne peut être retrouvée sûrement par le dessin, on en prendra note, ainsi que des autres que l'on pourrait constater dans le cours du travail graphique, et les vérifications se feront pour l'ensemble au premier voyage sur le terrain, où nous allons retourner d'ailleurs pour le figuré du relief du sol.

Quant au chemin vicinal, il a suffi, pour en arrêter les bords, de quelques ordonnées aux divers coudes, précisés ici par des bornes, mais, ailleurs, trop souvent bien indécis. Ce caractère d'indécision se retrouve malheureusement dans bien des détails, tels que les bords des cours d'eau ou des fossés,

---

(1) Ces deux cotes, à cause des écritures, n'ont pu être placées sur le dessin, conformément aux indications concernant l'inscription des cotes *cumulées* (196).

les haies et même aussi les limites de propriétés. En mesurant la base, l'opérateur aura coté, en même temps que les ordonnées, le prolongement des parcelles, de sorte que le chemin se trouvera levé sans croquis spécial comme celui que nécessitaient ses abords à la traversée du chemin de fer (250, *a*).

Enfin, si l'on examine notre plan d'ensemble de la ferme (Pl. I, p. 222), on remarquera qu'il suffira d'achever le chaînage du chemin jusqu'au sommet 3 et celui de la base *hg* jusqu'en *f* pour en terminer le levé planimétrique jusqu'au côté 3*f*.

c. *Détermination des altitudes et des courbes.* — Nous voici de nouveau sur le terrain, avec un dessin ou un croquis simplifiés, c'est-à-dire sans cotes planimétriques ni détails inutiles. Par contre, si déjà nous avons procédé à un nivellement d'ensemble ou polygonal, tel qu'il a été décrit aux méthodes générales (203), nous inscrirons à leurs places respectives les cotes ou altitudes connues.

Sinon, c'est par ce cheminement nivelé que nous débuterons. Pour le champ d'étude, par exemple, nous avons relevé, comme altitude initiale, $133^m,173$ inscrite sur un repère placé à l'un des angles du bâtiment de la gare de Noisy.

Partant de là, avec le niveau à bulle indépendante, et en cheminant sur la voie, nous avons trouvé, pour l'altitude du premier point *h* de notre terrain, $129^m,88$, puis, contournant le périmètre et faisant les stations nécessaires, nous avons par un cheminement fermé et compensé (219, *a*) déduit toutes les cotes principales inscrites sur le plan, ainsi que celles des angles des bâtiments et diverses cotes isolées, qui vont nous faciliter la détermination des courbes, pour lesquelles, en raison des faibles pentes, nous adopterons l'équidistance de $0^m,50$ (211).

Pour cette recherche il est bon de substituer, au niveau de précision, le niveau Goulier ou le niveau d'eau, plus commode à cause de son champ étendu, et nous appliquerons, selon les cas, la méthode du génie civil ou celle du génie militaire (214). Dans la prairie, par exemple, dont le sol est relativement tourmenté, nous *filerons* les courbes, soit en les cherchant sur les alignements tracés en quinconces, soit sur

17*

divers rayonnements indiqués et repérés sur des points de la planimétrie ou des lignes auxiliaires.

Dans les autres parties du champ d'étude, plus régulièrement ondulées, les cotes que nous y avons disséminées à cet effet en faisant le cheminement, ainsi que quelques cotes supplémentaires, jugées utiles, nous permettront d'appliquer la méthode d'interpolation.

Ici comme sur la plupart de nos autres plans, pour éviter la confusion, toutes les cotes, planimétriques ou de hauteur, n'ont pas été inscrites.

254 à 256. Dessin au net des courbes de niveau. — Courbes maitresses. — Courbes auxilliaires. — Trait et Lavis. — Pour donner aux courbes de niveau leur véritable allure, il convient, avons-nous dit (215), de les tracer graphiquement sur place, non seulement quand on opère avec un instrument spécial comme la planchette, mais aussi lorsque les points des courbes sont déterminés numériquement. Seulement, on conçoit qu'on n'obtient ainsi qu'un dessin plus ou moins imparfait sous le rapport de l'exécution, qui doit être reporté sur la minute de la planimétrie par un travail de bureau.

Là, après un dessin soigné au crayon, on repasse les courbes à l'encre de Chine pâle ou à la terre de Sienne, soit avec une fine plume à dessin, soit à l'aide d'un tire-ligne que l'on fait mouvoir à *main levée* comme la plume et en le tenant verticalement, les deux lames restant toujours parallèles à la courbe.

L'emploi des courbes dites *pistolets* doit être proscrit, comme donnant un tracé trop raide et contraire aux formes naturelles du sol.

Lorsque les courbes sont nombreuses, pour rendre la lecture plus facile, en les grossit quelquefois de 5 en 5 mètres ou de 10 en 10 mètres et on donne à ces lignes plus accentuées le nom de *courbes maîtresses* (Pl. VI, page 354) ; par contre, on pointille quelquefois les courbes *fractionnaires* ou *auxiliaires* comme celles qui partagent en deux l'équidistance du mètre sur le plan du champ d'étude. Enfin, à côté de chaque courbe on inscrit son altitude en divers endroits du plan, de façon à pouvoir, sans recherche, en trouver la valeur.

Au point de vue du dessin et du lavis, notre plan a été analysé précédemment (245, *e*). Quant à la contenance du terrain, on en trouvera plus loin le calcul par diverses méthodes (265-266).

Détails urbains ou du bourg.

257. Plan du chemin de grande communication n° 70, Grande-Rue de Noisy-le-Roi (partie). — Ce plan (Pl. IV, p. 300), très chargé de détails, va donner une idée d'un levé de voirie urbaine où, par suite d'absence d'alignements prévus, les siècles ont accumulé les irrégularités. La voie ferrée est ici une complication topographique, assez rare d'ailleurs, mais elle sera l'occasion de donner un exemple de tracés avec courbes et profils.

a. *Bases.* — Comme pour les chemins ruraux (250), ce sont des bases telles que *pq* et *qr*, côtés de polygones topographiques (Pl. I, p. 222), qui vont permettre le rattachement de tous les détails.

On remarquera qu'ici ces détails sont formés par les façades et leurs sinuosités et que la méthode appliquée pour les fixer est celle des intersections, la plus pratique dans ces voies étroites et irrégulières.

Trois voies débouchent dans cette rue et ont nécessité, pour le levé de leurs *amorces* ou *arrachements*, trois bases qui viennent s'appuyer sur celles de la Grande-Rue, la première, rue de l'Église, en *q*, sommet de *pq* et de *qr*; la deuxième, chemin du Lavoir, à la cote 44^m,28 sur *qr* ; la troisième, dont nous connaissons déjà l'autre extrémité vers le passage à niveau, en *r* au départ du chemin de Villepreux.

Les angles de ces bases avec celles de la Grande-Rue sont d'ailleurs connus et en assurent par conséquent la direction.

b. *Détails. Ordonnées et diagonales. Leur vérification.* — Les détails sont ici bien différents de ceux du chemin de Villepreux, levés précédemment (fig. 151 page 286) ; néanmoins la marche sera analogue, puisque la méthode employée alors, au moins pour plusieurs points, va être répétée.

L'opérateur fera donc marquer, sur chacune des bases, et en face des points à fixer, le pied des ordonnées qui devront

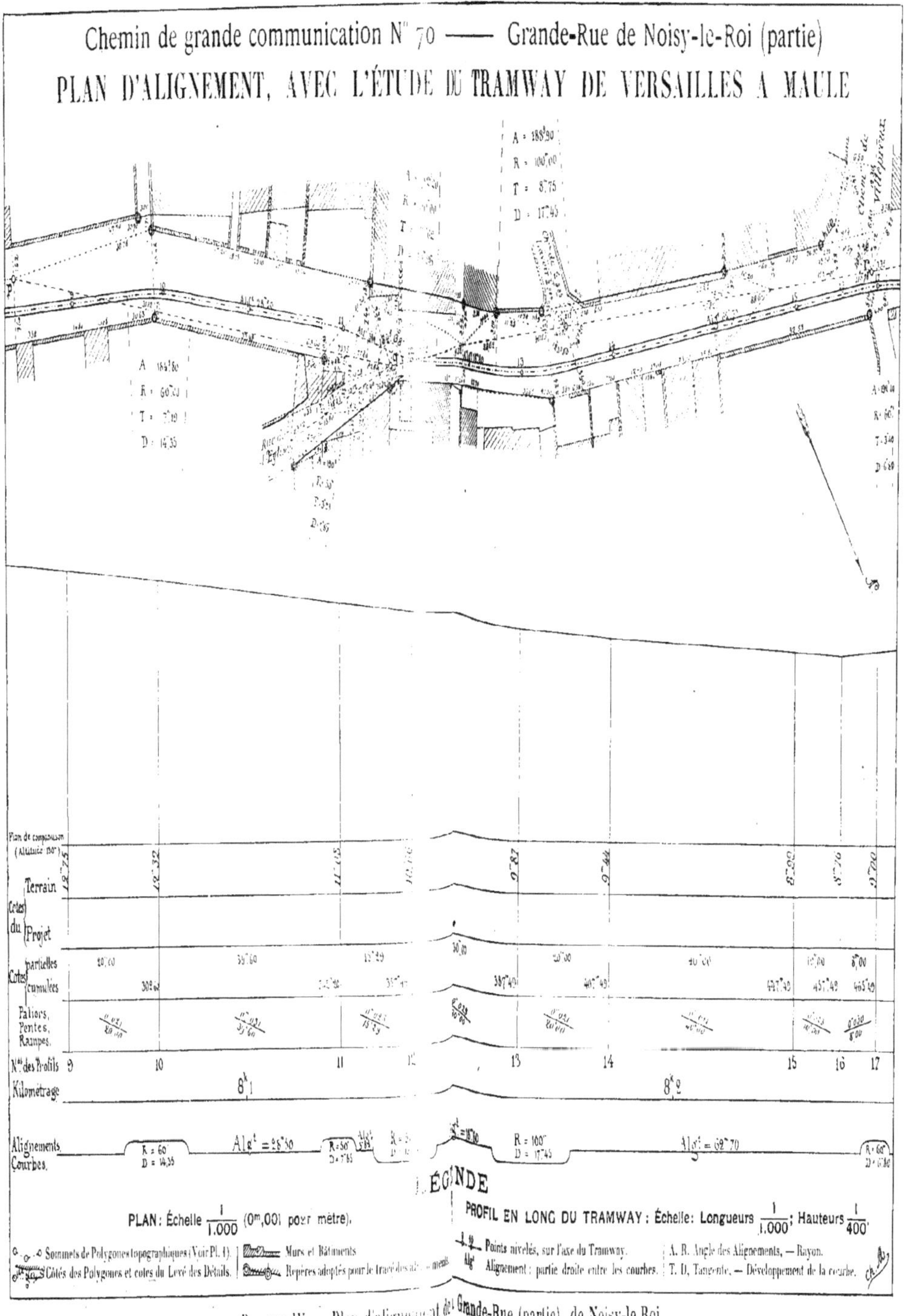

PLANCHE IV. — Plan d'alignement de la Grande-Rue (partie), de Noisy-le-Roi.

se diriger à peu près perpendiculairement sur ces points ; à moins qu'il n'y ait une raison pour les dévier de cette direction normale, par exemple lorsqu'on veut que cette ordonnée fixe, en même temps que le point, la direction d'un pignon ou d'une façade quelconque, dont il projette une arête. C'est ce **qui a** lieu, notamment, pour l'ordonnée de $10^m,48$ dont le pied est sur la base pq, à $31^m,12$ du sommet p. D'ailleurs, ce pied a en outre l'avantage d'être commun avec celui de la petite perpendiculaire de $0^m,75$ abaissée de l'angle saillant de la rue. On remarquera une autre ordonnée, dans des conditions analogues, près du sommet q, à $77^m,80$ de p ; avec les diagonales $11^m,30$ et $9^m,20$, elle détermine le coin du bâtiment et, de plus, en la prolongeant, le pignon de ce bâtiment.

Le prolongement des bases sur les façades est aussi un excellent moyen de rattachement. C'est ainsi, par exemple, que se trouve fixé le point marqué d'un double cercle, en face du chemin du lavoir, avec l'ordonnée $8^m,24$ et la façade 6^m38 comptée jusqu'au prolongement de la base du chemin, cotée $8^m,40$. De même, le coin du mur de clôture, en face du chemin de Villepreux, n'est indéterminé qu'en apparence, puisqu'il est sur le prolongement de la base du chemin, à $5^m,10$ du sommet r.

Enfin, les éléments surabondants sont nombreux pour la vérification. En divers endroits, en effet, plusieurs ordonnées et diagonales aboutissent aux mêmes points ; en outre, dans divers cas, les façades mesurées entre ces points viennent confirmer leur position, du moins dans le sens que nous appellerons *longitudinal*, c'est-à-dire parallèle à la direction d'ensemble de la rue.

Mais il faut convenir que, dans le sens transversal, les éléments de vérification sont plus rares, car souvent l'ordonnée est seule pour fixer le point dans ce sens. Aussi l'opérateur doit-il redoubler d'attention pour la lecture de ces distances et employer divers moyens dans ce but. Par exemple, lorsque l'ordonnée se trouvera en face d'un *décrochement* de façades, comme celle qui est à la cote 78,90 sur qr, l'aide se placera d'abord sur la façade en avant, et l'opérateur lira $2^m,90$, puis il se placera sur la façade en reculement, ce qui donnera $3^m,25$;

mais, ensuite, il ne devra pas omettre de prendre séparément le décrochement pour s'assurer s'il est bien égal à $3^{m},25 - 2^{m},90 = 0^{m},35$. Lorsque cette particularité n'existera pas, comme par exemple pour l'ordonnée $6^{m},52$, en face des précédentes, au lieu de lire deux fois la même cote, l'aide pourra créer un décrochement fictif en se plaçant (soit par l'interposition de son mètre pliant, soit en s'appuyant en avant, directement sur le sol), sur un point différent du premier et en donnant la distance entre les deux au géomètre, qui vérifiera si elle concorde avec la différence des deux lectures faites.

On comprendra l'utilité de ces vérifications en songeant aux conséquences qu'une erreur pourrait avoir sur le tracé des alignements, dont nous allons parler tout à l'heure.

c. *Figuré du tramway.* — Le tramway se figure ordinairement par ses deux rails que l'on rattache aux bases à l'aide de quelques cotes, non inscrites ici, et, sur les plans ordinaires on ne donne ni son axe, ni les éléments de ses courbes, qui n'ont d'intérêt que pour l'établissement de la voie, lequel fera l'objet d'un paragraphe spécial (260).

258. Rapport d'ensemble. — **Soufflets.** — **Parties répétées.** — Nous avons donné déjà la marche à suivre pour le rapport du plan du chemin de Villepreux (250, *c*) ; nous n'aurons qu'à le compléter en raison de la multiplicité et de la variété des détails.

Notons d'abord que les sinuosités de la voie ont nécessité, pour le canevas, une ligne brisée, dont le rapport peut conduire à quelques calculs ou, au moins, à une construction graphique particulière.

En effet, ces sinuosités peuvent être telles que l'ensemble du plan, à l'échelle adoptée, dépasse la largeur réglementaire du papier, qui est ordinairement de 31 centimètres ; ou bien elles n'y seront contenues que si la ligne brisée est placée dans des conditions spéciales.

Pour ces diverses raisons, on tracera d'abord, à une petite échelle et à l'aide du rapporteur, le canevas des lignes sur une feuille de dimensions suffisantes ; d'un autre côté, sur une feuille de papier transparent, on tracera deux droites parallèles d'une longueur indéfinie dont le rapport de l'écartement e à la largeur l adoptée pour le papier sera égal à celui de la petite échelle r à la grande R, c'est-à-dire que l'on aura :

$$\frac{e}{l} = \frac{r}{R},$$

d'où :

$$e = l \times \frac{r}{R}.$$

Par exemple, si $l = 0^m,31$, $R = \dfrac{1}{500}$ et $r = \dfrac{1}{2000}$, on aura, successivement :

$$\frac{e}{0,31} = \frac{\dfrac{1}{2000}}{\dfrac{1}{500}} = \frac{500}{2000} = \frac{1}{4}.$$

d'où :

$$e = 0,31 \times \frac{1}{4} = 0^m,0775.$$

Puis on portera cette bande sur le cavenas à la petite échelle r et, tenant compte, aux endroits utiles, de la largeur de la voie de part et d'autre des bases, on verra si l'ensemble tiendra dans la largeur du papier ou s'il débordera.

Dans la première hypothèse (fig. 153), on repérera soit une parallèle xx' à l'un des axes des coordonnées ainsi qu'un point

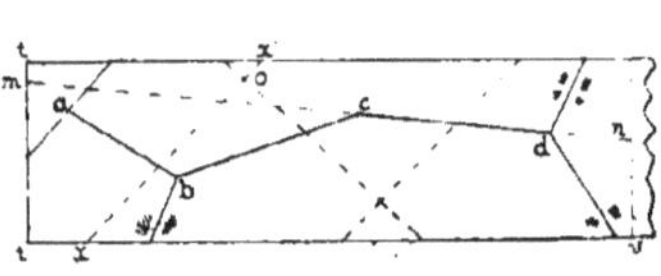

Fig. 153.

d'une perpendiculaire à cet axe, par les distances tx, $t'x'$ et $x'o$ et l'on reportera ces distances, en les quadruplant, sur la feuille destinée au rapport, laquelle feuille devra avoir, bien entendu, une longueur égale à $4 \times tv$ et une largeur égale à $4 \times tt' = 4 \times 0,0775 = 0^m,31$; soit, si les coordonnées n'ont pas été calculées, on rattachera l'un des côtés, prolongée en m et en n, par les distances mt' et nv, ainsi que nd pour fixer l'une de ses extrémités. On placera ensuite les divers points du canevas à l'aide des axes des coordonnées ou, à leur défaut, on prendra mn comme axe et on calculera, de chacun des sommets de la ligne brisée, des perpendiculaires, comme nous l'avons fait déjà pour le champ d'étude (253, *a*), réservant l'usage du rapporteur pour les petites lignes transversales.

Dans la seconde hypothèse, il faudra rapporter le plan en deux ou plusieurs fragments interrompus, mais alors on répétera, au commencement et à la fin de chacun d'eux, une petite partie du fragment qui précède et qui suit. Ou bien, en certains endroits de la bande de papier, on fera des plis raisonnés, appelés *goussets* ou *soufflets*, qui permettront de rapporter le plan d'une façon continue et en suivant toutes les sinuosités. La bande transparente, pour chacune de ces deux hypothèses, va encore nous permettre de trouver la solution graphique de la position du canevas.

Soit *abcdf... klmn* (fig. 154, **A**) une ligne polygonale quelconque, tracée par exemple sur une voie très sinueuse et rapportée à l'échelle du $\frac{1}{2000}$ par rapport à des axes coordonnées dont *xx* et *yy* (cette dernière non figurée) sont des parallèles à des distances connues.

De quelque façon qu'on présente la bande transparente tracée, dans le rapport $\frac{e}{0^{\mathrm{m}},31}$ indiqué plus haut, elle ne pourra couvrir l'ensemble ; il faudra donc rapporter par fragments, à l'échelle de $\frac{1}{500}$, sur la bande de 31 centimètres.

Ces fragments seront interrompus, ou coupés suivant certains angles.

Dans le premier cas on placera la bande transparente dans des positions successives (*fig.* 154, **A**) et, pour chacune d'elles, on agira comme dans la première hypothèse, précédemment examinée, en disposant les fragments à la suite les uns des autres sur la bande à grande échelle et en laissant entre chacun d'eux un vide de quelques centimètres (fig. 154, **C**). Les parties communes, sur ces fragments, sont faciles à remarquer, à la seule inspection de la figure, qui donne l'ensemble de la bande après les rapports successifs.

Si l'on admet les goussets ou soufflets, pour les construire on tracera d'abord, sur le plan à petite échelle, les *onglets* AA', BB', CC', (fig. 154, **A**) que déterminent les intersections des bords de la bande, et, de leurs sommets saillants, A, B, C, on abaissera les perpendiculaires, $A\alpha$, $B\beta$, $C\gamma$ sur les côtés opposés, puis on portera sur la bande de 31 centimètres (fig. 154, **B**), et à l'échelle adoptée, les longueurs $zA = zA_1$; $A\beta = A_1\beta'$; $B\gamma = B_1\gamma'$, et l'on construira les triangles isocèles, dont les sommets sont en A_1, B_1 et C_1. Les soufflets seront donnés par ces triangles isocèles $A'_1\,A_1\,A''_1$, $B'_1\,B_1\,B''_1$, $C'_1\,C_1\,C''_1$ dont on fera coïncider les deux côtés égaux en pliant d'abord suivant les hauteurs $A_1\,\alpha'$, $B_1\,\beta'$, $C_1\gamma$, puis en rabattant en sens inverse, suivant les côtés $A_1\,A''$, $B_1\,B''$, et $C_1\,C''$.

En procédant de la sorte, on remarque qu'on a deux plis en sens inverse au sommet de chaque soufflet ; on évite ce petit inconvénient en transformant les soufflets triangulaires en soufflets trapézoïdaux (fig. 154, **D**) par le reculement, parallèlement à eux-mêmes, d'une petite quantité r, des côtés $A_1A''_1$, $B_1\,B''_1$, $C_1\,C''_1$; mais alors, pour maintenir les longueurs $A_1\,B'_1$, $B_1\,C_1''$... entre les soufflets, il faudra faire subir également un déplacement parallèle aux autres côtés $B_1B''_1$, CC'_1. Dans cette seconde espèce de soufflets, le premier axe de pliage est l'axe de symétrie du trapèze.

Nos lecteurs se rendront compte d'ailleurs du fonctionnement des soufflets s'ils veulent bien calquer les deux figures 154 **B** et 154 **D** et les plier suivant les indications données.

Quelle que soit la forme adoptée, il faut faire les plis avec beaucoup de soin, avant de commencer le rapport, et garder les directions qu'ils donnent au papier, à l'aide de punaises. Puis on débutera par le tracé des axes tels que xx et yy et de leurs parallèles, s'il y a lieu, par rapport auxquels on placera les sommets a, b, c,... m, n, à l'aide de leurs coordonnées. On fera ensuite le rapport des détails se trouvant à cheval sur les soufflets et, enfin, après avoir ouvert ces derniers, on terminera par les détails compris entre chacun d'eux.

Après l'achèvement du plan, la bande, ramenée à la ligne droite par l'ouverture des soufflets, sera pliée sur la largeur administrative de 21 centimètres et le plan se présentera alors sous le format réglementaire de 21/31, pouvant être introduit et classé dans les cartons verts de toute la bureaucratie française.

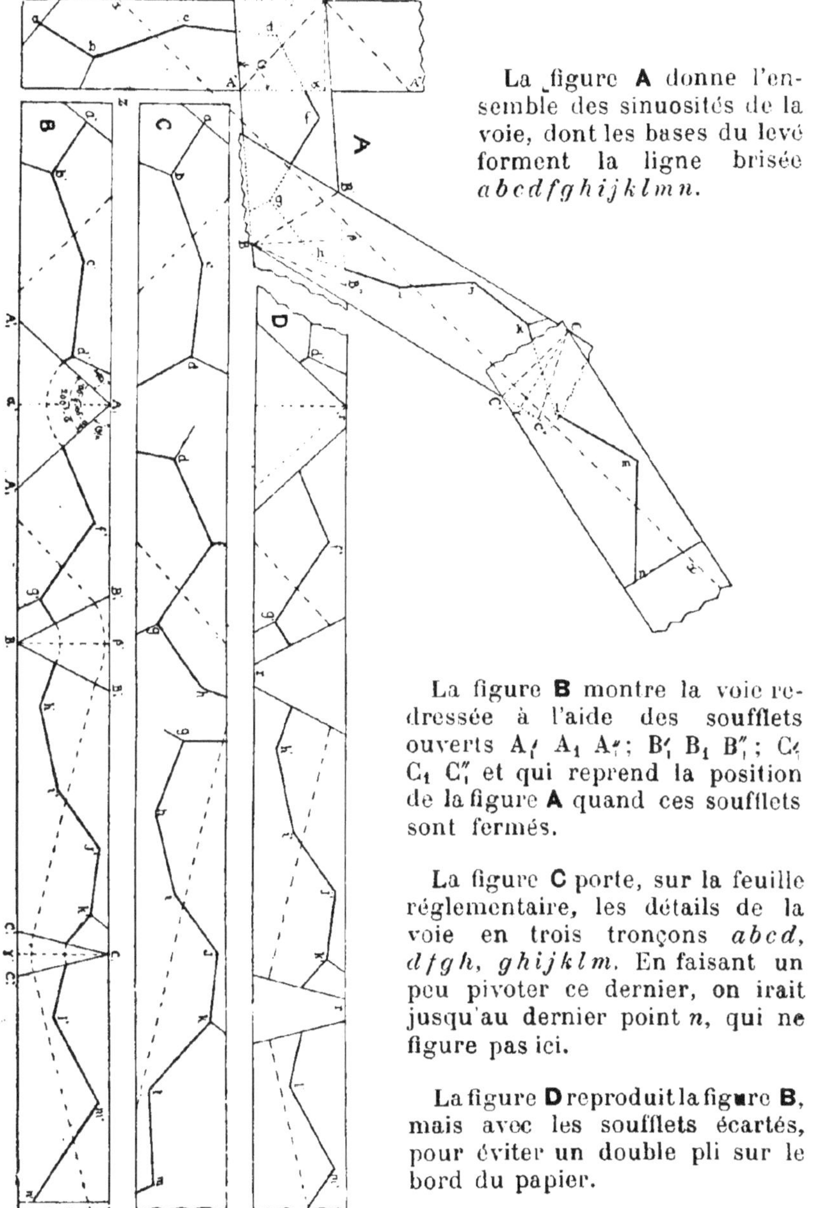

La figure **A** donne l'ensemble des sinuosités de la voie, dont les bases du levé forment la ligne brisée *a b c d f g h i j k l m n.*

La figure **B** montre la voie redressée à l'aide des soufflets ouverts A'_1 A_1 A''_1; B'_1 B_1 B''_1; C'_1 C_1 C''_1 et qui reprend la position de la figure **A** quand ces soufflets sont fermés.

La figure **C** porte, sur la feuille réglementaire, les détails de la voie en trois tronçons *a b c d, d f g h, g h i j k l m.* En faisant un peu pivoter ce dernier, on irait jusqu'au dernier point *n*, qui ne figure pas ici.

La figure **D** reproduit la figure **B**, mais avec les soufflets écartés, pour éviter un double pli sur le bord du papier.

Fig. 154. — Rapports par parties interrompues et par soufflets.

C'est cette facilité de classement, précieuse en réalité pour l'ordre, qui a fait adopter ce système des soufflets qui **permet**, sous une faible largeur, de donner à une échelle suffisamment grande l'ensemble des sinuosités d'une voie. Leur inconvénient consiste dans les coupures qu'ils apportent forcément en divers endroits, surtout lorsque, après un usage fréquent ou prolongé, les plis s'altèrent ou perdent leur netteté, détruisant ainsi l'exactitude du début.

Aussi, dans les villes et partout, en général, où les plans de cette nature sont souvent consultés, préfère-t-on la largeur du papier grand aigle, de 70 centimètres, sur lequel d'abord on peut rapporter déjà, sans soufflets, beaucoup de sinuosités, et où ensuite, quand elles sont trop accentuées, on opère par fragments (fig. 154, **C**), avec des amorces et parties répétées assez longues, qui donnent une idée nette de la valeur angulaire des sinuosités importantes.

Tous ces plans, inventoriés et numérotés, sont roulés et rangés dans des cases portant les mêmes numéros et peuvent être ainsi classés et trouvés aussi facilement que dans un carton.

259. Étude technique des alignements. — a. *Considérations générales.* — L'alignement des voies, en général, donne lieu à diverses questions historiques et administratives dont l'étude n'entre pas dans notre sujet ; il ne sera donc question ici que de la partie technique, et encore, pour cette partie, nous ne considérerons que les voies anciennes, dont les côtés, pour diverses causes et, notamment, par suite des progrès de la circulation, ont à subir des modifications.

Le tracé des alignements, presque toujours, a pour conséquence de frapper d'une servitude, souvent importante, certaines propriétés, puisque les réparations leur sont interdites dans les parties touchées par l'alignement. Ces servitudes, dont les conséquences, dans certains cas, peuvent grever les communes, ne doivent donc être créées qu'en cas de nécessité évidente, et non pas seulement, par exemple, pour garder ou obtenir un parallélisme ou une symétrie sans avantage pour la circulation et sans grand intérêt pour les perspectives artistiques.

C'est dans cet esprit qu'ont été étudiés les alignements de la partie de la Grande-Rue de Noisy que nous avons déjà choisie comme exemple de levé (Pl. IV, page 300).

En plusieurs endroits, l'état actuel donne de 9 à 10 mètres de largeur à la voie, ce qui est bien suffisant pour un chemin de grande communication, même dans la traversée du chef-lieu de la commune et avec un tramway dont l'horaire est peu chargé ; on laissera donc ces largeurs, là où elles existent, et sans se préoccuper du parallélisme des côtés. Cependant, quand les façades présenteront des décrochements, notamment tels que ceux que l'on remarque en face du débouché de la rue de l'Église, il n'y aura pas à hésiter à les frapper de retranchement, d'autant plus qu'un débouché est toujours l'occasion d'une circulation plus active.

L'alignement figuré entre le chemin du lavoir et le décrochement fixé à la cote 78^m,90 a peut-être un peu moins de raison d'être, mais on remarquera que le long bâtiment qu'il frappe a peu d'importance (ce qui est indiqué par l'écartement relativement grand de ses hachures), ainsi qu'on l'a constaté sur place ; il est donc appelé à disparaître pour être remplacé par un autre ; et le propriétaire, tout le premier, a intérêt à régulariser une façade en supprimant un coin disgracieux et peut-être malsain...

Par contre, cet intérêt n'existe pas au débouché du petit passage de 3 mètres, à 30 mètres environ du sommet p ; le décrochement ne se présente pas trop mal ; il facilite l'abord du passage, et le supplément de largeur que possède la rue en cet endroit donne un refuge aux quelques voitures encombrantes qui pourraient être gênées par le passage du tramway.

Enfin nous signalerons encore comme alignement essentiel, malgré la servitude qu'il impose, le *pan coupé régulier* de 5 mètres, projeté à l'angle aigu de la Grande-Rue et de la rue de l'Église. Ce pan coupé dégage en effet un important carrefour, où il est d'autant plus utile de pouvoir évoluer facilement que la pente de la rue de l'Église est plus raide, comme on peut s'en rendre compte à l'examen des courbes de niveau du plan d'ensemble (Pl. I, p. 222). Il est dit *régulier*, parce que, avec les alignements des deux rues, il forme des angles égaux.

b. *Points de repère.* — *Tracés sur place.* — *Pans coupés.* — Les doubles cercles indiquent les points de repère des alignements, c'est-à-dire les extrémités des droites qui les déterminent.

Pour le tracé des alignements, les procédés varient suivant la position des repères et les obstacles qui se trouvent entre eux. Lorsqu'ils ne sont éloignés que de 20 à 30 mètres, et que leur droite est dégagée, les maçons tendent fortement, de l'un à l'autre, un cordeau qui détermine suffisamment la droite, pourvu toutefois qu'un vent trop fort ne souffle pas dans une direction perpendiculaire à la ligne. Lorsque la distance est plus grande, on tracera la droite par une opération topographique, à l'aide de jalons plantés généralement sur une parallèle à l'alignement. Par exemple, s'il s'agissait de fixer un point au constructeur pour l'alignement du bâtiment léger situé à gauche du chemin du lavoir, on placerait un jalon à un mètre en avant du fond du décrochement situé à la cote 78^m,90 (1), l'opérateur se tiendrait à la même cote d'emprunt, en avant du repère du coin du chemin, puis, sur la parallèle ainsi déterminée, il ferait placer à son aide un jalon à l'emplacement désiré par le constructeur, par exemple au pignon du bâtiment léger, coté 6^m,10 sur la façade ; le constructeur, plantant un piquet avec précaution, et sous la direction du géomètre, à l'emplacement du jalon, n'aurait plus, après la démolition, qu'à se reporter à 1 mètre en avant de ce point pour être sur l'alignement, qu'il fixera en se dirigeant, de là, sur le fond du décrochement, devenu accessible. On opérerait de même pour avoir, par exemple, un point d'alignement sur le mur mitoyen situé en face du sommet *q*.

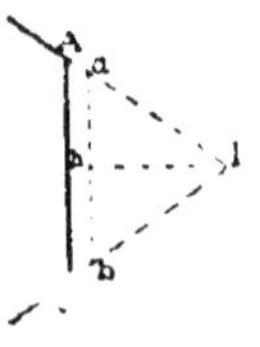

Quant aux tracés des pans coupés, ils dépendent des conditions dans lesquelles ces pans coupés doivent être exécutés ; c'est, le plus souvent, une question de géométrie pure. Par exemple, dans le cas le plus ordinaire, qui est celui d'un pan coupé *régulier* AB (fig. 155) d'une longueur

Fig. 155. — Pan coupé régulier.

(1) Dans la pratique, les points de repère sont ordinairement désignés par le numéro des propriétés contiguës ou le nom des propriétaires.

donnée, on fait l'intersection I des alignements et sur chacun d'eux, à partir de ce point, on porte une cote égale $Ia = Ib$ et l'on mesure ab ; on obtient ensuite $IA = IB$ par la proportion

$$\left[\frac{IA}{Ia} = \frac{AB}{ab}\right]$$

qui donne, pour fixer les points A et B :

$$IA = \frac{Ia \times AB}{ab}.$$

Il va sans dire que si l'on connaissait la valeur de l'angle en I, IA s'obtiendrait par la résolution du triangle rectangle IAh.

260. Tracé d'un axe. — a. *Éléments divers.* — Notre plan d'alignement, déjà chargé par les cotes nécessaires à sa construction, et qui ne figurent ordinairement que sur les plans à grande échelle, au 1/200 par exemple, l'est plus encore à cause du tracé du tramway et des éléments de son axe contourné, sur lequel nous allons donner quelques explications.

Son tracé, figuré comme détail, sur le plan, après son exécution (257, *c*), doit faire, avant, l'objet d'une étude approfondie dont le plan d'alignement est la base. Ce plan, rapporté souvent, pour la circonstance, dans la traversée des lieux habités, à l'échelle du 1/200, doit indiquer, en vue de cette étude, tous les détails susceptibles d'influer sur le tracé, tels que les bordures des trottoirs, les caniveaux pour l'écoulement des eaux, les regards, etc. Et c'est en tenant compte de ces détails, soit dans son tracé s'ils peuvent être conservés, soit dans son devis s'il faut absolument les déplacer, que l'ingénieur établira son projet, dont il figurera l'axe sur le plan.

Cet axe sera composé, généralement, de parties droites, dites *alignements*, et de courbes, ordinairement circulaires, dont il faudra calculer, pour la construction, les divers éléments inscrits sur notre plan et traduits par sa légende (300).

b. *Nivellement.* — Il sera nécessaire, également, de faire le nivellement de la voie suivant cet axe ; c'est ce que l'on appelle le *profil en long*, développé au-dessous du plan et dont les longueurs sont à la même échelle, ordinairement, que ce dernier. Quant aux hauteurs, elles sont généralement à une échelle notablement plus grande, surtout lorsque les pentes sont faibles, pour mieux faire sentir graphiquement ces déclivités. Sur notre plan, à cause de certaines exigences typographiques, ces hauteurs ne sont pas suffisamment exagérées (303).

c. *Profils en long et en travers*. — *Le profil en long* est un nivellement composé (199) dont les points, numérotés ...9, 10, 11... 16, 17... et figurés à leurs places respectives sur le plan, ont été choisis, sur le terrain, aux changements de pente.

En chacun, ou, tout au moins, en plusieurs de ces points, on lève ordinairement un *profil en travers*, c'est-à-dire suivant une direction qui est, le plus souvent, perpendiculaire ou normale au profil en long ; c'est pourquoi les numéros précédents sont appelés numéros des profils. Ces profils, qui ne sont pas donnés ici, figurent la forme en travers de la voie, telle que la courbure ou *bombement* de la chaussée, la profondeur des *caniveaux*, la hauteur des bordures, l'inclinaison des trottoirs etc.

d. *Déblais et remblais*. — Une colonne horizontale du profil en long reste ici sans cotes ; c'est celle du *projet*, parce que la voie a été posée sur sol de la rue, qui n'a subi que d'insignifiants remaniements ; mais si, en raison de son irrégularité ou de certaines pentes trop fortes, on avait dû le modifier par l'enlèvement de terres ou *déblais*, ou l'apport de terres nouvelles ou *remblais*, il en serait résulté un nouveau profil en long dont les cotes auraient été inscrites en rouge dans la colonne du projet. Dans cette hypothèse, le profil en long présente une seconde ligne qui coupe généralement la première en plusieurs endroits et détermine avec elle des polygones plus ou moins allongés qui représentent les déblais, teintés ordinairement en *jaune*, et les remblais, teintés en *rose* (303).

Quand les terrassements ne présentent pas, dans le sens transversal, de notables déclivités, leur volume est égal *approximativement* à la surface teintée multipliée par la largeur du terrassement, et, par raison d'économie, on s'efforce d'égaliser ces deux volumes jaune et rose.

Nous ne nous étendrons pas sur les autres détails du plan

ou du nivellement, suffisamment expliqués par les légendes connexes. (Voir, en outre, l'étude d'un chemin, au chap. VI).

e. *Nivellement des plans d'alignement.* — Lorsqu'une voie, par suite de reconstructions successives, doit subir des modifications notables dans son profil en long ou en travers, on annexe à son plan d'alignement une étude de nivellement comme celle qui été donnée pour la voie ferrée. Cette étude est faite suivant l'axe longitudinal, plus ou moins brisé, des alignements projetés.

261. Plan de la ferme du Chenil-Maintenon. — Bien que ce plan (Pl. V, p. 318) diffère notablement de ceux que nous avons étudiés jusqu'à présent, son analyse se trouvera simplifiée et abrégée par suite de ce que nous avons dit précédemment, de même que le praticien, à mesure qu'il opère, devient plus compétent et plus habile, même pour des opérations différentes de celles qu'il a exécutées.

a. *Levé de la planimétrie.* — Notons d'abord, ici, quatre piquets d'attente, x, y, z et x' que l'opérateur a fait placer devant les entrées de la propriété rue du Fort, avenue Regnault, Grande-Rue et ruelle de l'Église, au moment du levé de ces voies, et qui serviront d'origine, pour des lignes d'opération à l'intérieur. Les trois premières vont être reliées entre elles par des lignes auxiliaires et former ainsi des polygones secondaires s'appuyant sur les polygones principaux tracés sur les voies publiques (fig. 156).

Quant à la quatrième ligne, en x', elle est *en l'air*, c'est-à-dire ne se ferme pas, mais son importance n'est pas grande puisqu'elle n'a surtout pour but que de vérifier la position du coin formé par le grand bâtiment et le mur séparant le jardin d'agrément du potager. Une autre ligne en l'air à signaler est celle ouverte en δ par un angle de 89^g,61. Celle-là a plus d'importance que la précédente parce que, seule, elle fixe, par la cote 8^m,25, la position du coin sud-ouest P de la propriété. Aussi serait-il prudent d'en vérifier la direction en mesurant, par exemple, dans l'allée nord-sud, une distance comprise entre l'un de ses points, et un point de la base $\delta\alpha'$. Il faut remarquer toutefois que cette direction est déjà en partie vérifiée par la cote 22 mètres prise en dedans du mur de clôture de la ruelle de l'Église à partir d'un coin de bâtiment préalablement arrêté par la cote 32^m,50, mesurée antérieurement.

Mais il vaudrait mieux encore atteindre ce point P par une ligne s'appuyant sur la base de l'avenue Regnault et pénétrant dans la propriété voisine ; c'est ce que s'efforcerait de faire certainement tout praticien soucieux de la précision de ses opérations, surtout aux points importants, tels que P, et il est bien rare que, dans ce but, expliqué au propriétaire, l'accès de la propriété lui soit refusé. Ces vérifications *extra muros* sont d'ailleurs indiquées à travers le presbytère, où les bases ouvertes sous les angles 105^g et 115^g,10, sur la ligne gN viennent si bien consolider la position du mur mitoyen avec les longueurs 11,95 et 16,82 et la façade 5,68. Ce mur mitoyen est déjà posé du reste par la base $\beta\gamma$ et son prolongement, qui a pu être fait jusqu'au fond du bâtiment.

Lorsque des lignes d'opération peuvent être dirigées sur des points déjà connus, il faut profiter de cette occasion de donner plus de certitude à la position de ces lignes ; c'est ce qui a lieu pour la ligne issue du point y, sur l'avenue Regnault, et qui aboutit au clocher N. Les angles en y ne devenaient plus ainsi nécessaires ; on les a néanmoins mesurés afin de permettre rapidement la vérification des autres par la formule $(2n-4)$, ce qui ne demandait pas beaucoup de temps du reste, puisqu'il fallait stationner en y pour faire placer les points utiles au levé sur la ligne yN et, notamment, α' et α.

Le levé des détails s'est fait encore surtout par la méthode des intersections et celui des allées, massifs, talus, arbres, etc. par de simples longueurs ou largeurs, rattachées aux bâtiments ou aux murs et non cotées sur le dessin.

b. *Rapport de la planimétrie.* — Pour la construction de ce plan spécial, nous avons agi comme pour celui du champ d'étude en calculant d'abord les coordonnées des points par rapport à la base la mieux disposée pour notre dessin et qui est *ih*, sur l'avenue Regnault (fig. 156). (Voir pour la position de *i*, la pl. II, page 254.) Nous croyons inutile de revenir sur les calculs de ce genre, dont nous donnons seulement le tableau des résultats, suffisamment compensés pour notre échelle.

Après le tracé du canevas, nous avons placé tous les détails en commençant par déterminer les contours sur les voies publiques et ceux des murs mitoyens que nous n'avons fixés qu'après le rapport des points pouvant servir à leur vérification. C'est ainsi, par exemple, que, pour le mur mitoyen avec l'église et le presbytère, nous avons marqué la *tête* de ce mur, dont l'épaisseur a été reconnue de 0^m,50 sur la rue du Fort ; puis, après avoir rapporté tous les détails sur la ruelle de l'Église et sur la petite

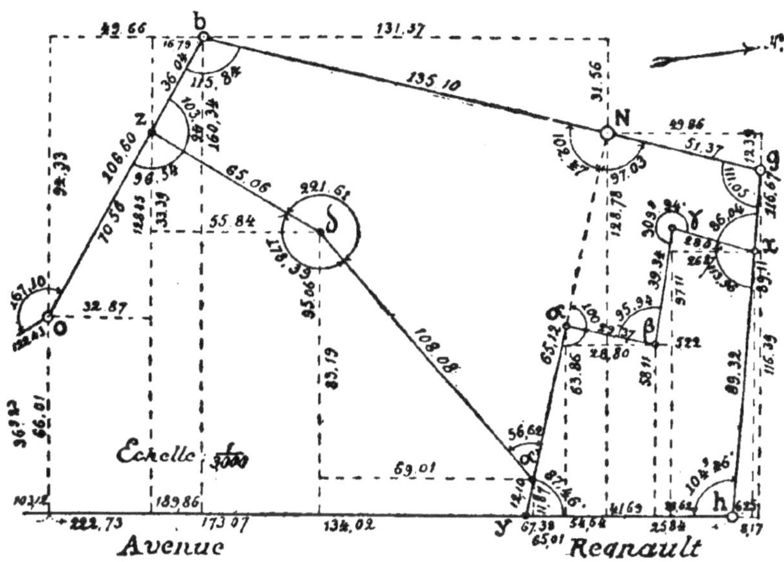

Fig. 156. — Coordonnées des sommets polygonaux de la ferme du Chenil-Maintenon, par rapport à la base *ih*.

place, nous avons porté sur les petites lignes auxiliaires du presbytère les cotes 11^m,95, 16^m,82 et 5^m,68, cette dernière suivant une direction déduite du point précédent et du rapport du mur sur la place ; ensuite, à l'aide des bases βγ prolongées et χγ, nous avons placé le mur nord du jardin d'agrément, dont le prolongement devient mitoyen, et rapporté notamment, les cotes 53^m,64, 0^m,75, 2^m,37 et 5^m,34. Si tous les points ainsi obtenus concordent avec l'épaisseur de 0^m,50 nous pouvons avec sécurité tracer le mur depuis la rue du Fort jusqu'au retour de la place de l'Église.

La position de l'autre limite, très sinueuse, au sud-ouest, est moins sûre et nous en avons déjà donné la raison pour le point P ; il eût certainement été prudent, comme nous l'avons dit, à défaut de lignes *extra muros*, de fermer la ligne *en l'air* du point δ par un triangle dont le troisième côté aurait pu être tracé dans l'allée nord-sud, latérale au mur. En l'absence de cette ligne, il faut supposer que l'opérateur a redoublé d'attention dans la lecture des angles en δ et des cotes diverses aux abords du petit escalier longeant le bâtiment, près du sommet α'. Quant au mur mitoyen à peu près perpendiculaire sur la Grande-Rue, si les cotes qui aboutissent sur le *parement* intérieur de ce mur donnent une série de points sensiblement en ligne droite, il y a une grande probabilité pour que la position de ce mur soit exacte. Ne pas omettre ici, dans le rapport de ce parement de mur, de diminuer la cote de façade, sur la Grande-Rue, de 0ᵐ,25, car, ainsi que l'indique l'*attache*, cette cote a été comptée jusqu'à la *mitoyenneté* et non au *parement*. Nous recommandons aux débutants cette remarque, qui trouve fréquemment son application dans les levés de *propriétés bâties.*

Lorsque tous les contours sont placés, ainsi que tous les points cotés sur les bases, il ne reste plus que les bâtiments et autres détails intérieurs que l'on déterminera aisément par intersection ou par prolongement.

On n'aura plus qu'à passer à l'encre les divers traits hachures, feuillés divers, etc., conformément aux principes énoncés dans le paragraphe relatif au dessin du plan (245).

c. *Nivellement et figuré du relief du terrain.* — Pour le nivellement, on est parti de l'altitude 145ᵐ,37 d'un point situé dans la Grande-Rue, au coin de la mairie, et donné par le plan du tramway de Versailles à Maule, lequel point avait été vraisemblablement déduit du repère de la gare. Cheminant par la ruelle de l'Église et la rue du Fort, on est venu se fermer par l'avenue Regnault et le chemin en déblai de l'Auberge, disséminant en plusieurs endroits, déjà fixés par la planimétrie, des altitudes d'où l'on partira pour coter les points divers et déterminer les courbes de niveau. Ces points divers seront placés surtout aux angles des bâtiments et des clôtures, aux carrefours des allées, sur la première et sur la dernière marche des escaliers, aux puits et aux réservoirs, etc. Leurs cotes s'obtiendront par la méthode de rayonnement et leur recherche ne présente plus, pour nous, rien de particulier. Mais nous appellerons spécialement l'attention sur la forme des courbes, levées par recherche directe et par interpolation, suivant les cas.

On remarquera d'abord, en entrant par l'avenue Regnault pour monter vers la cour principale, ces formes fortement bombées, se rapprochant de l'ellipse et creuses à droite et à gauche, suivant deux lignes parallèles marquées de flèches. Ces courbes définissent une chaussée bombée mais beaucoup moins que leur courbure ne le fait supposer et qui n'est si accentuée que parce que la pente de cette chaussée est relativement faible ; les lignes ponctuées, avec flèches, indiquent l'axe des caniveaux peu profonds, qui expliquent la partie creuse des courbes, et les flèches sont dirigées dans le sens de l'écoulement des eaux pluviales.

Si nous descendons ensuite vers l'auberge, nous rencontrerons un ensemble de courbes fort intéressant, créé par le creusement du chemin et les talus qui en sont résultés de part et d'autre.

Dans ce chemin, construit pour établir une communication charretière, qui n'existait pas autrefois, entre l'auberge et la ferme, on rencontre des courbes qui présentent à l'observateur non plus une convexité comme le chemin précédent, mais leur concavité ; cependant elle caractérise encore un bombement et non un creux, parce qu'elle se présente en descendant et non en montant comme l'autre et la courbure est beaucoup moins accentuée que la précédente, surtout à cause de la pente, beaucoup plus forte.

A partir du pied du talus, la courbe suit, jusqu'à la crête, une oblique dirigée dans le sens de la descente, ce qui s'explique puisque cette oblique, horizontale, va de l'arête inférieure du talus à l'arête supérieure, toutes deux inclinées comme la chaussée. Arrivée sur la surface inclinée du potager, la courbe se raccorde avec une courbe de même cote.

Du reste, si l'on joignait les courbes des potagers, de part et

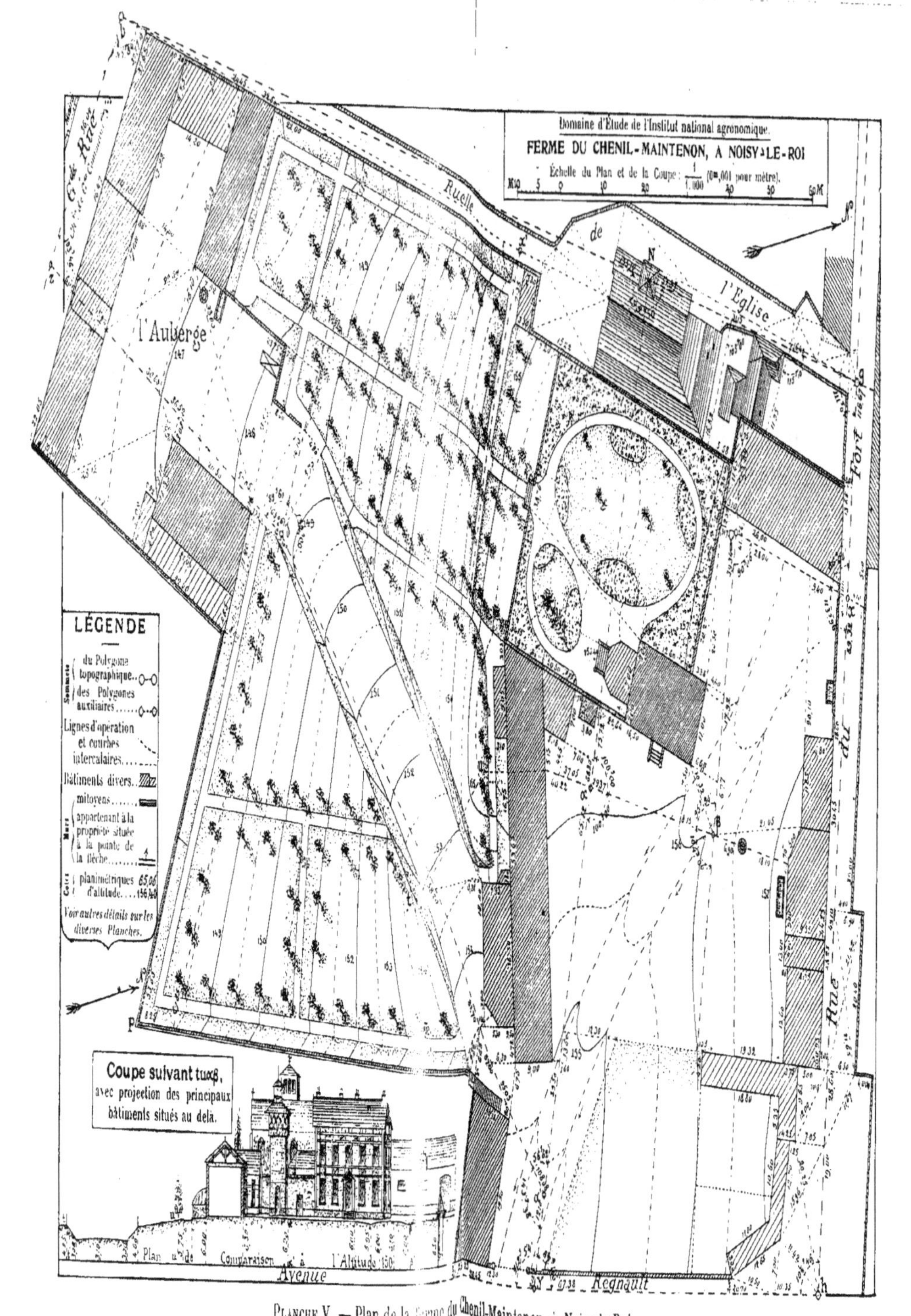

PLANCHE V. — Plan de la Ferme du Chenil-Maintenon, à Noisy-le-Roi.

d'autre du chemin et sans tenir compte de ce dernier, on verrait qu'elles traduiraient, sans trop d'ondulations, les pentes d'un même coteau, et c'est la tranchée faite dans ce coteau qui a été, dans sa traversée, la cause de leurs symétriques modifications, qui caractérisent bien, d'ailleurs, le travail de terrassement effectué en cet endroit.

Pour le tracé et le dessin des courbes, nous renvoyons à ce qui a été dit précédemment (254) ; nous retiendrons seulement un instant l'attention sur le tracé d'une coupe quelconque, avec projection de détails, au delà de la coupe, comme le montre la figure en marge du plan.

d. *Coupe quelconque, avec une projection des détails en arrière.* — Une *coupe* est l'intersection d'une surface verticale quelconque, tracée suivant une ligne déterminée sur le plan, avec le sol et les détails situés au-dessus et au-dessous ; c'est donc un *profil*, mais au-dessous duquel on figure, outre la section faite à la surface, d'autres sections souterraines, par exemple celles des terrains de divers caractères, et alors la coupe est *géologique*, ou bien, *au-dessous* et *au-dessus*, divers travaux spéciaux, comme ceux de l'ingénieur ou de l'architecte.

Dans la figure en question, n'ayant pas les éléments suffisants pour déterminer les épaisseurs des divers terrains, nous nous sommes borné à figurer, au-dessous du sol, le puits de la cour par l'axe duquel passe la coupe, dont la trace, sur le plan, est donnée par la ligne brisée $tux\beta$, prolongée jusqu'à ce puits et, au-dessus, la section de la grange par le plan coupant.

Après avoir développé la ligne de coupe suivant l'horizontale $t'u'\alpha'\beta'$, supposée à l'altitude 150 mètres, et porté suivant leurs distances respectives les points d'altitude connue, nous avons tracé, *à la même échelle que le plan*, des perpendiculaires égales à ces altitudes diminuées de 150 mètres, altitude du plan de comparaison, et qui sont d'ailleurs cotées sur la coupe ; c'est ce qui a donné le profil $tux\beta$.

Le puits a été figuré par son diamètre et sa profondeur, et la grange par l'épaisseur et la hauteur de ses murs, ainsi que par le détail de l'une des fermes soutenant la toiture.

En arrière, nous avons projeté verticalement les façades apparentes vues à diverses distances, notamment le bâtiment d'habitation et le réservoir, au premier plan ; puis, au delà, à droite, une partie de l'écurie et, au dernier plan, le clocher et une partie de l'église, différenciant ces plans par des traits plus pâles, à mesure que l'on s'éloigne (1).

Il a suffi, pour déterminer ces détails, de placer d'abord, à sa hauteur, le sol de chacun d'eux, à l'aide des altitudes, puis de rapporter les façades avec les cotes prises sur place. On remarquera que ces façades sont, ou sensiblement parallèles à la trace $\alpha\beta$ sur laquelle elles se projettent alors à peu près en vraie grandeur, ou presque perpendiculaires à cette trace où leur projection est alors très raccourcie.

Rôle et choix des instruments du terrain dans les opérations précédentes.

262. a. *Rôle des instruments.* — Dans les opérations d'ensemble et de détail que nous venons d'analyser, les goniomètres nous ont permis de mesurer les angles d'importances diverses et de tracer les points intermédiaires des alignements ; les règles et décamètres nous ont servi à mesurer les distances les niveaux nous ont donné les altitudes. Mais chacune de ces opérations se subdivise au point de vue de la précision.

Devrons-nous employer, pour chacune de ces subdivisions, des instruments différents? Déjà cette question s'est posée plus loin (193) ; la réponse ne pouvait guère être faite qu'après la pratique d'une opération complète.

b. *Choix des instruments.* — Pour les angles, un seul goniomètre répétiteur — à lunette — nous paraît suffisant, pourvu qu'il donne la minute sexagésimale ou les deux centigrades, ce qui suppose un cercle d'un diamètre de 10 centimètres au moins ; il devra être muni du calage triangulaire et d'une vis de rappel pour le cercle et pour l'alidade et sa lunette pourra accomplir une rotation complète autour de ses tourillons.

Certainement un pareil instrument sera un peu faible **pour** la triangulation, mais avec la répétition ou la réitération **(71)**, on obtiendra un résultat assez exact.

(1) Le cliché typographique n'a pas permis d'établir suffisamment ces nuances dans les traits.

Par contre, il sera parfait pour la polygonation et les détails et, grâce à son faible poids (3 kilogrammes) et à sa mise en station rapide, on n'hésitera pas à l'employer aussi pour l'alignement des points intermédiaires sur les bases.

Pour la mesure des longueurs, on emploiera le ruban d'acier de 10 ou de 20 mètres.

Enfin, pour le nivellement, nous n'hésitons pas à conseiller un niveau à lunette comme le niveau d'Égault ou à bulle indépendante, sans les prismes, avec la mire Bourdalouë, qui servira au besoin même pour le filage des courbes (214, *a*), bien que, dans ce cas, un niveau d'eau ou le niveau Goulier serait préférable.

Si l'on appliquait la méthode tachéométrique, on sait qu'un seul instrument serait substitué aux trois précédents.

VI

APPLICATIONS SPÉCIALES : — ARPENTAGE. — CADASTRE. — QUESTIONS DIVERSES

§ I. — L'ARPENTAGE (1)

263. Définitions. — L'arpentage est un vieux mot qui tend à disparaître, depuis la création du système métrique et aussi parce que son but s'est élargi.

Arpentage, disent les dictionnaires, vient d'*arpent* et signifie, en général, l'art de mesurer la superficie des terres, d'en lever les plans et de les représenter sur le papier.

Arpent vient du latin *arvus*, champ, et de *pendere*, évaluer, d'où le mot *arvipendium*, que nous traduisons, dans notre langue, par *arpent*, et dont nous avons fait, autrefois, le nom de notre principale unité de mesure de surface, remplacée aujourd'hui par l'*hectare*.

Ce mot d'*arpentage*, dans bien des campagnes, a gardé sa signification, surtout lorsqu'il s'agit de contenance, et les moissonneurs n'emploient pas d'autre terme pour l'évaluation de leurs travaux, ni les notaires lorsqu'ils donnent l'origine des contenances qu'ils expriment dans leurs actes : *superficie d'après l'arpentage*. De même les riverains, dans leurs contestations de limites, font précéder le bornage, de l'*arpentage* des parcelles contiguës.

Mais les *arpenteurs* de jadis ont à peu près disparu et sont remplacés par des géomètres, plus instruits en général et dont les travaux sont plus étendus, puisque, outre les mesurages et les bornages d'autrefois, ils reproduisent, avec une planimétrie plus variée, toutes les ondulations, tous les accidents du terrain, d'après les méthodes que nous avons exposées précédemment.

(1) Voir à la fin du volume la table alphabétique et la table des matières, spéciales à l'arpentage.

Les géomètres ne sont donc plus des arpenteurs, mais des topographes, et l'arpentage proprement dit, c'est-à-dire le mesurage des terres et leur division, n'est plus qu'un chapitre spécial de la topographie, que nous allons traiter sous le nom de *mesurage des surfaces*. Comme la plupart des auteurs, nous emploierons souvent aussi le mot *mesure*, dans le sens de mesurer, comme synonyme de mesurage.

Mesure des surfaces.

264. Problème général. — La solution du problème général de la mesure des figures polygonales quelconque, consiste à les décomposer en figures géométriques très simples telles que des triangles et des trapèzes, soit sur le terrain, soit sur le plan, déjà levé et rapporté d'après les méthodes connues, à les évaluer ensuite séparément, puis à faire la somme des résultats partiels. Quand l'opération a lieu *graphiquement*, comme nous l'expliquerons tout à l'heure, et que certaines parties du contour polygonal présentent une succession de lignes droites se coupant sous des angles très ouverts et dont l'ensemble, par conséquent, s'écarte peu d'une droite moyenne, la géométrie apprend encore à déterminer graphiquement cette ligne moyenne, ce qui diminue le nombre de côtés et abrège ainsi l'opération. Pourtant, dans ce cas, il ne serait avantageux, ni pour la précision, ni pour la simplification, de pousser le problème jusqu'à sa dernière limite, qui transforme, on le sait, le polygone en un triangle.

Lorsque les opérations du terrain n'ont en vue que la détermination de la surface, elles sont évidemment plus simples que les opérations topographiques dont le but est la construction d'un plan ; mais avec les seuls éléments d'une surface on ne peut pas toujours déterminer le plan périmétral du terrain mesuré, tandis qu'avec un plan on peut toujours, graphiquement, ou numériquement (si l'on a conservé les cotes du plan), obtenir cette surface.

On sait, en effet, que deux polygones peuvent avoir la même surface sans être égaux ; ils sont seulement *équivalents*. Soit, par exemple, le trapèze ABCD (Fig. 157) dans lequel l'arpenteur a mesuré les deux bases AB et CD, ainsi que la hauteur h, la surface du ce trapèze sera

$$S = \frac{(AB + CD) \times h}{2}$$

Avec ces mêmes éléments on pourra construire un nombre indéterminé de trapèzes équivalents, tels que A'B'C'D', A"B"C"D",... mais si l'opérateur a mesuré quelques éléments

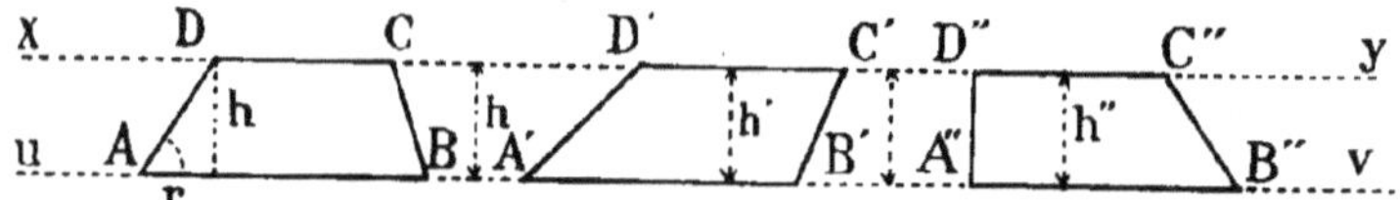

Fig. 157. — Trapèzes équivalents.

uv, xy, parallèles ; AB = A'B' = A"B" ; CD = C'D' = C"D" : $h = h' = h"$.

supplémentaires, tels qu'un angle A et le rattachement r du pied de h à l'un des sommets A, la construction de la figure ne présentera plus qu'une solution.

Pour la détermination des contenances, nous considérerons la méthode *numérique*, la méthode *graphique*, la méthode *mixte*, et enfin la méthode *mécanique*.

265. Méthode numérique. — Par méthode *numérique*, nous entendons celle qui détermine les surfaces à l'aide des cotes prises directement sur le terrain ; on pourrait presque la désigner sous le nom de méthode des arpenteurs, qui l'employaient le plus souvent. Ils disposaient même spécialement dans ce but leurs lignes d'opération, et l'équerre, sous ce rapport, leur rendait de grands services parce qu'elle permettait de tracer les hauteurs des triangles et des trapèzes.

Aujourd'hui, sans négliger l'usage de l'angle droit, les géomètres, qui possèdent presque tous un goniomètre suffisamment précis, n'hésitent pas à prendre des lignes quelconques par rapport à la base choisie, lorsque le tracé de ces lignes présente plus de facilités.

Les figures 159 à 163, donnent quelques exemples assez simples d'opérations dont l'emploi de l'équerre est la base. On remarquera que les figures 159 et 160 ne peuvent être rapportées avec les seules cotes nécessaires aux calculs des surfaces, tandis que ces cotes suffisent pour le rapport des figures 161, et 163 A noter aussi la figure 162 pour laquelle tous les éléments de la surface sont mesurés *extérieurement* ; de plus, le polygone enveloppe étant un rectangle, on doit avoir $m\,n = o\,p$ et $m\,p = n\,o$.

Le champ d'étude de Noisy-le-Roi va nous donner un

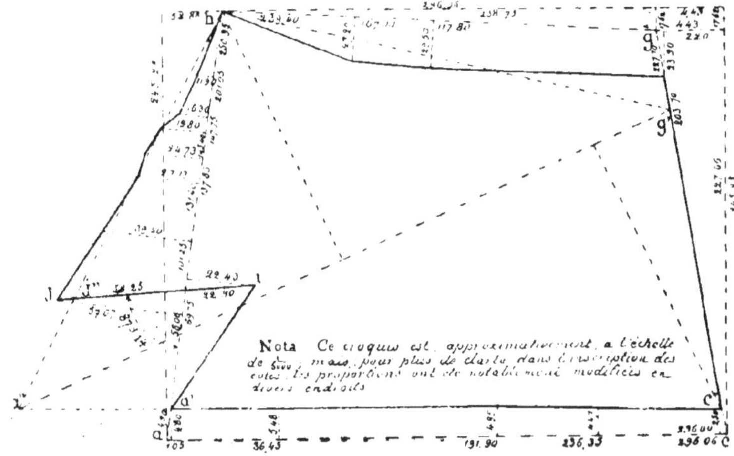

Fig. 158. — Croquis de levé du périmètre du champ d'étude de Noisy-le-Roi.

exemple assez complet de calculs numériques, disposés dans le tableau suivant, d'après les cotes de la figure 158.

A l'examen de cette figure, on voit que les contours ont été levés, en grande partie, par la méthode des coordonnées, très favorable, comme nous l'avons dit, pour le calcul des surfaces. La base cg passe sur l'un des côtés du périmètre et de la sorte simplifie le calcul ; enfin pour le contour $a'ij$, levé seulement par l'angle 87ᵍ,14 et les cotes 22,90 et 58,25, il a suffi de calculer les perpendiculaires de i et de j sur la base ah pour avoir, dans cette partie, les éléments nécessaires.

Nous croyons inutile d'entrer dans des détails pour expliquer ces calculs de triangles et de trapèzes ; il suffira de se reporter aux figures cotées du croquis, sur lequel on remarquera seule-

Tableau des calculs de la surface du polygone (fig. 158), d'après les cotes numériques.

		+	−
Quadri-latère *acgh.*	$\dfrac{296,06 \times 245,28}{52,88 \times 245,28}{2}$	72617^m,60	
			6485^m,20
	$\dfrac{238,75 \times 17,62}{2}$		2103^m,39
	$\dfrac{4,43 \times 227,66}{2}$		504^m,27
	$\dfrac{4,43 \times 17,62}{2}$		78^m,06
	$\dfrac{4,80}{2} \times 1,05$		2^m,52
	$\dfrac{4,80+5,48}{2} \times 35,40$		181^m,96
Chemin vicinal. Base *ac.*	$\dfrac{5,48+4,95}{2} \times 155,45$		810^m,67
	$\dfrac{4,95+4,47}{2} \times 44,45$		209^m,36
	$\dfrac{4,47+2,50}{2} \times 59,65$		207^m,88
	$\dfrac{2,50}{2} \times 0,06$		0^m,08
	296,06		
Terrain au Nord. Base *ah.*	$\dfrac{64,85}{2} \times 22,43$		727^m,39
Totaux à reporter.		72617^m,60	11310^m,68

		+	−
	Report.........	72617^m,60	11310^m,68
	$\dfrac{57,07}{2} \times 11,69$		333^m,57
	58,06		
	$\dfrac{57,07+39,40}{2} \times 43,19$	2083^m,27	
	$\dfrac{39,40+27,17}{2} \times 30,15$	1003^m,54	
Partie latérale au chemin de fer. Base *ah.*	$\dfrac{27,17+24,73}{2} \times 6,45$	167^m,06	
	$\dfrac{24,73+19,80}{2} \times 7,55$	168^m,10	
	$\dfrac{19,80+16,30}{2} \times 2,35$	42^m,42	
	$\dfrac{16,30+11,90}{2} \times 53,30$	751^m,53	
	$\dfrac{11,90}{2} \times 49,90$	296^m,90	
	250,95		
	$\dfrac{27,52}{2} \times 72,40$		984^m,64
Terrain au Sud-Est. Base *gh.*	$\dfrac{27,20+29,50}{2} \times 49,20$		1394^m,82
	$\dfrac{29,50+23,90}{2} \times 117,80+2,23$		3204^m,80
	239,40		
	$\dfrac{23,90}{2} \times 2,23$	26^m,65	
		+77157^m,07 −17228^m,51	−17228^m,51
	Total..............	5^h,99^a,29	

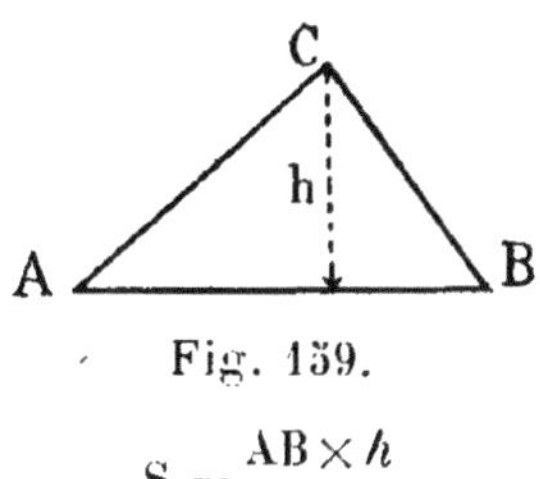

Fig. 159.

$$S = \frac{AB \times h}{2}$$

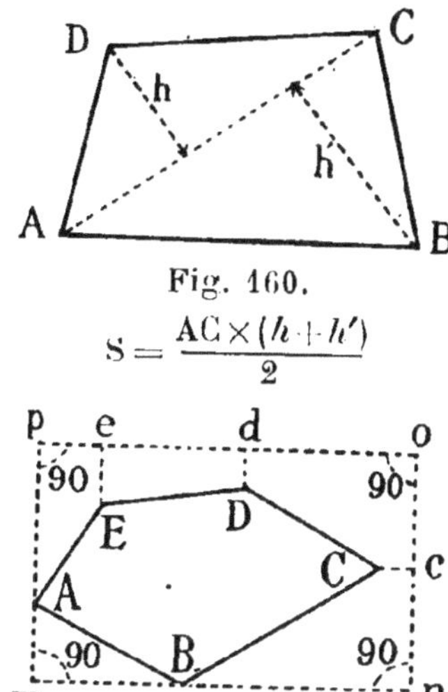

Fig. 160.

$$S = \frac{AC \times (h + h')}{2}$$

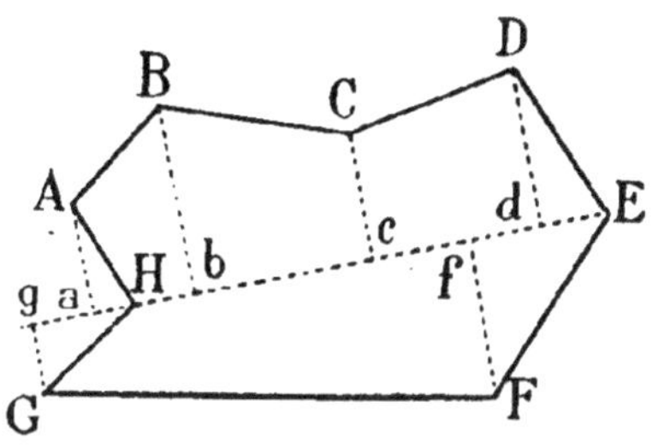

Fig. 161.

Surface de la fig. 161.
$$+ \frac{(Aa + Bb) \times ab}{2}$$
$$+ \frac{(Bb + Cc) \times bc}{2}$$
$$+ \frac{(Cc + Dd) \times cd}{2}$$
$$+ \frac{Dd \times dE}{2}$$
$$+ \frac{Ff \times fE}{2}$$
$$+ \frac{(Ff + Gg) \times fg}{2}$$
$$- \frac{Aa \times aH}{2}$$
$$- \frac{Gg \times gH}{2}$$

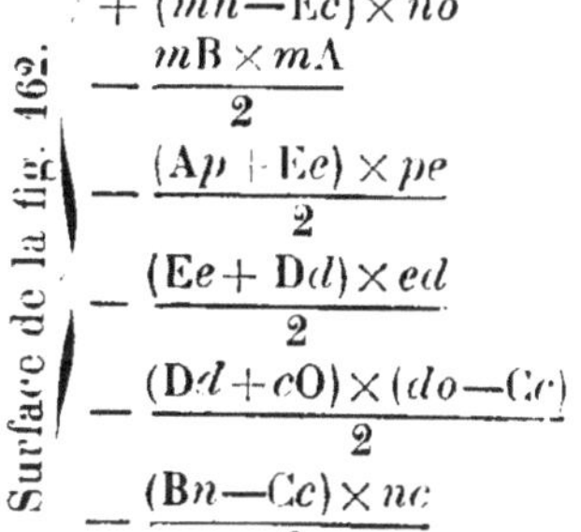

Fig. 162.

Surface de la fig. 162.
$$+ (mn - Ec) \times no$$
$$- \frac{mB \times mA}{2}$$
$$- \frac{(Ap + Ee) \times pe}{2}$$
$$- \frac{(Ee + Dd) \times ed}{2}$$
$$- \frac{(Dd + cO) \times (do - Cc)}{2}$$
$$- \frac{(Bn - Cc) \times nc}{2}$$

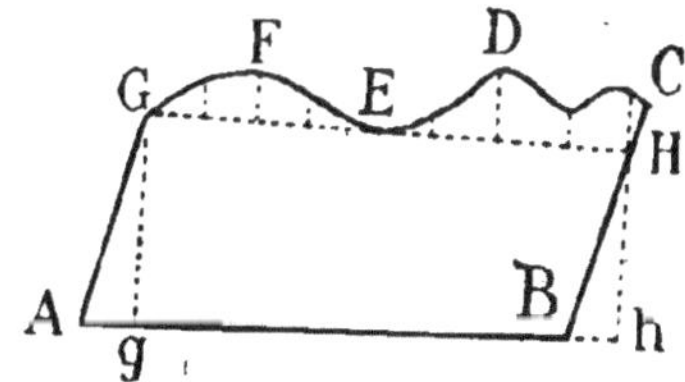

Fig. 163.

Surf. de la fig. 163.
$$+ \frac{Ag \times Gg}{2}$$
$$+ \frac{(Gg + Hh) \times gh}{2}$$
$$+ \text{les figures de la partie courbe}$$
$$- \frac{Hh \times Bh}{2}$$

Fig. 159 à 163. — Exemples de mesures de surfaces.

ment que toutes les cotes des bases sont cumulées, ce qui nécessite généralement une soustraction pour avoir celles des triangles ou des trapèzes. En verra aussi que les cotes 296,06 et 245,28, en dehors des accolades, sont les cotes *totales* des bases dont les éléments *partiels* sont accoladés; de même pour 250,95 et 239,40. C'est une vérification qu'il ne faut pas négliger.

Remarquons en passant que ce champ d'étude, comme la figure 162 (page 328), peut servir d'exemple de levé et de calcul de surface *sans pénétrer à l'intérieur*, car il nous aurait suffi de remplacer la ligne d'opération *ah* par une autre ligne tracée sur le chemin de fer, voisin de la limite et sur laquelle cette dernière aurait été rattachée, au lieu de l'être sur *ah*. Il va sans dire que, dans cette hypothèse, on aurait prolongé *ca* et *gh* jusqu'à la ligne extérieure, ainsi que *ij*.

D'ailleurs ces problèmes sur l'impénétrabilité plus ou moins grande de certains terrains ne doivent plus guère inquiéter les débutants, puisque, nous l'avons vu (184), les cheminements polygonaux ou les recoupements permettent d'atteindre à peu près partout, soit à l'intérieur, soit au dehors des limites, les points à fixer.

266. Méthode graphique. — Rappelons d'abord le problème graphique auquel nous avons fait allusion (264). Soit ABCDEF un polygone quelconque (fig. 164). Par F menons une parallèle FF′ à EA et joignons EF′, le polygone F′BCDE a un côté de moins que le précédent, et il lui est équivalent.

En effet, les deux triangles AEF et AEF′ ont même base AE et leurs sommets F et F′ sont sur une même parallèle à AE, donc ils sont équivalents ; or ils ont une partie commune

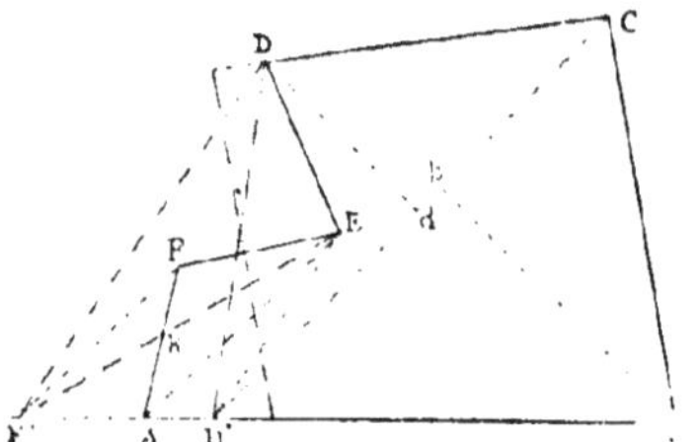

Fig. 164. — Transformation d'un polygone en un polygone équivalent d'un plus petit nombre de côtés.

AEK ; si on la retranche de chacun des deux triangles, les restes AF′K et EFK seront aussi équivalents, ainsi que les polygones, puisque AF′K est ajouté au premier tandis que EFK lui est retranché.

En continuant la construction, nous substituerons la droite DD′ à la droite EF′ et le polygone primitif sera transformé en un quadrilatère équivalent D′BCD, que nous pourrions à son tour transformer en un triangle. Mais, au point de vue spécial du calcul graphique de la surface, il sera préférable d'arrêter là les transformations et de terminer en décomposant ce quadrilatère en deux triangles par la diagonale D′C qui en sera la base commune.

On n'aura plus qu'à mesurer, avec le biseau, D′C et les hauteurs Bb et Dd et la surface du quadrilatère aura pour expression

$$S = D'C \times \frac{Dd + Bb}{2}.$$

Notons que dans la pratique, quand les hauteurs telles que Bd et Dd, en mesures réelles, ne dépassent pas 10 à 15 centimètres sur le plan, on peut diriger à vue le biseau, sans erreur sensible.

Si, pour l'exactitude, il n'est pas bon d'accepter des lignes moyennes s'écartant trop des positions primitives, comme cela serait arrivé si nous avions poursuivi l'opération précédente, il ne faut pas non plus chercher à transformer une ligne insensiblement brisée, comme $a'i$ sur le chemin vicinal, par exemple (fig. 158), parce qu'il y aurait confusion dans les points successifs obtenus. Il est préférable, dans ce cas, de joindre par une droite les extrémités $a'c'$ de la ligne brisée et d'apprécier le mieux possible les ordonnées aux points d'inflexion.

Les tracés divers de cette figure 158 montrent d'ailleurs la marche à suivre. On cherchera, par exemple, les lignes moyennes hg' et hj'', on prolongera cette dernière jusqu'en a'', sur le prolongement de $c'a'$, et l'on déduira ensuite, du quadrilatère d'ensemble $a'c'g'h$, le quadrilatère $a''a'ij''$ ainsi que les petits triangles et trapèzes compris entre la droite $a'c'$ et la brisée des mêmes sommets. Comme vérification, il sera bon d'évaluer le quadrilatère d'ensemble en prenant pour base successivement chacune de ses diagonales.

267. Valeur des résultats numériques et des résultats graphiques. — Les surfaces obtenues par la méthode numérique sont rigoureuses comme un chiffre ; tant vaut la cote, tant vaut la surface — étant entendu, cependant, que des fautes n'ont pas altéré les calculs. Les surfaces graphiques sont soumises à diverses influences, telles que l'échelle du plan, les conditions hygrométriques du papier, l'habileté du dessinateur au moment de l'exécution du dessin et lorsqu'il relève les cotes graphiques. Toutefois, il peut être tenu compte, dans une certaine mesure, des variations du papier (voir plus loin n° 245 page 268).

Malheureusement cet état, qui est à peu près permanent quand il résulte d'une cause spéciale, comme le collage sur toile, après le rapport du plan, ne l'est plus quand la cause est variable. Il nous est souvent arrivé par exemple, par certaines journées d'hiver, de constater que des différences, notables le matin, n'existaient plus l'après-midi, après un surchauffage du bureau. C'est à l'opérateur soigneux, dans ces circonstances, de surveiller fréquemment son plan.

En principe donc, nous sommes pour la méthode numérique, mais nous convenons qu'elle n'est pas toujours pratique et que le supplément de précision qu'elle donne occasionne quelquefois une augmentation de travail hors de proportion avec le but à atteindre. Ainsi, par exemple, nous avons eu jadis un maître scrupuleux qui, bien qu'ayant le cadastre à sa disposition, et alors que ce document officiel était encore assez au courant puisqu'il n'avait que douze ans de date, prenait sur le terrain toutes ses mesures. Or il s'agissait d'arpentage de moissons qui se payaient aux ouvriers, à cette époque, 25 francs l'hectare et dont quelques rattachements auraient suffi pour l'application sur le plan cadastral et le calcul graphique.

Des discussions fort intéressantes ont été engagées sur ce sujet à la commission extraparlementairs du cadastre, que nous aurons plus d'une fois l'occasion de citer, et il en est résulté, comme conclusion, que la méthode graphique resterait admise, comme par le passé, pour le nouveau cadastre comme pour l'ancien.

Cette décision ne veut pas dire que sous ce rapport, à près d'un siècle de distance, on reste sans progrès car, autrefois, les calculs ont eu lieu généralement sur des plans au 1/2500, tandis que, maintenant, l'échelle adoptée, sauf exception, serait le 1/1000. En outre, on admet aujourd'hui, dans le rapport des plans, des perfectionnements et des précautions ignorés jadis. Les minutes, en effet, seraient rapportées et gravées immédiatement sur zinc par des spécialistes (1) et les mesures prises sur ce métal par d'autres spécialistes ; enfin, deux calculateurs au moins, par des décompositions différentes, seraient chargés de déterminer les mêmes surfaces, qui se trouveraient ainsi contrôlées.

On conçoit que, dans ces conditions, les résultats seront généralement suffisants : mais les géomètres privés n'ont pas souvent tous ces avantages, aussi croyons-nous qu'ils feront bien d'introduire leurs cotes du terrain dans leurs calculs, chaque fois qu'ils en auront l'occasion ; c'est ce que nous appelons la méthode mixte.

263. Méthode mixte. — Dans cette méthode, on calcule numériquement les polygones enveloppes tels que *acgh* pour le champ d'étude (fig. 158) ou *pNghyxòz* pour le plan de la ferme du Chenil-Maintenon (pl. V, p. 318) ; on prend de plus, quand c'est possible, d'autres lignes auxiliaires comme éléments de calculs graphiques pour les figures à ajouter ou à retrancher et, enfin, on opère graphiquement pour les derniers détails.

Il y a même des cas où nous conseillerions plutôt le calcul graphique que le numérique ; c'est lorsque certaines lignes, difficiles à atteindre ou à suivre sur le terrain, sont la résultante d'un tracé *moyen* obtenu à l'aide de points rattachés à des bases diverses et sans liaison directe. Par exemple, c'est ce qui aurait eu lieu pour la limite du champ d'étude avec le chemin de fer si elle n'avait été visible ou accessible que partiellement du côté de la prairie et si, par suite, son levé avait été complété par une opération faite sur le chemin de fer. De même pour le mur mitoyen de la ferme du Chenil, entre l'avenue Regnault et la Grande-Rue, si les divers coudes de ce mur avaient été placés concurremment avec les lignes intérieures de la pro-

1) Ceci était exact lorsqu'il s'agissait de rendre obligatoire la réfection du cadastre, qui devait être exécutée par un service spécial, mais il n'en est plus de même maintenant (voy. p. 394).

priété et d'autres lignes auxiliaires tracées dans les propriétés voisines, comme nous en avons exprimé le désir dans l'analyse du plan. C'est enfin ce qui a lieu pour le mur mitoyen avec l'église et le presbytère.

269. Calculs approximatifs. — Dérogation aux principes rigoureux de la géométrie. — C'est ici l'occasion de nous arrêter un instant sur ce que nous appellerons les *à-peu-près* de la pratique.

Nous avons dit déjà, à propos du calcul graphique du quadrilatère D'BCD (fig. 158), que si les hauteurs Dd et Bb ne dépassaient pas, sur le plan, 10 à 15 centimètres, on pouvait estimer leur direction à vue, sans erreur sensible ; il en est de même pour certains parallélismes. Parce qu'un quadrilatère n'est

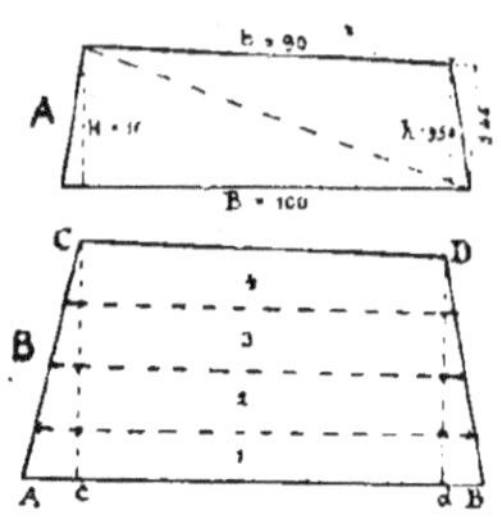

Fig. 165. — Surfaces approximatives.

pas rigoureusement un parallélogramme, il ne s'ensuit pas que l'on commettra une grosse erreur en multipliant la moyenne de ses bases par la moyenne de ses hauteurs. Voici, par exemple, une parcelle (fig. 165, **A**) dont les bases sont B = 100 mètres et b = 90 mètres, avec des hauteurs H = 10 mètres et h = 9^m,50. La surface S avec la moyenne de ces éléments, sera

$$S = 95 \times 9{,}75 = 926^m{.}25.$$

Si nous admettons que le pied de h soit à environ 4 mètres du côté latéral, nous avons un résultat exact, à très peu près, en décomposant le quadrilatère en deux triangles ayant pour bases respectives 100 et 90 mètres et pour hauteur 10 mètres et 9^m,46, ce qui donnera

$$S = \frac{100 \times 10}{2} + \frac{90 \times 9{,}46}{2} = 925^m{,}70,$$

résultat bien peu différent du précédent.

On opère ainsi, le plus souvent, pour les arpentages de moissons, où il s'agit de déterminer les parts respectives et *à peu près* parallèles, 1, 2, 3, 4, dans une pièce ABCD (fig. 165, **A**).

19.

On abaisse sur AB, à l'aide de l'équerre, les perpendiculaires
C*c* et D*d* que l'on mesure ensuite en cotant les séparations des
parts ; on chaîne, en outre, la base AB en arrêtant les points
c, *d*, puis les tronçons de lignes entre les perpendiculaires et
les côtés latéraux, si ces derniers s'écartent notamment d'une
ligne droite, et, comme vérification, on s'assure, par la mesure
de CD et celle des perpendiculaires en sens inverse, qu'une
faute notable ne s'est pas produite dans les premières lectures.
Ces éléments seront suffisants pour procéder, pour chaque
partie, comme dans la figure précédente.

270. Méthodes mécaniques. — La méthode mécanique
emploie des instruments spéciaux donnant directement, par
une manœuvre qui s'acquiert plus ou moins facilement, le

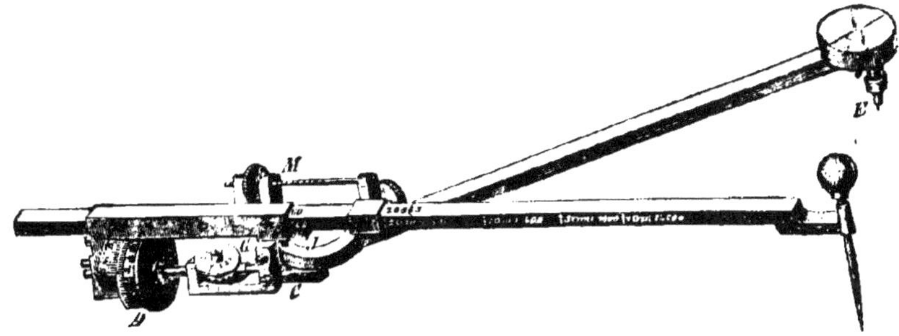

Fig. 160. — Planimètre d'Amsler.

résultat d'opérations numériques dont les éléments ont une
provenance quelconque ; ou encore elle se sert d'autres appareils à l'aide desquels, par des mouvements combinés comme
ceux du pantographe, on obtient rapidement la surface
graphique de figures quelconques. Enfin, nous classerons aussi
dans la même méthode l'ingénieux carreau avec lequel on lève
à la fois les trois cotes graphiques nécessaires à la mesure du
quadrilatère.

Les instruments de la première série se rapprochent plus
ou moins de la règle à calcul, quoique plusieurs en diffèrent par
la forme, qui est circulaire pour certains et cylindrique pour
d'autres. Tous donnent des résultats d'autant plus approchés
que leur format est plus grand et que les nombres sur lesquels
ils opèrent ont peu de chiffres.

Les instruments de la deuxième série portent le nom de *planimètres* et, par de savantes combinaisons de leurs organes dont la théorie est assez compliquée, ils enregistrent, quand on leur fait suivre le périmètre d'une figure, la valeur de son aire, comme le pantographe en trace la réduction ou l'agrandissement.

Deux modèles sont surtout en usage, le planimètre ordinaire d'Amsler (fig. 166) et le planimètre polaire de précision de Coradi (fig. 167). Ces deux instruments se composent essentiellement de trois parties : un pôle E, qui reste immobile pendant l'opération, et qui est situé à l'extrémité d'une tige,

Fig. 167. — Planimètre de Coradi.

un traçoir qui occupe l'extrémité d'une deuxième tige et, à l'articulation de ces deux tiges, une roulette avec un compteur sur lequel on lit la surface. Diverses dispositions permettent de modifier la position de certains organes, suivant l'échelle du plan.

Plusieurs précautions sont à prendre pour l'installation de l'appareil sur le plan, dont la surface doit être parfaitement plane ; elles varient avec les instruments et sont d'ailleurs détaillées sur la notice qui les accompagne ; nous nous dispenserons de les décrire, mais nous donnerons, d'après Prévot, auquel nous avons déjà fait plusieurs emprunts, qui a exposé une théorie élémentaire de l'instrument, le résultat des recherches du professeur Lorber, de l'Académie de Leoben (Autriche), sur la précision de ce merveilleux instrument, laquelle diffère avec les modèles employés et l'habileté de l'opérateur.

L'unité du vernier dans le planimètre polaire ordinaire

expérimenté par Lorber représente un dixième de centimètre carré et, dans cette condition, les erreurs à craindre pour l'aire d'un cercle sont les suivantes :

Rayon du cercle.	Superficie du cercle.	Erreur à craindre.
16 mm.	10 cm².	1/75 de l'aire ou 13 mm².
32 —	20 —	1/150 — 13 —
80 —	50 —	1/350 — 14 —
260 —	100 —	1/700 — 14 —
320 —	200 —	1/1300 — 15 —

M. Lallemand, de son côté, avec un planimètre spécial de haute précision construit par Coradi, a constaté que pour le mesurage des grandes parcelles, l'erreur propre résultant de l'emploi de cet instrument était de 1/1 000 seulement.

La glace quadrillée (fig. 168), ordinairement au millimètre, est un autre moyen mécanique d'obtenir la surface d'un polygone, soit approximativement en comptant le nombre des petits carrés complets compris dans le périmètre et en évaluant la fraction des autres, soit avec plus de précision en estimant, à l'aide de cette glace, les cotes graphiques nécessaires pour le calcul de la surface.

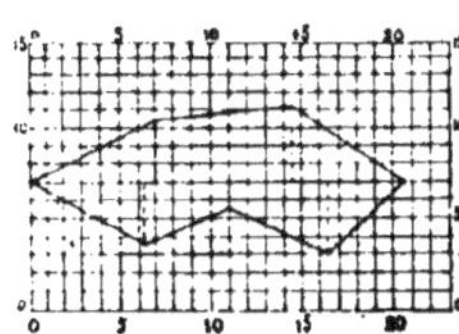

Fig. 168. — Évaluation des surfaces à l'aide d'une glace quadrillée (Échelle 1/2000).

Dans le premier cas, on pose le plus grand côté du polygone sur l'un des traits de la glace ; dans le second, c'est ordinairement la plus longue diagonale que l'on fait coïncider, mais en ayant le soin de placer l'une des extrémités sur l'origine zéro. On note ensuite, en les cumulant à partir de cette origine, les cotes des pieds des ordonnées des sommets et l'on évalue ces ordonnées en millimètres, avec fraction s'il y a lieu, par la différence entre les cotes de leurs extrémités.

La somme des triangles et trapèzes donne, en **millimètres** carrés, la surface du polygone qu'il faut ensuite multiplier par le carré du rapport du terrain au dessin, car on sait que les aires des figures semblables sont entre elles comme les carrés de leurs côtés homologues. Ainsi dans la figure 168 que nous supposons au 1/2 000, le nombre de millimètres carrés devra être multiplié par $2\,000^2 = 4\,000\,000$ pour avoir la surface du terrain en millimètres carrés. On aurait alors, au-dessus de la diagonale, deux triangles et un trapèze, et, au-dessous, deux triangles et deux trapèzes, dont les éléments ci-contre donnent le total suivant :

$$\frac{70, \times 3,3}{2} + 7,5 \times \frac{(3.4 + 4,2)}{2}$$
$$+ \frac{6,0 \times 2}{2} = 53^{mm^2},00$$
$$\frac{6,4 \times 3,3}{2} + 4,6 \times \frac{(3,3 \times 1,5)}{2}$$
$$+ 5,4 \times \frac{(1,5 + 4)}{2} + \frac{4,1 \times 5}{2} = 44^{mm^2},65$$
$$\text{Total.......} \quad \overline{97^{mm^2},65 \times 4\,000\,000 = 390^{m^2},60.}$$

Quand il ne s'agit que de quadrilatères, on peut simplifier le tracé de la glace par la suppression des perpendiculaires, ainsi que l'a fait M. Lallemand pour le calcul des surfaces cadastrales ; mais, dans ce cas, il faut diviser l'une des parallèles voisines de l'axe de la glace (fig. 169). On place alors l'une des diagonales de la figure sur cette ligne divisée pour en avoir la longueur D et la différence des cotes entre les deux sommets donne la somme $H = h + h'$ des

Fig. 169 — Évaluation des surfaces par bandes parallèles.

deux hauteurs. On a alors pour expression de la surface S en millimètres carrés,

$$S = \frac{D \times H}{2}.$$

On peut même encore abréger le calcul en évitant la division par 2 par un artifice de chiffraison analogue à celui employé dans la mire parlante (94), c'est-à-dire en remplaçant les nombres à graver sur l'une des deux divisions par des nombres deux fois plus petits.

Enfin un dernier moyen d'évaluer approximativement les surfaces, par exemple lorsqu'elles sont très irrégulières, serait de décalquer leur contour sur un bristol très homogène que l'on découperait suivant ce contour et que l'on pèserait ensuite, ainsi qu'un carré de surface connue, tracé sur le même bristol, à l'aide d'une balance de précision. De la comparaison des deux poids on déduirait la surface inconnue.

271. Vérifications des surfaces. — Compensations. — Tolérances. — Modifications à apporter par suite des variations hygrométriques du papier. — Toute surface, numérique ou graphique, a besoin d'être vérifiée, car c'est dans ses calculs surtout que des *fautes* sont à craindre. Le mieux est d'employer, pour cette vérification, un second calculateur ignorant la marche suivie par le premier, ainsi que ses résultats, comme pour le nouveau cadastre. Pour les calculs numériques, il suffit souvent de les confirmer par des calculs graphiques quand il existe un plan à une échelle pas trop réduite.

Quand il s'agit d'une surface graphique, on prend d'abord la moyenne des deux résultats s'ils sont dans les limites des tolérances admises. C'est une moyenne également que l'on admet pour les surfaces numériques obtenues par des cotes différentes, présentant une même certitude, mais si les résultats ont été déduits des mêmes mesures, on conçoit qu'ils doivent être identiques.

Enfin, lorsque les contenances ont été déterminées pour un certain nombre de parcelles contiguës, comprises par exemple dans le périmètre d'un polygone topographique, on détermine la surface de l'ensemble et, après vérification, on la compare avec la somme des surfaces partielles, que l'on modifie proportionnellement, s'il y a lieu, pour que cette somme soit identique à la contenance totale, ordinairement plus près de la vérité.

Quant aux tolérances, elles varient avec l'échelle et le but poursuivi, considérations qui dépendent du reste souvent l'une de l'autre. Ainsi, par exemple, lorsqu'il s'agit d'un terrain à vendre par lots et dont le prix du mètre est estimé à plusieurs dizaines de francs, on adoptera souvent l'échelle du $\frac{1}{200}$ pour les surfaces graphiques, tandis que le $\frac{1}{1\,000}$ sera suffisant si ce prix est seulement de quelques centimes. D'ailleurs, dans le premier cas, les cotes du levé sont prises avec un soin particulier, et c'est ordinairement la méthode numérique qui sera adoptée pour les surfaces.

On verra plus loin quelles sont les tolérances du cadastre (p. 407).

Lorsque les surfaces n'ont pas été obtenues par la méthode numérique (265), il y a généralement lieu d'apporter une modification aux résultats.

A cet effet, au moment où l'on prend à l'échelle les cotes graphiques nécessaires aux calculs, on vérifie, avec la même échelle, les témoins étalons que l'on a laissés, au rapport primitif, sur les lignes principales, ce qui permet de déduire l'allongement ou le retrait du papier (245), et, par suite, la modification en plus ou en moins à faire subir aux *surfaces* et non aux cotes. Si, par exemple, la longueur de 100 mètres, appliquée primitivement, n'a plus que $99^m,50$ dans un sens et $99^m,80$ dans une direction à peu près perpendiculaire, l'hectare, au lieu d'avoir $100^m \times 100^m = 10\,000^m$, n'aura plus que $99^m,50 \times 99^m,80 = 9\,930$ mètres, soit 70 mètres en moins ; donc, à chaque surface graphique, il faudra ajouter 7 mètres pour $1\,000$ mètres ou $0^m,70$ pour 100 mètres. Quand on emploie la méthode mixte (268), il faut faire la rectification sur les *longueurs* graphiques et non sur les surfaces qu'elles contribuent à déterminer, c'est-à-dire lorsque, dans les éléments des calculs, il entre à la fois des distances graphiques et des distances numériques.

Division et transformation des surfaces. Bornages.

272. Notions générales. — Le géomètre n'a pas seulement à déterminer la contenance des terrains, il a aussi à les diviser, à modifier leurs limites et à en assurer la position, questions qui ont toujours été du domaine de l'arpentage ; elles donnaient souvent, aux vieux auteurs sur ces sujets, l'occasion de poser une série nombreuse de problèmes géométriques aussi utiles pour la gymnastique de l'esprit qu'inutiles, pour la plupart dans la pratique.

Notre cadre restreint ne nous permet pas de nous étendre

beaucoup sur ces questions ; nous n'examinerons que les cas les plus usuels, qui s'appuient surtout sur la théorie des figures semblables, supposée connue, mais qui aussi se résolvent assez simplement par la méthode des essais dont nous donnerons une idée.

273. Division des triangles. —- Les triangles de surface S seront divisés en un certain nombre de surfaces partielles S′, S″, S‴, soit, par exemple, par des droites issues d'un même sommet, soit par des droites parallèles à l'un des côtés, soit enfin d'une façon quelconque.

1er *Cas*. — On sait que les aires des triangles de même hauteur sont proportionnelles à leurs bases ; il suffira, par conséquent (fig. 170), de partager le côté AB opposé au sommet commun C en parties AD, DE, EB proportionnelles aux surfaces demandées. Par exemple, si la surface totale S doit être partagée proportionnellement aux nombres 25, 32 et 18, le côté AB sera partagé dans la même proportion.

2e *Cas*. — Les aires des figures semblables sont proportionnelles aux carrés de leurs côtés homologues, de sorte que,

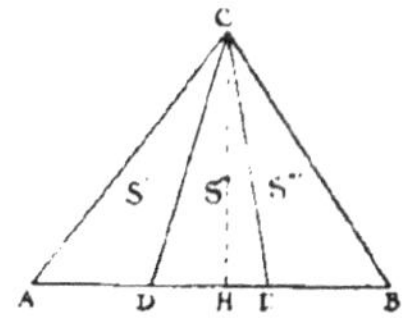

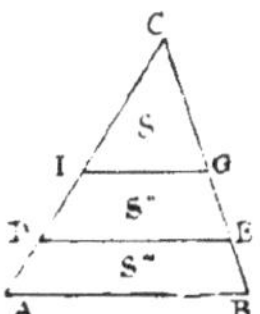

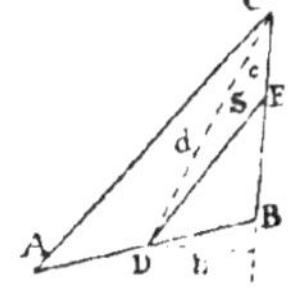

Fig. 170.   Fig. 171.   Fig. 172.

Division des triangles.

pour obtenir la position des divisions parallèles à un côté AB sur l'un des deux autres côtés AC d'un triangle à partir du sommet C (fig. 171), il faudra considérer les triangles semblables formés par ces lignes, ainsi que le côté total AC et les segments DC et FC qu'elles déterminent sur ce côté. On posera alors les proportions suivantes :

$$\frac{DEC}{ABC} = \frac{DC^2}{AC^2}, \qquad \frac{FGC}{ABC} = \frac{FC^2}{AC^2},$$

qui donneront pour la valeur des segments DC et FC :

$$DC = AC\sqrt{\frac{DEC}{ABC}}, \qquad FC = AC\sqrt{\frac{FCG}{ABC}}.$$

3e *Cas.* — La division quelconque d'un triangle est un problème très variable qui donne lieu, suivant les conditions posées, à un nombre indéfini de solutions. Nous en choisirons un seul, entre cent, qui sera l'occasion d'appliquer la *méthode des essais*, fréquemment employée par les praticiens.

Un triangle ABC étant connu (fig. 172), on demande de mener par un point D de l'un des côtés, une droite partageant le triangle en deux parties déterminées.

On tracera d'abord la droite $DC = d$ et on calculera les deux surfaces partielles qu'elle détermine. Si elles remplissent les conditions posées, DC sera la solution cherchée, mais, généralement, l'une des parties sera trop grande et l'autre trop petite ; soit DBC la surface trop grande et s la moitié de l'excédent, qu'il faudra ajouter à ACD et ôter à DCB. On abaissera sur BC, du point D, une perpendiculaire $h = d \sin c$, qui sera la hauteur d'un triangle DCE de surface s et de base CE et l'on aura :

$$s = \frac{h}{2} \times CE, \quad \text{d'où} \quad CE = \frac{2s}{h} = \frac{s}{d \sin c}.$$

274. Division des trapèzes et des quadrilatères. — La division des trapèzes parallèlement à leurs bases se ramènerait à celle des triangles pour le même cas ; il suffirait, en effet (fig. 173), de prolonger les côtés latéraux AC et BD et de calculer les éléments nécessaires du triangle complémentaire CDS.

Pour la division par des droites allant de AB à CD (fig. 174) on partagerait les bases AB et CD proportionnellement aux surfaces S', S", S"' demandées.

Quant aux divisions suivant les côtés latéraux (fig. 175), en partant d'un point donné E par exemple, pour obtenir une surface S, on joint E à B et on calcule d'abord le triangle AEB dont la surface est retranchée de S. Il reste un triangle EBF, de surface S', de hauteur $h' = EB \sin b$ et de base

$$BF = \frac{2S'}{h} = \frac{2S'}{EB \sin b}\; ;$$ si AEB était plus grand que S, le point F′ se déduirait du triangle AEF′ dont on aurait la sur-

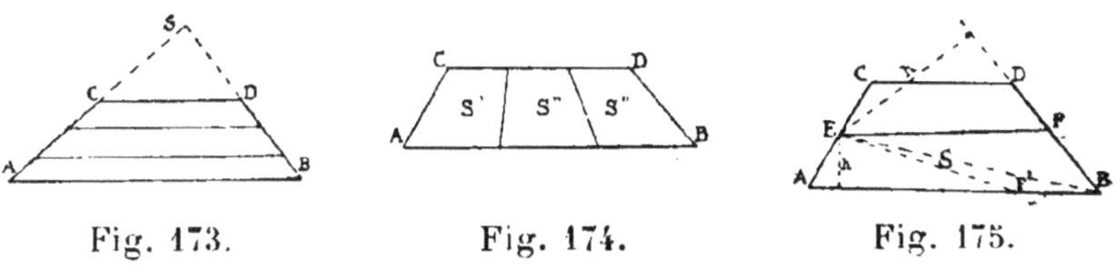

Fig. 173.   Fig. 174.   Fig. 175.

Division des trapèzes.

face et la hauteur h. Le problème serait résolu de la même façon s'il s'agissait d'un quadrilatère quelconque.

275. Polygones quelconques. — La division d'un polygone quelconque conduit, plus encore que les précédents, à un nombre indéterminé de problèmes pour la solution desquels on pourra souvent suivre la méthode déjà donnée.

Par exemple, on peut avoir à partager la surface S d'un polygone ABCDEF (fig. 176) en bandes parallèles à une direction R, à l'exception, bien entendu, de la première et de la dernière qui ne le seraient que si les côtés AB et EF étaient aussi parallèles à R.

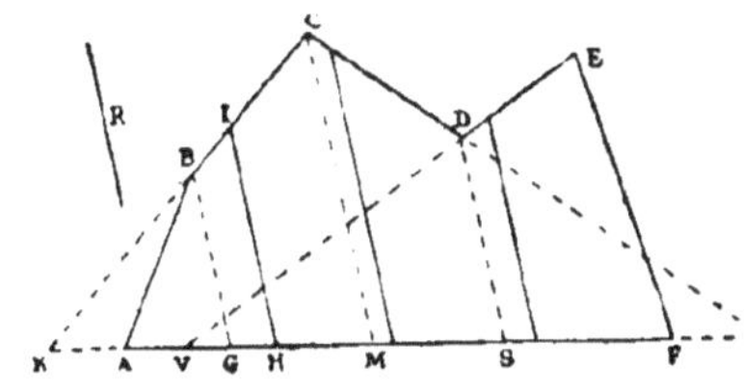

Fig. 176. — Division d'un polygone quelconque.

Alors on mènera par le point B une parallèle BG à R et on calculera les triangles ABG et ABK.

Si la surface ABG répond à la condition posée, BG sera la première limite ; autrement, pour avoir cette limite HI on lui ajoutera ou on lui retranchera un trapèze dont les éléments se déduiront de la comparaison des triangles semblables KGB et KHI.

On opère ainsi de proche en proche jusqu'à la droite CM, passant par le sommet C, laquelle sera rarement une limite cherchée ; mais elle sera, en tout cas, la base du triangle CMT avec lequel on agira comme avec BGK. Arrivé en D, on mènera DS, et le triangle DSV permettra de continuer la recherche des divisions au delà de DS, s'il y a lieu.

La vérification s'obtiendra par la somme de toutes les surfaces partielles, qui devra être égale à la surface totale.

Pour décomposer une surface polygonale P en plusieurs surfaces partielles S, S′, S″, S‴, S^{iv} (fig. 177), à partir d'une droite quelconque OB, et ayant toutes pour sommet un point commun O, on appliquera toujours la même méthode, que l'on comprendra par la simple analyse de la figure.

Le point C′ sera donné par le triangle OCC′ complémentaire de BOC, ayant h' pour hauteur et CC′ pour base ; le point E′ par le triangle ODE′, de h'' pour hauteur et de DE′ pour base ; F¹′, par OEF′ ; G′, par OFG′, enfin la surface S^{iv} se composera des triangles G′OG + GOA + AOB et, ajoutée aux quatre surfaces précédentes, on devra avoir S + S′ + S″ + S‴ + S^{iv} = P.

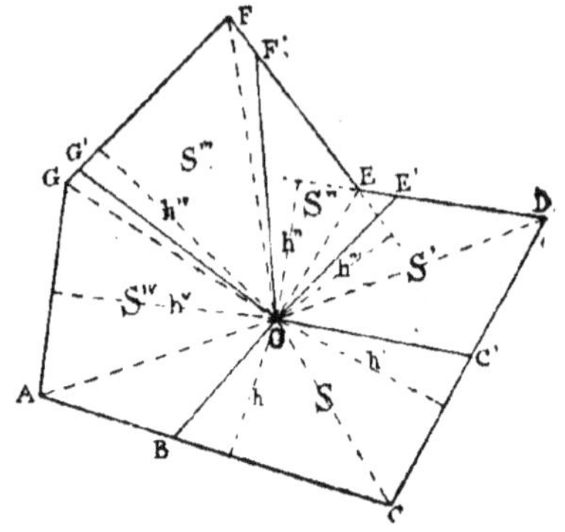
Fig. 177. — Division d'un polygone quelconque.

Au lieu d'un point commun O, justifié, par exemple, par un puits, mais qui donne souvent aux lots des pointes trop aiguës, on peut demander que le polygone soit divisé en parties facilement exploitables, avec accès sur le côté AB, que nous supposons en façade sur un chemin public (fig. 177).

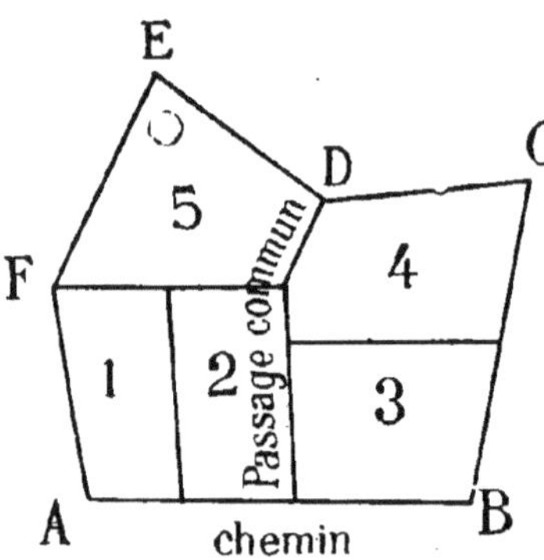

Fig. 178. — Division pour cultures.

Dans ce cas, on pourrait faire trois lots sur le chemin et deux lots au fond, mais desservis par un passage commun.

Enfin, s'il s'agissait de lots à bâtir, on partagerait la façade AB en deux ou trois parties par des perpendiculaires que l'on retournerait sur le fond (fig. 179), ce qui permettrait de construire, sur chaque lot, un bâtiment de face et un bâtiment de fond, séparés par une cour.

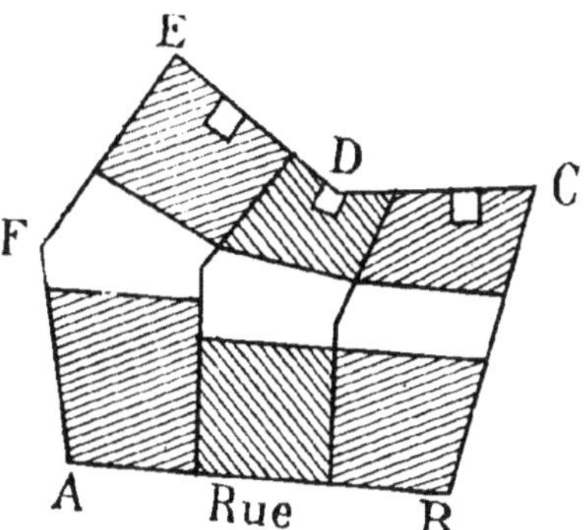

Fig. 179. — Lotissement pour construction.

276. Méthode des essais. — Enfin, nous ajouterons que, généralement, les divisions sont moins irrégulières et que la *méthode des essais*, employée souvent, évite une grande partie des longs et fastidieux calculs exigés par la méthode géométrique. Ainsi, dans un quadrilatère quelconque ABCD, limité par une courbe, dont le côté AB est en façade sur un chemin, on fera aboutir toutes les divisions à cette voie de communication; en outre, la culture est plus facile dans les terres dont les limites suivant lesquelles se fait le labourage sont parallèles;

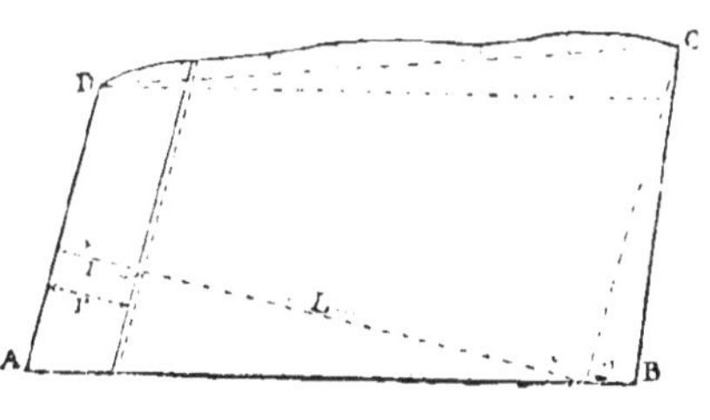

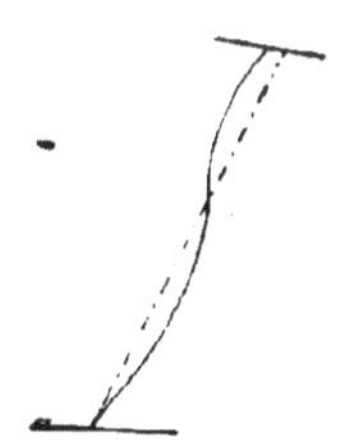

Fig. 180.   Fig. 181.

Divisions par les essais et limite rectifiée.

c'est donc parallèlement à AD, par exemple, que nous tracerons les divisions, laissant à la dernière parcelle la *pointe* BCC′, résultant du non-parallélisme de BC avec AD. Le périmètre ayant été levé et rapporté, on déterminera à l'aide des éléments connus, et jusqu'à la droite CD, l'allongement de la parallèle à AD par rapport à cette dernière, pour chaque mètre de largeur.

Cet allongement permettra de déduire, par un tâtonnement peu laborieux, la longueur de la deuxième base du trapèze et sa hauteur, ainsi que la portion de surface curviligne correspondante, à ajouter. Soit par exemple $AD = 185^m$; $CC' = 220^m$ et $L = 340^m$. On aura pour l'accroissement par mètre de largeur, $\frac{35}{340} = 0^m,103$. Or, si nous voulons, parallèlement à AD, trouver une limite donnant 1 hectare pour le premier lot, la limite sera assez approximativement à une distance $l = \frac{10\,000}{185} = 54^m,05$ ou mieux, en nombre rond, 54 mètres. A cette distance, l'allongement sera de $54 \times 0,103 = 5,56$, ce qui donnerait, pour le trapèze, $\frac{185 + 190,56}{2} \times 54 = 10140^m,12$.

auquel il y aurait lieu d'ajouter encore le segment courbe de 53 mètres de base au lieu de 54 (car on voit que cette base devra être réduite de 1 mètre environ). Admettons, après examen du plan et du croquis coté, que ce segment soit de 50 mètres environ, c'est donc $10\,000 - 50 = 9\,950$ mètres que nous devrons trouver pour le trapèze qui est actuellement, pour 54 mètres, de $10140^m,12$, c'est-à-dire en excès de $190^m,14$; or une diminution de 1 mètre dans la largeur nous donnera en moins $190^m,51$, soit $9\,999^m,39$ ou 1 hectare à $0^{m^2},61$ près.

277. Rectification de limites. — La rectification des limites est un problème analogue à celui de la division des terrains. Nous avons déjà signalé une intéressante construction qui permet de transformer, entre deux riverains, une ligne brisée en une ligne droite (266). On pourra de même amener une limite formant un angle très aigu dans une direction plus commode pour chacun des voisins.

Pour les lignes courbes, la méthode des essais sera généralement la plus pratique ; on tracera, à vue, dans le sens de la courbe, une droite de compensation dont on modifiera plus ou moins la direction, après les premiers calculs (fig. 181).

Il ne suffit pas d'établir de nouvelles limites et de rectifier les anciennes ; il faut encore reconstituer ces dernières lorsqu'elles sont disparues ou contestées, puis les fixer, comme les nouvelles d'ailleurs ; tel est le but de la *délimitation* et du *bornage*.

278. Considérations sur la division des terres. — Nécessité de connaissances variées pour le géomètre moderne. — Par les quelques problèmes que nous venons de présenter, on comprend que leur nombre est illimité. Dans ces questions de division, il y a d'ailleurs, souvent, diverses considérations préliminaires à examiner avant d'aborder l'étude géométrique, sur laquelle elles influent. Ainsi, dans le partage d'un terrain, non seulement on aura à tenir compte de l'inégalité des droits des copartageants, mais encore il ne faudra pas négliger les conditions plus ou moins faciles d'accès ou de culture des diverses parts, ni leurs qualités respectives ; la suppression possible de servitudes gênantes devra aussi appeler l'attention. De sorte que, pour remplir convenablement sa mission, il ne suffira pas au géomètre d'être un bon praticien, ni même un théoricien habile à résoudre les questions de proportionnalité ; il devra, en outre, posséder des notions générales d'agriculture, afin d'être en état d'apprécier la valeur intrinsèque des terres, et des notions de droit rural. Il inspirera ainsi confiance aux intéressés, vis-à-vis desquels il sera, souvent, autant un juge de paix intègre qu'un technicien éclairé.

Les géomètres, en contact journalier avec les cultivateurs et leurs travaux, acquièrent assez vite la plupart de ces connaissances variées ; cependant beaucoup pensent que leurs jeunes élèves, en présence des progrès constants apportés en agriculture par l'application des méthodes scientifiques, auraient grand intérêt à se préparer à leur future mission par des études spéciales, comme en Allemagne par exemple. Ils ont déjà, dans ce but, fait des efforts pour la création d'écoles ou l'organisation de cours. Nous faisons des vœux pour que les pouvoirs publics, de leur côté, tout en laissant la liberté pour l'exercice de cette profession comme pour les autres, accordent cependant, outre leurs encouragements pour ces utiles efforts, quelques préférences pour ceux dont la solidité des études serait constatée officiellement, par exemple en les désignant pour experts ou pour accomplir certains travaux administratifs.

Ce vœu, que nous exprimions, dans notre première édition, est plus facile aujourd'hui à réaliser, puisque la reconstitution *facultative* du cadastre, qui se fait soit à l'entreprise, soit en régie, exige des connaissances techniques étendues qui doivent être, au préalable, pour les candidats, officiellement constatées par l'administration.

Limite des propriétés : leur nature. Bornage.

279. Définitions. — Statistique. — Théoriquement, une propriété est limitée par une ligne polygonale, brisée ou mixte, qu'il faut déterminer, par exemple, pour établir la surface de la propriété ; mais, matériellement, cette ligne est indiquée sur le terrain par des signes apparents variés qui constituent, d'après M. Lallemand, le *bornage* de la propriété, prenant ce mot dans son acception la plus étendue. Quelquefois on lui donne un sens plus restreint, notamment pour désigner seulement l'action de fixer la limite d'un champ par la plantation de piquets en bois ou de pierres désignées sous le nom de *bornes*.

La limite d'une propriété, dit M. Lallemand (1), peut être indiquée sur le terrain par un mur, un talus, une palissade, une haie, un fossé, un cours d'eau, etc. Pour plus de clarté dans la suite de ce rapport, nous dirons, dans ce cas, que le bornage est *continu*.

Le bornage sera dit, au contraire, *discontinu* lorsque la limite est simplement indiquée par quelques points de repère, tels que des bornes en pierre ou de forts piquets en bois, plantés aux angles ou sur les côtés du périmètre de l'immeuble.

D'autre part, les signes matériels de démarcation peuvent se trouver sur la ligne divisoire elle-même, comme le sont les murs mitoyens et la plupart des bornes. Nous donnerons à ce mode de délimitation le nom de *bornage mitoyen*.

Parfois aussi les signes matériels du bornage occupent, non la limite elle-même, mais un ligne parallèle, située à une distance convenue de celle-ci. Les fossés et les talus qui constituent, dans l'ouest de la France, un mode très fréquent de *bornage continu*, en offrent de nombreux exemples. Ici, en effet, ce n'est souvent ni le milieu du fossé ni la crête du talus qui forment la limite de la propriété ; c'est une ligne

(1) Procès-verbaux de la Commission extraparlementaire du cadastre, fascicule 4, p. 462.

courant à 0m,50 ou 0m,60 de distance du bord extérieur du fossé. Il en est fréquemment de même pour les murs, les haies, les palissades, les rangées d'arbres, etc. Nous adopterons, dans ce dernier cas, le nom de *bornage parallèle*.

Dans quelles proportions se répartissent, en France, ces différentes sortes de bornages, et quelle est la part afférente aux propriétés non bornées ?

C'est encore la commission extraparlementaire du cadastre, à laquelle nous allons faire d'ailleurs plusieurs autres emprunts, qui va répondre à cette question (1).

Il existait, au commencement de
1893, en France.............. 61.746.420 propriétés,
Dont la contenance totale est de. 52.798.336 hectares.
Et la contenance moyenne de... 85 ares.

Le nombre total des propriétés se subdivise comme il suit :

		P. 100.	
1° Propriétés pourvues d'un bornage	*continu* (murs, talus, haies, fossés, palissade, etc.).............	25	56
	discontinu (bornes).............	31	
2° Propriétés dépourvues de tout bornage.........		44	
Total.....................		100	

D'autre part, la contenance totale des propriétés se répartit entre les diverses natures de culture et d'après le mode de bornage, dans les proportions ci-après (2).

Les chiffres fournis par l'enquête, dont le tableau suivant n'est qu'un résumé, ne sauraient être acceptés comme l'expression rigoureuse de la vérité ; mais, vu le peu de temps laissé aux comités départementaux pour les recueillir, il eût été difficile de faire mieux.

En entrant dans le détail, on constate que le bornage continu prédomine dans les régions de l'ouest et du centre de la France,

(1) Fascicule 4, p. 464.
(2) La distinction entre les terrains, qui est faite dans le tableau de la page 349, résulte de la loi du 3 frimaire an VII qui entend par terrain de qualité supérieure tous ceux qui sont affectés à des cultures spéciales et intensives, tels que les jardins potagers, vergers, chènevières, etc., et par terres labourables, non seulement les terres à labour, mais encore les parcs, jardins d'agrément, le sol des constructions, les terrains à bâtir, etc.

NATURES DE CULTURE.	entre les diverses natures de culture.	RÉPARTITION PROPORTIONNELLE de la contenance totale des propriétés			
		d'après le mode de bornage.			
		Bornage		Total des propriétés bornées.	Absence de bornage.
		continu.	discontinu.		
	p. 100	p. 100	p. 100	p. 100	p. 100
Terrains de qualité supérieure....................	1,3	56,7	30,6	87,3	12,7
Terres labourables, parcs et jardins, sol des constructions, etc.................	49,9	29,5	35,7	65.2	34,8
Prés et herbages.............	9,5	47,8	32,7	80,2	19,8
Vignes	3,6	21.4	44,4	65,8	34,2
Bois.....................	16,7	31.2	34,8	66,0	34,0
Landes et pâtis..........·..	13,3	27,5	12,5	40,0	60,5
Cultures diverses............	1,5	36,5	18,2	54,7	45,3
Voies de communication (voies ferrées, canaux, routes, chemins, etc.)........	4,2	51,0	13,4	64,4	35,6
Total et moyennes..	100,0	32,3	31,2	63,5	36,5

tandis que le bornage discontinu l'emporte, au contraire, dans le nord et surtout dans l'est.

L'enquête sur le bornage donnerait lieu à bien d'autres citations d'un grand intérêt ; malheureusement nous sommes forcé de nous limiter, et nous terminerons en faisant ressortir que, sur cette question posée à toutes les commissions départementales : Les clôtures continues (haies, fossés, talus, murs, etc.) suffisent-elles, en général, pour prévenir les actions en bornage? Il a été donné, par les commissions départementales, 65 réponses affirmatives, 6 abstentions, là où d'ailleurs le bornage continu n'est employé qu'exceptionnellement, et seulement 16 réponses négatives.

Or il faut convenir que si les murs et certains treillages sont, en général, le bornage par excellence, les haies, les talus, les fossés font, par contre, le plus souvent, des limites bien flottantes, d'où l'on peut conclure qu'il suffit d'avoir la chose, même imprécise, pour éviter les contestations regrettables entre voisins non délimités.

280. Délimitation et bornage (plantation de bornes). — On voit, par le tableau précédent, que la moitié, environ, des propriétés en France est encore dépourvue de tout bornage.

C'est là une source de contestations qui « avive les haines et qui sème le **trouble et la division** dans les campagnes (1) ». Ainsi une statistique officielle établie pour la période quinquennale de 1886 à 1890 a donné les chiffres suivants (1) :

PROCÈS.		APPELS.		DESCENTES SUR LES LIEUX			
				DES JUGES DE PAIX.		DES TRIBUNAUX.	
Nombre total.	Nombre moyen par année.	Nombre total.	Nombre moyen par année.	Nombre total.	Nombre moyen par année.	Nombre total.	Nombre moyen par année.
28.337	5.667	736	147	20.192	4.038	126	25

Si l'on développe le sujet, on trouve, de département à département, des différences assez sensibles qui ne proviennent pas seulement de l'inégalité du nombre des propriétés et des contenances territoriales.

A surface égale, le nombre des procès augmente avec le degré de morcellement du sol et avec les lacunes et l'irrégularité du bornage.

D'autre part, le chiffre de 28 337 ne comprend que les contestations engagées devant les juges de paix, qui ne sont, de l'avis de ces magistrats, que le tiers, le quart, le cinquième, ou même moins, du nombre total des litiges, résolus, le plus souvent à l'amiable, par l'intermédiaire des experts ou des géomètres.

Les frais d'un bornage judiciaire sont rarement inférieurs à 15 francs et atteignent parfois, ou dépassent même, 4 000 francs,

(1) Fascicule 4, p. 469 et 470.

alors que la valeur contestée ne représente souvent que quelques francs.

Dans la période citée plus haut, les frais des bornages judiciaires se sont élevés annuellement à environ 425 000 francs, soit, en moyenne, 75 francs par procès ; mais si l'on ajoute tous ceux qui résultent des contestations résolues ailleurs, on arrive à un chiffre annuel de un million et demi de francs.

Enfin, nous sommes heureux de relever cet avis presque unanime des juges de paix, « que les géomètres locaux, par leur intervention amiable, rendent de grands services à la propriété ».

Par contre, « l'intervention des agents d'affaires, assez fréquente aux environs des villes et heureusement ignorée dans les cantons ruraux, a presque toujours pour résultat de compliquer les questions et de susciter de nouvelles difficultés » (1).

Laissons donc l'agent d'affaires à ses combinaisons et voyons comment nous allons fixer les limites des trente millions de propriétés non bornées. Il est vrai qu'en supprimant cette cause de contestations les géomètres détruisent leur poule aux œufs d'or, mais les économies que les propriétaires, bien limités, désormais, réaliseront sur les procès, se reporteront sur l'amélioration de leurs terres et les géomètres trouveront là une nouvelle occasion de déployer leur activité par des tracés de chemins, de drainage, d'irrigation, par des échanges, etc., ce qui sera profit pour tous.

Deux moyens sont ordinairement employés pour déterminer la position des bornes entre deux propriétés de limite indécise. Ou bien on bornera *selon la jouissance*, si elle laisse une ligne apparente et si les propriétaires y consentent ; ou bien on étudiera la limite d'après les contenances des deux propriétés contiguës.

On sait que la *limite de la jouissance* est la ligne déterminée par la culture des deux terrains, ligne ordinairement apparente, mais généralement flottante, chacun cherchant, à chaque labour, à mordre sur son voisin. Néanmoins, si, à un moment

____

(1) Procès-verbaux de la Commission extraparlementaire du cadastre, fascicule 4, p. 470.

donné, les deux riverains acceptent cette limite et en demandent la consécration au géomètre, celui-ci fera disposer des bornes, comme nous le dirons plus loin.

Mais si les propriétaires ne sont pas d'accord sur cette limite ou si aucune limite n'est apparente, comme dans le cas de pâturages communs, par exemple, il faut alors, avant la pose des bornes, procéder à la *délimitation*.

A cet effet, le géomètre ira chercher, de part et d'autre, les limites *bornées* les plus proches, qui pourront se trouver au delà des deux riverains intéressés, et il essaiera, même avant tout mesurage, de faire prendre aux propriétaires compris entre ces limites l'engagement d'accepter le bornage qui va résulter de l'opération technique, le plus ou moins de surface qui sera constaté étant réparti proportionnellement à la contenance de chaque propriété. Il ne manquera pas, en cas de refus de certains propriétaires, de faire observer que ce qui est demandé amiablement peut être exigé légalement (1), ce qui augmenterait bien inutilement les frais et les délais ; puis, après acceptation, généralement consentie, il procédera au mesurage de la contenance totale du polygone déterminé par les bornes. Pendant ce temps, les intéressés réuniront leurs divers titres de propriété, que le géomètre compulsera pour en extraire tous les renseignements relatifs aux contenances. Faisant alors la comparaison entre le total de ces dernières et la surface réelle, il n'aura plus qu'à répartir la différence, s'il en existe, conformément à la convention préalablement rédigée, et en tenant compte, pour la direction des limites à établir, des circonstances locales qui pourront se présenter. Ainsi, par exemple, il cherchera à obtenir le parallélisme entre les divisions, mais alors, s'il n'existe pas entre les limites extrêmes, il se trouvera toujours une parcelle avec *une pointe*, comme disent les laboureurs, et il la laissera, naturellement, où elle se trouvait avant le mesurage. Mais chaque parcelle avait peut-être la sienne ; dans ce cas, le géomètre examinera s'il y a intérêt général à n'en laisser qu'une et il essaiera de la

____

(1) Code civil, art. 646. Tout propriétaire peut obliger son voisin au bornage de leurs propriétés contiguës. Le bornage se fait à frais communs.

faire accepter par l'intéressé au moyen d'une petite compensation de surface consentie par les autres propriétaires.

281. Plantation et repérage des bornes. — Après l'accord des propriétaires, le géomètre définit la limite par des piquets provisoires, puis par des bornes dont la nature varie avec la production minéralogique de la région. Ainsi, elles seront en calcaire aux environs de Paris, en grès à Fontainebleau ou dans les Vosges, en granit sur le plateau central ou en Bretagne, etc. Dans les terrains tourbeux ou marécageux, la pierre est remplacée par un fort piquet en chêne, de 1 mètre environ de longueur sur $0^m,10$ d'équarrissage et dont la pointe est flambée. Dans certains départements, comme le Gers et le Tarn-et-Garonne, on plantera à l'intersection de diverses limites, un pied de cognassier ou d'aubépine. Enfin, les hauts pâturages ne seront souvent délimités que par des amas de pierres, des crêtes, des croix sur les rochers.

Souvent on enfouit, sous la borne ou latéralement, des matériaux divers tels qu'une tuile ou une brique cassées, du charbon, du sable, etc., qui servent de *témoins* ou *garants*, en cas de disparition de la borne. Sans négliger cet usage, il est bon de le compléter par des renseignements numériques, appelés *rattachements*, que le géomètre mentionne dans son procès-verbal et que nous avons déjà signalés (39).

L'immuabilité de la position des bornes est généralement respectée. On sait que les anciens la mettaient sous la protection d'un dieu spécial, le dieu *Terme*, et les paysans ont gardé quelque reste de ce culte antique. Aujourd'hui, d'ailleurs, la protection dure toujours ; le nom du protecteur, seul, a changé : il s'appelle la Loi, et les juges de paix, chargés de l'appliquer, sont ordinairement sévères, à juste titre, pour ses rares détracteurs.

Mais si les déplacements frauduleux sont rares, les accidents, dans les terres cultivées, le sont moins ; aussi, pour les éviter, place-t-on quelquefois les bornes à une assez grande profondeur, mais alors elles ne rempliront qu'imparfaitement leur but, car le cultivateur, pour se diriger, négligera souvent de les mettre momentanément à jour. En tout cas, si l'on préfère les laisser émerger au-dessus du sol, il faudra les placer sur

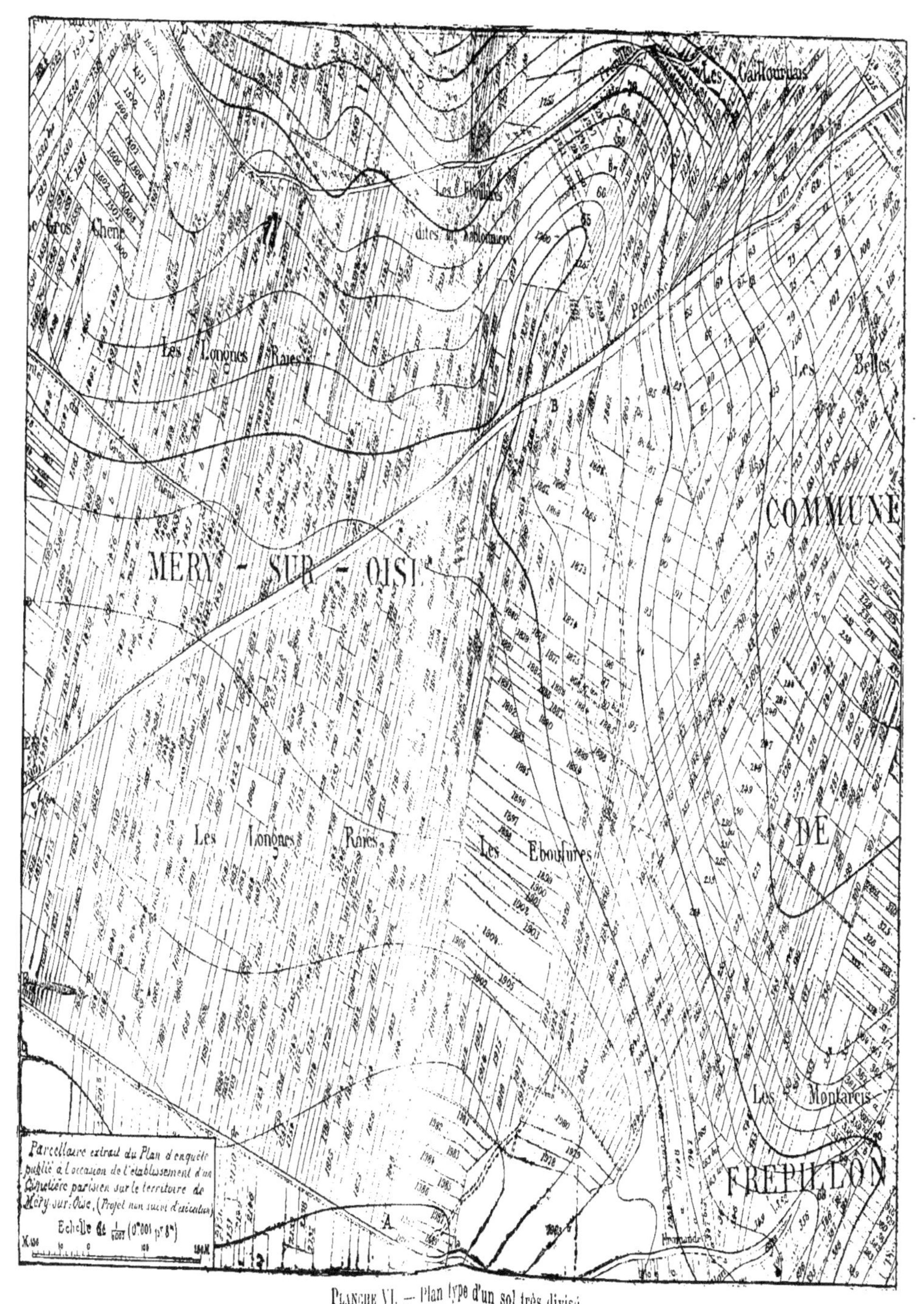

PLANCHE VI. — Plan type d'un sol très divisé.

les points les moins dangereux, en les éloignant suffisamment par exemple, du bord des fossés ou en les plaçant au delà des *tournières* ou *fournières* (1), qui, selon l'usage, se prolongent souvent sur le voisin, au moment du labour.

Jusqu'à présent, nous avons supposé que la borne détermine la position d'une seule ligne droite sur laquelle il **est** loisible de se mouvoir pour trouver la meilleure position de cette borne, mais lorsque deux ou plusieurs droites aboutissent à un même point, on conçoit que la borne devra être placée à ce point de concours ; aussi, dans ce cas, la plantation devra présenter une solidité exceptionnelle, les rattachements seront vérifiés et surabondants, si c'est possible ; enfin la tête de la borne sera équarrie et, si sa surface horizontale le permet, on gravera le point précis d'intersection. C'est dans ce cas surtout que les précautions mentionnées pour **la** plantation de la borne (38) seront mises en pratique.

282. Procès-verbal de bornage. — Aucune formule officielle n'est imposée pour la rédaction du procès-verbal de bornage, qui devra seulement être rédigé sur papier timbré de dimension, en autant d'exemplaires qu'il y a d'intéressés, et enregistré. Cette rédaction sera d'autant plus simple que le plan, avec cotes de rattachement et contenances, s'il y a lieu, en formera la partie essentielle, et c'est bien le cas de **dire** ici qu'une figure vaut dix pages de description.

Dans les bornages collectifs, lorsque les intéressés sont nombreux, ils peuvent, pour diminuer les frais, se contenter d'un procès-verbal unique déposé à la mairie où communication leur en sera toujours donnée.

Nous croyons inutile de formuler un exemple de procès-verbal ; disons seulement qu'il devra mentionner, avec les nom et prénoms de l'opérateur, ceux de tous les intéressés **et** exprimer clairement les faits à constater. Les cotes et surfaces y seront énoncées en lettres et, pour plus amples renseignements sous le rapport de la description, il renverra au plan

____

(1) Expression locale employée en Brie ou en Beauce pour désigner la bande, large de quelques mètres, qui est labourée perpendiculairement aux sillons, sur le bord des chemins et à l'autre extrémité des pièces de terre.

annexé, qui sera paraphé ou signé par tous les contractants, comme le procès-verbal. (Voir, à la fin du volume, un P. V. officiel,)

Souvent, comme nous l'avons dit plus haut, le bornage est précédé d'un compromis entre tous les propriétaires qui s'engagent à l'avance à accepter toutes les conséquences du bornage projeté ; c'est là une bonne précaution pour éviter les contestations qui surgissent quelquefois après l'opération.

Abornements généraux et remembrements.

283. Abornements généraux. — Jusqu'ici nous sommes resté dans les limites du simple bornage et ce n'est que par prudence, pour avoir plus d'éléments d'appréciation, que nous nous sommes étendu jusqu'aux limites bornées les plus voisines, mais non sans hésitation, car en augmentant le nombre des intervenants nous risquions de multiplier les difficultés d'un accord. Mais maintenant nous allons aborder cette question du bornage à un point de vue beaucoup plus général, telle qu'elle se présente un peu partout, depuis quelques dizaines d'années, non seulement en France, mais encore à l'étranger, qui nous a même devancés dans les résultats obtenus.

Le sens de l'expression *abornement général* diffère suivant les auteurs, mais il nous semble fixé par cette définition, proposée par M. Sanguet (1) :

Les opérations de l'abornement général, dit-il, consistent, dans leur généralité, dans les mesures suivantes : la délimitation collective une fois décidée, on détermine la contenance totale d'un lieu-dit renfermé entre des limites reconnues invariables ; on fait la somme des contenance résultant des titres de propriété ; l'excédent ou le déficit, après création de chemins d'exploitation, s'il y a lieu, sont répartis entre les propriétaires *au prorata* des chiffres portés sur les titres.

C'est, on le voit, à l'exception de la création possible de chemins, l'extension de ce que nous avons dit plus haut pour le bornage simple (280).

(1) Procès-verbaux de la Commission extraparlementaire du cadastre, fascicule Ier, p. 144.

Mais il ne s'agit pas ici seulement de délimitations préliminaires du bornage ; il peut y avoir lieu, également, de créer
des chemins d'exploitation dont la contenance sera à déduire
de la masse, et même à l'occasion, comme le prévoient les
syndicats de l'Est, de redresser les contours sinueux ou irréguliers et d'échanger des parcelles. Enfin dans la répartition
de la surface d'ensemble, on accepte souvent de ne pas tenir
compte des quelques bornes anciennes qui pourraient se trouver
à l'intérieur du polygone du lieu-dit admis comme invariable.

On conçoit alors que, préalablement à toute opération, une
entente précise et détaillée soit formulée entre les intéressés
syndiqués à cet effet, qui délèguent leurs pouvoirs à une commission spéciale, nommée par eux, et dont ils s'engagent à
accepter toutes les décisions. Cette commission traite ordinairement avec un géomètre pour la partie technique et aussi,
quelquefois, pour intenter les actions en bornage et aplanir,
en un mot, toutes les difficultés ; enfin c'est à lui aussi qu'est
confiée l'étude des *remembrements* et leur application.

284. Remembrement. — On entend par *remembrement*
des échanges ou des acquisitions qui ont pour but surtout
de supprimer les parcelles disséminées, qui entravent les
applications de la grande culture moderne, et de les remplacer
par des groupements judicieusement établis et qui permettent
au petit cultivateur de profiter aussi, dans une certaine mesure
des nouveaux procédés.

Il ne faut pas confondre, comme on est souvent tenté de le faire,
dit M. Cheysson, rapporteur du comité d'enquête sur le bornage (1),
les remembrements de propriétés avec les abornements généraux.
Dans ces derniers, il s'agit de retouches discrètes à quelques contours
irréguliers et de la suppression des enclaves ; mais on y respecte, autant
que possible, le fait actuel et l'on s'efforce de l'adapter au droit, tel
qu'il résulte des titres.
Le remembrement, au contraire, se place surtout au point de vue
de l'intérêt supérieur de l'agriculture, devant lequel doit s'incliner
celui du propriétaire. Le sol est trop morcelé ; on réunira les parcelles.
Une même propriété comprend des morceaux disséminés çà et là ; on

(1) Commission extraparlementaire du cadastre, fascicule 4,
p. XXVII.

les remplacera par un lot équivalent d'un seul tenant, bien plus facile
à cultiver, diminuant les pertes de temps et comportant l'emploi
des machines. La carte de la commune ressemblait à un fouillis inextri-
cable de lignes entre-croisées en tous sens ; on y mettra de l'ordre.
on supprimera ce lacis et on y substituera une division rationnelle
destinée à donner au sol le maximum de rendement pour le meilleur
profit de la chose publique.

C'est ainsi qu'on a procédé, en vertu de nombreuses lois, dans
les divers États de l'Allemagne où plusieurs de nos ingénieurs
agronomes, notamment MM. Faure, Marchon et Le Couppey
de la Forest, ont fait sur ce sujet des études détaillées (1).
Mais la solution germanique est beaucoup plus difficile à
appliquer chez nous, où le petit propriétaire, comme a répondu
le comité de la Vienne, à la question posée par la commission
du cadastre dans toute la France, « le petit propriétaire rural
serait hostile à toute idée de remembrement de la propriété ;
car il aime avoir un peu de bien dans toutes les parties de la
commune et même dans les communes voisines ».

Cette opinion, traduite sous toutes les formes, par le plus
grand nombre des comités départementaux, fait conclure
ainsi M. le rapporteur général E. Cheysson, chargé de résumer les réponses de ces comités sur la question du remembrement (2) :

Le voilà bien, le grand *referendum* populaire, où le paysan fait entendre
sa voix ! Il a proclamé, avec une netteté qui ne laisse place à aucun
doute, qu'il entendait conserver son lopin, le meilleur et le plus beau de
tous, puisque c'est le sien. Suivant le mot profond de Michelet : « la
terre est sa maîtresse ». Aussi, comme dans la vieille chanson qu'aimait
tant Alceste, dirait-il volontiers aux remembrements germaniques,
qui lui offrent un lot combiné d'après une admirable géométrie et
les règles de l'agronomie la plus transcendante :
« J'aime mieux ma terre, ô gué, j'aime mieux ma terre ! »

Il est vrai qu'à ces raisons de sentiment, M. le rapporteur
en ajoute beaucoup d'autres d'ordre technique, qu'exposent
avec plus ou moins de détails les comités départementaux.
Aussi, tout en repoussant, conformément à la majorité des

(1) *Annales de l'Institut national agronomique*, nᵒˢ 15 et 16.
(2) Commission extraparlementaire du cadastre, fascicule 4,
p. XXIX.

vœux exprimés, l'obligation des abornements généraux et
surtout des remembrements, le comité d'enquête exprime
l'espérance que (1) :

Avec quelques mesures transitoires qu'il propose et sans violenter
les populations, on arrivera à asseoir les limites de la propriété, de
manière à alimenter les opérations techniques. Il ne s'agit pas de
faire brusquement table rase des droits acquis, de procéder à une
liquidation radicale de la propriété à une date déterminée ; ce serait,
aux yeux du comité, une faute et un grand péril social. Mais il s'agit
de respecter et de consacrer les droits actuels en opérant d'abord sur
les terrains les plus favorables, dans les milieux où la réforme sera
accueillie avec le plus de sympathie et qui serviront aux autres de
modèles et de moniteurs.

En procédant avec cette prudence graduelle, l'entreprise, dût-on
mettre quelques années de plus à l'œuvre, sera accueillie avec une
faveur croissante par le public, qui en appréciera bientôt les bienfaits
et poussera lui-même à en accélérer le mouvement.

Ces conclusions s'appliquent à l'ensemble des travaux
nécessaires à une bonne reconstitution du cadastre et des
livres fonciers et, par conséquent, à toutes les questions de
délimitation qui en sont la base et, le cas échéant, d'un meilleur
groupement parcellaire.

Le paysan tient à sa terre, et il a raison ; mais il aime bien
aussi à en tirer le meilleur parti, et quand il sera convaincu
des avantages du remembrement, dans les régions où il est
praticable, il l'acceptera avec autant d'ardeur qu'il en met
maintenant à le repousser.

L'espace nous manque pour nous étendre sur cette importante question. Nous tenons, toutefois, à mettre sous les yeux
de nos lecteurs un fragment assez étendu d'un plan parcellaire
qui fait ressortir d'une façon évidente les inconvénients de
l'extrême division du sol.

La planche VI (page 354), donnée dans ce but, montre non
seulement le peu de largeur du plus grand nombre de pièces
de terre, et pour certaines, en outre, le non-parallélisme de
leurs bords, mais encore le manque absolu d'accès ; à tel point
qu'on peut compter en beaucoup d'endroits des parcelles où
les propriétaires ne peuvent arriver sans passer sur cinq ou

____

(1) Fascicule 4, p. xxxviii.

six voisins. Combien il serait simple, pourtant, pour éviter ces nombreuses servitudes, de tracer par exemple un chemin principal en AB sur lequel viendraient aboutir quelques chemins secondaires et de grouper ensuite, par des échanges raisonnés, les petites parcelles disséminées.

C'est ce qui a été fait déjà dans plusieurs régions de la France, et surtout dans l'Est (1), pour une bonne partie et avec une grande persévérance par M. Gorse, géomètre du cadastre.

Il ne faut pas supposer qu'on ne puisse obtenir de résultats qu'en agissant sur de très grandes surfaces. Ainsi M. G. Benard, dans la séance du 21 octobre 1903 à la Société nationale d'agriculture, cite comme exemple de ténacité et de réussite un très modeste cultivateur de la commune de Vareddes en Seine-et-Marne, où l'on compte 15 000 parcelles pour 800 hectares, et dont beaucoup restent en friche parce que la charrue n'y peut passer.

En 1877, ce petit cultivateur possédait 12 hectares et en louait 3 ; il avait alors un cheval et trois vaches.

En 1902, il avait aggloméré 81 parcelles en 3 pièces, acquis ou reçu en partage 103 parcelles et réalisé 38 échanges de 2, 3, 4 centiares.

De **sorte** qu'aujourd'hui ses pièces remembrées, de 1ʰ,56, comprennent la réunion de 31 parcelles, de 5 ares en moyenne.

Il possède maintenant trois chevaux et onze vaches et il a payé en moyenne une plus-value de 10 à 25 p. 100 pour la réalisation de ses échanges.

285. Abornements généraux et remembrements au point de vue technique. — Les abornements généraux, comme les bornages simples, sont essentiellement du ressort du géomètre. Il commencera par reconnaître les contours du lieu-dit à borner et fera ensuite planter des piquets provisoires sur les limites apparentes des propriétés qui le composent ; puis il déterminera les polygones topographiques utiles au levé et même plusieurs triangles, si le sol est suffisamment découvert. Si, comme ce sera généralement le cas, la commune où

(1) Beaudesson, directeur des contributions directes de Nancy. *Notice sur le renouvellement du cadastre et les abornements généraux dans le département de Meurthe-et-Moselle.*

il opère n'est pas nouvellement cadastrée, il disposera quelques-uns des côtés de façon à pouvoir relier plus tard, s'il y a lieu, son opération à un travail topographique d'ensemble ; puis il rattachera avec précision, par les procédés connus, le périmètre du lieu-dit, ainsi que les limites provisoires des propriétés, à ses diverses lignes d'opération, en n'oubliant pas que, comme il s'agit là de surfaces à calculer numériquement autant que possible, il sera généralement avantageux d'employer la méthode des ordonnées ; enfin, après avoir pris les mesures surabondantes nécessaires pour une vérification sérieuse, il calculera les polygones pour en déterminer les coordonnées et rapporter le plan, ordinairement à l'échelle du 1/1 000.

La surface totale du lieu-dit se déduira des éléments du polygone enveloppe, à peu près comme nous l'avons fait pour celle du champ d'étude (265), et le géomètre en fera la comparaison avec la somme des surfaces partielles énumérées aux titres des propriétés, et adoptées comme bases de répartition par tous les intéressés.

Il y a lieu de recommander, à propos de ces surfaces partielles, de s'assurer qu'il n'est pas survenu, depuis la date de leur énonciation, des modifications dans leurs contours, par exemple pour cause de rectifications dans l'alignement d'un chemin d'accès, la suppression d'un sentier, etc.

La différence de contenance sera ensuite répartie entre les propriétés proportionnellement à celles exprimées aux titres, et les limites qui en résulteront seront d'abord tracées graphiquement sur le plan, en s'inspirant de celles du terrain, figurées au crayon à l'aide des piquets provisoires rattachés à cet effet.

C'est ici que le géomètre, usant de son influence auprès des intéressés, jugera si, dans l'intérêt général, il n'y aurait pas lieu de modifier plus ou moins la direction ou la forme de ces lignes de jouissance ; puis, après l'approbation des propriétaires, il tracera à l'encre les lignes définitivement adoptées, et en déduira, graphiquement ou par le calcul, les cotes à reporter sur le terrain, relevant en même temps, sur le plan, les différences entre les lignes provisoires et les lignes définitives qui lui permettront de contrôler son travail de report.

Enfin il procédera à la plantation des bornes et fera disparaître les piquets provisoires, et terminera par la rédaction d'un procès-verbal, signé par tous les intéressés et qui sera déposé à la mairie, si l'on veut éviter une copie pour chaque signataire.

S'il y avait lieu, en même temps que l'abornement, d'étudier un remembrement, le géomètre aurait levé, outre les éléments nécessaires au calcul et au figuré de la surface, la position de tous les renseignements utiles à ce travail complémentaire, tels que les limites approximatives des diverses natures du sol pouvant influer sur sa valeur, l'origine et la direction des pentes capables d'augmenter l'effort nécessaire au labour et de diminuer la production du sol, l'état des cultures, les arbres, etc.

D'autre part, si des chemins, fossés, rigoles d'irrigations et autres travaux étaient prévus, il faudrait, outre la planimétrie, suffisante dans les cas précédents, lever le figuré du relief du sol, indispensable pour l'étude de ces projets.

Mais c'est alors qu'à ses connaissances spéciales le géomètre doit ajouter la plupart de celles de l'ingénieur agronome, comme les possèdent les géomètres allemands, fonctionnaires chargés des remembrements.

§ II. — LE CADASTRE

Ancien cadastre.

286. Historique. — On appelle *cadastre* l'ensemble des documents qui servent à établir la situation topographique de la propriété foncière, ses divisions et sa valeur au point de vue de l'impôt spécial que l'on a désigné sous le nom d'*impôt foncier*.

Nous ne remonterons pas à l'origine du cadastre, aussi ancienne que celle des impôts ; on le retrouve chez tous les peuples où cette source féconde de revenu a été établie.

Il existait donc déjà, en France, avant 1789, mais son usage était loin d'être généralisé. Réclamé dans beaucoup de cahiers, l'Assemblée constituante, en établissant l'impôt foncier sur la seule déclaration des propriétaires, éprouva de telles difficultés pour faire sans cadastre cette répartitiòn, qu'elle réalisa ces vœux par la loi du 26 août 1791.

Dès cette époque, on réglementa les opérations qui devaient comprendre un plan de *masse* pour chaque commune, puis des divisions à plus grande échelle figurant toutes les parcelles. Mais les troubles fréquents empêchèrent le fonctionnement régulier d'une organisation pourtant bien comprise, et malgré l'autorité du savant Prony, de l'Académie des sciences, placé à la tête de cet important service, aucun résultat appréciable ne fut atteint.

C'est en 1800, au Conseil d'État, que nous retrouvons la question du cadastre à l'ordre du jour, où il rencontrait d'ailleurs une vive opposition, malgré l'appui que lui donnait le premier Consul.

Il y avait, avant 1791, disait Bigot de Préameneu, l'un des créateurs du Code civil, un cadastre en Provence et en Languedoc ; mais on a toujours été effrayé d'un semblable travail pour la France entière, parce qu'on le veut faire géographique et mathématique.

Un cadastre général, ajoutait le financier Lebrun, troisième Consul, est une œuvre monstrueuse qui coûterait 30 millions et exigerait au moins vingt ans de travail ; la mensuration et l'évaluation ne sont pas les opérations les plus difficiles ; c'est la connaissance des rapports des divers départements.

Qu'auriez-vous dit, savants conseillers d'État, si vous aviez assisté, un siècle plus tard, à la délibération de la commission extraparlementaire du cadastre qui réclame pour le même objet — perfectionné, il est vrai — la somme de 600 millions de francs !

Néanmoins un arrêté du gouvernement, en date du 3 novembre 1802 (12 brumaire an XI), ordonna, à titre d'essai l'arpentage de 1800 communes, par masses et par natures de culture, à raison de 2 à 8 communes par arrondissement, et d'où l'on devait conclure la matière imposable pour le reste du département.

C'est à partir de cette époque que les instructions administratives se succèdent pour préciser tous les détails des triangulations qui devaient précéder le levé des plans. On peut dire qu'elles forment un traité complet sur ce sujet, alors peu familier sans doute à la plupart des opérateurs, malgré un arrêté du 20 octobre 1803, décidant, par toute la France, la création d'écoles de géomètres.

Mais il ne s'agissait toujours que de levés de *masses*, et c'est seulement de la loi du 15 septembre 1807 que date le cadastre parcellaire qu'elle avait pour objet. 16 000 communes environ avaient à peu près achevé leurs plans de masses et quelques-unes seulement s'étaient complétées par le parcellaire confor-mément à la loi de 1791.

Le 1er décembre 1807, le ministre des finances adressa une première *Instruction pour les arpentages parcellaires*, éla-borée par une commission spéciale, sous la présidence de Delambre. Citons notamment l'article 12 de cette instruction, qui accordait une tolérance d'un centième pour les mesures linéaires et d'un cinquantième pour les mesures des surfaces.

Les géomètres du cadastre recevaient alors une rétribution réglée par les préfets, suivant les localités, et, au maximum, de 1 franc par arpent et 0 fr. 25 par parcelle, sauf certaines déductions prévues.

D'autres instructions complémentaires suivirent de près celle de 1807, et c'est seulement en 1811 que parut le *Recueil méthodique des lois et instructions sur le cadastre*, préparé par les inspecteurs généraux du cadastre et comprenant 1 144 articles.

Dans son remarquable rapport, auquel nous empruntons une grande partie de nos renseignements, M. Debray, ingé-nieur des Ponts et Chaussées, qualifie avec raison de code cadas-tral ce recueil méthodique qui traite toutes les questions administratives, techniques, juridiques et financières concer-nant le cadastre.

Par exemple, après l'organisation du personnel, dont il pré-cise la hiérarchie et les attributions, il entre dans tous les détails sur la délimitation des communes et leur division en sections, sur la triangulation, la définition des parcelles, le levé des détails et même le choix des instruments, qu'il réduit au grapho-mètre, à la planchette, à la boussole, à l'équerre et à la chaîne, dont il recommande l'étalonnage (43) sur les types déposés dans les préfectures.

Le rapport et le dessin des plans, de même que la disposition des atlas, font également l'objet de minutieuses prescriptions et les conditions dans lesquelles les diverses échelles seront employées sont ainsi formulées :

Le 1/5 000 pour les communes très peu morcelées, c'est-à-dire où l'on ne trouve qu'une parcelle pour deux arpents métriques ; le 1/2 500 lorsque le morcellement ne s'élève pas au delà de quatre à cinq parcelles par arpent ; le 1/1250, lorsqu'il y a plus de cinq parcelles à l'arpent et notamment pour les villes, bourgs et maisons des villages.

Enfin les tolérances accordées sont également énumérées, et il faut croire que, depuis 1807, les méthodes se sont perfectionnées, et aussi les praticiens, car ces tolérances sont réduites à 1/200 pour les grandes lignes. Il est vrai que le 1/100 est conservé pour les détails et qu'on va même jusqu'au 1/50 pour les propriétés bâties.

Laissant de côté diverses autres instructions nécessitées par l'expérience journellement acquise dans une opération aussi considérable, nous arrivons au règlement du 15 mars 1827, résumé ainsi par M. Cheysson, rapporteur général de a sous-commission technique :

Le règlement du 15 mars 1827 est une sorte de refonte du *Recueil méthodique* de 1811, avec cette différence toutefois que ce dernier avait un caractère surtout doctrinal et théorique, tandis que le règlement de 1827 est plus pratique et plus expérimental. Il organise sur de nouvelles bases le personnel technique ; il en règle nettement les attributions d'après les principes de la division du travail ; il détermine les responsabilités en jeu et le contrôle des travaux, notamment de la triangulation ; il enferme le géomètre en chef dans son rôle de surveillant et de contrôleur, sans lui permettre de prendre une part directe aux opérations.

En 1827, le cadastre était achevé pour 12 678 communes et sur 17 417 977 hectares, c'est-à-dire sur près du tiers du territoire. Le règlement de 1827, qui a imprimé une impulsion définitive à ces travaux, en a considérablement augmenté la valeur (1).

Diverses circulaires et prescriptions sont venues modifier ou compléter le règlement de 1827. Ainsi la circulaire du 30 avril 1833 réduit les tolérances au 1/500 pour les lignes de 1 000 mè-

____

(1) Procès-verbaux de la Commission extraparlementaire du cadastre, fascicule n° 6, p. 499.

tres et au-dessus, au 1/400 de 600 à 1000 mètres, au 1/300 de 200 à 600 mètres, au 1/200 de 100 à 200 mètres et au 1/100 pour les lignes au-dessous de 100 mètres. Celle du 28 décembre 1837 prescrit la substitution des échelles du 1/2 000 et du 1/1 000 aux échelles précédentes. Le 22 mai 1838, une circulaire s'étend sur l'étalonnage et exige notamment, chez chaque géomètre en chef, un mètre étalon, rigoureusement contrôlé.

Dès 1824, le nombre des communes annuellement cadastrées dépassa 1 000 ; il atteint 2 000 en 1828 et le millier se maintient jusqu'en 1839. En résumé, à la fin de 1850, le cadastre était achevé pour 34 318 communes, comprenant 49 926 413 hectares et 117 310 425 parcelles, et, en ajoutant les quelques communes dont le cadastre avait été renouvelé, à la fin de 1891, le cadastre existait dans 35 861 communes, représentant 52 316 715 hectares et 123 171 864 parcelles. Il ne restait que 293 communes, dont 290 pour les départements de la Savoie et de la Haute-Savoie.

En même temps que les atlas cadastraux, deux registres dont ils sont la base se constituaient sous la direction du service des contributions directes et avec le concours de commissions locales ; l'un est désigné sous le nom d'*État de sections* et l'autre sous celui de *Matrice cadastrale.*

Nous donnons un *fac-similé* de ces deux livres, et il suffit de jeter les yeux sur leurs en-têtes pour voir que leur but principal, comme on le sait du reste, est l'établissement et la répartition de l'impôt foncier.

Dans une certaine mesure, et en attendant mieux, ils servent aussi, officieusement, de *livres fonciers*, c'est-à-dire qu'on y trouve, généralement, l'état de la propriété foncière et sa transmission.

D'un autre côté, nous croyons que, malheureusement, pendant longtemps encore, le plus grand nombre des communes restera avec son ancien cadastre, et c'est pourquoi il nous semble utile de nous étendre sur son usage et celui de ses livres annexes, avant de parler de son renouvellement.

Nous serons heureux, du reste, si nous facilitons l'usage du cadastre, parce que nous sommes persuadé que nous augmenterons ainsi le nombre des partisans de sa reconstitution.

287. Usage de l'atlas cadastral, de l'état de sections et de la matrice cadastrale. — La planche VII (page 370) est la reproduction d'un fragment de la section C, extrait de l'atlas cadastral de la commune de Noisy-le-Roi, dressé en 1819. Nous avons seulement ajouté, en ponctué, les contours du chemin de fer et du champ d'étude de l'Institut agronomique, afin de faciliter la comparaison de ce fragment avec nos autres plans, donnant tous l'état actuel du terrain.

Les contours pointillés, comme celui du côté sud de l'ancienne avenue de la Tuilerie, indiquent la limite des *cantons ou lieux-dits* ; ainsi *Sous le pavé de Rennemoulin* est un lieu-dit limité au nord par cette ligne et à l'est par une ligne pointillée de la même façon, séparative des parcelles n°s 8 à 17 et 25 à 36.

Si nous mettons en regard la planche VII avec la planche I (page 222), sur laquelle les limites de la première sont figurées par le rectangle 2,3,B,A, il ne sera pas difficile, malgré la différence des échelles, de se rendre compte des grandes modifications du parcellaire depuis 1819. L'usage de l'*état de sections* et de la *matrice cadastrale* va nous aider à suivre ces modifications.

L'*état de sections* (page 374) est une sorte de table des matières, dressée après la confection du plan cadastral, suivant l'ordre des numéros de ce plan. Nous en avons extrait seulement les n°s 17 à 24, 371 et 372, 393 à 400, qui vont nous suffire pour les exercices décrits plus loin. Cet état n'a pas varié depuis son origine ; par conséquent, il donne la liste des parcelles, avec le nom des propriétaires et le folio de leur inscription à la matrice en 1819.

La contenance et la nature des propriétés ont été établies à cette époque, par les géomètres du cadastre : la classe par les commissaires répartiteurs désignés alors, ainsi que le nombre d'ouvertures imposables, qui ne figurent que sur l'état des propriétés bâties ; enfin, le revenu, par la direction des contributions directes, d'après le classement et la surface. Pour ne pas revenir sur cette hiérarchie fiscale, ajoutons le contrôleur, dont l'une des missions est de traduire, sur la matrice cadastrale, les *mutations* survenues dans les propriétés, mais seulement au point de vue de la possession et de la surface, et non, malheureusement, sous celui de la figure, que l'on pourrait appeler le point de vue topographique.

C'est surtout pour avoir négligé cette grave question des modifications graphiques de la propriété, désignée sous le nom de *conservation* du cadastre, que le renouvellement de ce dernier s'impose aujourd'hui.

La *matrice cadastrale* est un autre registre, beaucoup plus volumineux que celui de l'état de sections, sur lequel on a transcrit, à l'origine, tous les renseignementss portés à ce dernier, mais en groupant toutes les parcelles appartenant à un même propriétaire et en laissant à leur suite un certain nombre de lignes, en raison des additions futures.

On estimait alors qu'on ne porterait pas plus de cinq propriétaires par folio, et c'est pourquoi on avait réservé, en tête de ceux-ci, cinq lignes (réduites à deux dans nos feuilles), pour en inscrire les noms. Depuis, on a rempli les vides et fait de nombreux renvois, pour éviter les frais d'un nouveau registre, que beaucoup de communes cependant ont été dans la nécessité de constituer.

Suivons maintenant les transformations de la matrice, c'est-à-dire le travail du contrôleur :

Voici par exemple M. Belleville, possesseur, nous dit l'état de sections, des n°s 17, 20, 393, 394 et 400, portés tous au folio 2 de la matrice. Nous remarquons en effet, à ce folio, le nom de Belleville inscrit en tête, et sur les cinq premières lignes les numéros désignés plus haut.

Nous trouverions ainsi, sur les folios de la matrice dont les numéros sont inscrits à la première colonne (1) de l'état de sections, tous les noms de cet état.

Avant d'aller plus loin, remarquons les deux dernières accolades des colonnes à droite ; les renseignements qu'elles embrassent se comprennent facilement et l'on devine, par exemple, que là où la colonne *tiré de* reste en blanc, c'est que les articles correspondants ont été inscrits à l'origine du re-

---

(1) Dans les anciens registres, cette première colonne n'existait pas ; il fallait alors, pour trouver une parcelle sur la matrice, chercher son propriétaire primitif à la table des propriétaires, située à la fin de cette matrice, et c'est là qu'on relevait le numéro cherché.

21.

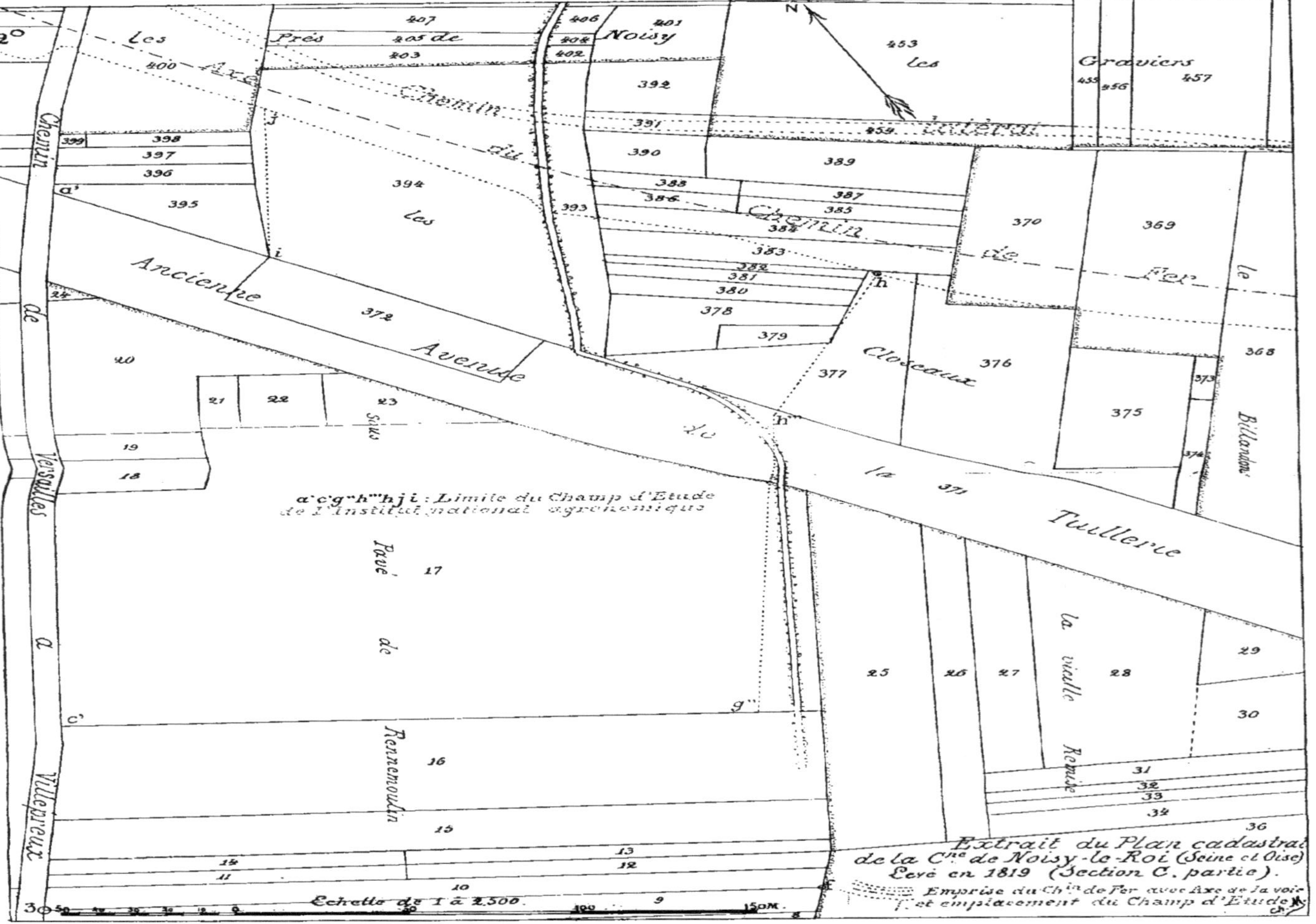

PLANCHE VII. — Extrait du plan cadastral de la commune de Noisy-le-Roi.

gistre, en 1819, date qui est d'ailleurs sous-entendue dans les blancs de la colonne *entrée*. C'est ce qui a lieu pour les cinq premières parcelles de M. Belleville, au folio 2.

Mais voici qu'à leur suite se trouvent les parcelles n°s 371, 372, 24 qui sont entrées, par suite d'achat ou d'héritage, ou de toute autre cause, en 1856 et qui sont tirées du folio 1 (lignes 33, 34, 35) ; en se reportant à ce folio on constate en effet l'existence de ces trois parcelles, appartenant à M. Demarine Jacques, sorties à la même date et reportées au folio 2 lignes 6, 7, 8). C'est alors qu'on a rayé, au folio 2, les trois parcelles de M. Demarine Jacques, puisqu'elles étaient transmises à un autre propriétaire, et qu'on a rayé M. Demarine Jacques lui-même, puisqu'il ne lui restait rien. Il devenait nul pour le fisc.

Par la même raison, M. Belleville s'est enrichi, en 1860, de la parcelle n° 23, tirée du folio 2 (ligne 15), ce qui a eu pour conséquence la suppression de M. Charpentier Louis-Martin ; il est devenu aussi propriétaire, à la même époque, des parcelles 21, 22, 19, tirées du folio 4 (lignes 8, 7, 12), ce qui a supprimé, du registre des contribuables, MM. Charpentier Jean-Charles fils et Beurrier Jean-Pierre, successeur de Robillard Christophe.

Mais M. Belleville, à son tour, a disparu, parce que toutes ses parcelles sont passées en bloc à M. Demarine Barthélemy, à une date non inscrite, puis, à la mort de ce dernier, en 1872, on a reporté ses propriétés au folio 3, au nom de sa veuve, à laquelle on a ouvert un compte nouveau, dont plusieurs articles doivent appeler une attention soutenue, à partir de la ligne 10.

On remarquera tout d'abord que les douze premiers articles ne sont que la copie, quoique dans un ordre différent, des lignes 1 à 12 du folio 2 ; il n'y a donc là qu'un simple transfert à Mme veuve Demarine Barthélemy, comme on l'a vu plus haut ; or ensuite on constate, aux lignes 13, 14, 15, l'entrée en 1881 de parcelles déjà inscrites aux lignes 10, 11, 12, lesquelles sont notées comme sorties en 1881 et portées au folio 3 (lignes 13, 14, 15) et au folio 4 (lignes 1, 2, 3). Seulement on observera que les numéros des parcelles déplacées sont affectés de la lettre *p*, initiale de *partie*. C'est que, par suite de la construction du chemin de fer, ces trois parcelles, n°s 393, 394 et 400, ont été divisées ; une partie est restée à Mme veuve Demarine et l'autre a été acquise par le syndicat du chemin de fer. Et en effet, si l'on rapproche les contenances partielles des mêmes numéros affectés de la lettre p, au chemin de fer et à Mme Demarine, on trouve :

	Mme Demarine.		Chemin de fer.			
393 p	17^a,50	+	07^a,00	=	24^a,50	= 393
394 p	66^a,00	+	34^a,80	=	1^h,00^a,80	= 394
400 p	69^a,65	+	26^a,25	=	95^a,90	= 400

Cette répartition, faite par le contrôleur, est donc exacte et les contributions trouvent leur compte ; mais l'atlas cadastral garde sa figure de 1819 !

Si nos lecteurs veulent bien poursuivre plus loin leurs investigations, ils constateront même sur le folio 3, d'abord que le domaine analysé plus haut est passé en 1892 à M. Demarine Victor, puis à sa veuve en 1897, et enfin à cette même veuve, devenue Mme Wallet, en 1899. Ensuite, ils trouveront, sur les deux dernières lignes, 33 et 34, une nouvelle mutation des parcelles 393 p et 400 p, que nous avons désignées par 393 p_2 et 400 p_2. Et en suivant un chemin analogue au précédent, ils verront que ces parcelles ont été fractionnées entre Mme Wallet (folio 3, ligne 33 et 34) et MM. Grosprêtre (folio 4, ligne 26) et Aumont (folio 5, ligne 8). C'est pourquoi les n°s 393 p et 400 p sont rayés folio 3 (ligne 30 et 32).

A signaler aussi une particularité concernant la parcelle 18 que l'on peut suivre depuis l'état de sections jusqu'aux folios 2 et 1, mais que nous ne retrouvons pas à Belleville, folio 2, où elle a été certainement transmise en 1861 par Peteil.

Au lieu de suivre une parcelle depuis son origine, on peut remonter à celle-ci en partant de son dernier propriétaire, dont on trouvera le folio à la matrice en cherchant à la table des matières, placée à la fin, comme le résumé au bas du folio 5.

Cne de *Noisy-le-Roi*. — Etat de sections des Propriétés non bâties— Section C, dite *du Village*.

Folios de la MATRICE	NOMS, PRÉNOMS, PROFESSIONS ET DEMEURES DES PROPRIÉTAIRES.	NUMEROS DU PLAN.	CANTONS OU LIEUX DITS.	NATURE DES PROPRIÉTÉS.	CONTENANCE.			CLASSES.	REVENU.		NOMBRE d'ouvertures imposables.	
					hect.	ares.	cent.		fr.		Port. coch., charretières et de magasin.	Portes et fenêtres ordinaires.
2	Belleville	17	Sous le Pavé de Rennemoulin	Terre	3	16	70	1	345	20		
2	Descarot	18	id.	id		10	35	1	11	28		
1	Robillard Alexandre	19	id.	id.		06	10	1	6	65		
2	Belleville	20	id.	id.		32	30	1	35	21		
4	Charpentier Jr Ch.es	21	id.	Terre plantée		03	00	1	3	75		
2	Charpentier M.lle Jeanne	22	id.	id.		06	70	1	8	38		
2	Charpentier Louis Martin	23	id.	Terre		07	20	1	7	85		
1	Demarine	24	id.	id.		00	60	1	0	65		
1	Demarine	371	Le Billandon	Terre	3	17	10	1 – 2	284	33		
1	id.	372	id.	Pré		24	15	1	31	40		
2	Belleville	393	Les Oiseaux	Pré		24	50	1	31	85		
2	id	394	id.	id	1	00	80	1	131	04		
1	Richard Philibert	395	id.	Terre		10	85	1	11	82		
1	Masson F.çois Guill.me	396	id.	id.		06	30	1	6	87		
1	Larché André	397	id.	id.		05	30	1	5	78		
2	Daloyau Philippe	398	id.	id.		04	40	1	4	80		
2	Feret Claude	399	id.	id.		00	60	1	0	65		
2	Belleville	400	Les Prés de Noisy	Pré		95	90	1	124	67		

Total de la page.

LIGNES	de la SECTION	du NUMÉRO du plan	DU TIRAGE OU LIEU-DIT et du nom particulier de la parcelle	de LA NATURE de la propriété	CONTENANCE IMPOSABLE PAR PARCELLE	CONTENANCE IMPOSABLE TOTAL	CLASSE	REVENU PAR PARCELLE	REVENU TOTAL	Tiré de F°	Tiré de Lig.	Porté à F°	Porté à LIGNE	ANNÉE MUTATION Entrée	ANNÉE MUTATION Sortie
1			Larché André, à Noisy												
2	C	397	Les Closeaux	Terre	05 30		1	5 70				1	20		1843
3															
4			Lhomme Alexandre, à Noisy												
5	C	29	La Vieille remise	Terre	06 50		2	5 20					Inscrit par erreur / Pas de suite donné		1834
6															
7			Masson Fçois Guille père, à Noisy												
8	C	396	Les Closeaux	Terre	06 30		1	6 37				1	23		1838
9															
10			Richard Philibert, à Versailles												
11	C	395	Les Closeaux	Terre	10 85		1	11 82				2	35		1822
12			Robillard Alexandre maçon à Bailly												
13															
16			Poteile Eloy Martin, à Noisy												
17	C	18	Pavé de Rennemoulin	Terre	10 35		1	11 83		2	29	2	Belleville	1828	1861
18															
19			Larcher Charles André, à Paris, y 1855 N°												
20	C	397	Les Closeaux	Terre	05 30		1	5 70		1	1	9	29	1842	1858
21															
22			Masson Catherine (Veuve Masson)												
23	C	396	Les Closeaux	Terre	06 30		1	6 37		1	8	4	35	1838	1845
24															
25			Dappe Amédée, à Noisy												
26	C	395	Le Château	Terre	10 85		1	11 82		2	23	4	19	1887	1889
27															
28			Lucas Dalmyau, à Noisy												
29			Lucas gendre, Pierre												
30	C	308	Les Closeaux	Terre	02 90		1	4 40		2	26	4	23	1862	1869
31															
32			Demazure Jacques, à Noisy												
33	C	24	Sur le Pavé de Rennemoulin	Terre	00 68		1	0 65				2	8		1856
34		371	Billandon	id.	3 17 10		1-2	684 33				2	6		
35		372	id.	Pré	24 15		1	31 40				2	7		

LIGNES	INDICATION de la SECTION	du NUMÉRO du plan	DU TRIAGE OU LIEU-DIT et du nom particulier de la parcelle	de LA NATURE de la propriété	CONTENANCE IMPOSABLE PAR PARCELLE	TOTAL	CLASSE	REVENU PAR PARCELLE	TOTAL	Tiré de Fo	Tiré de Lig	Porté à Fo	Porté à Ligne	ANNÉE Entrée	ANNÉE Sortie
1	C	17	Sur le Pavé de Rennemoulin	Terre	3 78 20		2-3	363 34				3	1		1872
2		20	id.	id.	34 30		1	35 84				3	3		
3		343	Les Closeaux	Pré	24 50		1	31 85				3	10		
4		394	id.	id.	1 00 80		1	131 84				3	11		
5		400	Les Prés de Noisy	id.	95 90		1	124 67				3	12		
6		371	Le Billandon	Terre	3 17 10		1-2	284 33		1	34	3	8	1856	1872
7		372	id.	Pré	26 15		1	31 80		1	35	3	9		
8		24	Sur le Pavé de Rennemoulin	Terre	60		1	65		1	33	3	7		
9		23	id.	id.	7 20		1	7 85		2	15	3	6	1860	1872
10		21	id.	Terre plté	3 00		1	3 95		2	8	3	4		
11		22	id.	id	6 70		1	8 38		4	7	3	5		
12		19	id.	Terre	6 10		1	6 65		4	12	3	2		
15	C	33	Sur le Pavé de Rennemoulin	Terre	07 20		1	7 85				2	5		1832
17			Charpentier Marie Jeanne, à Noisy												
18			Fevrot Claude Charles, à Noisy												
19	C	22	Sur le Pavé de Rennemoulin	Terre plté	06 70		1	8 38				2	11		1860
21			Chauvin Louis Marie, à Bailly												
22			passé pour 1855 à Chauvin Charles Paul à Bailly												
23	C	395	Les Chateaux	Terre	10 85		1	11 82		2	35	1	26	1856	1887
25			Daloyau Philippe, à Noisy												
26	C	398	Les Closeaux	Terre	04 40		1	4 80				1	30		1869
28			Descarot Tanneur à St Germain												
29	C	18	Sur le Pavé de Rennemoulin	Terre	10 35		1	11 23				1	17		1861
31			Feret Claude, à Noisy												
32	C	339	Les Closeaux	Terre	40 60		1	0 65				4	22	1832	1869
34			Bertrand Antoine Alexis, à Bailly												
35	C	395	Les Chateaux	Terre	18 85		1	11 82		1	11	2	23	1822	1856

M. _______ Demarine Barthélémy veuve à Versailles _______ (Folio 3)

M. _______

Lignes	de la Section	du Numéro du plan	Indication — du triage ou lieu-dit et du nom particulier de la parcelle	de la Nature de la propriété	Contenance imposable — par parcelle (h. a. c.)	Contenance imposable — total	Classe	Revenu — par parcelle (fr. c.)	Revenu — total	Tiré de (Fᵒ — Lig.)	Porté à (Fᵒ — Ligne)	Année mutation — Entrée	Année mutation — Sortie
1	C	17	Sur le Parc de Rennemoulin	Terre	3 16 70		1	345 20		2 — 1	3 — 21	1872	1892
2		18	id.	id.	6 10		1	6 65		2 — 12	3 — 22		
3		20	id.	id.	32 30		1	25 31		2 — 2	3 — 23		
4		21		Terre plt.	3 00		1	3 75		2 — 10	3 — 24		
5		22		id.	6 70		1	8 38		2 — 11	3 — 25		
6		23		Terre	7 30		1	7 85		2 — 9	3 — 26		
7		24		id.	0 60		1	0 65		2 — 8	3 — 27		
8		371	Billandon	id.	3 17 10		1-2	284 33		2 — 6	3 — 28		
9		372	id.	Pré	24 15		1	31 40		2 — 7	3 — 29		
10		393	Les Clozeaux	id.	24 50		1	31 85		2 — 3	3 — 13 / 4 — 1		1881
11		394	id.	id.	1 00 80		1	131 04		2 — 4	3 — 14 / 4 — 2		
12		400	Les Prés de Noisy	id.	45 00		1	124 67		2 — 5	3 — 15 / 4 — 3		
13			La Clozeaux	id.	17					3 — 10	3 — 30	1881	1892
17													
18			Demarine Victor Gustave — mineur										
19			Demarine Victor Gustave Veuve, née Hénon, à Noisy (1897)										
20			Hénon Marthe, épouse Wallet à Noisy (1899)										
21	C	17	Pré de Rennemoulin	Terre	3 16 70		1	345 20		3 — 1		1892	
22		19		id.	6 10		1	6 65		3 — 2			
23		20		Terre plt.	32 30		1	35 21		3 — 3			
24		21		id.	3 00		1	3 75		3 — 4			
25		22		id.	6 70		1	8 38		3 — 5			
26		23		Terre	7 20		1	7 85		3 — 6			
27		24		id.	0 60		1	0 65		3 — 7			
28		371	Le Billandon	Terre 2ᵈᵉ	3 17 10		1-2	284 33		3 — 8			
29		372	id.	Pré	24 15		1	31 40		3 — 9			
30		393p	Les Clozeaux	id.	17 50		1	22 75		3 — 13	3 — 33 / 4 — 26		1898
31		394p	id.	id.	66 00		1	85 80		3 — 14			
32		400p	Les Prés de Noisy	id.	69 65		1	90 55		3 — 15	3 — 34 / 5 — 8		1900
33		393p/2	Les Clozeaux	id.	9 61		1	12 49		3 — 30			
34		400p/2	Les Prés de Noisy	id.	59 72		L	77 64		3 — 32		1900	
35													

21*

LIGNES	de la SECTION	du NUMÉRO du plan	INDICATION — DU TRIAGE OU LIEU-DIT et du nom particulier de la parcelle	de LA NATURE de la propriété	CONTENANCE IMPOSABLE PAR PARCELLE (h a c)	TOTAL (h a c)	CLASSE	REVENU PAR PARCELLE (fr c)	TOTAL (fr)	Tiré de F°	Tiré de Lig	Porté à F°	Porté à Ligne	Entrée	Sortie
1	C	323 p	Les Clozeaux	Pré	07 00		1	9 10		3	10			1881	
2		394 p	id.	id.	34 80		1	25 24		3	11				
3		400 p	Les Prés de Noisy	id.	26 25		1	34 12		3	12				
4		397 p	Les Clozeaux	Terre	0 04		1	0 04		5	1				
6			Charpentier Jn Chu fils												
7	C	22	Le pavé de Rennemoulin	Terre	04 50		2	4 20				2	11		1860
8		24	sur le pavé de Rennemoulin	terre plé	03 00		1	3 75		4	15	2	10	1839	1860
10			Robillard Christophe												
11			passé pour 1842 à Bouvier Jean Pierre												
12	C	19	sur le pavé de Rennemoulin	Terre	6 10		1	6 65		1	14	2	12	1843	1859
15	C	21	sur le Pavé de Rennemoulin	terre plé	[illegible]		[illegible]	[illegible]							[illegible]
17			Dappe Henry Éloi												
18			pour 1889 Dappe Amédée												
19	C	395	Le Château	Terre	10 85		1	11 82		1	26			1889	
21			Aumont Étienne Frédéric, à Noisy												
22	C	399	Les Closeaux	Terre	0 60		1	0 65		2	32			1869	
23		398	id.	id.	4 40		1	4 80		1	30			1869	
25			Grosprêtre Jean Aimé Gendre Rayé, à Noisy												
26	C	393 p/2	Les Closeaux	Pré	7 89		1	10 26		3	30			1858	
28			Happe Augustin, à Noisy												
29	C	397	Les Closeaux	Terre	5 30		1	5 78		1	20	5	1	1858	1874
31			Happe Auguste Antoine, restaurateur à Marly le Roi												
32	C	397 p	Les Clozeaux	Terre	5 26		1	5 74		5	2			1902	
34			Masson Louis Augustin												
35	C	336	Les Closeaux	Terre	6 30		1	6 87		1	23	5	5	1845	1869

A SUPPRIMER

M. _____ Happe Augustin Amédée, à Noisy _____ (Folio 5)

M. _____ Happe Amédée Auguste, Vve née Dain, à Noisy-le-Roi (1902)

LIGNES	de la SECTION	du NUMÉRO du plan	DU TRIAGE OU LIEU-DIT et de nom particulier de la parcelle	de LA NATURE de la propriété	CONTENANCE IMPOSABLE PAR PARCELLE	TOTAL	CLASSE	REVENU PAR PARCELLE	TOTAL	Tiré de F°	Tiré de Lig	Porté à F°	Porté à Ligne	ANNÉE Entrée	ANNÉE Sortie
1	C	397	Les Closeaux	Terre	5 30		1	5 76		4	29	5/4	2/4	1874	1881
2		397p	id.	id.	5 26		1	5 74		3	1	4	33	1881	1902
4			Ferret Jean Charles, g^d Petit, à Noisy												
5	C	396	Les Closeaux	Terre	6 30		1	6 87		4	35	5	11	1869	1900
7			Aumont Ernest, maçon à Noisy												
8	C	400p	Les Prés de Noisy	Pré	9 93		1	12 91		3	34			1900	
10			Dappe Amédée Vve, née Bouffard, Grande Rue												
11	C	396	Les Clozeaux	Terre	6 30		1	6 87		5	5			1900	

Nota. Pour occuper moins de place, les cases réservées à chaque propriétaire sont ici beaucoup plus étroites que sur les matrices.

Table des Noms des Propriétaires

A, B.	Folios		Folios	C.	Folios
Aumont Et.^{ne} Fr.^{ie}	4	Demarine Victor Gustave	3	Larché André, à Noisy	1
Aumont Ernest	5	Demarine g.^{re} G.^{ve} Vve née Bérin	3	Larché dit André, à Paris, Faur	1
Belleville	2	Dappe Henry Elvi	4	Lhomme Alexandre	1
Bertrand Ant.^{ne} Alexis	2	Dappe Amédée (suc. au précédent)	4	Lucas Daloyau, à Noisy	1
Beurrier J.^{ne} P.^{re} (succède à Robillard)	4	Dappe Amédée V^{re} née Bouffard	5	Lucas gendre, Faure	1
C.		**E à G**		**M à Q**	
Charpentier Louis Martin	2	Faurrot Claude Ch.^{es} (suc. à Charpentier)	2	Masson F.^{ois} Guill.^{me} père	1
Charpentier Marie Jeanne	2	Féret Claude	2	Masson Catherine (Vve Masson)	1
Chauvin Louis Marie	2	Ferrat J.ch.^{es}, g^d Petit	5	Masson Louis Augustin	4
Charpentier J.^{ne} Ch.^{es} fils	4	Fer (ch.ⁱⁿ de) voir Syndicat	4	**R à Z**	
Charpentier jean Charles	4	Gasprêtre J.^{ne} aimé, g^d Royé	4	Richard Philibert	1
D.		**36 à K**		Robillard Alexandre	1
Dappe Amédée	1	Hirren Mathé, Jean Walté	3	Robillard Christophe	4
Demarine Jacques	1	Happe Augustin, à Noisy	4	Syndicat du Chemin de Fer	
Daloyau Philippe	2	Happe Auguste Ant.^{ne}, à Noisy	4	de Grande Ceinture	4
Demarin Barth. & Rosa ^{the}	2	Happe Augustin Amédée, à Noisy	5		
Descarot	2	Happe Amédée Auguste, Vve			
Demarine Barthélemy (Vve)	3	née Dain, à Noisy-le-Roi	5	Teteil Eug. Martin	1

Le nouveau cadastre.

288. Utilité du renouvellement du cadastre. — L'examen, un peu fastidieux peut-être, auquel nous venons de nous livrer, nous a montré comment on peut, en quelque sorte, établir la généalogie de la propriété foncière ; mais si, en général, il a été assez facile de suivre les transmissions successives et retrouver les nouveaux possesseurs, nous avons constaté quelques lacunes, erreurs ou omissions, inévitables d'ailleurs puisque ces opérations ne sont pas suffisamment sanctionnées.

Ces lacunes sont autrement nombreuses et importantes si du registre nous passons à l'atlas. Ici en effet l'exception devient la règle, et il ne peut en être autrement, puisque au plan primitif *ne varietur*, aucune addition graphique n'a été faite pour en figurer les nombreuses modifications. Peut-être dira-t-on que l'établissement du chemin de fer et de sa gare a été la cause principale des changements constatés ; c'est vrai sur un point, mais partout ailleurs trois générations en moyenne ont passé et les périmètres parcellaires ont varié.

Aussi l'importante commission dont nous allons maintenant résumer bien brièvement et bien imparfaitement les travaux est-elle venue à son heure, réclamée du reste, depuis longtemps déjà, par tous les économistes et tous les techniciens.

289. Commission extraparlementaire du cadastre, de 1891. —La commission extraparlementaire du cadastre a été instituée au ministère des Finances par décret du 30 mai 1891, et ses vastes et nombreux travaux ont été achevés le 16 mars 1905. Elle se composait au début de 75 membres, choisis parmi les personnalités les plus en vue des deux Chambres, des grands corps de l'État, des spécialités administratives, juridiques, civiles et militaires.

Dans sa séance d'ouverture tenue le 10 juin 1891, le ministre des Finances, M. Rouvier, son président, en fixait ainsi le programme :

1° *Détermination physique de la propriété immobilière par le cadastre ;*

2° *Détermination juridique par la création de Livres fonciers en concordance avec le cadastre* ;

3° *Voies et moyens, c'est-à-dire procédés financiers à employer pour faire face aux frais de l'entreprise.*

Sur la proposition du ministre président, la commission a immédiatement constitué trois sous-commissions, correspondant au programme énoncé, la *sous-commission technique*, la *sous-commission juridique* et la *sous-commission des voies et moyens*.

On conçoit qu'étant donné l'objet principal de notre ouvrage, c'est surtout les travaux de la première sous-commission que nous allons analyser. Notre étude sera d'ailleurs facilitée par le rapport magistral de M. Cheysson, Inspecteur général des Ponts et Chaussées, sur ces importants travaux.

Pour s'éclairer sur toutes les questions à traiter, la commission extraparlementaire a fait des enquêtes étendues ; elle a créé des champs d'expériences, dans les conditions les plus diverses, pour juger de la valeur des instruments et des méthodes ; elle a établi des statistiques et de nombreux calculs et le tout a fait l'objet de volumineux rapports dont l'ensemble comprend 9 fascicules in-4° formant un total de plus de 5 000 pages.

290. Enquête sur l'ancien cadastre. — La sous-commission technique, notamment, s'est posé une première question : *Dans quelles limites l'ancien cadastre est-il à refaire ?* et, pour y répondre plus sûrement, elle a fait deux enquêtes différentes et entièrement indépendantes : la première, par voie administrative, en s'adressant aux fonctionnaires des contributions : la seconde, par voie d'expérience, en organisant dans chaque département un comité spécial. Ce comité avait notamment pour mission de faire exécuter sur le terrain, par des professionnels, des mesurages pour établir des comparaisons avec les plans cadastraux.

Deux communes par département étaient désignées à cet effet, l'une cadastrée avant 1827, l'autre après, et toutes deux choisies de façon à présenter les difficultés moyennes du département.

Cette expérience, effectuée en 1891, a eu lieu sur

> 86 communes cadastrées avant 1827, le cadastre
> ayant en moyenne 75 ans d'existence ;
> et 87 communes cadastrées depuis 1827, le cadastre
> ayant 52 ans ;

ce qui donnait 173 communes d'un âge moyen de 63 ans.

Ces opérations, auxquelles ont pris part

> 126 Conducteurs ou Commis des Ponts et Chaussées,
> 57 Agents du service vicinal,
> 102 Géomètres locaux,

Total : 285 agents,

ont donné les résultats consignés dans le deuxième tableau ci-après et mis en regard de ceux de l'enquête administrative détaillée ci-dessous.

Il suffit de jeter un regard sur le tableau comparatif pour juger de la concordance plus que suffisante des deux enquêtes sur l'opportunité d'une réfection à peu près complète du cadastre.

Aussi la commission, en présence de ce résultat d'ailleurs prévu, a-t-elle été unanime pour continuer ses études, en commençant par examiner la question du bornage, puis celle des abornements généraux et du remembrement.

Nous avons terminé nos notions sur l'arpentage par des considérations sur ces deux sujets (279 à 283), qui en sont la suite naturelle et qui nous ont donné l'occasion d'analyser le rapport de la sous-commission technique à ce point de vue ; nous n'avons pas à y revenir.

291. Essais de reconstitution du cadastre. — La question des essais a ensuite été traitée par la sous-commission avec le même soin que les précédentes.

Deux méthodes principales étaient en présence et chacune avait ses défenseurs : la méthode des alignements, pratiquée pour les levés de l'ancien cadastre, et la méthode tachéométrique, toute moderne, au moins dans ses applications pratiques, et mise en avant par les spécialistes et les novateurs.

Afin de juger de la valeur de ces deux méthodes, la sous-

Enquête administrative sur la valeur actuelle des plans cadastraux (1891).

NOMBRE de COMMUNES.	CONTENANCE.	NOMBRE de PARCELLES.	COMMUNES A RÉARPENTER INTÉGRALEMENT.						COMMUNES A RÉARPENTER EN PARTIE.					
			NOMBRE de COMMUNES.	PROPOR- TION.	CONTENANCE.	PROPOR- TION.	NOMBRE de PARCELLES.	PROPOR- TION.	NOMBRE de COMMUNES.	PROPOR- TION.	CONTENANCE.	PROPOR- TION.	NOMBRE de PARCELLES.	PROPOR- TION.
	hectares.			0/0	hectares.	0/0		0/0		0/0	hectares.	0/0		0/0
36 144	52 950 847	151 091 992	28 850	80	41 275 459	78	124 787 616	83	7 294	20	11 675 388	22	26 304 376	17

Résultats de l'enquête expérimentale et comparaison avec la précédente.

DÉSIGNATION des ENQUÊTES.	NOMBRE TOTAL des COMMUNES.	COMMUNES DANS LESQUELLES LE CADASTRE			
		DOIT ÊTRE RENOUVELÉ INTÉGRALEMENT.		PEUT ÊTRE SIMPLEMENT REVISÉ.	
		Nombre.	Rapport.	Nombre.	Rapport.
			0/0		0/0
Enquête administrative....	36 144	28 850	80	7 294	20
— expérimentale....	173	145	84	28	16

22.

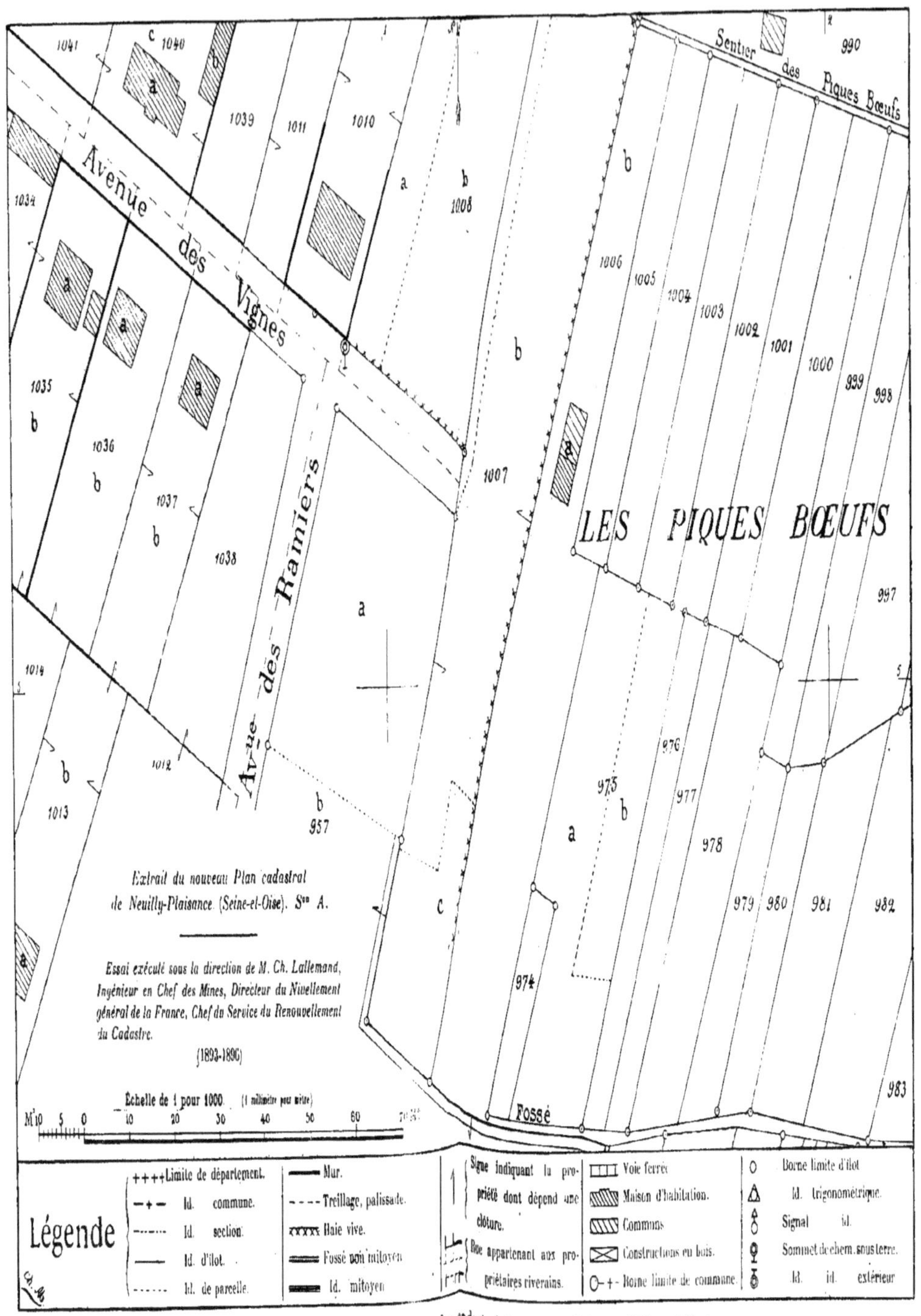

Planche VIII. — Extrait du nouveau plan cadastral de Neuilly-Plaisance (Seine-et-Oise).

commission technique choisit sept champs d'expériences de 600 hectares environ chacun, et dans sept départements différents, de façon à présenter des conditions variées de climat, de clôtures, de culture et de morcellement du sol ; puis elle mit en présence les partisans des deux méthodes auxquels elle soumit le même programme, à remplir sous la surveillance d'adjoints du génie, chargés de relever, jour par jour, le temps consacré par les deux brigades à leurs opérations parallèles. Voici le résultat de cet essai :

SUPERFICIE RELEVÉE.	NOMBRE de PARCELLES.	NOMBRE D'HECTARES par parcelle	NOMBRE de PARCELLES par hectare.	TEMPS EMPLOYÉ			
				PAR LA MÉTHODE DES ALIGNEMENTS		PAR LA MÉTHODE TACHÉOMÉTRIQUE	
				sur le terrain.	aux calculs et rapport des plans.	sur le terrain.	aux calculs et rapport des plans.
hectares. 3 972	12 288	0,32	3,09	heures. 6 478	heures. 7 819	heures. 3 048	heures. 9 990

La vérification était facile puisque les plans levés de part et d'autre ont été rapportés à la même échelle ; or, sauf dans la Mayenne où l'on a pris hautement parti en faveur de la méthode des alignements, les comités d'examen ont été unanimes à reconnaître que les deux méthodes sont équivalentes au point de vue de la précision des opérations.

Quant à la dépense, en raison du recrutement difficile du personnel, surtout du côté tachéométrique, moins pourvu que l'autre, et de plusieurs autres difficultés, il n'a pas été possible à la sous-commission d'en déduire le chiffre précis, et ce n'est que sous toute réserve qu'elle l'a provisoirement arrêté à 6 francs par hectare, non compris celui de la délimitation, du bornage, du calcul des surfaces et de la confection des livres fonciers.

Des essais de levés parcellaires par la photographie ont été aussi réalisés ; nous en avons parlé à propos de l'instrument de M. Gautier (222).

Mais il est un autre essai de réfection intégrale du cadastre qui a retenu l'attention d'une façon particulière, c'est celui de la commune de Neuilly-Plaisance cadastrée complètement de 1893 à 1896, sous la direction de M. Lallemand, qui en résume ainsi brièvement les traits caractéristiques :

Délimitation préalable et contradictoire des propriétés, avec bornage partiel de celles-ci ; emploi systématique de machines et d'abaques pour les calculs ; — application de la division du travail poussée presque jusqu'à ses dernières limites ; — gravure du plan, exécutée directement et à l'envers, sur des feuilles de zinc ; — tirage à sec de ce plan, sans déformations appréciables ; — vulgarisation du cadastre par la mise en vente des feuilles du plan et par la délivrance aux propriétaires, pour servir d'annexes à leurs titres, d'extraits de ce plan, avec indication, pour chaque îlot (1), de la contenance et du revenu net imposable de chacune de ses parcelles, ainsi que de l'état civil du propriétaire ; — relevé direct sur le terrain et figuration, sur le plan d'assemblage, des courbes de niveau qui définissent le relief du sol ; — emploi de la photographie pour obtenir exactement et d'un seul coup le plan d'ensemble de la commune, par une réduction convenable du plan parcellaire ; — établissement d'un plan-relief exact du territoire (2) et reproduction photographique de celui-ci sous une lumière rasante, pour faire ressortir les accidents du terrain.

Voilà, en quelques mots, les points par lesquels le nouveau cadastre de Neuilly-Plaisance se différencie des précédents (3).

Il nous est impossible de nous étendre davantage sur cet important travail, mais comme il semble être la caractéristique du nouveau cadastre, nous avons tenu à en donner un spécimen (Pl. VIII, page 390) à mettre en regard de l'ancien (Pl. VII, page 370), auquel il est assurément bien supérieur. Nous nous permettrons pourtant, au point de vue graphique, quelques critiques d'ailleurs de peu d'importance : ainsi les haies vives nous semblent bien raides avec

(1) Voy. note page 284, le sens donné à ce mot par la commission du cadastre.

(2) Voy. les indications sur la construction des reliefs, à la fin du chap. VI.

(3) Séance de la sous-commission technique du cadastre, du 17 novembre 1897, fascicule n° 6, p. 238.

leurs croisillons, et nous préférons le signe conventionnel que l'on trouve sur l'ancien cadastre, et que l'on remarque aussi sur la limite entre le chemin de fer et le champ d'étude (Pl. III, page 292). Ce feuillé peut se disposer, comme les croisillons, de part ou d'autre de la limite ou à cheval sur cette dernière, selon que la haie appartient à l'un ou l'autre des riverains, ou qu'elle est mitoyenne ; en outre il se rapproche de la réalité, ce qui est toujours préférable quand on peut le faire vite et sans charger le dessin. Nous reprochons aux gros traits des fossés la confusion possible qu'ils peuvent amener avec ceux des murs ; pourquoi n'avoir pas adopté deux traits parallèles, que l'échelle permet, avec la flèche conventionnelle? Enfin nous aurions préféré, pour cette dernière, une ligne légèrement courbe, à double courbure ; des écritures moins accentuées, surtout pour les lieux-dits, et disposées à cheval, sur l'axe des voies qu'elles désignent, quand la largeur de ces voies le permet.

292. Autres questions étudiées. — Dépense. — Après cette question des essais, la sous-commission technique en a traité beaucoup d'autres, non moins intéressantes, telles que celles du bornage, dont nous avons déjà parlé, puis des opérations cadastrales proprement dites ; de la conservation des plans et des registres ainsi que des repères sur le terrain, de l'organisation du personnel et des travaux, enfin de l'évaluation de la dépense complète. Disons seulement que, sous ce dernier rapport, l'enquête a été faite sous la double forme administrative et expérimentale, comme celle sur l'opportunité d'une réfection cadastrale (290) et qu'elle est arrivée à des résultats bien suffisamment concordants, puisque la commission s'est trouvée en présence de deux évaluations : l'une de 600 millions, émise par le comité d'études ; l'autre de 574 millions, présentée par l'administration.

Nous ne pouvons analyser les autres questions, malgré leur intérêt, faute de place ; d'ailleurs, plusieurs des vœux importants émis par la commission extraparlementaire du cadastre n'ont pas été pris en considération. Ainsi l'*obligation* de la réfection ou de la revision dans un délai déterminé a été supprimée ; le personnel créé par le décret du

9 juin 1898 en vue de travaux cadastraux à exécuter *par l'État* a reçu, en grande partie, une autre destination (arrêté du 31 juillet 1907) ; la création de *livres fonciers* a été abandonnée et il n'est plus question de la *conservation* du nouveau cadastre, du moins comme service spécial.

Pourtant, grâce à la loi du 17 mars 1898, qui est maintenue, et aux instructions récentes, qui la complètent, les communes peuvent réformer leurs vénérables, mais bien insuffisants documents et beaucoup entrent dans cette voie ; la matrice cadastrale, renouvelée sur de nouvelles bases, tiendra lieu, dans une certaine mesure, de livre foncier, et les nouvelles méthodes de levé, en assurant la fixité d'un grand nombre de points sur le sol, permettront de rendre plus facile le rattachement des modifications parcellaires, constatées du reste par un procès-verbal obligatoire de délimitation ou de bornage (art. 9). Enfin les minutieux détails du règlement du 27 février 1905 et de l'instruction du 30 décembre 1910, apporteront, avec plus d'unité, plus de précision qu'autrefois dans les opérations.

Nous citons, dans leur entier ou en les résumant, par ordre chronologique, les documents fondamentaux qui donneront à nos collègues une idée suffisante des conditions dans lesquelles s'ouvre le vaste champ offert à leur activité et que le système de *l'entreprise*, substitué à celui de la *régie*, rend accessible à tous.

293. Loi du 17 mars 1898 tendant à rendre plus rapide et plus économique la révision du cadastre.

ARTICLE PREMIER. — Il sera inscrit annuellement au budget du Ministère des Finances, pour concourir aux frais de renouvellement ou de revision et de conservation du cadastre, un crédit qui sera affecté :

1º A l'entretien d'un service dit « du renouvellement ou de la revision et de la conservation du cadastre » ;

2º A l'allocation de subventions aux communes qui, cadastrées depuis trente ans au moins, demanderont le renouvellement ou la revision de leur cadastre et s'engageront à en assurer la conservation.

ART. 2. — La part de l'État dans la dépense d'établissement et de conservation du nouveau cadastre d'une commune, fixée en tenant compte de la situation financière de la commune, ne pourra dépasser quarante pour cent (40 p. 100) de son montant total ; le département contribuera à la dépense au moins dans la même proportion que l'État, et le surplus sera fourni par la commune ou les particuliers intéressés.

A cet effet, des centimes additionnels à la contribution foncière des propriétés non bâties pourront être votés par les conseils généraux jusqu'à concurrence d'un centime (0 fr. 01) et par les conseils municipaux jusqu'à concurrence de cinq centimes (0 fr. 05).

Art. 3. — Toute commune, pour être admise à profiter des avantages prévus par l'article précédent, devra instituer, préalablement à l'ouverture des opérations cadastrales et dans les conditions ci-après déterminées, soit une commission, soit un syndicat de délimitation ou de bornage.

Les opérations cadastrales comprendront obligatoirement la délimitation des immeubles, le bornage restant facultatif.

Art. 4. — La commission de délimitation ou de bornage comprendra :

1° Le maire ou son délégué pris dans le conseil municipal, président ;

2° Huit propriétaires de la commune, dont au moins deux forains, nommés à la majorité relative par les suffrages des contribuables inscrits à la matrice cadastrale ou de leurs mandataires, l'élection restant, en ce qui concerne le mode de scrutin et les réclamations, soumise aux règles fixées par la loi du 5 avril 1884 sur l'organisation municipale ;

3° Un suppléant du juge de paix ou un notaire du canton désigné par le Préfet ;

4° Un agent de l'Administration des contributions directes et du Cadastre, désigné par le Directeur local, secrétaire.

La commission pourra s'adjoindre un géomètre avec voix délibérative.

Art. 5. — Cette commission aura pour mission :

1° De procéder à la recherche et à la reconnaissance des propriétaires apparents ;

2° De constater, s'il y a lieu, l'accord des intéressés sur les limites de leurs immeubles et, s'ils le désirent, d'en diriger le bornage ;

3° En cas de désaccord, de les concilier, si faire se peut ;

4° De déterminer provisoirement ces limites à défaut de conciliation ou de comparution des intéressés.

La commission dressera un procès-verbal détaillé de ses opérations. Ses décisions seront prises à la majorité des voix, la moitié au moins des membres étant présents.

Art. 6. — Le syndicat de délimitation et de bornage sera libre ou autorisé et pourra être formé soit pour la commune entière, soit seulement pour une portion du territoire communal.

L'association syndicale autorisée sera établie, soit sur la demande de un ou plusieurs propriétaires intéressés, soit sur l'initiative du maire ou du Préfet. Elle sera soumise, pour le surplus, aux dispositions qui régissent les associations constituées pour l'exécution de travaux d'amélioration agricole d'intérêt collectif, à l'exclusion des alinéas 3 et 4 (1) de l'article 9 de la loi du 21 juin 1865, modifié par l'article 3 de la loi du 22 décembre 1888.

Au cas de formation d'un syndicat libre, il sera loisible aux parties contractantes de convenir que la délimitation sera accompagnée du bornage des immeubles et qu'il sera procédé à des remembrements.

Le comité directeur du syndicat libre ou autorisé sera substitué à la commission de délimitation ou de bornage pour les terrains compris dans l'association et il aura les mêmes attributions que cette commission, sans préjudice des pouvoirs particuliers qui pourront lui être conférés en cas d'association libre.

ART. 7. — La délimitation provisoire prévue au paragraphe 4 de l'article 5 sera portée à la connaissance des intéressés, qui auront un délai d'un an pour s'entendre sur leurs limites ou pour introduire une action devant la juridiction compétente.

Passé ce délai, les limites déterminées provisoirement deviendront définitives, sauf les droits du propriétaire réel, lorsqu'il viendra à se révéler, et dont la réclamation ne pourra avoir d'effet qu'entre lui et ses voisins immédiats.

ART. 8. — Après l'achèvement des travaux techniques, le plan cadastral sera déposé pendant trois mois à la mairie de la commune, où les intéressés seront admis à en prendre connaissance.

A défaut de réclamation dans ledit délai, les résultats de l'arpentage seront réputés conformes à la délimitation, sous réserve de la tolérance qui sera fixée par les règlements.

Toutefois, en cas d'erreur matérielle, les réclamations seront toujours recevables.

ART. 9. — Afin d'assurer la conservation des plans et des registres cadastraux dans les communes où ils auront été renouvelés ou revisés, tout changement de limite devra, pour être opéré sur les plans du nouveau cadastre, être préalablement constaté par un procès-verbal de délimitation ou de bornage dressé en présence des parties ou de leurs mandataires et certifié par elles.

Dans ces communes, la désignation des immeubles d'après les données du cadastre deviendra obligatoire dans tous les actes authentiques et sous seings privés, ou jugements translatifs ou déclaratifs de propriété ou droits réels immobiliers.

L'omission ou l'inexactitude de cette désignation entraînera une amende de 25 francs qui sera due par les officiers publics ou greffiers

---

(1) Le législateur a entendu évidemment se référer non pas aux 3e et 4e, mais aux 2e et 3e *alinéas*, du texte modifié de l'article 9 de la loi du 21 juin 1865. Il suffit de se reporter à ce nouveau texte, pour constater qu'on se trouve, sur ce point, en présence d'une désignation matériellement inexacte. (Instruction du 30 déc. 1910, p. 151.)

MURET. — Topographie.   23

pour chaque acte authentique ou jugement, et par les intéressés pour chaque acte sous signatures privées.

Cette amende sera recouvrée comme en matière d'enregistrement.

La présente loi, délibérée et adoptée par le Sénat et par la Chambre des députés, sera exécutée comme loi de l'État.

Fait à Paris le 17 mars 1898.　　　　　FÉLIX FAURE.

Par le Président de la République,
Le Ministre des Finances,

GEORGES COCHERY.

294. Loi de Finances du 13 avril 1900 (Extrait, art. 19 à 22). — Cet extrait énumère les dispositions relatives à la conservation des bornes, signaux et repères, et aux dommages que peuvent causer aux propriétés certains travaux concernant le cadastre.

Ainsi nul ne peut s'opposer à l'exécution, sur son terrain, des travaux topographiques, pour le compte de l'État, des départements ou des communes, mais sous réserves de formalités préliminaires à remplir et du payement ultérieur d'une indemnité, s'il y a lieu.

Enfin la destruction partielle ou totale des bornes, signaux, etc., sera punie des peines prévues à l'art. 257 du Code pénal.

295. Règlement du 27 février 1905, sur les tolérances que comporte l'application de l'article 8 de la loi du 17 mars 1898.

I. — TRIANGULATION.

Triangulation générale. — ART. PREMIER. — Les levers cadastraux sont appuyés sur une triangulation spéciale, dérivant de la grande triangulation dite « de l'État-major », dont les travaux constituent les chaînes de premier ordre et le réseau de deuxième ordre.

ART. 2. — Le réseau de troisième ordre de la triangulation de l'État-major doit fournir, en moyenne, un point par 2 500 hectares, soit des côtés de troisième ordre d'une longueur moyenne de 5 000 mètres.

Triangulation cadastrale. — ART. 3. — La triangulation cadastrale dite « du quatrième ordre » greffée sur le réseau du troisième ordre, doit fournir, en moyenne, de 1 à 4 points par kilomètre carré, savoir ;

Pour les plans construits à l'échelle de 1/5000 ... 1 point.
　　　　—　　　　　　—　　　　1/2000 ... 2 points.
　　　　—　　　　　　—　　　　1/1000 ... 4 points.

Précision exigée. — ART. 4. — Les observations et les calculs doivent être conduits de manière à atteindre les degrés de précision ci-après :

1/10 000 pour les côtés de troisième ordre ; 1/5 000 pour les côtés de quatrième ordre.

Système centésimal pour les mesures angulaires. — ART. 5. — Toutes les opérations relatives à la mesure et au calcul des angles ou des autres éléments de la triangulation et des levers cadastraux sont effectués suivant le système de la division centésimale du quart de la circonférence.

Observation des angles. — ART. 6. — Les observations des angles de la triangulation cadastrale sont effectuées avec un théodolite ou avec un cercle réitérateur donnant directement les 20 secondes centésimales et muni de deux verniers ou de deux microscopes opposés.

ART. 7. — Les angles horizontaux sont mesurés par réitération quatre fois, au moins : deux fois dans chaque position de la lunette. Pour chaque visée, la valeur de l'angle observé est lue aux deux verniers ou aux deux microscopes opposés.

II. — CATÉGORIES DE TERRAINS ET ÉCHELLES DES PLANS.

Nombre de catégories. — ART. 8. — Les territoires des communes sont divisés en cinq catégories d'après les difficultés plus ou moins grandes que peuvent présenter les opérations relatives à la mesure des distances et aux observations des angles ou d'après l'étendue des propriétés.

Les quatre premières catégories sont elles-mêmes réparties, au point de vue de l'exactitude du rapport des plans, en quatre subdivisions établies eu égard au morcellement des terrains, pour tenir compte dans une certaine mesure de l'influence que la valeur des propriétés et leur étendue peuvent exercer sur la précision des résultats de l'arpentage parcellaire.

Définition des catégories. — *Échelles des plans.* — ART. 9. — L'échelle normale des plans du cadastre effectué sous le régime de la loi du 17 mars 1898 est celle de 1/1 000.

Toutefois, lorsque les circonstances l'exigeront, on pourra employer les échelles de 1/500, de 1/2 000 ou même de 1/5 000, suivant les indications du tableau ci-après qui répartit les différentes natures de terrain entre les diverses catégories envisagées :

Ce tableau (ainsi que plusieurs autres), dont nous modifions la disposition pour des raisons typographiques « définit les terrains d'après leur constitution topographique » dont voici les cinq catégories :

I. { A. Terrains plats, découverts, comprenant de légères pentes uniformes. Terrains ne présentant aucune difficulté pour les mesurages.

A'. Terrains ne présentant aucune difficulté pour les observations.

II. { B. Terrains légèrement ondulés, peu couverts, renfermant des déclivités plus accentuées, mais uniformes.

B'. Terrains couverts, où les observations présentent quelques difficultés.

III.
{
C. Terrains accidentés, présentant des accidents irréguliers, couverts ou sillonnés de levées de terre ou de fossés, nécessitant des travaux pour le tracé des lignes de mesurage ou d'observations.

C′. Terrains nécessitant des travaux pour les visées des signaux.
}

IV.
{
D. Terrains de montagne, à pentes raides et irrégulières, très couverts, semés d'obstacles rendant le parcours difficile, entraînant des difficultés et des frais de main-d'œuvre extraordinaires.

D′. Terrains dans lesquels de nombreux obstacles gênent particulièrement la vue des signaux et nécessitent des frais extraordinaires pour les observations.
}

V.
{
E. Terrains formés de grandes propriétés de même nature ou de grandes masses de dunes, landes, bruyères, étangs, lacs, rochers, etc.
}

Pour les quatre premières catégories, les échelles à adopter pour le rapport des plans sont le 1/500 pour les terrains comportant en moyenne plus de 20 parcelles à l'hectare ou renfermant des villages disséminés et aussi pour les villes et villages importants isolés ; le 1/1 000, de 0,5 à 20 parcelles à l'hectare, le 1/2 000, quand il y a moins de 1 parcelle pour 2 hectares.

Pour la cinquième catégorie, l'échelle adoptée est le 1/5 000.

III. — POLYGONATION PRINCIPALE.

Nombre de sommets. — ART. 10. — Les sommets de polygonation principale ou de triangulation subsidiaire formant la chapente du plan,

CATÉ-GORIES de terrains.	NOMBRE MINIMUM DE POINTS A FIXER EN MOYENNE, par 100 hectares, pour les plans établis aux échelles de :				
	1/5 000.	1/2 000.	1/1 000.	1/500 (1).	1/500 (Villes et villages importants, isolés).
1	2	3	4	5	6
I	»	15	30	90	120
II	»	20	40	100	180
III	»	40	80	120	250
IV	»	50	100	150	300
V	de 5 à 10	»	»	»	»

(1) Terrains comportant, en moyenne, plus de 20 parcelles à l'hectare ou présentant des villages disséminés.

dont la position est déterminée d'après leurs coordonnées, seront fixés sur le terrain d'une manière durable au moyen de bornes-repères. Leur nombre ne devra pas être inférieur en moyenne aux chiffres indiqués dans le tableau précédent.

Art. 11. — On répartira, autant que possible, les points dans les quatre premières catégories de terrains, de manière à constituer un réseau de mailles dont les plus grandes dimensions ne devront pas avoir respectivement plus de 300 à 400 mètres, de 200 à 300 mètres, de 100 à 200 mètres et 80 à 100 mètres en moyenne.

Pour les étendues de territoires non morcelées faisant l'objet de la cinquième catégorie (art. 9) dont les plans seront établis à l'échelle de 1/5 000, on fixera seulement de 5 à 20 points par 100 hectares. Le nombre de ces points sera déterminé en prenant en considération la configuration des terrains, les détails topographiques à lever et les subdivisions qu'il convient de délimiter en vue des opérations de l'expertise cadastrale.

Art. 12. — Tous les points formant la charpente du plan, fixés sur le terrain au moyen de bornes-repères, doivent être rattachés à la triangulation avec la précision de 1/2 000.

Mesures de longueur. — Art. 13. — Les mesurages de longueur sont effectués soit avec des règles de 5 mètres, soit avec des rubans d'acier de 10 et de 20 mètres. Ces instruments, dont l'exactitude doit être périodiquement vérifiée, ne peuvent pas différer de la longueur réelle de plus de : $0^m,0015$ pour les règles de 5 mètres ; $0^m,0025$ pour les rubans de 10 mètres ; $0^m,0035$ pour les rubans de 20 mètres.

Mesure des côtés. — Art. 14. — La valeur (T) des plus grands écarts à admettre entre les résultats de deux mesurages d'un même côté de longueur l est déterminée, pour chacune des catégories de terrain, par l'application des formules ci-contre :

CATÉGORIES des terrains.	FORMULES des tolérances.
I. — A	$T = 0,008\sqrt{l} + 0,000\,64\,l$
II. — B	$T = 0,012\sqrt{l} + 0,000\,64\,l$
III. — C	$T = 0,016\sqrt{l} + 0,000\,64\,l$
IV. — D	$T = 0,020\sqrt{l} + 0,000\,64\,l$
V. — E	Tolérance à fixer d'après l'une des formules des quatre premières catégories suivant la nature du terrain.

Observation des angles. — Art. 15. — Les observations sont effectuées au moyen d'un cercle réitérateur donnant directement le centigrade.

Les angles de la polygonation principale ou de la triangulation subsidiaire sont mesurés deux fois : une fois dans chaque position de la lunette. Pour chaque visée, la grandeur de l'angle est lue aux deux verniers ou aux deux microscopes opposés.

Précision de la mesure des angles. — Art. 16. — Les erreurs maxima (T) admissibles sur la somme des angles d'un cheminement de n côtés

CATÉGORIES des terrains.	FORMULES des tolérances.
I. — A′	$T = 1^{cg}30'' \sqrt{n-1}$
II. — B′	$T = 2^{cg}25'' \sqrt{n-1}$
III. — C′	$T = 2^{cg}70'' \sqrt{n-1}$
IV. — D′	$T = 3^{cg}50'' \sqrt{n+1}$
V.	Tolérances à fixer d'après l'une des formules des quatre premières catégories suivant la nature du terrain.

reliant ensemble deux points trigonométriques sont fixées de la manière suivante, d'après la catégorie dans laquelle les conditions d'observation des mesures angulaires permettent de classer le terrain, savoir :

A′. Terrains ne présentant aucune difficulté pour les observations.

B′. Terrains couverts où les observations présentent quelques difficultés.

C′. Terrains nécessitant des travaux pour les visées des signaux.

D′. Terrains dans lesquels de nombreux obstacles gênent particulièrement la vue des signaux et nécessitent des frais extraordinaires pour les observations.

Rattachement de la polygonation principale à la triangulation cadastrale. — ART. 17. — Les écarts tolérables (T), soit en longueur, soit en direction (1), dans le rattachement d'un cheminement de longueur *l* à la triangulation, sont fixés comme il suit :

CATÉGORIES de terrains.	FORMULES DE TOLÉRANCES.	
	Écart en longueur.	Écart transversal (en direction).
1	2	3
I. — A.	$T = 0,004\sqrt{l} \ldots 0,00036\,l + 0^m,05$	$T = 0,00020\,l + 0^m,05$
II. — B.	$T = 0,006\sqrt{l} \ldots 0,00037\,l + 0^m,05$	$T = 0,00025\,l + 0^m,05$
III. — C.	$T = 0,008\sqrt{l} \ldots 0,00038\,l + 0^m,05$	$T = 0,00030\,l + 0^m,05$
IV. — D.	$T = 0,010\sqrt{l} + 0,00040\,l + 0^m,05$	$T = 0,00035\,l + 0^m,05$
V. — E.	Tolérances à fixer d'après l'une des formules des quatre premières catégories suivant la nature du terrain.	

(1) Les écarts à tolérer dans le rattachement d'un cheminement de longueur *l* sont déterminés, non pas d'après la grandeur des erreurs linéaires de fermeture, mais en tenant compte, d'une part, de la valeur de l'erreur, de la longueur et, d'autre part, de l'importance de l'erreur de déviation.

IV. — ARPENTAGE.

Mesure des angles des cheminements secondaires. — ART. 18. — Les erreurs maxima admissibles (T) sur la somme des angles d'un cheminement secondaire de *n* côtés, c'est-à-dire n'aboutissant pas à des points trigonométriques, sont fixées d'après la catégorie dans laquelle les conditions d'observation des mesures angulaires permettent de classer le terrain.

(Mêmes formules que celles de l'article 16, mais en remplaçant les coefficients du radical $\sqrt{n+1}$ successivement par $3^{cg}60''$, $4^{cg},50''$ $5^{cg}40''$, $6^{cg}00''$.)

Rattachement des cheminements secondaires à la charpente du plan. — ART. 19. — Les tolérances (T) pour la valeur des plus grandes différences qui peuvent affecter le rattachement d'un cheminement secondaire de longueur *l*, soit en longueur, soit en direction (1), sont fixées de la manière suivante :

(Mêmes formules que celle de l'article 17, mais pour l'écart transversal (colonne 3) il faut remplacer les coefficients de *n* successivement par 0,00035, 0,00045, 0,00055, 0,00065).

Mesure des longueurs. — ART. 20. — Les formules ci-contre sont appliquées pour l'évaluation du plus grand écart (T) admissible entre la longueur *l* d'une ligne ou d'un côté de cheminement relevé sur le terrain et sa dimension déduite des coordonnées (2).

(1) Voir le *nota* concernant les tolérances admises pour le rattachement de la polygonation principale à la triangulation cadastrale(art. 17).

(2) Le nombre des points de la charpente du plan est réglé suivant l'importance que présentent les divers terrains, le nombre et la disposition des par-

CATÉ-GORIES des terrains.	FORMULES des tolérances.
I. — A	$T = 0,006\sqrt{l} + 0,00040\,l + 0^{m},05$
II. — B	$T = 0,009\sqrt{l} + 0,00045\,l + 0^{m},05$
III. — C	$T = 0,012\sqrt{l} + 0,00050\,l + 0^{m},05$
IV — D	$T = 0,015\sqrt{l} + 0,00055\,l + 0^{m},05$
V — E	Tolérances à fixer d'après l'une des formules des quatre premières catégories suivant la nature du terrain.

celles. Il s'ensuit que les longueurs des lignes d'opération varient en raison inverse de ces difficultés (voir art. 11), ce qui permet de réaliser, autant qu'il paraît possible, pour le lever de propriétés de même valeur, une exactitude sensiblement comparable, quelle que soit la nature du terrain, résultat déjà obtenu pour l'établissement de la charpente des plans (art. 10).

Lever des limites. — **Art.** 21. — Les 'discordances admissibles entre les résultats du double mesurage des lignes d'opération secondaires déterminent par rapport à la charpente du plan la position des limites d'ilots de propriété (1) et de parcelles marquées par des bornes régulières sont définies par les formules indiquées à l'article 20.

Art. 22. — Les parcelles cadastrales peuvent être levées avec une précision moins grande que les îlots de propriété quand elles ne sont pas définies par des bornes régulières. Lorsque leurs limites sont matériellement déterminées sur le terrain par des haies, fossés ou autres signes matériels, sans être fixées par des bornes, on applique les formules suivantes (2) :

(Mêmes formules que celles de l'article 20, mais la constante $+ 0^m,05$ doit être remplacée par $+ 0^m,10$.)

Art. 23. — Les tolérances fixées par l'article 22 ne sont pas applicables aux limites flottantes ou indécises dont la reconnaissance sur le terrain donne lieu à des divergences d'appréciation pouvant varier dans des proportions difficiles à déterminer à l'avance.

V. — RAPPORT ET VÉRIFICATION DU PLAN.

Rapport du plan. — **Art.** 24. — Les plus grands écarts (T) admissibles entre les longueurs (l) mesurées sur le terrain et les dimensions correspondantes du plan sont calculés d'après les formules des articles 20 et 22, en ajoutant aux résultats obtenus les quantités constantes ci-après, qui varient avec les échelles :

Échelle de 1/500, majoration de $0^m,03$; de 1/1 000, $0^m,06$; de 1/2 000, $0^m,10$; de 1/5 000, $0^m,20$.

Les tolérances admissibles (T) sont exprimées, suivant qu'il s'agit de limites de toute nature bornées ou de limites fixes de parcelles non bornées, par l'une des séries de formules indiquées dans les colonnes

(1) Article 5 de l'avant-projet de loi sur la réfection ou la revision et la conservation du cadastre : « *L'ilot de propriélé, ou unité foncière, est constitué par toute étendue de terrain contenant une ou plusieurs parcelles contiguës appartenant au même propriétaire et située dans la même section de commune.*

« *La parcelle cadastrale est constituée par toute étendue de terrain présentant une même nature de culture ou une même affectation et située dans un même îlot de propriété.* »

(2) Article 20 de l'avant-projet de loi sur la réfection ou la revision et la conservation du cadastre : « *Le lever des parcelles cadastrales comprises dans les ilots de propriété s'effectuera en même temps que le levé des ilots sans être astreint à la même précision.* »

Pour tenir compte des écarts résultant en pareil cas, soit de la lecture plus rapide et partant moins sûre des cotes d'arpentage, soit d'une appréciation moins précise des points de départ et d'arrivée des chaînages, on a majoré les termes constants des formules qui correspondent à ce genre d'erreurs.

3 et 4 d'un tableau dans la première colonne duquel on inscrit successivement l'échelle du 1/500 pour les quatre premières catégories, inscrites dans la deuxième colonne ; du 1/1 000 pour les mêmes catégories ; du 1/2 000, toujours pour les mêmes catégories, mais avec la mention d'un minimum de $0^m,20$ pour T ; enfin du 1/5 000 pour les quatre premières catégories, avec la mention d'un minimum de $0^m,50$ pour T, et pour V, aucune formule mais avec la mention donnée au tableau de l'article 20.

Dans la colonne 3, pour chaque échelle, les formules sont les mêmes que celles de l'article 20, avec cette différence que la constante $+ 0^m,05$ est de $+ 0^m,08$ pour le 1/500, $+ 0^m,11$ pour le 1/1 000, $+ 0^m,15$ pour le 1/2 000 et $+ 0^m,25$ pour le 1/5 000, conformément d'ailleurs à l'article 24.

De même, dans la colonne 4, ce sont les formules de la colonne 3, mais T n'a plus de minimum et les constantes sont, respectivement, $+ 0^m,13$, $+ 0^m,16$, $+ 0^m,20$ $+ 0^m,30$ selon les échelles.

Enfin ce tableau, que les indications qui précèdent nous dispensent de reproduire, se termine par le nota suivant : Pour toutes les longueurs qui ne dépassent pas 100 mètres, on ajoute aux valeurs déterminées par les formules ci-dessus, des quantités qui peuvent, quelle que soit l'échelle du plan, atteindre, suivant les circonstances, une valeur maxima de 3 centimètres.

Vérification du plan. — Art. 25. — Les tolérances indiquées pour le rapport des plans (art. 24) sont également applicables aux mesurages effectués en vue de la vérification des résultats de l'arpentage, soit qu'il s'agisse de limites d'îlots de propriété ou de parcelles bornées, soit que l'on considère des limites de parcelles cadastrales non fixées par des bornes.

VI. — Rétablissement de bornes ou de limites disparues.

Conditions d'exécution. — Art. 26. — Tous les mesurages effectués en vue : 1° d'un établissement de bornes ou de limites déplacées ou disparues ; 2° de la vérification de l'emplacement de limites contestées, doivent s'appuyer sur la charpente du plan ou sur des points dont la stabilité aura été préalablement vérifiée, c'est-à-dire sur l'ensemble des points qui sont déterminés avec la précision fixée par les articles 4 et 11 dans les conditions prévues, aux articles 10, 11 et 12 du présent règlement.

Rétablissement d'après les cotes des croquis. — Art. 27. — Dans le cas où les points en litige peuvent être fixés au moyen des cotes de l'arpentage, les données numériques compensées des croquis et appliquées directement sur le terrain doivent présenter des résultats dont les discordances maxima sont déterminées d'après les formules suivantes qui s'appliquent : 1° aux limites d'îlots de propriété et de parcelles marquées par des bornes régulières (col. 2) ; 2° à la détermination des limites fixes des parcelles non bornées (col. 3).

Si les nouveaux mesurages se trouvent effectués au moyen des instruments qui ont servi au lever, on ne tient aucun compte du terme $0,00064\ l$.

CATÉGORIES de terrains.	FORMULES DES TOLÉRANCES.	
	Limites d'îlots de propriété et de parcelles bornées.	Limites fixes de parcelles non bornées.
1	2	3
	mètres.	mètres.
I. — A	$T = 0,010 \sqrt{l} + 0,00064\ l + 0,05$	$T = 0,010 \sqrt{l} + 0,00064\ l + 0,10$
II. — B	$T = 0,015 \sqrt{l} + 0,00064\ l + 0,05$	$T = 0,015 \sqrt{l} + 0,00064\ l + 0,10$
III. — C	$T = 0,020 \sqrt{l} + 0,00064\ l + 0,05$	$T = 0,020 \sqrt{l} + 0,00064\ l + 0,10$
IV. — D	$T = 0,025 \sqrt{l} + 0,00064\ l + 0,05$	$T = 0,025 \sqrt{l} + 0,00004\ l + 0,10$
V. — E	Tolérances fixées d'après l'une des formules des quatre premières catégories suivant la nature du terrain.	

Rétablissement au moyen de mesures relevées sur le plan. — **ART. 28.** — Lorsqu'il n'est pas possible d'utiliser les données des croquis, la position des bornes et des limites est rétablie au moyen de mesurages relevés sur les plans et reposant sur leur charpente ou sur des points dont la stabilité aura été préalablement vérifiée. Les tolérances admissibles indiquées à l'article 27 sont alors majorées des quantités constantes, variant suivant l'échelle du dessin, qui ont été mentionnées à l'article 24.

On applique, dans ce cas, les formules d'un tableau que nous résumons, comme celui de l'article 24. Ces formules correspondent respectivement au rétablissement des limites d'îlots de propriété ou de parcelles bornées (colonne 3) et à la reconstitution des parcelles cadastrales dont le périmètre est nettement déterminé sur le terrain (limites fixes de parcelles non bornées, colonne 4). Dans la première colonne, sont inscrites les échelles de 1/500, 1/1 000, 1/2 000, 1/5 000 ; dans la deuxième colonne, et sous une accolade correspondant à chacune des échelles précédentes, 1/500, 1/1 000, 1/2 000, les catégories I, II, III, IV, plus V en regard du 1/5 000 ; puis, dans la troisième colonne, les formules de l'article 27, mais où les constantes + $0^m,05$ sont remplacées par + $0^m,08$ pour le 1/500, + $0^m,11$ pour le 1/1 000, + $0^m,15$ pour le 1/2 000, avec minimum de $0^m,20$ pour T, et + $0^m,25$ pour les quatre formules du 1/5 000, avec minimum de $0^m,50$ pour T ; enfin, dans la colonne 4, les formules sont les mêmes que celles de la colonne 3, mais les constantes sont + $0^m,13$ pour le 1/500, + $0^m,16$ pour le 1/1 000 + $0^m,20$ pour le 1/2 000 + $0^m,30$ pour le 1/5 000 ; en outre il n'y a de minimum pour T que celui de $0^m,50$ au 1/5 000 et, pour la catégorie V, les formules sont remplacées par la note du tableau à l'article 27.

VII. — Calculs des contenances.

Limites des tolérances. — Art. 29. — Les formules (1) applicables aux calculs des tolérances T admissibles pour la détermination des contenances (S) sont les suivantes : au 1/500, $T = 0,004 \sqrt{S + 0,01S^2}$; au 1/1 000, $T = 0,006 \sqrt{S + 0,01S^2}$; au 1/2 000, $T = 0,008 \sqrt{S + 0,01S^2}$; au 1/5 000, $T = 0,0011 \sqrt{S + 0,01S^2}$.

Ces formules sont utilisées : 1° pour la comparaison des résultats des deux calculs effectués en vue de la détermination des contenances parcellaires ; 2° pour les rapprochements établis entre les surfaces totales des masses et la réunion des contenances parcellaires correspondantes.

Composition des masses. — Art. 30. — Dans la composition des masses destinées au contrôle des surfaces des parcelles, on se conforme aux prescriptions ci-après :

Art. 31. — Les masses sont formées de lieux-dits, de groupes ou de subdivisions de lieux-dits, elles ne doivent pas comprendre plus de 15 à 20 parcelles.

Art. 32. — La superficie totale de chaque masse ne doit pas dépasser 3 décimètres carrés du plan, quelle que soit l'échelle, savoir : 75 ares pour les plans à l'échelle de 1/500 ; 3 hectares, pour le 1/1 000 ; 12 hectares, pour le 1/2000 ; 75 hectares, pour le 1/5 000.

Art. 33. — On ne peut comprendre dans une même masse, soit des parcelles d'une contenance sensiblement supérieure à la grandeur de la tolérance admissible pour l'ensemble de la masse, soit à la fois des parcelles de surface très étendue et des numéros de faible superficie de façon à ce qu'aucune erreur de contenance ne puisse être compensée par la tolérance accordée pour une seule parcelle.

Art. 34. — Les résultats du calcul par feuille de plan doivent s'accorder avec la moyenne arithmétique des deux calculs parcellaires et les données du calcul des masses par lieux-dits dans les limites des tolérances fixées par les formules mentionnées à l'article 29.

Art. 35. — Les surfaces parcellaires déterminées au moyen de mesures relevées directement sur le terrain ne doivent donner lieu à aucune compensation entre les données des deux cahiers de calculs et celles qui résultent de la détermination des surfaces par masses.

VIII. — Réclamations des propriétaires.

Arpentage. — Art. 36. — Au moment de la communication des résultats de l'arpentage, les propriétaires ne sont pas admis à réclamer la rectification du plan si les mesurages effectués au cours de la véri-

---

(1) Bien que le texte du règlement ne contienne aucune indication à ce sujet, les formules ne s'appliquent que si la valeur de S est exprimée en hectares.

fication par eux provoquée ne diffèrent pas des tolérances, variables avec la catégorie du terrain et l'échelle du plan, admissibles pour chacun des cas considérés, de plus de :

$0^m,03$ pour les plans à l'échelle de 1/500 ; $0^m,06$ pour le 1/1 000 ; $0^m,10$ pour le 1/2 000 ; $0^m,20$ pour le 1/5 000.

Rétablissement de limites. — Art. 37. — Il en est de même en cas de rétablissement de bornes ou de limites disparues.

Contenances. — Art. 38. — Les réclamations contre les contenances présentées par les propriétaires au moment de la communication des résultats de l'arpentage ne sont admises qu'autant que les différences existant entre les indications du cadastre et les résultats des vérifications sont supérieures à 1/100 pour les parcelles d'une contenance inférieure à 1 hectare ; 1/125 pour celles de 1 à 5 hectares ; 1/150 pour celles de 5 à 10 hectares ; 1/200 pour celles supérieures à 10 hectares.

Dispositions spéciales.

Art. 39. — Les tolérances indiquées dans le présent règlement visent exclusivement les plans établis aux échelles prévues à l'article 9.

Dans le cas où il devrait être fait emploi d'échelles supérieures à celles de 1/500, des décisions spéciales fixeraient les tolérances applicables aux plans dont il s'agit.

Art. 40. — Le Directeur général des Contributions directes et du Cadastre est chargé de l'exécution du présent Règlement, qui sera déposé au bureau du contre-seing, pour être notifié à qui de droit.

Fait à Paris, le 27 février 1905.

Rouvier.

296. Instruction du 30 décembre 1910 pour l'exécution des travaux de renouvellement du cadastre a effectuer sous le régime de la loi du 17 mars 1898.

On conçoit qu'il nous est impossible de donner *in-extenso* cette instruction, qui comprend 360 articles et, avec les annexes et les tableaux, près de 500 pages in-8. Les trois premiers articles, et surtout le tableau de l'article 3, la résument ; nous les reproduisons, ainsi que quelques exemples et planches types. On aura, de la sorte, avec le règlement qui précède, une idée suffisante des résultats demandés par l'administration supérieure et des moyens qu'elle propose pour les obtenir.

Peut-être quelques-uns de ces documents inquiéteront-ils ceux qui sont peu familiarisés avec les formules trigonométriques et autres, mais les imprimés mis à la disposition des intéressés sont si bien détaillés, qu'ils permettront aux calcu-

N°s D'ORDRE.	NATURE DES OPÉRATIONS.	AGENTS chargés de leur exécution.
1	2	3
1	Délimitation intercommunale............	
2	Triangulation cadastrale, y compris l'orientation du canevas ou le rattachement à la triangulation de l'état-major............	
3	Délimitation des propriétés publiques et privées et reconnaissance des parcelles......	
4	Triangulation subsidiaire. — Polygonation. — Détermination des altitudes..........	
5	Lever des détails....................	
6	Préparation de la liste alphabétique provisoire des propriétaires................	Géomètre.
7	Rapport du plan-minute. — Confection d'un calque pour la vérification............	
8	Préparation du tableau indicatif provisoire des propriétés....................	
9	Communication provisoire aux propriétaires des résultats de la délimitation et de l'arpentage........................	
10	Calcul des contenances. **a)** Premier calcul par parcelle ; premier calcul par immeuble non imposable ne formant pas parcelles : calcul par masse......	Géomètre.
	b) Deuxième calcul par parcelle et deuxième calcul par immeuble non imposable ne formant pas parcelle....................	Directeur.
11	Confection des bulletins des contenances et des bulletins-avis..................	Directeur.
12	Communication définitive aux propriétaires des résultats de la délimitation et de l'arpentage........................	
13	Établissement des documents nécessaires à l'expertise cadastrale (calque, liste alphabétique et tableau indicatif définitifs, liste des différentes natures de propriétés rencontrées dans la commune). — Rectification des documents cadastraux à la suite de l'expertise....................	Géomètre.
14	Confection du tableau d'assemblage........	
15	Établissement de deux copies du plan et d'une copie du tableau d'assemblage, ou, éventuellement, d'un calque pour la reproduction de ces documents................	

lateurs de se mettre vite au courant. Quant aux croquis et plans types, ils supposent de la part des dessinateurs une habileté que l'on trouve généralement chez les géomètres. Enfin, plusieurs des instruments imposés sont coûteux et leur manœuvre est délicate, mais les spécialistes qui voudront entreprendre les opérations cadastrales ne seront pas des novices et ces questions ne les arrêteront pas.

ART. 1er de l'Instruction. — Le renouvellement du cadastre d'une commune sous le régime de la loi du 17 mars 1898 nécessite l'exécution d'opérations techniques et d'opérations administratives.

Ces deux sortes d'opérations sont effectuées, dans chaque département, sous la direction du Directeur des Contributions directes et du Cadastre.

La surveillance et la vérification des travaux incombant aux géomètres sont assurées par des fonctionnaires de l'Administration des Contributions directes et du Cadastre ou par des Vérificateurs des travaux techniques (1).

ART. 2. — Les opérations techniques ont surtout pour objet l'établissement du plan parcellaire et des documents et ouvrages nécessaires pour permettre de le tenir au courant des changements qui se produiront ultérieurement dans la consistance des parcelles et la configuration du terrain.

Les opérations administratives ont en vue la formation de matrices, dites cadastrales, présentant, en un compte distinct par propriétaire, les indications relatives à la situation, la nature, la contenance et l'évaluation de chaque parcelle et permettant d'enregistrer annuellement les mutations auxquelles donne lieu la propriété foncière.

ART. 3. — Le tableau précédent présente l'énumération, dans leur ordre normal, des opérations techniques, telles qu'elles sont définies par l'article précédent, et indique les agents qui sont, en principe, chargés respectivement de leur exécution.

(1) Art. 345. — La vérification comporte deux degrés.

Au premier degré elle est exercée, dans chaque département, soit par un fonctionnaire de l'Administration des Contributions directes, soit par un Vérificateur des travaux techniques.

L'agent chargé de la vérification rédige, à chacune de ses tournées, en double expédition, sur un imprimé (mod. n° 62), un rapport détaillé sur la marche et sur la régularité des opérations et, en simple expédition, un état (mod. n° 63) des erreurs à corriger par le géomètre. Il adresse ces documents au Directeur qui les communique pour observations à l'intéressé. Ce dernier est tenu de les renvoyer dans un délai maximum de quinze jours.

Après avoir été annoté des nouvelles observations de l'agent

Les articles 215 à 229, en particulier, traitent surtout du croquis, qui a en effet une grande importance, puisque c'est grâce à lui que le rétablissement de l'état primitif du terrain avec précision sera possible ; aussi sera-t-il conservé à la direction départementale. Mais la tendance de l'Instruction est d'obtenir des croquis à *une échelle* suffisante pour que toutes les cotes et les autres annotations puissent y être inscrites dans la forme réglementaire et sans prêter à confusion.

Dans certains territoires mixtes, c'est-à-dire très-chargés de détails par endroits et peu dans le voisinage, ne serait-il pas préférable, pour tout inscrire avec clarté, sans exagérer outre mesure les dimensions du croquis, d'anticiper sur ces derniers au profit des autres? On dit quelquefois que la géométrie est la science d'enseigner des vérités sur des lignes fausses ; ne pourrait-il en être de même pour le Géomètre dont les croquis, très nets dans leurs indications, présenteraient de notables différences dans certaines proportions. D'ailleurs l'examen de la planche XI, extraite du « Modèle de croquis d'arpentage, au 1/1000, ne vient-il pas justifier nos dires? Ce modèle, pour l'impression, a été exécuté par une main habile et **est à peu** près lisible, mais en serait-il ainsi si, dans les mêmes proportions, il avait été tracé sur le terrain, pendant les occupations variées de l'opérateur ?

Le rapport et le dessin des plans font l'objet d'un chapitre entier de l'Instruction ; tout y est prévu, jusqu'à la largeur des divers liserés à appliquer sur les limites de communes, sections et lieux dits. Les planches IX, X, et XI (pages 412, 413 et 416), extraites de l'Atlas annexé à l'Instruction, résument d'ailleurs ces prescriptions.

vérificateur et de celles du Directeur, le rapport, accompagné de l'état (mod. n° 63), est transmis dans le plus bref délai possible à la **Direction générale**.

Les observations ou décisions de l'Administration que peuvent comporter les rapports de cette nature sont portées, sans retard, à la connaissance de l'agent vérificateur et du géomètre par le chef de service.

Au second degré les tournées de vérification sont effectuées par un agent spécialement délégué à cet effet par le Directeur général.

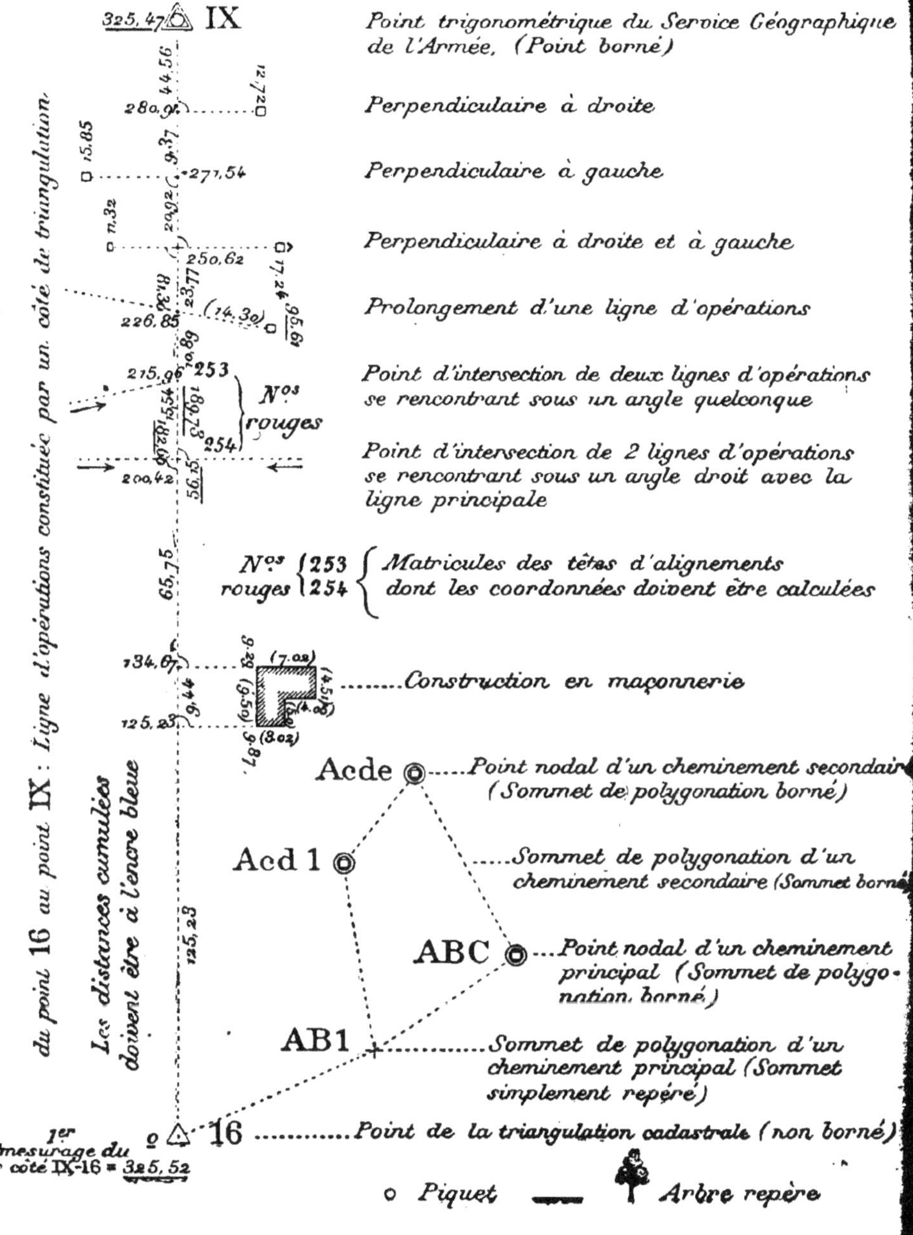

PLANCHE IX. — Signes conventionnels pour les croquis du nouveau cadastre.

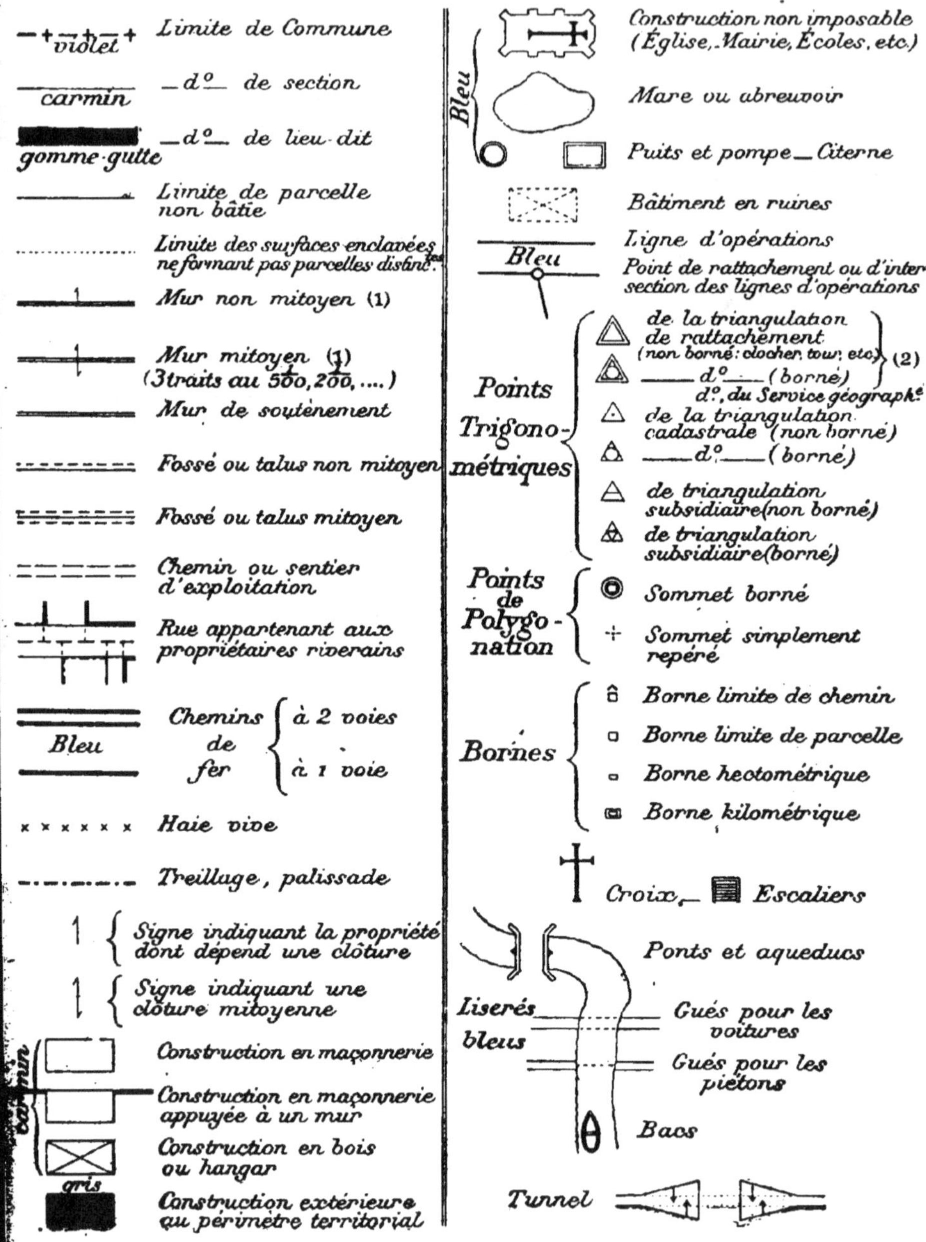

PLANCHE X. — Signes conventionnels pour les plans minutes du nouveau cadastre.

Notons aussi pour l'intelligence des coordonnées que l'on va trouver sur plusieurs des «exemples fictifs» donnés plus loin :

ART. 84. — Le territoire de la France est divisé en six fuseaux ayant respectivement pour axe le méridien de Paris et les méridiens, situées de part et d'autre de ce dernier, dont les cotes, exprimées en grades, sont des nombres pairs (fig. 182).

Les parties peu importantes du territoire que cette division laisse, à l'Ouest et à l'Est, en dehors des deux fuseaux extrêmes A et F, sont respectivement rattachées à chacun de ces deux fuseaux.

Dans chaque fuseau, supposé développé sur un plan, les abscisses sont comptées le long du méridian central, à partir du parallèle 47 grades, et croissant du Sud au Nord.

Les ordonnées, perpendiculaires aux abscisses, croissent de l'Ouest à l'Est. Pour supprimer les valeurs négatives, sources d'erreurs dans les calculs et le rapport du plan, l'origine des ordonnées est reportée à 100 kilomètres à l'Ouest du méridien central du fuseau considéré.

On remarquera que cette direction des coordonnées : N.-S. pour les abscisses et O.-E. pour les ordonnées, qui tend à se généraliser en topographie, n'a pas été observée dans nos calculs, déjà anciens, ni cette convention, d'ailleurs heureuse, relative aux signes (Voir page 247 et les calculs qui suivent). Il est facile de passer d'un système à l'autre.

Parmi les nombreux *exemples fictifs* dont se composent les annexes à l'Instruction du 30 décembre 1910, nous choisissons les suivants :

Exemple fictif n° XIV de l'Instruction (art. 196). — Polygona-
tion. — Modèle n° 14. — Calcul des coordonnées des som-
mets (Voir page 422), conformément à la notice suivante :

Les calculs s'exécutent par cheminement. Après avoir rempli, conformément à leur en-tête, les colonnes de 1 à 9 et 15 du présent cahier, le calculateur détermine, colonnes 10-11, 16 et 17, les différences d'abscisses ou d'ordonnées brutes (x et y) correspondant aux logarithmes trouvés, colonnes 9 et 15.

La comparaison de la somme de ces différences d'abcisses ou d'ordonnées avec la différence des abscisses ou des ordonnées connues des sommets extrêmes du cheminement, donne la compensation totale qu'il convient d'apporter aux différences d'abscisses ou d'ordonnées des sommets intermédiaires du cheminement. Cette compensation, après toutefois que l'on s'est assuré, par la construction du diagramme de fermeture, que le cheminement est correct, est répartie entre ces derniers sommets proportionnellement à la longueur des côtés du cheminement, et les abscisses ou ordonnées définitives de chacun des sommets du cheminement sont obtenues en ajoutant successivement : à l'abscisse ou à l'ordonnée du sommet de départ, la première différence d'abscisses ou d'ordonnées *corrigée*, puis à l'abscisse ou à l'ordonnée ainsi trouvée, la

Division de la France en six fuseaux.

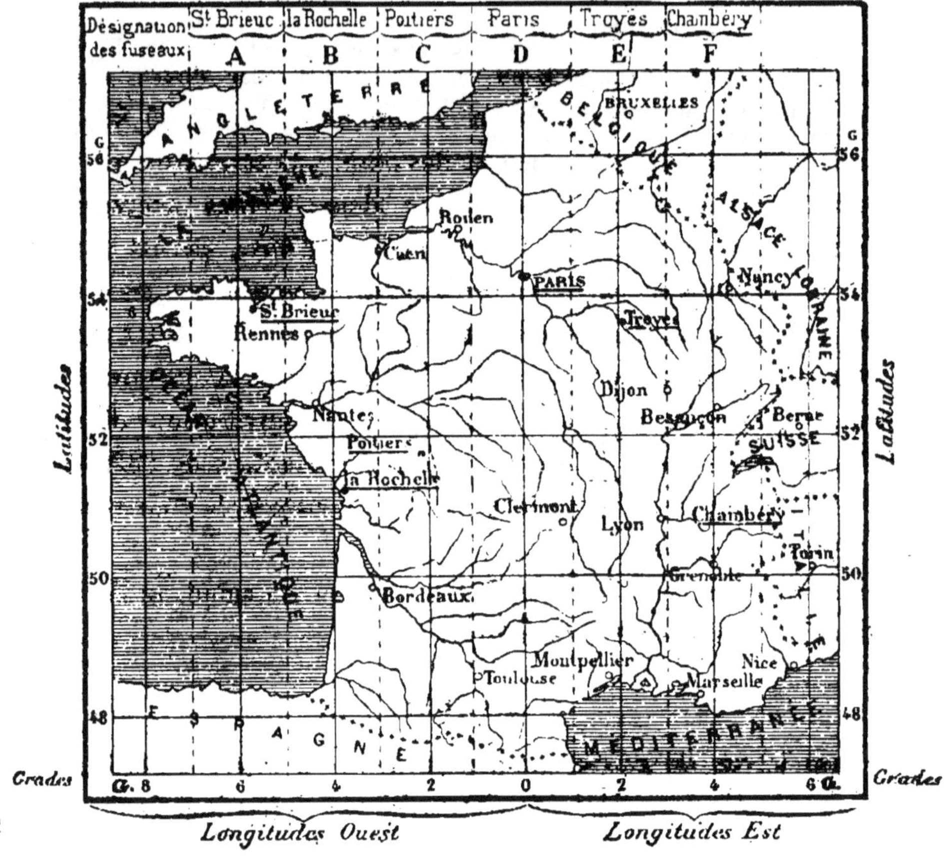

Fig. 182.

seconde différence d'abscisses ou d'ordonnées *corrigée*, et ainsi de suite.

Si les totalisations sont exactes, les dernières coordonnées calculées doivent être égales aux coordonnées connues du sommet final du cheminement.

Lorsqu'on se trouve en présence d'un point nodal, les coordonnées de ce point étant inconnues, il s'agit d'en déterminer les valeurs les

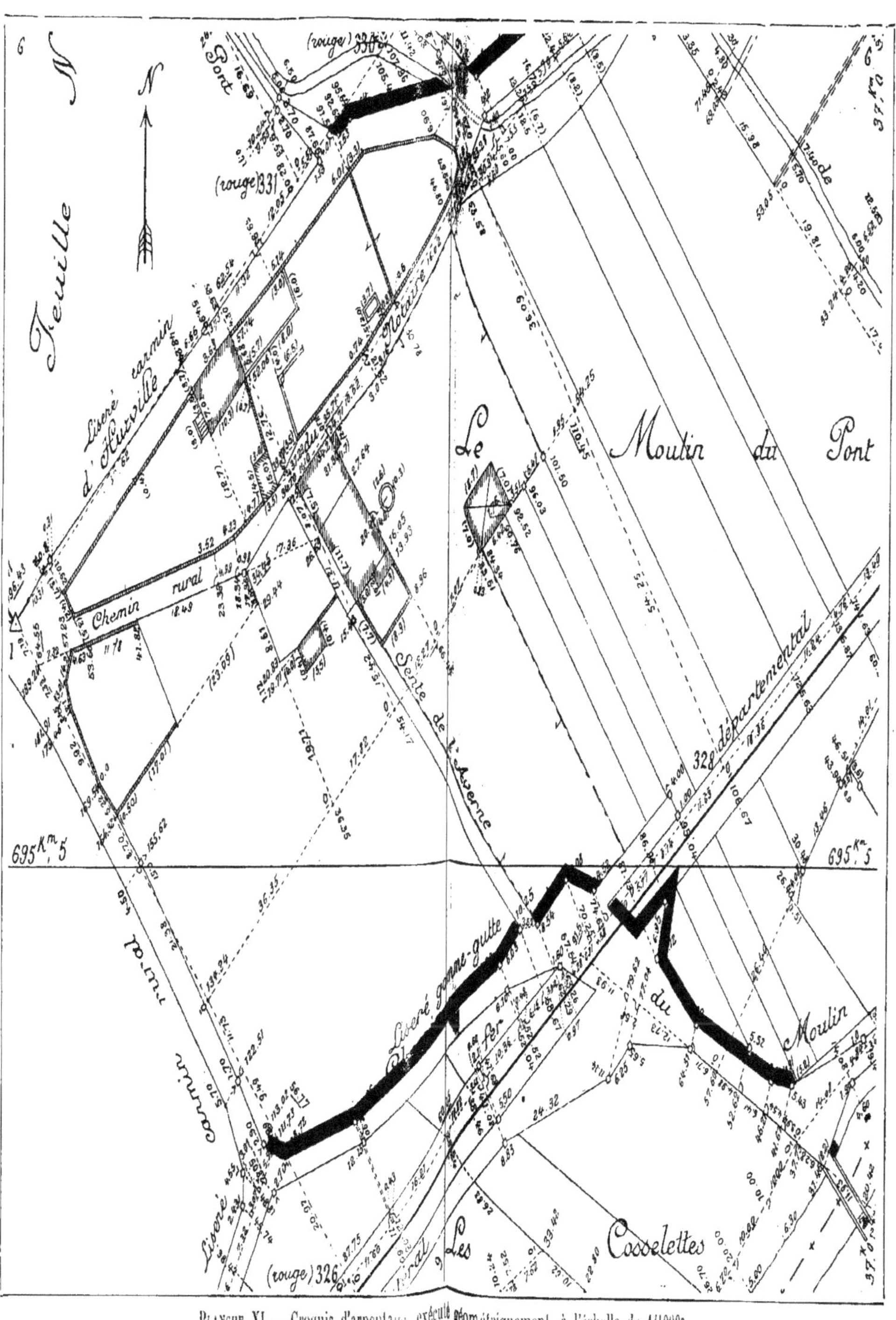

PLANCHE XI. — Croquis d'arpentage, exécuté géométriquement, à l'échelle de 1/1000e.

plus probables (1). Pour cela, après avoir totalisé, comme il est indiqué pour les cheminements ordinaires, les différence d'abscisses ou d'ordonnées trouvées (colonnes 10, 11, 16 et 17) pour chaque cheminement aboutissant au point nodal, on détermine, en comparant ces sommes aux coordonnées connues de l'autre extrémité du cheminement, les valeurs qu'il faudrait attribuer à l'abscisse ou à l'ordonnée du point nodal pour que les compensations c et c' soient nulles.

Ces calculs donnent autant de valeurs différentes pour les coordonnées du point nodal qu'il y a de cheminements considérés ; les coordonnées les plus probables sont, en conséquence, calculées sur l'imprimé (mod. n° 15), d'après les indications qui y sont consignées.

Ces coordonnées les plus probables ayant été reportées dans le présent cahier, la suite du calcul des coordonnées des sommets intermédiaires du cheminement s'effectue comme il est indiqué plus haut pour les cheminements ordinaires.

La construction du *diagramme* destiné à vérifier la correction du cheminement s'opère de la façon suivante :

1° Tracer, dans le cercle gradué préparé à cet effet dans la colonne 1 du tableau, la direction générale du cheminement. Cette direction est indiquée par un trait prolongé de part et d'autre reliant le centre du cercle à la division de la circonférence indiquant l'orientement approximatif de la ligne qui joindrait les deux extrémités du cheminement ;

2° Construire sur cette droite un rectangle ayant pour côtés le double des tolérances en longueur et en direction calculées conformément aux indications des articles 17 et 19 du Règlement du 27 février 1905, et inscrire une ellipse dans ce rectangle ;

3° Déterminer enfin la position du point d'arrivée du cheminement en appliquant, à partir du centre du cercle, et avec leurs signes, les écarts c et c' calculés au bas des colonnes 14 et 20 du tableau.

Si la position de ce point se trouve à l'intérieur de l'ellipse, le cheminement est réputé correct. Dans le cas contraire, les calculs sont revisés, et, s'il y a lieu, les longueurs des côtés vérifiées.

Dans le tableau de cheminement RVY 34, nous avons ajouté le croquis de ce cheminement avec les coordonnées connues des points de départ et d'arrivée, lesquelles sont composées conformément à l'art. 84 de l'Instruction du 30 décembre 1910, donné plus haut.

Exemple fictif n° XXIII de l'Instruction (art. 276). — Calcul des Contenances. — Modèle n° 23. — Deuxième calcul parcel-

(1) Art. 177 de l'Instruction. Lorsque deux ou plusieurs cheminements se rencontrent ailleurs qu'en un point trigonométrique, leur point d'intersection s'appelle nœud de cheminement ou *point nodal* (Points RVY et ORYZ du cheminement RVY-34, page 422).

laire (Parcelles imposables et parcelles non imposables). —
N° 23. Section B. (pages 420-421) *Voir la notice explicative
suivante :*

Il est ouvert un cahier par section. Chaque cahier est divisé en lieux-
dits et chaque lieu-dit en masses (1). Dans chaque masse, les contenances sont calculées dans l'ordre croissant des numéros des parcelles.
Pour la commodité des récapitulations, on aura soin de consacrer aux
calculs de chaque masse des pages ou moitiés de pages entières du cahier.

L'on se conformera, pour la série des opérations à effectuer, aux
prescriptions générales contenues dans le chapitre XII de l'Instruction du 30 décembre 1910.

On aura soin de se reporter en outre à la notice explicative concernant le premier calcul des contenances parcellaires (cahier mod. n° 19),
les règles tracées dans l'espèce étant rigoureusement applicables pour
les opérations du deuxième calcul (2). On ne perdra pas de vue, toutefois,
que ces dernières opérations doivent rester tout à fait indépendantes
des autres et qu'elles doivent être poursuivies sans que l'opérateur ait
sous les yeux ou à sa disposition les résultats des premiers calculs.

Les figures géométriques adoptées par le géomètre pourront, sans
inconvénient, être utilisées ; quant aux contenances primitivement
obtenues au moyen du planimètre, on aura la faculté soit de les
déterminer à nouveau à l'aide de cet instrument, soit de faire usage des
procédés géométriques ordinaires.

Il est rappelé que les contenances des parcelles non imposables sont
inscrites *à l'encre rouge.*

L'on fera ressortir (col. 5) la contenance corrigée de chaque parcelle
et, les opérations une fois terminées, l'on retranscrira au-dessus de
cette contenance celle qui a été déterminée par le géomètre pour la
même parcelle. L'on consignera (col. 6) la différence accusée par les
deux chiffres et l'on s'assurera que cette différence rentre dans les
limites de la tolérance admise par l'article 29 du Règlement du
27 février 1905.

Si cette différence était trop forte, on en rechercherait la cause en
revisant, d'abord les résultats du second calcul, puis, le cas échéant
ceux du premier. Les rectifications que l'on sera conduit à opérer sur
les cahiers de calculs (mod. n°s 19 et 23) seront effectuées en laissant
subsister la trace des anciens chiffres, afin d'établir ainsi à qui incombe
la responsabilité des erreurs constatées.

(1) Les masses sont composées dans les conditions fixées par les
articles 30 à 33 du règlement du 27 février 1905 (Voir p. 407).

(2) Le deuxième calcul, que nous donnons ici, est exécuté à la
Direction du cadastre comme vérification du premier, produit par
le géomètre. De part et d'autre les opérations sont d'ailleurs analogues et, comme on le dit plus loin, les résultats du géomètre sont
inscrits à la colonne 5 au-dessus de ceux du Directeur.

FONTVILLE (Seine-et-Marne).

SECTION B dite du village.

Feuille 1.

Extrait de l'instruction du 30 décembre 1901. Pl. nᵒ 7. (Modèle nᵒ 23).

VARIATIONS HYGROMÉTRIQUES DU PAPIER :

RÈGLE OU GLACE DIVISÉES.

Longueur { sur méridienne... = 599ᵐ,8 d'où 0ᵐ,2 de { retrait [2]. / dilatation [1]. } sur perpendiculaire = 600ᵐ,5 d'où 0ᵐ,5 de { retrait [1]. / dilatation [1]. }

CORRECTION : − 0ᵃ,05ᶜᵃ par hectare pour { retrait [1]. / dilatation [1]. }

PLANIMÈTRE.

Longueur { sur méridienne... = 599ᵐ,8 d'où 0ᵐ,1 de { retrait [1]. / dilatation [1]. } sur perpendiculaire = 600ᵐ,5 d'où 0ᵐ,5 de { retrait [1]. / dilatation [1]. }

CORRECTION : − 0ᵃ,05ᶜᵃ par hectare pour { retrait [1]. / dilatation [1]. }

(1) Biffer, suivant le cas, l'une des deux indications

NUMÉROS des parcelles (1)	LETTRES INDICATIVES (2)	FACTEURS ou lectures du planimètre (3)	PRODUITS des facteurs ou moyennes des résultats des lectures (4)	CONTENANCES par parcelle (5)	DIFFÉRENCE des résultats des deux calculs (6)	CONTENANCES moyennes ou définitives (7)	NUMÉROS des parcelles (1)	LETTRES INDICATIVES (2)	FACTEURS ou lectures du planimètre (3)	PRODUITS des facteurs ou moyennes des résultats des lectures (4)	CONTENANCES par parcelle (5)	DIFFÉRENCE des résultats des deux calculs (6)	CONTENANCES moyennes ou définitives (7)
			ha. a. ca.	ha. a. ca.	ca.	ha. a. ca.				ha. a. ca.	ha. a. ca.	c.	ha. a. ca.
		LIEU-DIT : *Forges d'Hurville.*											
		MASSE A.							MASSE B.				
1	a	28,0 × 23,4	6.55				12	a	9,8 × 3,5	34			
	b	$\frac{9,9 + 7,7}{2}$ × 18,5	1.63	8.21	3	8.20		b	68,5 × 11,4	7.81			
			8.18	8.18				c	6,5 × 3,0	20	8.32		8.32
										8.35	8.35		
2		5817 6725 / 12543 6723 / 19266	67.25				13		9,0 × 3,5	32 / 32			
		À déduire parc. nᵒˢ 9 et 10.	− 1 17				14		12,8 × 5,3	67 / 68			
			66 08	66.10			15	a	14,7 × 11,5	1.69			
			03	66.05	5	66.07		b	7,6 × 5,5	41	2.08		2.06
										2 10	2.10		
3	a	18,0 × 4,2	76				16		42,6 × 17,3	7.34 / 7.37			
	b	4,0 × 4,6	16	90	2	91	17		18116 407 / 18523 403 / 18927	5.10 / 5.06			
			92	92			18		7,5 × 5,6	42 / 42			
4	a	24,7 × 9,5	2.35				19	a	2285 9723 / 12003 9727 / 21735	97.25			
	b	4,2 × 1,7		2.40 / 2.42	2	2.41		b	25323 21888 / 47211 21883 / 60094	2.18.85			
5		26005 574 / 26579 576 / 27155	5.71 / 5.73		4	5.73			À déduire parc. nᵒˢ 12,13, / 16,17,18 et 20	3.16.10 / − 23.61			
6		20,0 × 19,0	3.78 / 3.80		2	3.79				2.92.59 / 15	2.92.31 / 2.92.34		2.92.31
7		20,0 × 28,0	5.61 / 5.60		1	5.60	20		23,4 × 5,6	1.39 / 1.31			
8		20,0 × 13,5	2.68 / 2.70		2	2.69	21	a	34,0 × 21,5	6.88			
9		10,0 × 6,0	60 / 60		0	60		b	27,3 × 9,7	2.65	9.55 / 9.53	0	9.53
10		9,5 × 6,0	57 / 57		0	57	22		30728 5015 / 33772 5017 / 40819	50.37 / 50.42			
11		6410 6073 / 12483 6073 / 18560	60.75 / 63		6	60.73							
		Totaux de la masse A.	1.57.34 / 1.57.31		3	1.57.32			Totaux de la masse B.	3.76.78 / 3.76.90			3.76.80

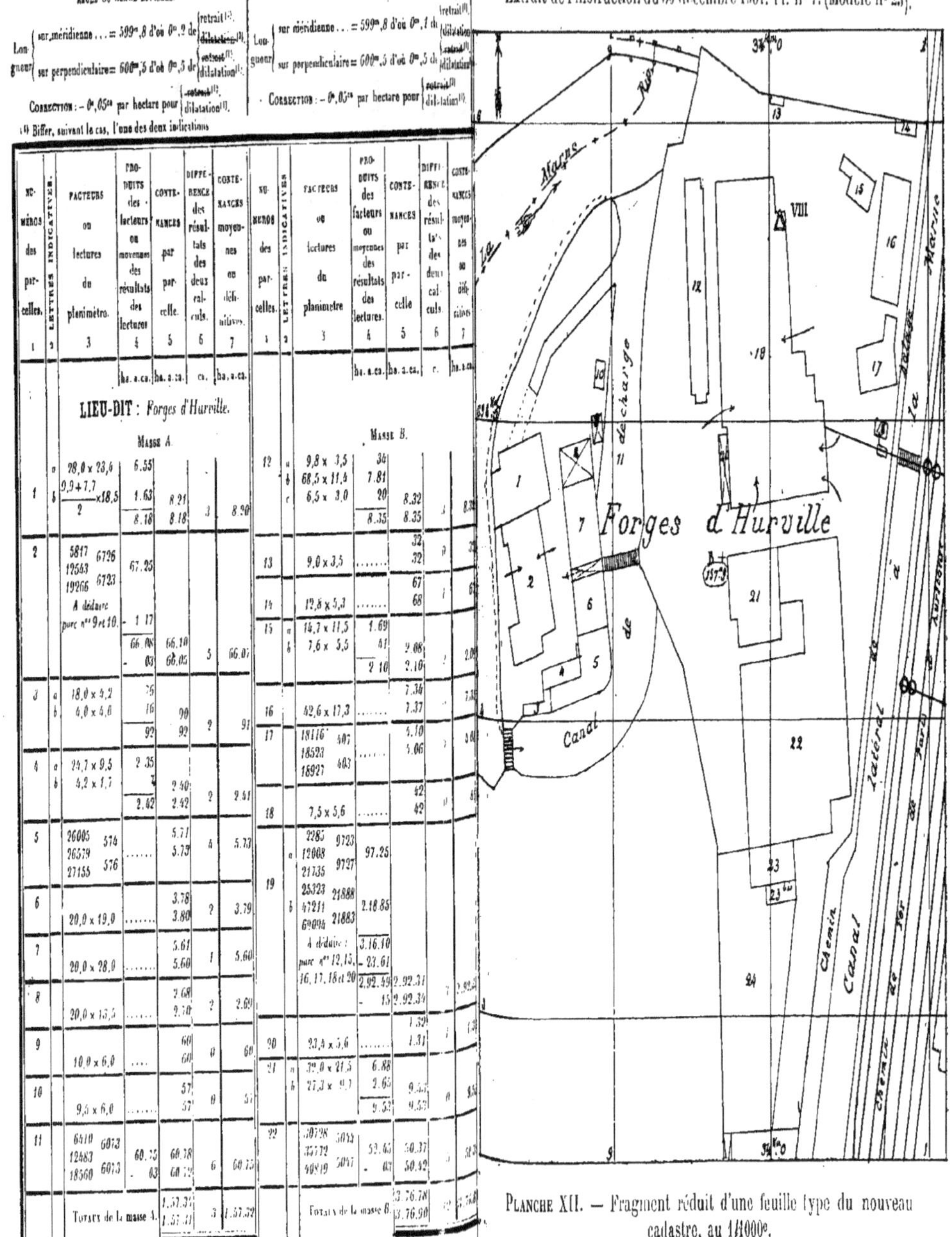

PLANCHE XII. — Fragment réduit d'une feuille type du nouveau cadastre, au 1/1000ᵉ.

MURET. — Topographie.

DIAGRAMME DE FERMETURE DU CHEMINEMENT.

Échelle de   pour 1ᵈᵐ.

Tolérance en longueur = [1] 37ᶜᵐ

Tolérance en direction = [1] 17ᶜᵐ

2 — MATRI-CULE des sommets du chemine-ment	3 — LONGUEUR moyenne des côtés L (m)	4 — ORIENTE-MENT des côtés Z (g)	5 — ORIENTEMENTS (Z') ramenés au 1er quadrant (g)	6 — Log. cos Z'	7 — LOG des côtés Log L	8 — Log sin Z'	9 — Logar. des diff. d'abscisse log x'	10 — diff. brutes x' (−)	11 — (+)	12 — Comp. c (−)	13 — (+)	14 — Abscisses X	15 — Logar. des diff. d'ordonnées log y'	16 — diff. brutes y' (−)	17 — (+)	18 — Comp. c' (−)	19 — (+)	20 — Ordonnées Y
RVY												Abscisse du sommet de départ : X₀ = 714616,53						Ordonnée du sommet de départ : Y₀ = 99287,45
	116,80	271,97	71,97	1,62962	2,07188	1,95647	1,70150	50,29			1		2,02835		106,75		3	
RY1												714566,25						99394,17
	18,76	240,67	40,67	1,85172	1,27323	1,84792	1,12495	13,33			0		1,12045		13,20		1	
RY2												714552,92						99407,36
	60,80	249,79	49,79	1,85091	1,78390	1,84885	1,63481	43,13			0		1,63195		42,85		2	
ORYZ												714509,79						99450,19
	115,25	254,14	94,14	2,96340	2,06164	1,99815	1,92504	10,59			1		2,05980		114,76	3		
OZ1												714499,21						99564,92
	208,54	276,78	76,78	1,55231	2,31919	1,97845	1,87150	74,39			2		2,28964		194,82		5	
OZ2												714424,84						99759,69
	87,88	315,49	84,51	1,38188	1,94389	1,98762	1,32577		21,17		1		1,93091		85,29		2	
34												714446,02						99844,96
Longueur du cheminement....	606,03																	

Totaux :

CALCUL DES ABSCISSES — col. 10 = 191,73 ; col. 11 = 21,17 ; compensation = 5 ;
714446,02 = X_t ; 53 ; 714616,58 = X₀

$$X_t - X_0 = -\ 170,51$$

− Total des x' = + 170,56

Total (compensation c) + 0,05

CALCUL DES ORDONNÉES — col. 17 = 557,67 ; compensation = 16 ;
99844,96 = Y_t ; 45 ; 99287,29 = Y₀

$$Y_t - Y_0 = +\ 557,51$$

− Total des y' = − 557,67

Total (compensation c') − 0,16

Total des x' = − 170,56 + ; Total des y' = − + 557,67

[1] Articles 17 et 19 du Règlement du 27 février 1905.

La moyenne arithmétique des contenances dont la discordance n'excède pas la tolérance est ensuite consignée dans la colonne 7 et devient la contenance définitive de la parcelle.

Les contenances dont il s'agit sont totalisées par masses dans le corps du cahier et récapitulées par lieux-dits et par feuilles. L'on déterminera ensuite la superficie de la section.

Il est formé des totaux distincts pour les contenances des parcelles non imposables (*encre rouge*).

Les totaux par masse des contenances moyennes ou définitives seront reportés dans la colonne 7 du tableau (mod. n° 20) pour servir au contrôle des masses.

298. — Procès-verbal de délimitation ou de bornage, dressé en exécution de l'article 9 de la loi du 17 mars 1898. — Enfin comme dernier emprunt aux annexes de l'Instruction du 30 décembre 1910 nous croyons utile de donner ce modèle officiel de Procès-verbal ; nous le renvoyons à la fin du volume pour plus de facilité dans les copies qui pourront en être faites.

299. — Le cadastre de Paris. — A l'inspection des planches XIV et XV, on voit que la ville de Paris est le plus fort contribuable de France, puisqu'à elle seule elle fournit 25 p. 100 des contributions directes, et l'on peut supposer de quelle importance est son plan cadastral, base de ces contributions ; or, à vrai dire, le plan cadastral n'existait pas il y a dix ans, du moins dans le Paris ancien, et celui de la zone annexée, déjà bien incomplet en 1859, époque de l'annexion, l'était devenu bien plus encore, car depuis 1859 cette zone a été entièrement transformée par suite des nombreux travaux de voirie et des milliers de constructions qui en ont été la conséquence. A défaut de cadastre, on trouvait seulement les matrices (287), privées naturellement des numéros de renvoi à des plans qui n'existaient pas ou qui n'avaient plus de valeur, le service des contributions directes ne les ayant pas tenus au courant.

C'est donc avec raison que l'actif |Directeur municipal des **travaux du cadastre de Paris**, M. A Fontaine, dans sa Préface du « Livre Foncier de Paris », qu'il a créé en 1901, a pu débuter ainsi :

« La ville de Paris était la seule commune de France qui ne possédât pas de cadastre parcellaire.

« A la veille de la suppression des droits d'octroi sur les boissons hygiéniques, M. le Préfet de la Seine proposa au Conseil municipal d'entreprendre le cadastre parisien, qui s'imposait à tous les points de vue, et qui pouvait seul fournir les éléments nécessaires pour l'établissement de certaines taxes de remplacement des droits d'octroi.

« Le Conseil municipal, le 21 octobre 1898, décida qu'il y avait lieu de procéder à cette opération.

« Une commission d'études, instituée par arrêté préfectoral en date du 26 juin 1899, détermina le plan général du cadastre parisien, et indiqua les travaux nécessaires à son établissement.

« En moins de trois années l'Administration municipale — avec le précieux concours du service des Contributions directes — a pu mener cette lourde tâche à bonne fin.

« Le cadastre municipal comportait trois opérations :

1º Confection d'un cadastre parcellaire complet ;

2º Évaluation de la valeur locative des maisons et usines ;

3º Détermination de la valeur immobilière, ou valeur en capital des propriétés bâties et non bâties.

« 1º *Le cadastre parcellaire*. — C'est le service du Plan de Paris qui a dressé le plan parcellaire de Paris, à l'échelle de 2 millimètres par mètres. Ce plan comprend 762 feuilles du format colombier (63 × 90) (Voir la Pl. XIII, donnant un fragment de l'une de ces feuilles, mais sur lequel on a hachuré les bâtiments, ce qui n'existe pas sur les feuilles imprimées).

« C'est en utilisant les éléments recueillis par le service, depuis 1871, que les géomètres ont pu, en un laps de temps relativement très court, accomplir ce travail considérable. Dans une période de trois ans, MM. les Géomètres ont eu à dresser ou à vérifier le plan de 76 586 propriétés bâties ou non bâties, à calculer la superficie totale de chaque immeuble, à déterminer la surface des cours, courettes, jardins ou terrains, et celle de chaque bâtiment.

« Tous les plans minutes ont été dressés, rectifiés et mis au point, de telle sorte que, lors de leur achèvement, ils présentaient la situation exacte de tous les immeubles de Paris.

« Ces plans portent la désignation de chaque rue et le numéro de chaque immeuble ; ils ont été reproduits par la photo-zincographie, et des exemplaires ont été mis à la disposition des 243 fonctionnaires ou agents techniques qui ont pris part aux travaux du cadastre municipal.

SERVICE
des
ARCHITECTES-VOYERS

Arch¹-Voyer M

Arch¹-Voyer Adj¹ M

VILLE DE PARIS. — CADASTRE DE 191

Détermination de la Valeur immobilière

ESTIMATION PAR LE FONDS

Rue

PROPRIÉTAIRE : M

A. V. n°
A. V. ch. n°

NATURE et DESTINATION
de la Propriété :

VALEUR DES BATIMENTS

CLASSIFICATION et État des Constructions	N° d'ordre	VALEUR du type de construction par étage (Unités)	DÉSIGNATION du bâtiment	N° d'ordre de chaque bâtiment	ÉVALUATION DU COEFFICIENT à appliquer à chaque étage (de 0,50 à 1,50)											COEFFICIENT TOTAL	VALEUR à l'unité	PRIX COMPLET d'un mètre de construction	SUPERFICIE de chaque bâtiment	VALEUR de chaque bâtiment
	1	2	4	5	Sous-sol 6	Rez-de-Ch. 7	Entre-sol 8	1er Étage 9	2e Étage 10	3e Étage 11	4e Étage 12	5e Étage 13	6e Étage 14	1er Comble 15	2e Comble 16	17	18	19	20	21
Édifices privés, gares, usines, fabriques.																				
Grands magasins, hôtels de voyageurs.																				
Hôtels privés, banques, etc.		À évaluer.																		
1re CLASSE																				
Construction de 1er ordre. Matériaux de qualité supérieure. Extérieurs et intérieurs luxueux. — Bon état.	1	180 à 200																		
Assez bon.	2	140 à 160																		
Médiocre.	3	100 à 120																		
Mauvais.	4	60 à 80																		
2e CLASSE																				
Bonne construction. Matériaux et décoration de bonne qualité. — Bon état.	5	130 à 150																		
Assez bon.	6	100 à 120																		
Médiocre.	7	70 à 90																		
Mauvais.	8	50 à 60																		
3e CLASSE																				
Construction moyenne. Matériaux et décoration ordinaires. — Bon état.	9	100 à 120																		
Assez bon.	10	70 à 90																		
Médiocre.	11	50 à 60																		
Mauvais.	12	20 à 30																		
4e CLASSE																				
Construction inférieure. Matériaux inférieurs. — Bon état.	13	80 à 100																		
Assez bon.	14	50 à 70																		
Médiocre.	15	30 à 40																		
Mauvais.	16	10 à 20																		
5e CLASSE																				
Hangars, abris légers ou équivalents.	17	5 à 50																		

Plus-value pour grands développements de façades, bâtiments d'angles et formant îlots

Accessoires : Pavages, Trottoirs, Clôtures, Grilles, Candélabres, Fontaines, Statues, Canalisations spéciales, etc.

ÉLÉMENTS DE LA VALEUR DU SOL :

Surfaces partielles	Prix du mètre
Total	

Valeur totale des Bâtiments
Valeur totale du sol (*Bâti ou non bâti*)
VALEUR TOTALE DE L'IMMEUBLE

Eaux	Vidanges	Éclairage	Chauffage	Ascenseur	Degré de salubrité	OBSERVATIONS

Paris,
L'ARCHITECTE-VOYER ADJOINT,

Vu et approuvé :
Paris,
L'ARCHITECTE-VOYER DU ARRONDISSEMENT,

Revisé et transmis.
Paris,
L'ARCHITECTE-VOYER EN CHEF,

« Nous avons fait établir, en outre, par le Service du **Plan de Paris**, une fiche spéciale par immeuble, reproduisant le plan détaillé et teinté de la propriété, et indiquant la situation de l'immeuble, la largeur des voies où il est situé, le nom du propriétaire, la superficie des cours, courettes, jardins ou terrains non bâtis, et celle de chacun des bâtiments, ainsi que le nombre des étages. (Nous donnons ici une réduction de cette fiche.)

« Chaque fiche a été dressée en cinq expéditions, et ces 383 000 fiches ont été distribuées aux divers services qui ont eu à

SERVICE TECHNIQUE DU PLAN DE PARIS	RÉPUBLIQUE FRANÇAISE	LARGEUR DES RUES
...ᵉ Arrondissement	*Liberté — Égalité — Fraternité*	au droit de la propriété
Quartier	VILLE DE PARIS — CADASTRE DE 1900	Rue ______
de ...	Rue ______________ Nᵒ ___	Largeur { actuelle ... / entre les alignements ... / jusqu'à l'alignement opposé ... }
RÉVISION	Propriétaire : M. ______________	Rue ______
du ______ 19__	Cette propriété porte aussi le Nᵒ ___ Rue ___	Largeur { actuelle ... / entre les alignements ... / jusqu'à l'alignement opposé ... }

DÉSIGNATION de CHAQUE CORPS DE BATIMENT	BATIMENTS — NOMBRE D'ÉTAGES					SURFACES	TERRAINS NON BATIS — DÉSIGNATION	SURFACES — COURS ET COURETTES	JARDINS	SOL	Nature de la Propriété
1	Caves 2	Rez-de-sol 3	Sous-sol Chaussée 4	Étages carrés 5	Étages sous combles 6	7	8	9	10	11	Superficies : Bâtiments ... Cours et courettes ... Jardins ... Sol ... Superficie Totale ... OBSERVATIONS
SURFACES TOTALES ...											

Au dessous de ce tableau, un emplacement destiné au plan est réservé.

déterminer la **valeur** locative et la valeur en capital des propriétés bâties ou non bâties.

« Le plan parcellaire de Paris au 1/500 — actuellement en vente — constitue un document de la plus haute importance, qui fait grand honneur au service technique du Plan de Paris. Ce plan, qui sera continuellement mis à jour, fournira aux contribuables parisiens de précieux renseignements et donnera à l'administration municipale les éléments nécessaires pour l'étude de toutes les opérations de voirie qu'elle est appelée à poursuivre. »

M. le Directeur continue sa préface par l'exposé détaillé du rôle des contrôleurs des contributions directes dans la deuxième opération, énoncée plus haut, et celui des architectes voyers dans la troisième opération. Malgré leur grand intérêt, nous ne pouvons nous étendre sur ces attributions, qui ne rentrent pas dans le cadre de notre ouvrage. D'ailleurs, au moins

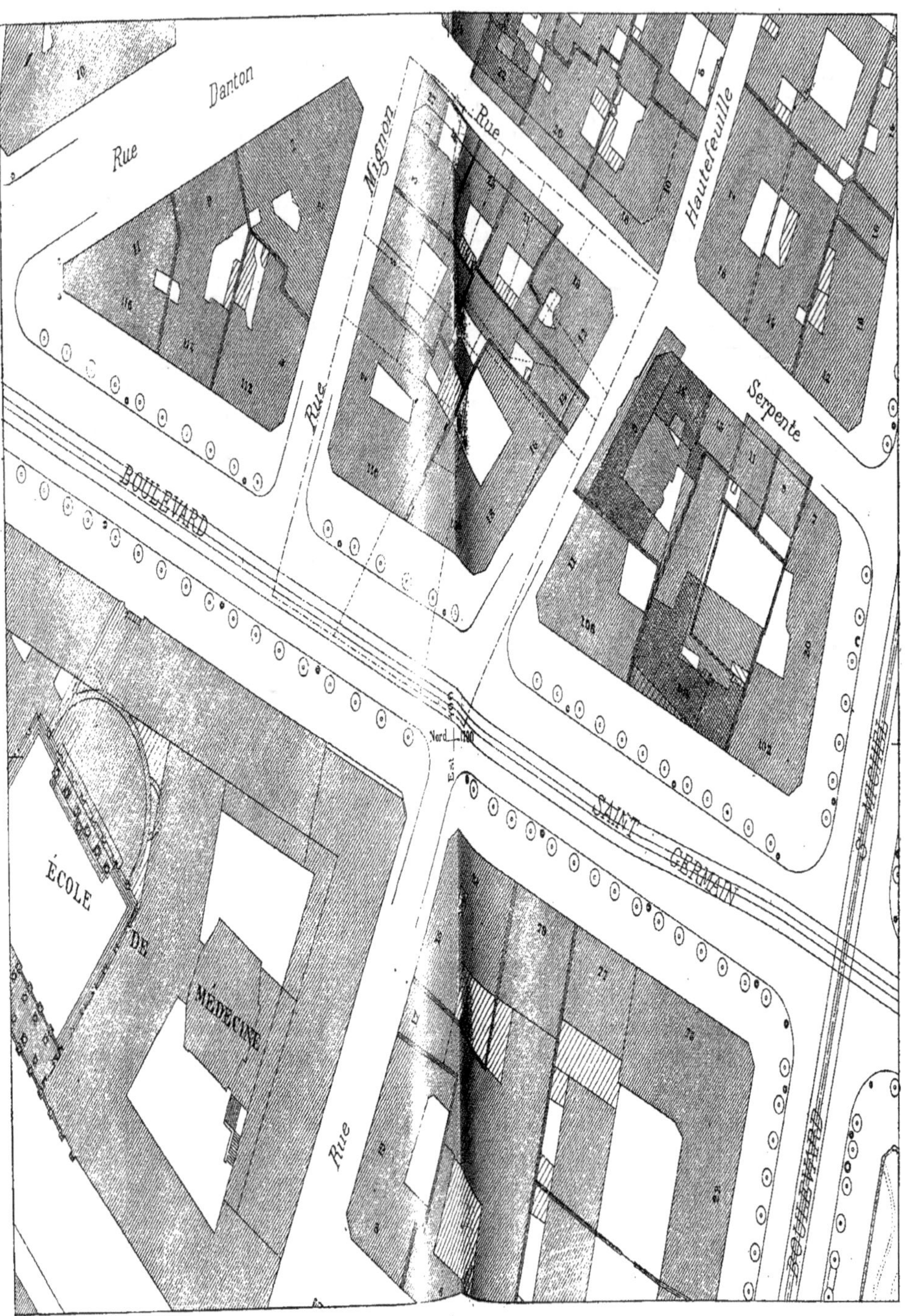

PLANCHE XIII. — Réduction au 1/1000e, d'un fragment d'une feuille au 1/50e du nouveau cadastre de Paris. L'intersection que l'on remarque boulevard Saint-Germain est à 400 mètres à l'Est de la Méridienne de l'observatoire et 1700 mètres au Nord de sa perpendiculaire en ce même point.

en ce qui concerne les architectes voyers, le tableau qu'ils ont
eu à remplir, et dont nous donnons plus haut une réduction

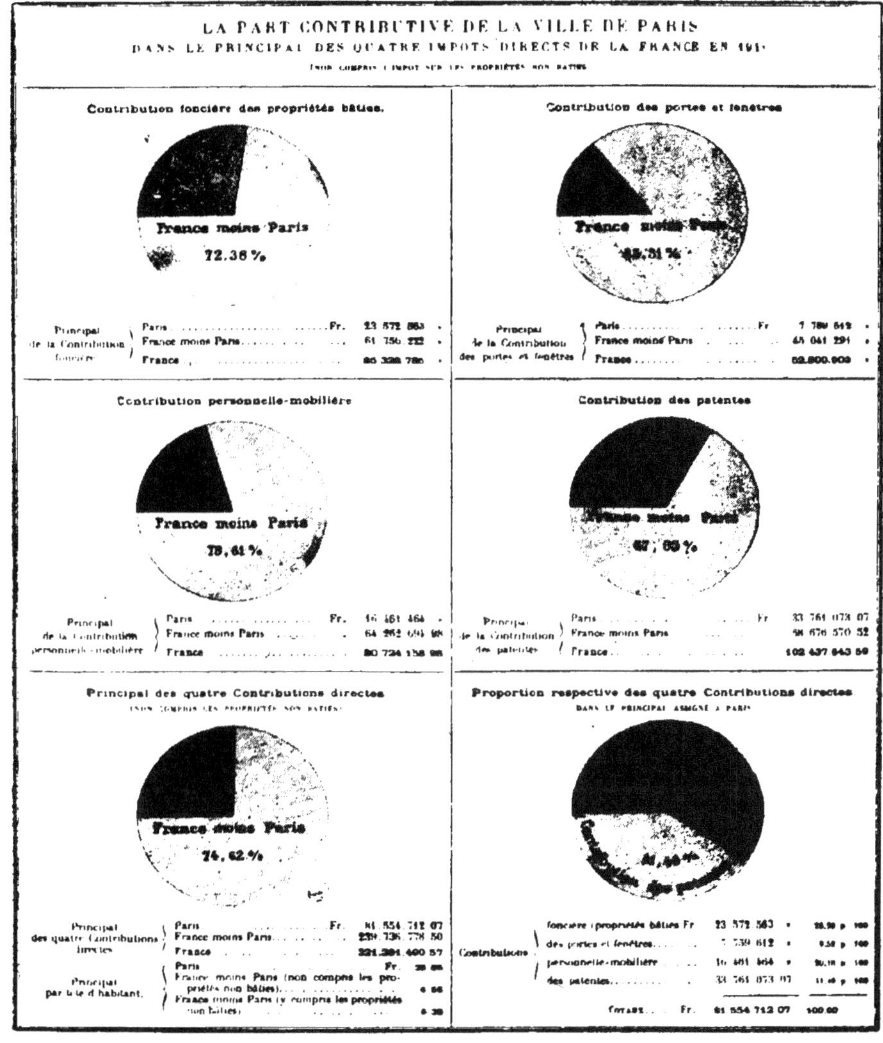

PLANCHE XIV. — Réduction d'un graphique extrait du « Livre foncier » de la Ville de Paris de 1911.

(page 426), montre déjà l'importance de leur travail.
Quant aux fonctionnaires divers des contributions et autres,

leur activité est traduite par tous les tableaux du « Livre foncier », dont la dernière édition est de 1911. On peut dire

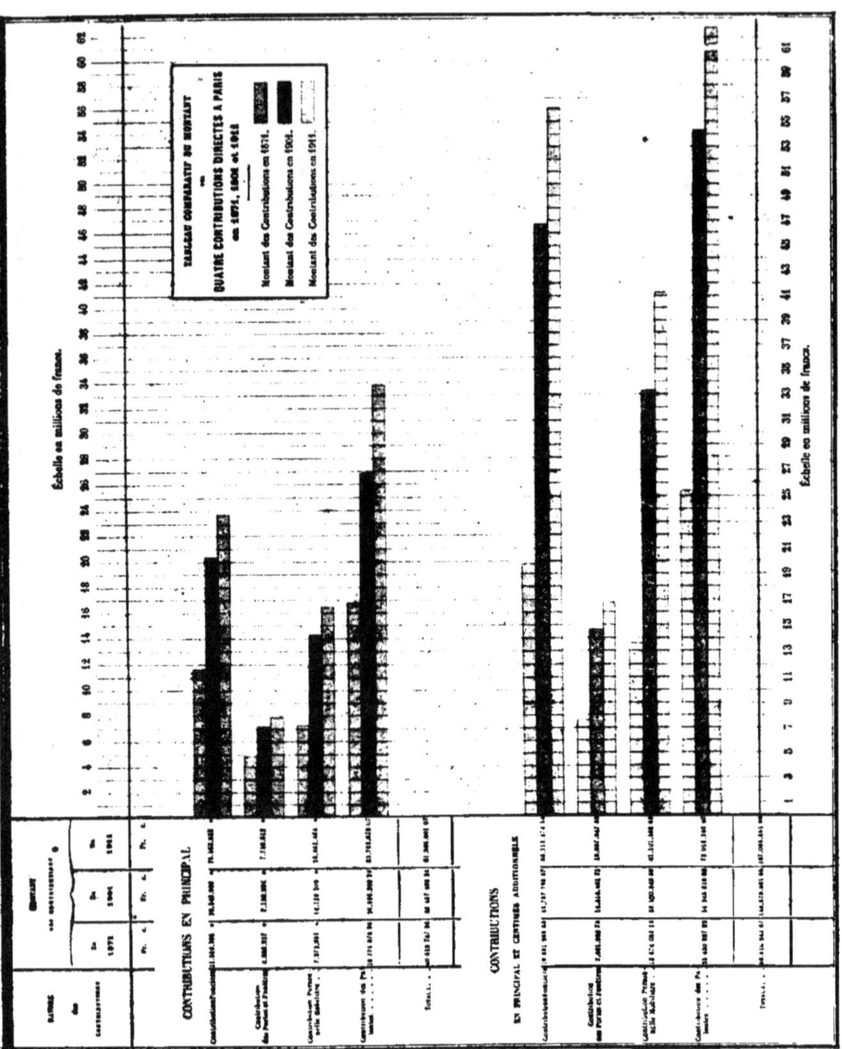

PLANCHE XV. — Réduction d'un graphique extrait du « Livre foncier » de la Ville de Paris de 1911.

que tous les services départementaux et municipaux ont été mis à contribution par l'éminent directeur municipal du

Cadastre de Paris, dont l'ingéniosité, en employant les ressources de la statistique graphique, qui s'adresse aux yeux plus qu'à l'esprit, a popularisé en quelque sorte les résultats de la vie municipale, depuis le nettoiement journalier et le mouvement de la circulation quotidienne, jusqu'à ses richesses foncières et industrielles.

Pour des raisons typographiques, nous donnons seulement une réduction de deux de ces tableaux bien importants par les résultats qu'ils traduisent, mais les plus simples graphiques de la collection (Pl. XIV et XV).

Pour la planche XIII, que nous devons à l'obligeance de l'aimable et remarquable Géomètre en Chef du Plan de Paris, M. Petit, elle est intéressante non seulement sous le rapport du cadastre et de sa conservation, mais encore au point de vue de la méthode de levé généralement appliquée à la ville de Paris.

Et d'abord pour la conservation graphique du cadastre, on remarque comment, par les hachures croisées, on a pu superposer les nouvelles constructions sur les anciennes, résultat auquel on arrive plus facilement encore par l'emploi des couleurs, comme sur les minutes conservées à la ville. On peut ainsi obtenir, assez clairement, deux ou trois états différents de constructions sur une même surface. De plus, les tirages des feuilles n'ayant pas lieu à un grand nombre d'exemplaires, on a, à des époques assez rapprochées, des épreuves donnant fréquemment un nouvel état des lieux.

Pour montrer la méthode de levé, on a circonscrit un îlot par le polygone géométrique auquel il est rattaché. Dans ce polygone, qui s'appuie sur la base trigonométrique du boulevard Saint-Germain, on a mesuré les angles et les côtés (240) ; puis, sur ces derniers, après avoir levé les façades comme nous l'avons dit (257), on est entré par des cheminement non fermés (184), dont l'origine est sur ces côtés, dans chacune des propriétés où l'on a introduit, dans la direction permise par les portes et les fenêtres, de courtes lignes ; enfin à ces bases auxiliaires on a relié, par des mesures dont les directions n'ont pas été indiquées pour éviter la confusion, les points multiples nécessaires à la détermination des cours et des murs mitoyens

C'est ainsi qu'après une étude approfondie du sol et de ses divisions, on a pu définir géométriquement les sinuosités des limites, vieilles de plusieurs siècles et que l'observateur qui se contente d'examiner, par exemple, les façades du boulevard Saint-Germain, ne peut prévoir. Pour nous résumer, on peut dire que le géomètre parisien pénètre dans les propriétés, avec son goniomètre, comme les agents forestiers et ceux des mines dans leurs domaines plus ou moins obscurs, avec la boussole.

§ III. — QUESTIONS DIVERSES

300. Détermination de la méridienne en un point donné. — La détermination de la *méridienne* ou mieux d'un *plan mériden* en un point donné est une question importante pour les opérations étendues et donne lieu à plusieurs problèmes intéressants. Nous nous bornerons à donner ici les deux solutions les plus simples, mais les moins exactes, quoique suffisantes pour nous, surtout la seconde.

La première ne demande que l'emploi de la planchette, que l'on cale d'abord très exactement à l'aide d'un niveau à bulle. Choisissant ensuite un point quelconque C pour centre (fig. 183), on trace plusieurs arcs de cercles, puis on dispose un petit œilleton, O, monté sur une potence P et placé sur la planchette, de telle sorte que cet œilleton, dont la face est dirigée vers le soleil aux environs de midi, soit très exactement sur la verticale du point C. Alors, avant midi, on marque la projection de l'œilleton O sur chacun des cercles, en

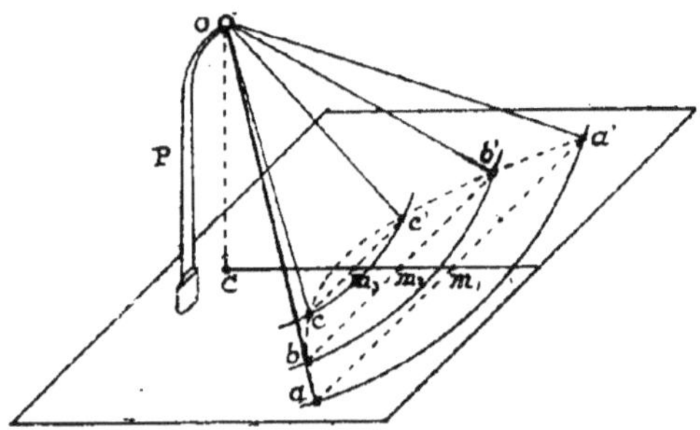

Fig. 183. — Tracé de la méridienne, par les hauteurs correspondantes du soleil.

a, b, c, par exemple, puis, après midi, on trace les projection correspondantes en c', b' et a', et joignant les milieux m_1, m_2, m_3

des cordes, *aa'*, *bb'*, *cc'*, on doit obtenir une droite, qui passe également par C. Cette droite est la trace du plan méridien de ce point, que l'on prolonge sur le sol à l'aide de l'alidade placée sur Cm_1 ; mais sa direction n'est rigoureusement exacte que vers le 21 juin et le 21 décembre, c'est-à-dire à l'époque des solstices.

L'autre solution, plus précise que la précédente, s'appuie sur l'*étoile polaire*, connue de tous et sur quelques étoiles dans la même région du ciel, dont les noms et les positions relatives sont donnée sur la figure 184.

On sait que l'étoile polaire, désignée par la lettre α, est la plus extrême de la constellation dite la *Petite Ourse*. On l'appelle ainsi à cause de sa proximité du pôle nord, autour duquel elle décrit en vingt-quatre heures un très petit cercle dont les deux tangentes, menées de la terre, ne formeront entre elles, à la fin de 1913, pour la latitude de Paris, qu'un angle $2a =$ 3ᵍ87′ (3°29′) environ, qui varie légèrement chaque année.

Dans ce mouvement, la polaire passe au méridien deux fois en vingt-quatre heures et on trouve, dans l'Annuaire du bureau des longitudes, pour le méridien de Paris, l'heure, en temps moyen, du passage supérieur, c'est-à-dire celui qui est le plus rapproché du zénith. A cette heure, il faut *ajouter*, si l'on est à l'*ouest* de ce méridien, ou *retrancher*, si l'on est à l'*est*, la longitude du lieu d'observation (1), exprimée en *temps*, soit une heure pour 15° ou 16ᵍ,66... Puis, avec une montre bien réglée, on pointera un goniomètre sur l'étoile au moment calculé, et la direction obtenue sera celle du nord vrai.

Dans nos latitudes boréales, entre 33 et 58 grades (ou 30° et 52°), la polaire passe aux extrémités du diamètre horizontal, c'est-à-dire sur les deux tangentes dont nous parlons plus haut, 5 h. 54′ avant ou après son passage supérieur au méridien ; il suffira, par conséquent, de retrancher ou d'ajouter ce temps, d'après le moment choisi, à l'heure du passage supérieur pour pointer suivant l'une de ces tangentes.

Ces deux passages, sur le diamètre horizontal, prennent le

---

(1) La longitude prise sur une carte de l'État-major est suffisante.

nom de *plus grande digression* de la polaire et l'Annuaire du bureau des longitudes donne, sous ce titre, pour nos latitudes, l'azimut *a* des rayons visuels en ces points ; par conséquent, après la visée, il suffira d'ouvrir à l'est ou à l'ouest un angle égal à cet azimut *a* pour avoir le méridien.

Ces visées suivant la plus grande digression sont même préférables à celles du passage au méridien, parce que l'étoile, pendant un temps plus appréciable, reste en quelque sorte immobile sur la tangente.

A défaut d'une heure exacte pour le passage, on peut noter qu'il a lieu lorsque la *Grande Ourse* et *Cassiopée* sont disposées de telle sorte que l'on ait pour la première, $\xi m = 1/4$ de $\xi\varepsilon$ et, pour la seconde δ, $n = 1/4$ de $\delta\gamma$.

301. Quelques conséquences de la courbure de la terre. — Nous avons dit, dès le début de cet ouvrage (3 et 11), que, dans les limites relativement restreintes que nous nous imposions, la courbure de la terre n'avait pas d'effet appréciable sur nos plans ;

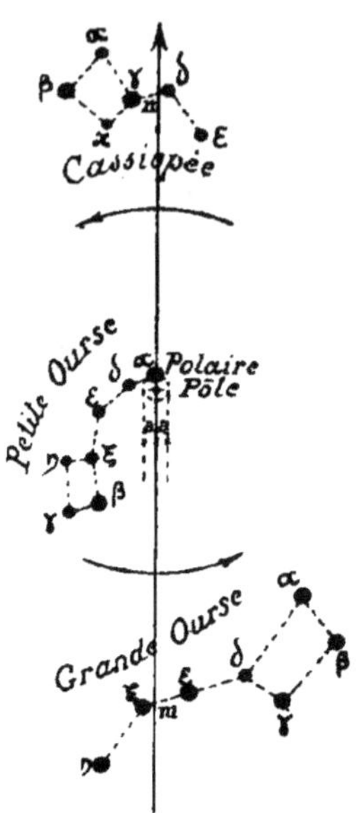

Fig. 184. — Détermination de la méridienne par l'étoile polaire.

notons ici plusieurs résultats de cette courbure (fig. 185).

Nous projetons tous les points du sol, ramenés au niveau de la mer, sur une surface plane AB au lieu de la surface courbe correspondante *ab* ; or, sur une longueur de 10 kilomètres, bien supérieure aux plus grandes dimensions que nous supposons à notre terrain, la différence entre la droite et la courbe n'atteint pas un demi-centimètre. Mais nous admettons que l'opération a lieu sur un plan tangent au niveau de la mer.

Si nous opérions, par exemple, à une hauteur *h* de 1 000 mètres, entre deux verticales *c*C et *d*D, la distance s'allongerait de $0^m,16$ par kilomètre, ce qui est encore de bien minime importance pour nous.

Enfin, au point de vue du nivellement, lorsque nous faisons

une visée horizontale en un point C, notre rayon visuel, au lieu de suivre une parallèle à la courbe de la terre, suit une tangente CD′ en C, perpendiculaire à la verticale du point C ;

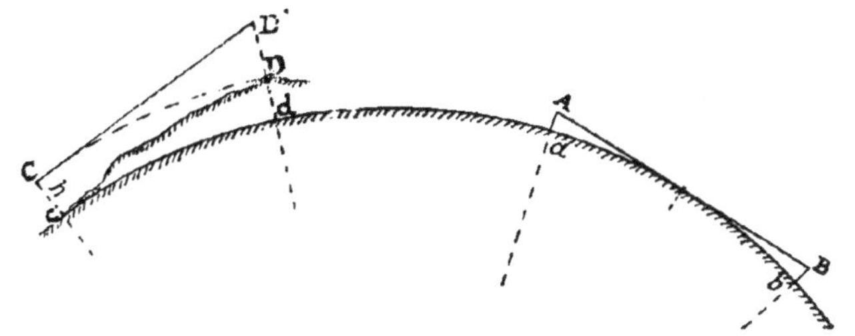

Fig. 185. — Conséquences de la courbure de la terre.

voici la différence D′D entre la courbe et la tangente, en tenant compte, en outre, des effets de la réfraction :

DISTANCE CD′.	DIFFÉRENCE DD′.	DISTANCE CD′.	DIFFÉRENCE DD′.	DISTANCE CD′.	DIFFÉRENCE DD′.	DISTANCE CD′.	DIFFÉRENCE DD′.
m.	m.	m.	m.	m.	m.	m.	m.
100	0,001	400	0,011	700	0,032	1000	0,066
200	0,003	500	0,016	800	0,042	1100	0,080
300	0,006	600	0,024	900	0:057	1200	0,095

Dans les nivellements directs qui n'ont lieu que pour des distances le plus souvent inférieures à 100 mètres, la différence est absolument négligeable. D'ailleurs, quelle que soit la distance, cette différence est compensée lorsque le niveau est à peu près à la même distance des points nivelés.

Les nivellements **trigonométriques**, qui s'étendent souvent bien au delà, tiennent compte de l'erreur, mais ces nivellement sortent de nos limites.

302. Réduction au centre de station. — Il n'est pas toujours possible de stationner sur certains sommets d'une triangulation, visés de divers points.

On peut conclure les angles formés en ces sommets par les rayons visuels qui y aboutissent ; mais, pour plus de précision, il est préférable d'en déterminer directement la valeur.

On se place dans ce but aussi près que possible des sommets inaccessibles, de façon à pouvoir observer les autres, et on déduit les angles véritables par un calcul dont nous allons donner la formule. C'est à cette double opération du terrain et du cabinet que l'on donne le nom de *réduction au centre de station.*

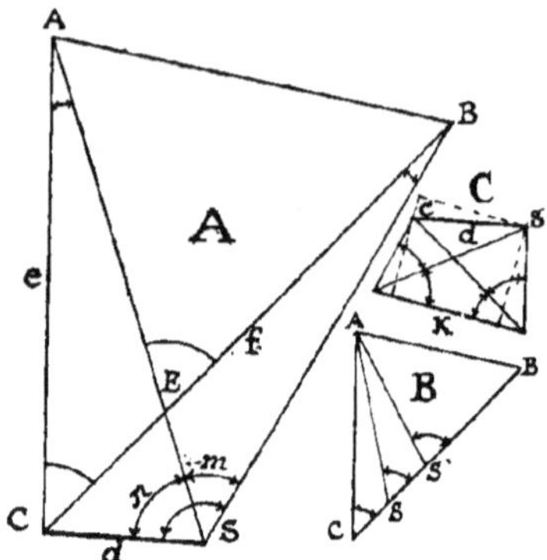

Fig. 186. — Réduction au centre de station.

Soient C (fig. 186), le sommet inaccessible à l'instrument, m et n, les angles mesurés à la station excentrique S ; S = m + n ; d = CS ; e = AC ; f = BC ; E, l'angle extérieur aux triangles ACE et BSE.

Ce dernier angle permet de poser les égalités suivantes :

$$E = C + A = m + B ; \qquad C - m = B - A \qquad (1)$$

et les triangles ACS et BCS donnent

$$\frac{\sin A}{\sin n} = \frac{d}{e} ; \qquad \frac{\sin B}{\sin S} = \frac{d}{f} ;$$

d'où

$$\sin A = \frac{d \sin n}{e} ; \qquad \sin B = \frac{d \sin S}{f}.$$

Or A et B sont très petits et, conséquemment, peuvent être remplacés par leurs sinus dans l'équation (1), qui devient alors

$$(2) \qquad C - m = \frac{d \sin S}{f} - \frac{d \sin n}{e}.$$

Mais C et m sont des angles, tandis que le second terme de l'équation est exprimé par des longueurs. On sait que, pour le transformer également en valeur angulaire, il suffira de le multiplier par $\dfrac{1}{\sin 1'}$ ou $\dfrac{1}{\sin 1''}$ selon que l'on voudra obtenir $C - m$ en minutes ou en secondes. On aura ainsi, en admettant la minute comme la plus petite unité adoptée :

$$C - m = \frac{d \sin S}{f \sin 1'} - \frac{d \sin n}{e \sin 1'} \qquad \text{et} \qquad C = m + \frac{d \sin S}{f \sin 1'} - \frac{d \sin n}{e \sin 1'}.$$

e et f seront pris graphiquement sur le canevas provisoire (198), et C et m seront exprimés en minutes.

Si l'on remplace $\sin 1'$ par sa valeur $\dfrac{1}{0,00015708}$, la formule deviendra

$$C = m + \frac{6366\, d \sin S}{f} - \frac{6366\, d \sin n}{e}.$$

Lorque l'on peut stationner sur CB, très près de C (fig. **186, B**), à 2 mètres, par exemple, et que CA dépasse 500 mètres, on prend $CS = SS' = 2$ mètres, on mesure les angles S et S' et on a une valeur très approchée de C par la formule

$$C = S + (S - S') = 2S - S'.$$

303. Résultats graphiques. — Résultats mixtes. — Dans les formules données plus haut, nous avons supposé d connu. On peut en effet l'obtenir soit trigonométriquement en choisissant une base K (fig. 186, **C**) placée de telle sorte que l'on puisse viser C et S de ses extrémités et en calculant ensuite les ordonnées de C et de S par rapport à K ; soit graphiquement, quand d est très petit, en levant et en rapportant à grande échelle les abords de C et de S pour prendre ensuite, sur le dessin, la distance CS.

Quand C est placé sur un point bien déterminé d'une construction régulière, on peut même, quelquefois, déduire directement les distance utiles, par exemple lorsqu'il est sur le sommet du toit conique d'une tour dont on peut mesurer le rayon ou sur la verticale du centre d'un rectangle ou d'un carré comme le point N du clocher de Noisy (Pl. V, p. 318).

Les constructions graphiques à grande échelle sont souvent bien suffisantes et évitent de longs calculs, ou elles les abrègent. Ainsi dans certaines questions d'alignement, il est utile de déduire, d'ordonnées plus ou moins obliques, la longueur des ordonnées perpendiculaires à la base et aussi la position assez exacte de leur pied. Ce serait nécessaire, notamment, pour le

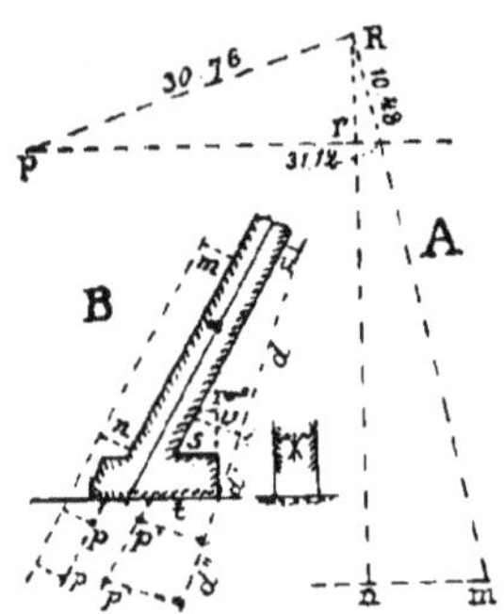

Fig. 187.   Fig. 188.

Résultats mixtes (graphiques et numériques).

point R fixé par le triangle p 31,12 ; p 30,76; 10,48, à gauche de la planche IV, page 300 et figure 187, **A**.

Pour éviter de construire en entier le triangle, ce qui prendrait beaucoup de place, on se bornerait, sur le plan, à abaisser une perpendiculaire Rr du point R sur la base p 31,12, en la prolongeant suffisamment ; on prolongerait aussi l'ordonnée oblique 10,48, sur laquelle on appliquerait sa cote à une échelle notablement plus grande que celle du plan, de R en m ; par le point m on mènerait à la base la parallèle mn ; mesurant enfin, à la grande échelle, les côtés mn et Rn, on aurait, avec une grande approximation, les deux éléments cherchés.

Pour avoir Rn, plus important que mn, avec plus de précision encore, il suffirait de le déduire de la formule $Rn = \sqrt{10,48^2 - mn^2}$. On peut objecter que, dans ce calcul, on introduit un élément graphique mn, mais comme l'angle en R est généralement petit, la petite erreur qui pourrait exister sur mn influerait très peu sur la valeur de Rn.

La distance bN (Pl. V, p. 318), qu'on n'a pu mesurer directement, a été aussi l'occasion d'une opération mixte résumée dans la figure 188. Dans la ruelle de l'église, on a tracé la ligne bx' que l'on a prolongée à l'intérieur du monument, jusqu'en p ; on a pu, en outre, abaisser et mesurer la perpendiculaire en, et de pq on a déduit qr. Enfin, avec les côtés du clocher et les triangles rectangles semblables Nst et qvu on a déduit Ns et ts, et le triangle rectangle bsN a donné bN.

On serait également arrivé au résultat sans prolonger la base dans l'église, en contournant le monument suivant $\text{mop}N$ et en mesurant les côtés rectangulaires du clocher.

Ces résultats mixtes obtenus par des cotes numériques et graphiques judicieusement choisies, sont très fréquemment appliqués aujourd'hui, et pour en rendre l'usage plus commode, notamment en tachéométrie, on a imaginé d'ingénieux tableaux linéaires et des règles à coulisse, analogues à la règle à calcul (1).

Dans un autre ordre d'idées, on a construit des tableaux graphiques basés sur le tracé de courbes de niveau ; nous en donnons un type plus loin (306).

304. Tracé des courbes géométriques sur le terrain. — Dans l'exécution des voies ferrées ou autres, les alignements droits sont toujours raccordés par des courbes géométriques qui se construisent sur le terrain par points, marqués par des piquets ou des bornes (13-38). Ces tracés donnent lieu à un grand nombre de problèmes, mais comme nous n'avons ici en vue que les chemins ruraux, nous nous arrêtons seulement aux cas les plus élémentaires, les seuls appliqués à ces chemins.

1° *Raccordements circulaires à un seul centre.* — On remarque sur notre plan d'alignement (Pl. IV, p. 300), en chaque sommet de la ligne brisée du tramway, une amorce de secteur dans lequel on a inséré l'angle A des alignements, le rayon R de l'arc de cercle de raccordement, la longueur T de la tangente à cette courbe, depuis son origine jusqu'au sommet de l'angle, enfin le développement D de la courbe. Ces éléments, surtout

(1) On trouve plusieurs de ces tableaux dans l'ouvrage de E. Prévot, déjà cité.

les trois premiers, sont nécessaires pour le calcul des points (ordinairement équidistants) de la courbe, et le quatrième permet d'en établir le nombre, et par suite la valeur n de l'arc compris entre chacun d'eux.

L'angle A étant préalablement déterminé, on choisit ordinairement le rayon R que l'on ne doit guère prendre au-dessous de 30 mètres pour les chemins, et la tangente T se calcule par le triangle rectangle OAC (fig. 189) ; le développement D se déduira de la proportion $\dfrac{D}{C} = \dfrac{2\pi R}{400}$, d'où l'on tire $D = \dfrac{2\pi R C}{400} = \dfrac{\pi R C}{200}$. C étant l'angle OCO′ en grades.

Avec l'arc n, on obtient l'angle au centre correspondant et, par suite, son sinus et son cosinus qui, multipliés par R, donnent l'abscisse et l'ordonnée du premier point par rapport à OA.

Les points suivants se calculeront avec l'angle $2n$, $3n$,... jusqu'à la bissectrice CA, axe de symétrie de la courbe, dont les autres points seront placés en s'appuyant sur l'autre tangente, symétrique de la précédente.

Avec les éléments ainsi obtenus, on se transporte sur le terrain où l'on applique d'abord les divers aligne-

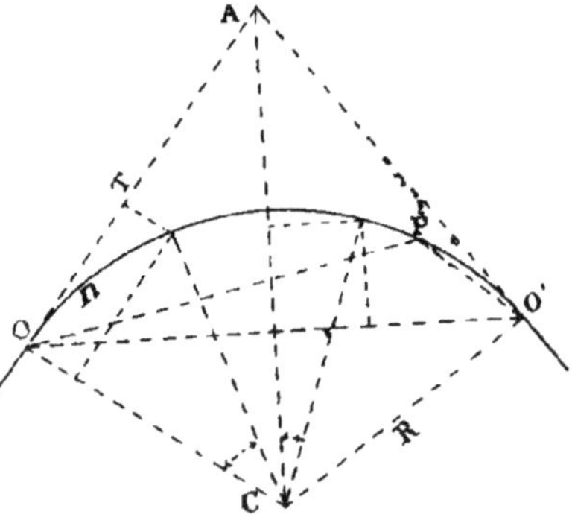

Fig 189. — Raccordement circulaire. Centre unique.

ments dont les sommets ont été rattachés d'une façon quelconque aux points conservés de la planimétrie ; puis, on jalonne les tangentes ou les cordes et, avec un décamètre et un goniomètre quelconque, on assure la position des ordonnées aux extrémités desquelles on place les piquets ou les bornes.

Dans certains cas on prend, comme axe de coordonnées, la corde de l'arc, préalablement déterminée ainsi que son apothème, et ces coordonnées s'obtiennent par un calcul analogue au précédent.

On peut encore, pour déterminer un point quelconque P de l'arc, se servir de l'angle inscrit OPO' dont la valeur est la même quelle que soit la position de P sur la courbe. On se sert à cet effet d'un goniomètre dont l'alidade reste fixée à la valeur de cet angle inscrit, et l'opérateur cherche par tâtonnements les stations pour lesquelles les deux lignes de visée de l'instrument passent par O et O', puis, en chacune de ces stations, il plante un piquet. Cette opération n'est pas toujours exempte de petites erreurs, mais elle évite les tracés auxiliaires d'ordonnées, ce qui compense le temps du tâtonnement. Elle est d'ailleurs suffisante pour les chemins ruraux, dont les tracés n'exigent pas la même précision que ceux d'un chemin de fer par exemple. Elle dispense aussi des calculs, mais il convient d'ajouter qu'il existe des tables qui les suppriment également, au moins pour les rayons ordinairement adoptés.

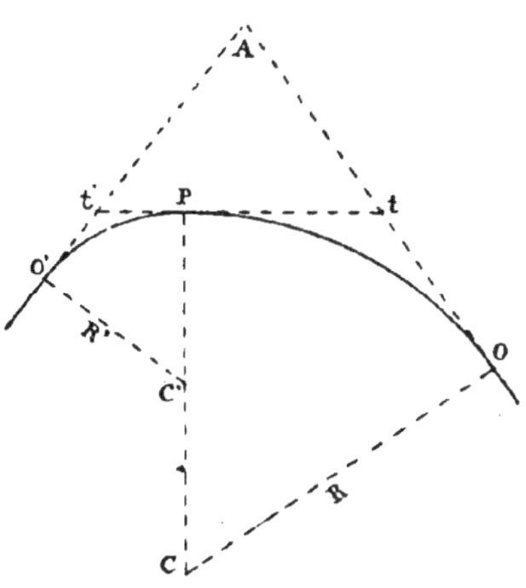

Fig. 190. — Raccordement circulaire. Centres multiples.

2° *Raccordements circulaires à plusieurs centres.*— Quand le raccordement de deux alignements nécessite des arcs de cercle de rayons différents, il faut d'abord déterminer ces rayons et leurs positions relatives soumises, notamment, à la condition que le raccord des arcs aura lieu sur le prolongement P de la ligne des centres (fig. 190). Ensuite on calcule les points et on les applique sur le terrain à l'aide de l'une des méthodes précédemment décrites.

3° *Raccordements paraboliques.* — Enfin, terminons en citant deux tracés paraboliques très simples que l'on substitue quelquefois aux arcs de rayons différents (fig. 191).

Pour le premier on joint le milieu M de la corde OO' au sommet A, et le milieu P de AM est un point de la parabole ;

puis on ouvre en P un angle égal à l'angle en M et l'on arrête la parallèle à OO′, qui en résulte, en O_1 et en O'_1, sur les alignements prolongés OA et O′A. Les milieux P_1 et P'_1, des droites O_1M_1, et $O'_1M'_1$ qui aboutissent aux milieux M_1 et M'_1 de OP et de O′P sont encore des points de la parabole, que l'on multipliera par des constructions analogues.

Le deuxième tracé consiste à diviser AO et AO′ (fig. 192) en un même nombre de parties égales, que l'on numérote en

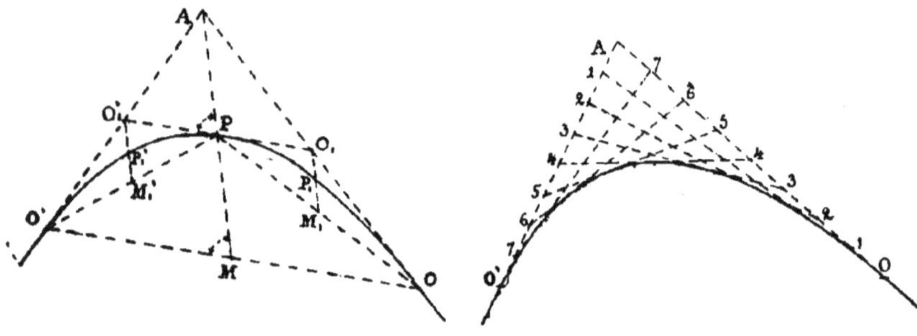

Fig. 191. — Raccordement parabolique.

Fig. 192.

sens inverse. Joignant ensuite les divisions de même numéro, la courbe tangente aux droites de jonction sera la parabole cherchée, que l'on peut faire passer sans erreur sensible par les intersections très voisines, comme on le voit sur la figure, quand les divisions sont suffisamment rapprochées.

305. Les cartes agronomiques. — Depuis longtemps déjà les sciences ont emprunté aux arts graphiques leurs procédés pour traduire d'une façon sensible les résultats de leurs découvertes ou de leurs observations.

De là est née, par exemple, la *statistique graphique*, qui rend de si grands services et dont l'usage se répand de plus en plus.

Il est donc tout naturel que l'agronomie, qui est maintenant une science d'étude et d'observation, ait songé, elle aussi, à parler aux yeux et avec d'autant plus de raison qu'elle s'adresse, pour ses applications, à des agriculteurs peu disposés, en général, à chercher dans l'abstraction d'une formule ou le dédale de milliers de chiffres, le fait simple dont ils pourront profiter.

Les cartes agronomiques rentrent dans cette catégorie

de tracés graphiques destinés à montrer des résultats. Mais, prenant pour base la topographie, elles admettent, tout d'abord, que les intéressés sauront la traduire; en d'autres termes, qu'*ils se reconnaîtront* sur la carte, comme on dit vulgairement. Certains auteurs sont même un peu plus exigeants, car ils demandent à leurs lecteurs, pour la plupart, de joindre à leurs connaissances topographiques quelques notions — bien élémentaires, il est vrai — de géologie agricole, et ils croient l'effort possible.

Supposant donc admis comme connus les premiers principes sur la lecture des cartes topographiques et géologiques, M. Carnot définit ainsi les cartes agronomiques : « Elles ont pour principal objet de donner au cultivateur des indications utiles sur la nature et les qualités physiques et chimiques de ses terres, afin de lui permettre de savoir dans quel sens il convient de les amender, quels engrais leur sont nécessaires et en quelle quantité ils doivent être employés pour leur donner le meilleur rendement possible (1). »

De son côté M. Hitier, l'élève et le continuateur de notre regretté M. Risler dans sa chaire d'agriculture comparée, dit : « Il ne suffit pas d'employer de grosses quantités d'engrais, il faut encore faire de ces engrais un emploi judicieux. Or, ceci exige de l'agriculteur une connaissance approfondie du sol, c'est-à-dire une connaissance aussi complète que possible des diverses propriétés physiques, de la composition chimique du sol. Un des plus grands services à rendre aux agriculteurs serait donc de leur faciliter cette connaissance. A ce point de vue, rien ne saurait leur être plus utile que l'établissement de cartes agronomiques (2). »

« Pour répondre à un pareil programme », ajoute M. Carnot, « il y a évidemment deux conditions à remplir :

« 1° Faire l'examen attentif du sol en un certain nombre de points, afin d'en bien déterminer les qualités et les défauts ;

« 2° Trouver moyen de généraliser ces résultats, de manière à faire connaître, du moins avec une approximation suffi-

(1) A. Carnot, rapport déjà cité.
(2) Hitier, Les nouvelles cartes agronomiques. *Annales de géographie*, 1894-1895.

sante, les propriétés du sol dans toute l'étendue laissée entre ces points d'essai. »

La chimie agricole permet de remplir la première condition, la plus importante assurément. En effet, les analyses de MM. de Gasparin, Risler, Joulie, etc., ont appris aux cultivateurs qu'un bon sol doit posséder, notamment, 1/1 000 d'azote, 1/1 000 d'acide phosphorique, 1/1 000 de potasse et 5/100 de calcaire ; d'un autre côté, elle les renseigne aussi sur les quantités de ces matières contenues dans les échantillons prélevés en certains points du sol, convenablement choisis.

On aura ainsi déterminé la richesse ou la pauvreté de la terre en ces endroits, et les engrais pourront être plus judicieusement employés.

Il est utile aussi de connaître ce que les spécialistes appellent les *qualités physiques* du sol, c'est-à-dire sa composition en sable, en argile, en calcaire, en humus, et qui résultent, généralement, de la nature géologique du fond. Sous ce rapport, le cultivateur, par son expérience personnelle, arrive assez vite à bien caractériser ses terres ; mais encore est-il bon de traduire méthodiquement les résultats constatés, ainsi que ceux de l'analyse chimique ; tel est l'objet de la deuxième condition posée par M. Carnot, et c'est par la *cartographie* dite *agronomique* que ce double but est plus ou moins bien atteint.

Il y a plus d'un demi-siècle que des travaux scientifiques ont été entrepris à ce sujet, mais il a fallu un homme comme M. Émile Gatellier pour faire entrer dans la pratique les notions plus ou moins hésitantes encore de ce que nous appellerions *l'agro-chimie graphique*.

Il est vrai que M. Gatellier était bien placé pour trouver la solution de ce problème. Ancien élève de l'École polytechnique et de l'École des Mines, puis industriel et agronome remarquable dans son pays natal, où il a contribué au développement bien connu de la grande culture par ses champs d'expérience et ses découvertes ; secondé par des collaborateurs instruits et dévoués ; apôtre enfin du progrès en général, il lui était facile de réaliser et de propager ses conceptions. C'est ce qu'il a fait notamment pour les cartes agronomiques dont il a doté d'abord sa commune de la Ferté-sous-Jouarre, puis le canton tout entier.

Nous donnons ici (fig. 193) un fragment malheureusement très réduit et seulement en noir de cette belle carte cantonale en couleurs, dressée au 1/20 000 sur l'ordre de la Société d'agriculture de Meaux, avec le concours du ministère de l'Agriculture et du Conseil général de Seine-et-Marne, par M. L. Duclos, alors directeur du laboratoire de chimie agricole de Meaux et collaborateur de M. Gatellier.

La légende de cette carte, que nous n'avons pu reproduire qu'en partie, en rend la lecture accessible à tous. Ainsi, par exemple, sur les diagrammes disposés dans le voisinage de chacun des petits cercles qui indiquent l'emplacement des échantillons prélevés, chacune des divisions horizontales de la partie gauche représente *un demi pour mille* des éléments azote, acide phosphorique et potasse, et chacune des divisions horizontales de la partie droite représente un *demi pour cent* de chaux.

De sorte qu'il suffit d'un coup d'œil et d'un calcul mental bien court pour voir qu'à l'emplacement 7, par exemple, on trouve, sur 1 000 parties, 1ᵖ 1/4 d'azote ; 1/2 + 1/4 = 0ᵖ 3/4 d'acide phosphorique ; 2ᵖ de potasse, et, sur 100 parties, 10ᵖ 1/2 de chaux.

On voit en outre, par la bande située au-dessous de ce premier diagramme, que le sol, en ce point 7, est argilo-calcaire, sableux.

Enfin, le point 7 est sur le calcaire lacustre, couche géologique caractérisée ici par des traits verticaux interrompus et, sur la carte originale, par une teinte violette.

On peut constater aussi, sur la figure, ce fait si remarquable de l'analogie des échantillons prélevés dans les mêmes couches géologiques, déjà noté en ces termes, dix ans plus tôt, par M. Risler, dans son ouvrage si important sur la géologie agricole : « L'analyse d'un seul échantillon pour chaque division, bien choisi et accompagné de renseignements sur le mode de culture, sur les engrais qui y sont en usage, nous en apprendra, certes, déjà bien plus que des centaines d'analyses d'échantillons pris au hasard, sans classification géologique. »

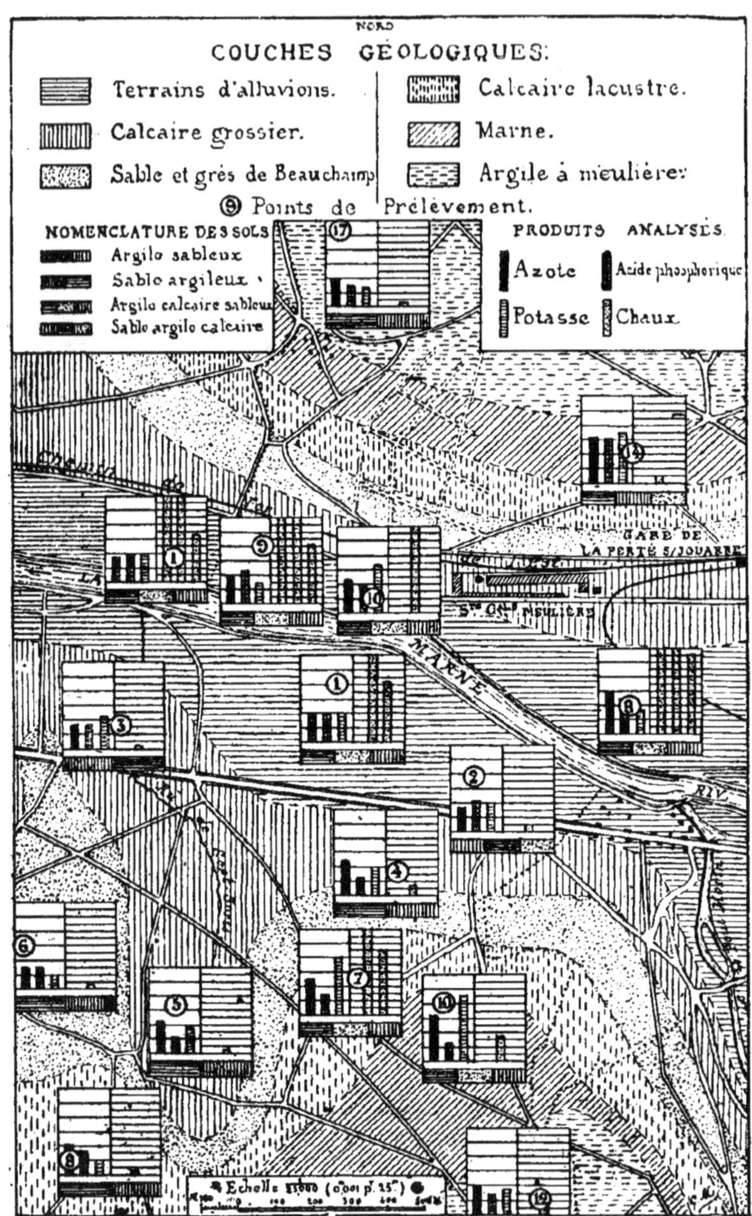

Fig. 193. — Fragment réduit de la carte agronomique
de La Ferté-sous-Jouarre.

Dans la substantielle analyse des cartes agronomiques que nous avons citée plus haut, M. Hitier, qui a reconnu d'ailleurs la grande valeur de la carte de la Ferté-sous-Jouarre, regrette que les diagrammes couvrent un peu la topographie et surtout la géologie. Il nous semble que, le plus souvent, il est facile et suffisant de continuer par la pensée, au moins approximativement, le contour géologique ; mais nous regrettons, comme M. Hitier, qu'à défaut des courbes de niveau, qui auraient peut-être apporté quelque confusion avec les contours géologiques, on n'ait pas donné au moins des cotes d'altitude.

Cette légère critique n'altère d'ailleurs en rien la grande valeur de la carte de M. Gatellier, hautement reconnue par la Société nationale d'agriculture dans sa séance solennelle du 6 juillet 1892, et nous sommes heureux de constater que cette carte a ouvert une voie dans laquelle s'engagent avec entrain plusieurs de nos jeunes ingénieurs agronomes, tels que M. Gustave Lefèvre par exemple, qui étend en Seine-et-Marne la tache d'huile commencée par M. Gatellier.

Si la place ne nous était mesurée, nous voudrions suivre M. Carnot dans ses rapports annuels qui constatent les efforts et les progrès réalisés aujourd'hui ; nous serions heureux comme lui de nous étendre sur les initiatives locales aussi intelligentes que généreuses ; enfin nous signalerions le désintéressement de plusieurs membres notables de l'enseignement universitaire et agricole, qui apportent gratuitement leur savant concours à une œuvre nationale.

Dans la séance du 7 juin 1899, le zélé propagateur des cartes agronomiques constate avec regret un ralentissement dans leur exécution — qui, ajoutons-le, ne s'est pas continué — et il se préoccupe des moyens d'y remédier.

« On ne conteste pas l'utilité de ces cartes, dit-il, mais, dans plusieurs départements, on a reculé devant la dépense ; j'ai donc cherché à la diminuer. »

Et, sans abandonner sa préférence pour les cartes au 1/10 000, M. Carnot propose, par économie, la carte cantonale au 1/20 000 et même la carte d'arrondissement au 1/50 000 dont les frais, après entente, se répartiraient entre les communes comprises dans ces groupements.

On exécuterait toutefois la carte communale, mais elle resterait à l'état de manuscrit en deux exemplaires déposés l'un à la mairie, l'autre à l'école.

Ce serait là en effet une heureuse solution, parce que les intéressés pourraient faire prendre copie des parties qui les concernent ou même s'entendre pour l'exécution d'un tirage en autographie ou à l'autocopiste, dont les épreuves seraient ensuite coloriées par les grands de l'école, fiers de produire un travail utile.

306. Diagrammes de la variation diurne de la température à Paris. — Les courbes de niveau, d'un usage constant en topographie, sont appliquées aussi à la représentation de phénomènes météorologiques et, généralement, des variations de toute fonction de deux variables indépendantes, comme l'a fait M. Lalanne il y a plus de soixante ans. Nous devons à l'obligeance de M. Angot, Directeur du bureau central météorologique de France et professeur à l'Institut agronomique, la communication d'une surface de ce genre, montrant combien la loi de continuité d'un phénomène est mieux mise en évidence que par les résultats numériques enregistrés.

La construction de cette surface, à droite de la figure 194, donne la variation diurne de la température à Paris. Les époques de l'année étant portées en ordonnées équidistantes et les heures en abscisses, on a inscrit, à chacune des intersections, la température moyenne pour l'heure et le mois correspondants, puis on a interpolé les degrés d'après la méthode connue (214 *b*). On a tracé également les courbes du lever et du coucher du soleil, limites importantes pour l'étude de la température, et celle du midi vrai, différente du midi moyen, qui est ici une ligne droite. Enfin, on remarquera aussi la ligne du maximum, qui est une ligne de faîte de la surface.

L'analyse de cette surface topographique si bien caractérisée montre clairement des lois d'ailleurs bien connues, telles que les différences d'écart entre le midi vrai et le midi moyen, le maximum horaire de la température, compris entre 1 h.1/2 et 2h. 1/2 environ suivant les époques, les abaissements

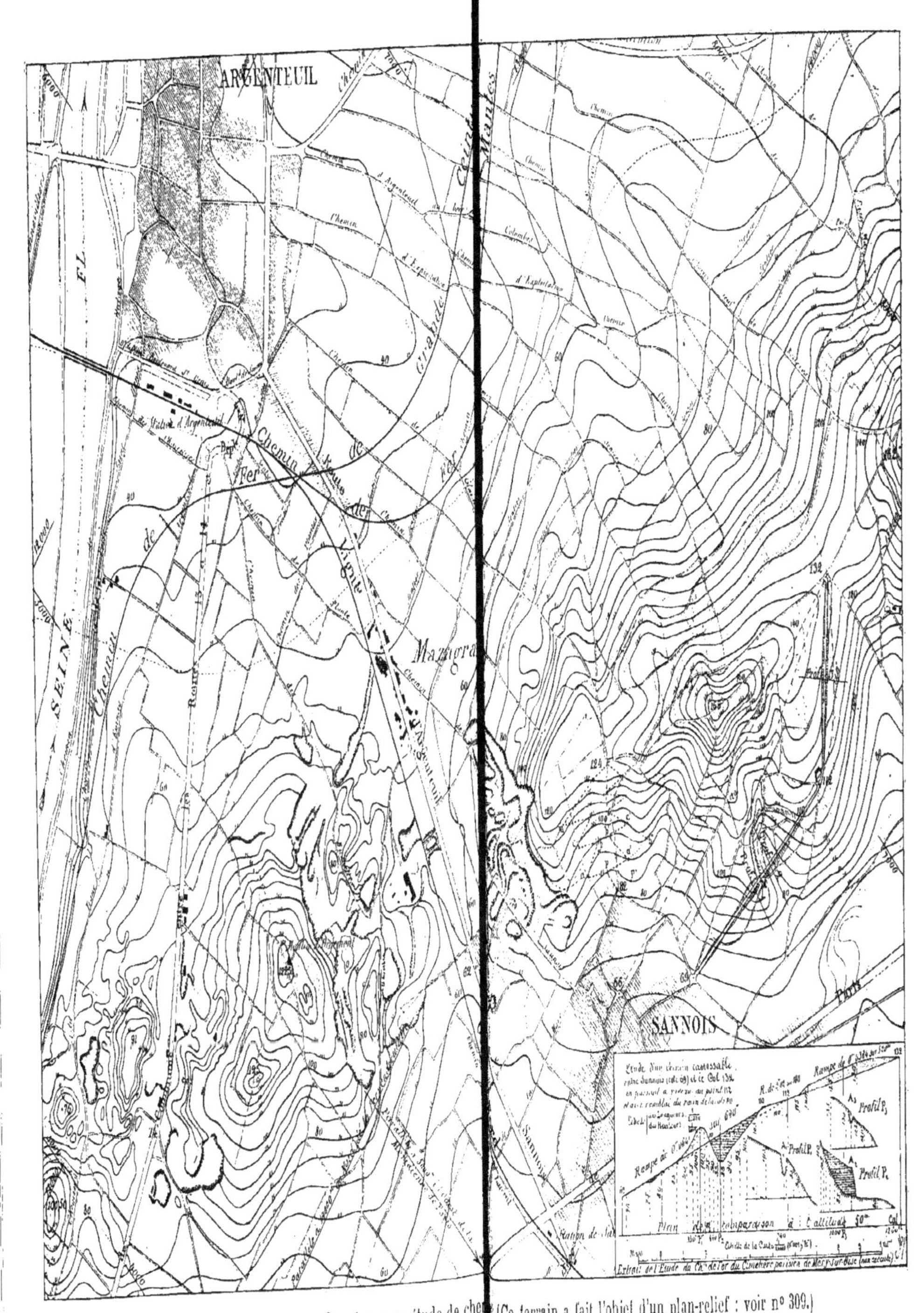

PLANCHE XVI. — Formes mamelonnées, avec étude de chemin (Ce terrain a fait l'objet d'un plan-relief : voir n° 309.)

plus ou moins rapides suivant les mois et les saisons, le sommet absolu de plus haute température et les cols de température minima, etc. (1).

A gauche de la figure 194, on a tracé, pour chaque mois, les profils de la température moyenne des vingt-quatre heures. Ces profils sont expressifs pour chaque mois séparément, mais on conviendra qu'ils sont loin de donner les points caractéristiques de l'année comme l'autre figure ; seulement ils en facilitent la construction par l'application de la méthode exposée plus haut (246 *bis*).

307. Étude d'un tracé de chemin, public ou privé. — L'étude complète d'un projet de route comprendrait la matière d'un volume entier, car elle touche à un grand nombre de questions ; ramenée au tracé de nos modestes chemins ruraux, elle se simplifie beaucoup.

On s'efforcera d'abord, quand le sol le permettra, d'éviter les terrassements, toujours coûteux, et dont les talus ont l'inconvénient de rendre les accès difficiles aux riverains. Mais comme, d'un autre côté, les pentes, pour les transports par voiture, ne doivent guère dépasser 5 à 6 centimètres par mètre, il faudra, pour les terrains ondulés, chercher un tracé plus ou moins sinueux, comme ceux figurés au sud de Sannois (Pl. XVI, p. 450) où, partant de la cote 82, nous sommes arrivé avec 5 centimètres de pente par mètre au plateau que limite la courbe 120. A cet effet, pour atteindre la courbe 85 nous avons pris, à l'échelle du 1/20 000, un rayon $r = \dfrac{85-82}{0,05} = 60$ mètres et du point 82 comme centre nous avons coupé la courbe en P et P′. Puis de l'un des deux points, P, avec un rayon $R = \dfrac{90-85}{0,05} = 100$ mètres, nous avons déterminé a et a', et c'est ainsi que, toujours avec R pour rayon, sauf pour le point intermédiaire m, nous avons abordé la crête 120 suivant diverses sinuosités et en conservant la même pente.

A défaut de courbes de niveau, le plus simple pour une

(1) ANGOT, Météorologie. — FLAMMARION, Station agricole de Juvisy en 1904.

semblable étude, sera de les lever par l'une des méthodes connues, ou de procéder comme nous l'indiquons plus loin pour un chemin de culture ou une rigole.

Parmi les multiples solutions obtenues pour le tracé, on choisira celle qui répondra le mieux aux autres conditions données, comme des rayons minima de 30 mètres, l'arrivée dans le voisinage d'un point déterminé, etc. Ici, par exemple, on peut supprimer les lacets en cheminant à gauche de *a*, mais alors on approche bien près de la carrière.

Entre Sannois (cote 69) et le col 132, nous donnons un exemple d'un tracé avec déblais et remblais, car il est des cas où, malgré leurs inconvénients, il est avantageux d'adopter ces terrassements, par exemple pour diminuer la longueur du chemin et utiliser des déblais en excès.

Là, ainsi qu'on le voit sur le plan et sur le profil en long (260, *b*, *c*), nous avons posé, comme conditions : 1° de partir de la cote 69 pour arriver d'abord en ligne droite jusqu'au point 112 et à plein jalon (45), mais seulement jusqu'à la courbe 110 pour garder, entre 110 et 115, un sol naturel que nous supposons excellent et dont la rampe, assez faible, servira de *palier* ; 2° de contourner la propriété située à 112 pour arriver encore en ligne droite et à plein jalon au col 132 ; 3° de combler, avec les déblais, le ravin traversé par la première partie du projet.

Le profil en long a été construit graphiquement, en prenant sur le plan, avec une bande de papier, les longueurs de la ligne brisée et de sa courbe de raccord que l'on a portées sur une droite, ainsi que les points d'intersection de l'axe avec les courbes de niveau. En chacun de ces points, on a ensuite élevé des perpendiculaires auxquelles on a donné, à l'échelle du 1/4 000, les hauteurs exprimées par les courbes, diminuées de 50 mètres, altitude du plan de comparaison choisi.

Les profils en travers, dont il sera question tout à l'heure, ont été obtenus de la même façon en P_1, P_2 et P_3.

Avec la différence d'altitude des extrémités des pentes et leur distance horizontale, nous avons calculé les rampes, soit
$$\frac{110-69}{640} = 0^{m},0\,641, \text{ pour la première partie} ; \frac{112-110}{100} = 0,02$$

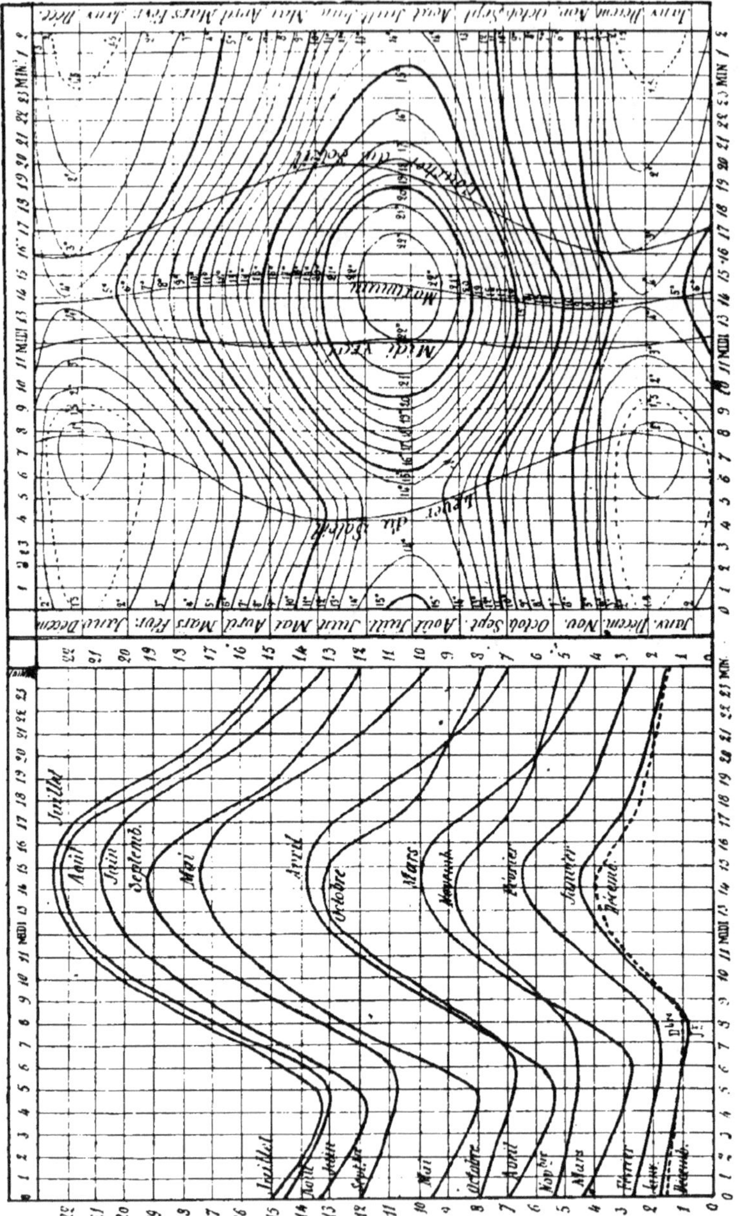

Fig. 194. — Diagramme de la variation diurne de la température à Paris.

pour le palier, et $\dfrac{132-112}{520} = 0^m,0\,384$ pour la dernière partie.

Sur les profils en travers, nous avons disposé, de part et d'autres de leurs axes A_1, A_2, A_3 et à leurs hauteurs respectives, calculées ou graphiques, le profil de la route avec ses talus à 50^g (ou 45°). Seulement, ici, l'angle des talus est déformé, à cause de la différence des échelles, des bases et des hauteurs, dans le rapport de 5 à 1, c'est-à-dire 5 de hauteur pour 1 de base, au lieu de 1/1. C'est ce que fait mieux ressortir la figure 195 à plus grande échelle, qui donne un profil à l'échelle du plan et le même avec les hauteurs doublées.

Fig. 195. — Déformation des angles de pente.

Avec ces profils suffisamment rapprochés, on pourra déterminer sur le plan la ligne d'intersection des talus et du sol naturel. Il suffira en effet de prendre sur ces profils, à droite et à gauche, des axes tels que A_1 A_2 A_3, les distances de ces axes aux crêtes des talus de déblai et aux pieds des talus de remblai et de les porter, dans le même ordre, sur les profils 1, 2, 3, du plan.

Il est un point remarquable à signaler sur les profils en long, c'est le *point de passage m*, intersection du sol avec l'axe du projet. Ce point se projette en *m'* sur le profil en long, et il est reporté en M sur le plan.

Les lignes d'intersection des talus avec le sol naturel sont les limites longitudinales des terrains à aliéner pour la construction du chemin ; leur écartement sera égal à la largeur du chemin là où ce dernier passera *à niveau* ; il augmentera d'autant plus que les remblais ou les déblais seront plus considérables ; mais il est bien rare que les limites ne donnent pas lieu à rectification après l'exécution des travaux. On prend encore, au delà des remblais, la largeur d'un fossé.

Enfin, la cubature des terrasses est aussi un élément des plus importants pour l'établissement du devis de la construction d'une voie ; elle fait l'objet de nombreuses formules, mais nous nous bornerons ici à citer la méthode approximative, généralement employée, que l'on appelle *méthode de la moyenne des aires*. Elle consiste à multiplier l'aire de chaque profil en travers par la demi-somme de ses distances aux deux profils voisins, quand les deux profils sont de même nature, c'est-à-dire en déblai ou en remblai.

Lorsque les deux profils sont de nature différente, la longueur d'*entre-profil* est divisée proportionnellement aux cotes de déblai et de remblai sur l'axe, données par le profil en long.

Le cas est moins simple quand les profils sont mixtes, c'est-à-dire partie en déblai et partie en remblai.

Il faut, tout d'abord, dans chaque profil, faire la différence entre la surface de déblai et celle de remblai, et c'est la nature des excédents qui règle la suite de l'opération. Si ces excédents sont de même nature, c'est qu'il n'existe pas de point de passage sur l'axe, et le calcul a lieu comme précédemment ; s'ils sont différents, l'entre-profil est divisé proportionnellement à la valeur de chacun d'eux.

Il peut encore arriver qu'entre deux profils consécutifs l'un soit d'une seule nature et l'autre mixte. Si l'excédent de ce dernier est de même espèce que l'autre, on rentre dans le cas de deux profils de même nature ; s'il est différent, on rentre dans le cas suivant.

En dehors du tracé indiqué, il est évident qu'on aurait pu atteindre, du point 69, le col 132 par d'autres directions.

Par exemple le tracé le plus court serait la ligne droite entre les deux points, d'une longueur de 1 150 mètres. La pente en serait encore acceptable, puisqu'on aurait

$$p = \frac{132 - 69}{1\,150^{\mathrm{m}}.} = 0^{\mathrm{m}},055 \text{ par mètre ;}$$

mais il suffirait de construire le profil suivant l'axe pour voir que les déblais seraient énormes.

Dans notre projet par le point 112, les déblais sont déjà importants ; on les atténuerait en contournant le ravin et en courbant légèrement l'axe entre les points 112 et 132, mais alors la longueur du chemin augmenterait notablement.

Ce qui précède s'applique surtout à un chemin communal, qui exige généralement le concours d'un spécialiste, mais les propriétaires, agriculteurs et autres, peuvent avoir aussi à tracer sur leurs domaines, pour en faciliter l'exploitation, un chemin d'importance secondaire, un fossé d'assainissement, etc., pour lesquels l'administration n'a pas à intervenir, si ce n'est au point de vue de l'application de certains règlements d'intérêt public, tels que l'hygiène ou la sécurité. Alors, on peut chercher la pente voulue par un tracé direct sur place, soit avec un clisimètre, soit avec un niveau quelconque ; ou encore avec une ligne de niveau connue dont on s'écarte progressivement, à l'aide de nivelettes ou de jalonnettes, dans le sens vertical ou dans le sens horizontal (1). Le modeste entretien d'une pareille voie a lieu sans grands frais, en utilisant par exemple les matériaux du voisinage, les cailloux ramassés sur le sol cultivé, etc.

Ce sont là des procédés qui varient suivant les cas et dont l'usage se présente à l'esprit de tout praticien au moment opportun.

Les tracés du domaine des Faillades, dont nous avons déjà parlé (223), ont été en grande partie exécutés de la sorte. Situé sur l'un des contreforts ouest des Cévennes à 800 mètres d'altitude et à 14 kilomètres de Mazamet, ce pittoresque domaine de 650 hectares n'était, il y a cinquante ans, qu'un sol aride et inculte comme toute la contrée environnante. Aujourd'hui il comprend, par moitié, des bois productifs et de belles prairies exploitées par huit fermes avec plusieurs centaines de bêtes à cornes et un millier de bêtes à laine qui donnent de sérieux bénéfices.

Or ces beaux résultats ont été obtenus par la création de réserves d'eau à la partie supérieure des thalwegs, au moyen de simples levées de terre régularisées à l'aide d'un niveau d'eau et qui suffisent pour retenir les sources et les eaux pluviales ; puis ces eaux ont été distribuées sur les flancs des coteaux par de minuscules rigoles qui en suivaient les ondulations déterminées, ainsi que leurs faibles pentes, par le tracé sur place de courbes de niveau directrices.

Les chemins d'exploitation, presque toujours à la surface

---

(1) Risler et Wéry, *Irrigations et drainages*, p. 277 et 408.

du sol, étaient d'abord jalonnés à vue, puis rectifiés par un nivellement expéditif et suffisamment exact pour rester dans les pentes accessibles.

308. Relations entre le cadastre et les améliorations agricoles. — La topographie est la base du cadastre ; on la trouve aussi à la base des améliorations agricoles, qui appuient sur elle ses études d'irrigation et de drainage, et ses remembrements. Il est donc bien désirable que ces deux grandes œuvres nationales marchent parallèlement et se prêtent un mutuel concours.

Nous croyons la chose d'autant plus facile que déjà la topographie a créé un traité d'alliance qui dure encore après un siècle d'existence entre deux ministères pourtant bien différents. N'est-ce pas en effet le ministère des Finances qui a demandé à celui de la Guerre, au début du cadastre, et qui lui demande encore aujourd'hui, sa géodésie et qui lui a donné en échange sa planimétrie?

Pourquoi le ministère des Finances, en donnant plus d'extension à son service cadastral, ne fournirait-il pas au ministère de l'Agriculture la topographie nécessaire au service des améliorations agricoles ? De son côté, ce dernier, par son influence auprès des agriculteurs et ses études spéciales, faciliterait au cadastre le travail des abornements généraux et même, dans certains cas, les remembrements, préparés pour l'application des irrigations et du drainage.

Les cartes agronomiques elles-mêmes n'auraient qu'à gagner à cette heureuse entente et aussi, nous l'espérons, les géomètres (1), auxquels on demande vraiment peu en France, tandis que leur rôle est si important ailleurs.

Et cette féconde alliance aurait une conséquence bien appréciable, puisque, en multipliant les progrès agricoles comme les autres, elle rendrait largement aux agriculteurs ce qu'ils auraient avancé d'autre part aux divers services techniques.

---

(1) La Direction générale des Contributions directes et du Cadastre répond d'ailleurs à ce dernier vœu, puisque nous avons sous les yeux une annonce d'adjudication pour le renouvellement du cadastre dans 17 communes, représentant une dépense de plus de 200 000 francs, soit en moyenne, 12 000 francs par commune.

Si l'on totalisait en effet partout, comme on l'a fait sur divers points, les avantages que l'on obtiendrait par le remembrement, les irrigations, le drainage et les engrais judicieusesement distribués, on trouverait certainement un chiffre bien supérieur à celui qui serait nécessaire pour l'amortissement des 600 millions demandés pour la réfection du cadastre et l'entretien des services spéciaux (292).

309. Construction d'un plan-relief. — Sa comparaison avec les courbes. — Les courbes de niveau, nous l'avons vu (215), lorsque leur équidistance est suffisamment rapprochée, donnent une véritable épure du terrain, permettant la solution de tous les problèmes qui ont ses formes pour objet, mais la traduction de ces lignes n'est pas à la portée de tous, et c'est pourquoi, dans certains cas, on remplace les plans ou cartes par les plans-reliefs, qui substituent la réalité à la convention, pour la troisième dimension du sol.

Cette idée n'est pas nouvelle et les beaux modèles de la galerie des Invalides (1) montrent qu'il y a longtemps même que l'exécution des reliefs a atteint un grand degré de perfectionnement ; mais, jusqu'au milieu du siècle dernier, on ne les trouvait que dans les musées ou les grandes collections publiques ; c'est Bardin, ancien officier d'artillerie, ancien professeur à l'École de Metz et à l'École polytechnique, et aux travaux duquel nous avons eu l'honneur, pendant longtemps, de collaborer, qui en a vulgarisé la construction et l'usage. Le but de Bardin était l'*enseignement par les yeux*, dont il fut l'ardent propagateur, et ses reliefs des parties caractéristiques de nos montagnes françaises, notamment, ont donné de leurs formes une idée très nette, plus exacte peut-être que l'aspect de la

---

(1) La galerie des plans-reliefs, aux Invalides, a été créée sous Louis XIV. Elle comprend surtout, à une grande échelle, les modèles de nos anciennes places fortes, dont beaucoup sont aujourd'hui déclassées ou modifiées, avec des abords souvent étendus qui donnent une idée bien nette du sol et de la végétation de beaucoup de régions de la France.

Elle est ouverte au public, sur la présentation d'un billet d'entrée, délivré gratuitement sur demande par le ministre de la Guerre, du 1er juin au 31 juillet, les mardis, jeudis et dimanches.

nature, dont l'homme est trop petit pour en embrasser les ensembles.

La construction des plans-reliefs est d'ailleurs très simple en faisant usage des courbes de niveau, comme on va le voir par les détails que nous allons donner sur celle de notre relief des coteaux d'Argenteuil, exécuté d'après les courbes de la planche XVI (page 450).

Tout d'abord, il convient d'arrêter l'échelle des hauteurs, qui doit être la même que celle des bases, si l'on veut une réduction proportionnelle au terrain, mais que l'on exagère souvent pour mieux accentuer les pentes quand celles-ci sont trop faibles.

Ici, pour diverses raisons, nous avons adopté l'échelle de 1/10 000 pour les hauteurs, tandis que celle de la carte est au 1/20 000, de sorte que, pour l'équidistance des courbes, qui est de 5 mètres, l'équidistance graphique sera de un demi-millimètre. C'est l'épaisseur que devra avoir le papier-carte, que nous allons découper suivant les courbes successives, préalablement décalquées.

Mais avant, la surface la plus basse étant celle de la Seine, que nous supposons à 20 mètres d'altitude, nous placerons sur une planche bien dressée, de dimensions un peu plus grandes que celles de la carte, un bloc limité par le cadre de cette dernière et d'une épaisseur de 2 millimètres. Le niveau de la mer sera alors représenté par la surface supérieure de la planche et le niveau de la Seine par celle du bloc. Ensuite, sur celui-ci, nous tracerons quelques amorces des bords du fleuve pour ajuster et coller les deux cartons découpés suivant ses rives et limités au cadre de la carte ; le dessus sera à l'altitude 25.

En même temps que la ligne du bord de l'eau, on a décalqué des amorces de la courbe suivante 30, pour repérer et coller cette seconde courbe qui porte des amorces de la courbe 35.

En procédant ainsi suivant les courbes successives, dont la surface qu'elles limitent diminue de plus en plus, on atteint la courbe 60, la dernière, qui ne formera qu'un seul morceau après le découpage, et on apportera un soin particulier au calque des amorces de la courbe 65 pour repérer ses divers tronçons découpés.

A partir de là, on verra se former le col de la route d'Argenteuil à Sannois, à la cote 62, ainsi que ceux situés entre les petits mamelons disséminés à l'angle *est* de la carte ; puis, après la courbe 70, apparaîtra le col du chemin de communication entre les routes 13 et 14, à la cote 74.

Enfin, avant d'atteindre le moulin d'Orgemont (cote 122,50), les courbes, qui se superposeront à pic en suivant les bords escarpés des carrières, se dédoubleront encore à la cote 110 pour former le petit col entre les sommets 122,50 et 125. Vers l'ouest nous verrons, à la cote 135, les courbes se séparer pour atteindre les sommets 162 et 168, au moulin de Sannois.

Voilà donc ce que nous appellerons, avec Bardin, le *relief à gradins* ou *stéréotomique* (1), qui caractérise les formes du terrain tout en doublant la valeur de ses pentes. Si nous jetons maintenant un regard d'ensemble sur le relief, nous verrons que ses courbes traduisent, en dehors des sommets et des cols, de légers vallonnements du côté d'Argenteuil, un vallon très accentué traversé par notre projet de route du côté de Sannois, une belle croupe qui part du col 132 pour atteindre le sommet 168, un plateau qui domine, à l'*est*, les vastes et profondes carrières de Mazagran, et enfin ces carrières elles-mêmes qui rongent les hauteurs d'Orgemont et de Sannois, appelées un jour à disparaître par suite de l'extraction continue du gypse ou pierre à plâtre.

On obtient le relief à pentes continues, soit en faisant un moulage en plâtre des gradins et en abattant ces derniers, soit en recouvrant les gradins en carton d'une matière pâteuse comme la cire ou mieux d'une composition spéciale appelée *plastiline* par les modeleurs, et en moulant ensuite.

L'épreuve, après retouches plus ou moins habiles, est enfin décorée plus ou moins artistement ou simplement dessinée topographiquement aux crayons de couleur et au pinceau, en laissant, comme fond, la blancheur du plâtre.

310. **Prolongement d'un mur non apparent sur une façade.** — Il peut être utile, même dans un village, de préciser, sur une façade, la droite séparative de deux propriétés conti-

____

(1) Librairie J.-B. Baillière et fils.

guës, limitées par un mur mitoyen, qui sera souvent oblique par rapport à cette façade.

La figure 187 B, page 439, indique suffisamment l'opération à effectuer dans ce cas. A l'intérieur, on trace une parallèle au mur en portant normalement deux distances égales m, n, suffisantes pour que le prolongement puisse s'effectuer jusqu'au dehors, par une ouverture quelconque ; on applique ensuite, en p, la même distance qu'à l'intérieur et l'on prolonge pp jusque sur la façade. Répétant l'opération de l'autre côté, on obtient une nouvelle ligne $p'p'$ dont l'écart avec la précédente est égal à l'épaisseur du mur ; la trace des lignes sur la façade représente le prolongement des parements du mur, entre lesquels on n'a plus qu'à tracer l'axe, comme on l'indique en élévation sur la droite de la figure.

Quand il n'est pas possible d'établir une parallèle, on prend une droite quelconque que l'on prolonge suffisamment et les distances en p' se déduisent de proportions qui nécessitent la mesure de u, v, d, d', d''.

Enfin, lorsque le mur de face est nettement coupé, il suffit de prolonger sa section d'une quantité égale à elle-même, soit en dedans comme l'indique la figure, ou en dehors, et de mesurer r *parallèlement* à la façade, ainsi que s ; on a alors, selon que r est en dedans ou en dehors,

$$t = 2\,s - r \qquad \text{ou} \qquad t = \frac{s + r}{2}.$$

DÉPARTEMENT

d ....

COMMUNE

d ....

MODÈLE Nº 58.

Instruction
du 30 décembre
1910.
(Art. 325.)

PROCÈS-VERBAL

DE DÉLIMITATION OU DE BORNAGE
dressé en exécution de l'article 9 de la loi du 17 mars 1898 (1).

Nous soussignés 2) ....

....

Vente ou échange de (5)............
....
du ....

propriétaires de .... immeuble .... inscrit .... au nouveau cadastre de ...., section ...., nᵒˢ .... (3)

Nº de l'extrait de l'acte translatif ou attributif de propriété (6).

sommes convenus

de 1 ..... partager entre nous (4)
de modifier .... limite (4)

, comme il est indiqué à l'encre

rouge sur

le croquis porté au verso du présent procès-verbal (4).

l'extrait ci-joint du nouveau plan cadastral (4).

En foi de quoi, nous avons signé le présent procès-verbal.

dressé

en notre présence (4)
en présence de nos mandataires (4)

A ...., le .... 19 ..... .

Nº d'inscription sur le carnet d'enregistrement des procès-verbaux (7).

L'Agent chargé des Travaux de conservation pour l'année .... certifie que la suite convenable (8) a été donnée au procès-verbal ci-dessus et que les nouvelles subdivisions créées ont reçu les nᵒˢ ....

A ...., le .... 19 ..... .

(1) Voir cet article au nº 293, page 395.
(2) Noms, prénoms, professions et domiciles des propriétaires.
(3) Numéros des parcelles composant l'immeuble ou les immeubles modifiés.
(4) Employer, suivant le cas, l'une ou l'autre formule.
(5) Rappeler, s'il y a lieu, la nature et la date de l'acte intervenu.
(6) (7) Indications à mentionner par le Service de la conservation.
(8) Avant de donner suite, le géomètre doit s'assurer que les modifications de limites, divisions, etc., ont été *réellement effectuées sur le terrain* et que les indications du procès-verbal sont exactement en concordance avec l'état nouveau des lieux.

A rédiger sur une feuille de papier timbré.

CROQUIS (1)

présentant, d'après le plan cadastral, les configurations ancienne (encre noire) et nouvelle (encre rouge) des immeubles faisant l'objet du présent procès-verbal.

Section .... Feuille nº............... . Échelle du plan cadastral : 1/

(1) Le croquis doit représenter, à l'échelle du plan cadastral et à l'encre noire, la configuration ancienne des propriétés dont la consistance a été modifiée ; les nouvelles limites doivent être tracées à l'encre rouge.

On doit : figurer sur le croquis l'emplacement des nouvelles bornes ; indiquer la nature des limites nouvellement fixées sur le terrain, fossés, haies, rigoles, murs, etc. ; inscrire les distances entre bornes, largeurs des subdivisions et toutes les cotes nécessaires pour le report sur le plan cadastral des modifications apportées à l'état des lieux ; faire, en outre, connaître si les nouvelles limites sont ou non mitoyennes. Enfin, on doit rappeler les surfaces qui ont été vendues ou échangées en indiquant : 1º les contenances totales portées au cadastre ; 2º la répartition de ces contenances entre les parcelles nouvellement créées.

Aucun procès-verbal ne peut donner lieu à modification du plan tant que les changements dont il fait mention n'ont pas été *effectués sur le terrain.*

GRADES	DEGRÉS et MINUTES	GRADES	DEGRÉS et MINUTES	MINUTES DE GRADES	MINUTES et secondes de degré	MINUTES DE GRADES	MINUTES et secondes de degré	SECONDES DE GRADES	SECONDES DE DEGRÉ	SECONDES DE GRADES	SECONDES DE DEGRÉ
1	0°54'	51	45°54'	0.01'	0'32"4	0.51'	27 32'4	0.0001"	0"324	0.0051"	16"524
2	1 48	52	46 48	0.02	1 04,8	0.52	28 04,8	0.0002	0,648	0.0052	16.848
3	2 42	53	47 42	0 03	1 37,2	0.53	28 37,2	0.0003	0,972	0.0053	17,172
4	3 36	54	48 36	0.04	2 09,6	0.54	29 09,6	0.0004	1,296	0.0054	17,496
5	4 30	55	49 30	0.05	2 42,0	0.55	29 42,0	0.0005	1,620	0.0055	17,820
6	5 24	56	50 24	0.06	3 14,4	0.56	30 14,4	0.0006	1,944	0.0056	18,144
7	6 18	57	51 18	0.07	3 46,8	0.57	30 46,8	0.0007	2,268	0.0057	18,468
8	7 12	58	52 12	0.08	4 19,2	0.58	31 19,2	0.0008	2,592	0.0058	18,792
9	8 6	59	53 6	0.09	4 51,6	0 59	31 51,6	0.0009	2,916	0.0059	19,116
10	9 0	60	54 0	0.10	5 24,0	0.60	32 24,0	0.0010	3,240	0.0060	19,440
11	9 54	61	54 54	0.11	5 56,4	0.61	32 56,4	0.0011	3,564	0.0061	19,764
12	10 48	62	55 48	0.12	6 28,8	0.62	33 28,8	0.0012	3,888	0.0062	20,088
13	11 42	63	56 42	0.13	7 01,2	0.63	34 01,2	0.0013	4,212	0.0063	20,412
14	12 36	64	57 36	0.14	7 33,6	0.64	34 33,6	0.0014	4,536	0.0064	20,736
15	13 30	65	58 30	0.15	8 06,0	0.65	35 06,0	0.0015	4,860	0.0065	21,060
16	14 24	66	59 24	0.16	8 38,4	0.66	35 38,4	0.0016	5,184	0.0066	21,384
17	15 18	67	60 18	0.17	9 10,8	0.67	36 10,8	0.0017	5,508	0.0067	21,708
18	16 12	68	61 12	0.18	9 43,2	0.68	36 43,2	0.0018	5,832	0.0068	22,032
19	17 6	•69	62 6	0.19	10 15,6	0.69	37 15,6	0.0019	6,156	0.0069	22,356
20	18 0	70	63 0	0.20	10 48,0	0.70	37 48,0	0.0020	6,480	0.0070	22,680
21	18 54	71	63 54	0.21	11 20,4	0.71	38 20,4	0.0021	6,804	0.0071	23,004
22	19 48	72	64 48	0.22	11 52,8	0.72	38 52,8	0.0022	7,128	0.0072	23,328
23	20 42	73	65 42	0.23	12 25,2	0.73	39 25,2	0.0023	7,452	0.0073	23,652
24	21 36	74	66 36	0.24	12 57,6	0.74	39 57,6	0.0024	7,776	0.0074	23,976
25	22 30	75	67 30	0.25	13 30,0	0.75	40 30,0	0.0025	8,100	0.0075	24,300
26	23 24	76	68 24	0.26	14 02,4	0.76	41 02,4	0.0026	8,424	0.0076	24,624
27	24 18	77	69 18	0.27	14 34,8	0.77	41 34,8	0.0027	8,748	0.0077	24,948
28	25 12	78	70 12	0.28	15 07,2	0.78	42 07,2	0.0028	9,072	0 0078	25,272
29	26 6	79	71 6	0.29	15 39,6	0.79	42 39,6	0.0029	9,396	0.0079	25,596
30	27 0	80	72 0	0.30	16 12,0	0.80	43 12,0	0.0030	9,720	0.0080	25,920
31	27 54	81	72 54	0.31	16 44,4	0 81	43 44,4	0.0031	10,044	0.0081	26,244
32	28 48	82	73 48	0.32	17 16,8	0.82	44 16,8	0.0032	10,368	0.0082	26,568
33	29 42	83	74 42	0.33	17 49,2	0.83	44 49,2	0.0033	10,692	0.0083	26,892
34	30 36	.84	75 36	0.34	18 21,6	0.84	45 21,6	0.0034	11,016	0.0084	27,216
35	31 30	85	76 30	0.35	18 54,0	0.85	45 54,0	0.0035	11,340	0.0085	27,540
36	32 24	86	77 24	0.36	19 26,4	0.86	46 26,4	0.0036	11,664	0.0086	27,864
37	33 18	87	78 18	0.37	19 58,8	0.87	46 58,8	0.0037	11,988	0.0087	28,188
38	34 12	88	79 12	0.38	20 31,2	0.88	47 31,2	0.0038	12,312	0.0088	28,512
39	35 6	89	80 6	0.39	21 03,6	0.89	48 03,6	0.0039	12,636	0.0089	28,836
40	36 0	90	81 0	0.40	21 36,0	0.90	48 36,0	0.0040	12,960	0.0090	29,160
41	36 54	91	81 54	0.41	22 08,4	0.91	49 08,4	0.0041	13,284	0.0091	29,484
42	37 48	92	82 48	0.42	22 40,8	0.92	49 40,8	0.0042	13,608	0.0092	29,808
43	38 42	93	83 42	0 43	23 13,2	0.93	50 13,2	0.0043	13,932	0.0093	30,132
44	39 36	94	84 36	0.44	23 45,6	0.94	50 45,6	0.0044	14,256	0.0094	30,456
45	40 30	95	85 30	0.45	24 18,0	0.95	51 18,0	0.0045	14,580	0.0095	30,780
46	41 24	96	86 24	0.46	24 50,4	0.96	51 50,4	0.0046	14,904	0.0096	31,104
47	42 18	97	87 18	0.47	25 22,8	0.97	52 22,8	0.0047	15,228	0.0097	31,428
48	43 12	98	88 12	0.48	25 55,2	0.98	52 55,2	0.0048	15,552	0.0098	31,752
49	44 6	99	89 6	0.49	26 27,6	0.99	53 27,6	0.0049	15,876	0.0099	32,076
50	45 0	100	90 0	0.50	27 00,0	1.00	54 00,0	0.0050	16,200	0.0100	32,400

Voir le n° 34, pages 29 et suivantes.

DEGRÉS	GRADES	DEGRÉS	GRADES	MINUTES	GRADES	SECONDES	GRADES
1°	1ᵍ1111"1	46°	51ᵍ1111"1	1'	0ᵍ0185"2	1"	0ᵍ0003"1
2	2,2222,2	47	52,2222,2	2	0,0370,4	2	0,0006,2
3	3,3333,3	48	53,3333,3	3	0,0555,6	3	0,0009,3
4	4,4444,4	49	54,4444,4	4	0,0740,7	4	0,0012,3
5	5,5555,6	50	55,5555,6	5	0,0925,9	5	0,0015,4
6	6,6666,7	51	56,6666,7	6	0,1111,1	6	0,0018,5
7	7,7777,8	52	57,7777,8	7	0,1296,3	7	0,0021,6
8	8,8888,9	53	58,8888,9	8	0,1481,5	8	0,0024,7
9	10,0000,0	54	60,0000,0	9	0,1666,7	9	0,0027,8
10	11,1111,1	55	61,1111,1	10	0,1851,8	10	0,0030,9
11	12,2222,2	56	62,2222,2	11	0,2037,0	11	0,0033,9
12	13,3333,3	57	63,3333,3	12	0,2222,2	12	0,0037,0
13	14,4444,4	58	64,4444,4	13	0,2407,4	13	0,0040,1
14	15,5555,6	59	65,5555,6	14	0,2592,6	14	0,0043,2
15	16,6666,7	60	66,6666,7	15	0,2777,8	15	0,0046,3
16	17,7777,8	61	67,7777,8	16	0,2963,0	16	0,0049,4
17	18,8888,9	62	68,8888,9	17	0,3148,2	17	0,0052,5
18	20,0000,0	63	70,0000,0	18	0,3333,3	18	0,0055,6
19	21,1111,1	64	71,1111,1	19	0,3518,5	19	0,0058,6
20	22,2222,2	65	72,2222,2	20	0,3703,7	20	0,0061,7
21	23,3333,3	66	73,3333,3	21	0,3888,9	21	0,0064,8
22	24,4444,4	67	74,4444,4	22	0,4074,1	22	0,0067,9
23	25,5555,6	68	75,5555,6	23	0,4259,3	23	0,0071,0
24	26,6666,7	69	76,6666,7	24	0,4444,4	24	0,0074,1
25	27,7777,8	70	77,7777,8	25	0,4629,6	25	0,0077,2
26	28,8888,9	71	78,8888,9	26	0,4814,8	26	0,0080,2
27	30,0000,0	72	80,0000,0	27	0,5000,0	27	0,0083,3
28	31,1111,1	73	81,1111,1	28	0,5185,2	28	0,0086,4
29	32,2222,2	74	82,2222,2	29	0,5370,4	29	0,0089,5
30	33,3333,3	75	83,3333,3	30	0,5555,6	30	0,0092,6
31	34,4444,4	76	84,4444,4	31	0,5740,7	31	0,0095,7
32	35,5555,6	77	85,5555,6	32	0,5925,9	32	0,0098,8
33	36,6666,7	78	86,6666,7	33	0,6111,1	33	0,0101,8
34	37,7777,8	79	87,7777,8	34	0,6296,3	34	0,0104,9
35	38,8888,9	80	88,8888,9	35	0,6481,5	35	0,0108,0
36	40,0000,0	81	90,0000,0	36	0,6666,1	36	0,0111,1
37	41,1111,1	82	91,1111,1	37	0,6851,9	37	0,0114,2
38	42,2222,2	83	92,2222,2	38	0,7037,0	38	0,0117,3
39	43,3333,3	84	93,3333,3	39	0,7222,2	39	0,0120,4
40	44,4444,4	85	94,4444,4	40	0,7407,4	40	0,0123,4
41	45,5555,6	86	95,5555,6	41	0,7592,6	41	0,0126,5
42	46,6666,7	87	96,6666,7	42	0,7777,8	42	0,0129,6
43	47,7777,8	88	97,7777,8	43	0,7963,0	43	0,0132,7
44	48,8888,9	89	98,8888,9	44	0,8148,2	44	0,0135,8
45	50,0000,0	90	100,0000,0	45	0,8333,3	45	0,0138,9
				46	0,8518,5	46	0,0142,0
				47	0,8703,7	47	0,0145,1
				48	0,8888,9	48	0,0148,1
				49	0,9074,1	49	0,0151,2
				50	0,9259,3	50	0,0154,3
				51	0,9444,4	51	0,0157,4
				52	0,9629,6	52	0,0160,5
				53	0,9814,8	53	0,0163,6
				54	1,0000,0	54	0,0166,7
				55	1,0185,2	55	0,0169,7
				56	1,0370,4	56	0,0172,8
				57	1,0555,6	57	0,0175,9
				58	1,0740,7	58	0,0179,0
				59	1,0925,9	59	0,0182,1
				60	1,1111,1	60	0,0185,2

FIN.

TABLE ALPHABÉTIQUE DES MATIÈRES

TABLE DES PLANCHES

TABLE DES MATIÈRES
SPÉCIALES AUX QUESTIONS SIMPLES
L'ARPENTAGE

*

TABLE DES MATIÈRES

III. — DES INSTRUMENTS : VÉRIFICATION ET RÉGLAGE. — FAUTES ET ERREURS. — CORRECTIONS. — PRÉCISION...................................... 151

IV. — MÉTHODES DE LEVÉ........ 180

V. — APPLICATION GÉNÉRALE DES MÉTHODES ET DES INSTRUMENTS........... 226

VI. — APPLICATIONS SPÉCIALES : ARPENTAGE. — CADASTRE. — QUESTIONS DIVERSES.... 323

FIN DE LA TABLE DES MATIÈRES.

LA PRATIQUE

DU

GÉNIE RURAL

PAR

ROLLEY et PRÉVOST

Ingénieurs du Service des Améliorations Agricoles.

1912, 1 volume in-18, de 400 pages, avec figures et plans

Broché.................. **5 fr.** | Cartonné................. 6 f[r.]

Lorsqu'un propriétaire rural veut faire exécuter des travaux sur so[n] domaine, il doit d'abord les étudier au double point de vue techniqu[e] et économique et rechercher ensuite les conditions dans lesquelles [il] traitera avec un entrepreneur.

En un mot il doit établir ou faire établir un projet.

L'étude des dispositions techniques à adopter nécessite un ensembl[e] de connaissances d'ordre théorique et pratique. Les connaissance[s] théoriques sont données dans nos grandes écoles. Les connaissance[s] pratiques permettent de choisir entre ces formules et d'appliquer [à] coup sûr sur celle qui convient au cas considéré.

Il faut ensuite déterminer comment sera choisi l'entrepreneur, lu[i] faire connaître d'une façon précise les dispositions adoptées et établi[r] les éléments d'un marché à passer avec lui ne laissant prise à aucun[e] discussion ultérieure voulue ou non.

Autant de questions délicates pour celui qui s'en occupe une premiér[e] fois.

Le but des auteurs, en publiant ce volume, a été de mettre à l[a] disposition du lecteur un recueil de projets constituant des « types » et donnant pour un travail déterminé les moyens de le réaliser.

Ce volume aidera le propriétaire à préciser ses idées, l'ingénieur no[n] encore initié à l'étude d'un travail nouveau pour lui, à comprendr[e] rapidement les éléments que doit comporter son étude.

Il sera particulièrement utile aux nombreux agriculteurs qu[i] cherchent à tirer parti des ressources naturelles de leur propriété et [à] rendre plus pratique et plus économique son exploitation.

ARPENTAGE ET NIVELLEMENT

Par Charles MURET

Professeur à l'Institut national agronomique.

2e édition 1913. 1 volume in-18 de 477 pages, avec figures et planches.

Broché................. **5 fr.** | Cartonné . ... 6 fr[.]

Couronné (Médaille d'Or) par la Société nationale d'Agriculture.